Nordamerikanische Eisenbahnen.

Nordamerikanische Eisenbahnen.

Ihre Verwaltung und Wirtschaftsgebarung.

Von

W. Hoff, und **F. Schwabach,**
Geheimer Ober-Regierungsrat Geheimer Regierungsrat.

Springer-Verlag Berlin Heidelberg GmbH
1906

Additional material to this book can be downloaded from http://extras.springer.com

ISBN 978-3-642-98559-1 ISBN 978-3-642-99374-9 (eBook)

DOI 10.1007/978-3-642-99374-9

Vorwort.

Im Auftrage des Königlich Preußischen Staatsministers und Ministers der öffentlichen Arbeiten Herrn von Budde haben wir im vorigen Jahre zur Besichtigung der Weltausstellung in St. Louis und zum Studium von Fragen des amerikanischen Eisenbahnwesens eine mehrmonatige Reise in den Vereinigten Staaten von Amerika unternommen.

Dank der großen Bereitwilligkeit der Eisenbahnverwaltungen, deren Gebiete bereist wurden, und der besonderen Liebenswürdigkeit mehrerer im amerikanischen Eisenbahnwesen tätiger, kenntnisreicher Männer, konnten die Beobachtungen auf die gesamte Betriebsführung in ihrer Gliederung von den obersten leitenden Organen bis zu den untersten ausführenden Stellen und Bediensteten und auf das Ineinandergreifen der Einzelanordnungen auf dem Gebiete der Verwaltung, des Betriebes und Verkehrs sowie der Wirtschaftsgebarung gerichtet werden. Rein technische Fragen mußten selbstverständlich außer Betracht bleiben.

Das Ergebnis der Studien ist nach Abschluß der Reise an der Hand des gesammelten umfänglichen Materials an Gesellschaftssatzungen, Verwaltungsorganisationen, Dienstvorschriften, Tarifen, Verkehrsnachweisungen, Abfertigungsschemas, Betriebs- und Wagenübereinkommen, Finanzübersichten und statistischen Berichten aller Art nachgeprüft und vervollständigt worden. Auch die über das amerikanische Eisenbahnwesen bereits vorhandenen Schriften von Bedeutung sind dabei benutzt worden, insbesondere die Werke Dr. A. von der Leyen's, der bekanntlich als erster deutscher Fachmann die nordamerikanischen Eisenbahnen zum Gegenstande wissenschaftlicher Darstellung gemacht hat.

Das amerikanische Eisenbahnwesen hat vielfach einen anderen Entwicklungsgang genommen als das heimatliche. Auch die Verkehrsverhältnisse, denen es dient, sind teilweise grundverschieden von den unsrigen. Daraus ergeben sich von selbst wesentliche Abweichungen auch in der Betriebsführung der Eisenbahnen. Gleichwohl oder vielleicht gerade deshalb scheint eine Schilderung der Einrichtungen bei den Eisenbahnen in den Vereinigten Staaten von praktischem Werte. Sie wird die deutschen Eisenbahnfachmänner zu Vergleichen anregen, die niemals und nirgends schaden können, in einer modernen Verkehrsverwaltung aber unbedingt nötig sind, wenn man mit allen Einrichtungen auf der Höhe bleiben will. Der Nutzen wird um so größer sein, wenn es einerseits vermieden wird, Vergleiche da zu ziehen, wo die Verschiedenheit der Verhältnisse solche nicht zuläßt, und wenn andererseits da, wo die Sache eine Gegenüberstellung der beiderseitigen Einrichtungen und Erfolge erfordert, Licht- und Schattenseiten in sachlicher und gerechter Weise hervorgehoben werden. Nur so können die deutsche Eisenbahnfachwelt und mit ihr die am Eisenbahnverkehr interessierten Kreise der Industrie, des Handels und der Landwirtschaft vor einer Über- oder Unterschätzung fremdländischer Einrichtungen bewahrt und gleichzeitig in den Stand gesetzt werden, treu dem deutschen Grundsatz, das Gute da zu nehmen, wo es zu finden ist.

Die nachfolgenden Schilderungen und Abhandlungen versuchen diesen Anschauungen Rechnung zu tragen. Sie sind reichlich belohnt, wenn sie auch nur zu einem bescheidenen Teile dazu beitragen werden, beide Nationen, von denen einer jeden eine bedeutsame Rolle in der Weltwirtschaft zugewiesen ist und die schon deshalb auf einander angewiesen sind, im gegenseitigen Verständnis sich noch näher zu bringen. Aufgabe einer weiteren Arbeit wird es sein, die Verwaltung und Wirtschaftsgebarung einiger größerer Eisenbahnsysteme Nordamerikas im einzelnen zur Darstellung zu bringen.

Den reinen Fachabhandlungen im vierten bis elften Abschnitt ist in den beiden ersten Abschnitten die Beschreibung der Studienreise, die sich vom Atlantischen bis zum Stillen Ozean erstreckt hat, und die Mitteilung der dabei gemachten Beobachtungen allgemeiner Art voraufgeschickt. Es soll dadurch dem Leser Gelegenheit gegeben werden, sich in einfachster Weise die geographische Lage der bereisten Eisenbahnen der Vereinigten Staaten zu vergegenwärtigen.

Der dritte Abschnitt ergab seinem Inhalte nach von selbst eine Abschweifung in das finanzielle und politische Gebiet.

Der zwölfte Abschnitt faßt die in den anderen Abschnitten zum Ausdruck gebrachten allgemeinen und wesentlichen Gesichtspunkte zusammen. Dabei konnte und sollte es nicht vermieden werden, die Gesamtwirtschaft der Vereinigten Staaten, insbesondere in ihren Beziehungen zu Deutschland, wenigstens in großen Umrissen mit in den Kreis der Betrachtungen zu ziehen.

Dem sechsten Abschnitt ist ein Vortrag, den Herr Geheimer Sanitätsrat Dr. Schwechten im Berliner Bahnarzt-Verein über „Bahnarztverhältnisse und Eisenbahnhygiene in Nordamerika“ auf Grund des von uns gesammelten und zur Verfügung gestellten Materials gehalten hat, als Anhang beigefügt. Der Vortrag ist bereits in der Zeitschrift „Ärztliche Sachverständigen-Zeitung“ veröffentlicht; sein Abdruck ist von Herrn Dr. Schwechten in liebenswürdiger Weise gestattet worden.

In statistischer Hinsicht sind im allgemeinen für Amerika die Ergebnisse des Jahres 1. Juli 1902/30. Juni 1903, für Preußen-Hessen die des Etatsjahres 1902 (1. April 1902 bis 31. März 1903) zugrunde gelegt. Der Dollar ist bei den Umrechnungen — soweit nicht auf- oder abgerundet wurde — mit 4,16 M. bewertet worden. Bei der Sichtung und Bearbeitung des umfangreichen statistischen Materials hat der Geheime expedierende Sekretär Herr Kaufmann, der auch das Sachregister verfaßt hat, uns wertvolle Hilfe geleistet.

Berlin, im November 1905.

Die Verfasser.

Inhaltsverzeichnis.

Seite

Dritter Abschnitt.

Die Eisenbahnverwaltungssysteme und die sonstigen wichtigeren Beziehungen der Eisenbahnverwaltungen zu einander.

Vierter Abschnitt.

Die Organisation der einzelnen Eisenbahnverwaltungen.

Fünfter Abschnitt.

Beamtentum und Arbeiterwesen.

Sechster Abschnitt.

Wohlfahrtseinrichtungen für das Eisenbahnpersonal.

Seite

Siebenter Abschnitt.

Personen- und Gepäckverkehr.

Achter Abschnitt.

Güterverkehr.

Neunter Abschnitt.

Die Beziehungen der Eisenbahnen der Vereinigten Staaten zur Postverwaltung, zu der Pullman-Gesellschaft und zu den Expreß- und Telegraphengesellschaften.

Zehnter Abschnitt.

Haushalt und Finanzergebnisse.

Seite

Elfter Abschnitt.

Die staatliche Aufsicht über die Eisenbahnen.

Zwölfter Abschnitt.

Rückblicke und allgemeine Schlußbetrachtungen.

Erster Abschnitt.

Unsere in den Vereinigten Staaten ausgeführten Reisen.

Ankunft in New York und Zollformalitäten. — Reisevorbereitungen. — New Yorker Straßenverkehr. Hafenanlagen. — Kleinere Rundreise: New York, Boston, Buffalo und Niagara, Albany, New York. — *Labourer day.* — Größere Überlandrundreise: Pittsburg (Carnegie-Werke), Chicago, insbesondere Schlachthöfe. Pullman-Werke, St. Paul und Minneapolis, Yellowstone National Park, Northern Pacific-Eisenbahn, Portland (Oregon), Shasta Route, San Francisco, Southern- und Union Pacific-Eisenbahn, Denver, Lincoln (Nebraska), Kansas City, Parsons, St. Louis (Weltausstellung), Pittsburg (Eisenbahnanlagen), Cleveland (Ohio), Washington, Baltimore, Philadelphia, Rückkehr nach New York. Übersicht des Reiseweges.

Ankunft in New York u. Zollformalitäten.

Nach einer Seereise von 7 Tagen gelangten wir an die Küste der Vereinigten Staaten. Die Einfahrt in den Hafen von New York, dessen Anlagen weiter unten besprochen werden, macht einen großartigen Eindruck. Im Gegensatz dazu steht die geradezu kleinliche und umständliche Behandlung der Zollformalitäten. Angesichts der Kolossalstatue der Freiheit hielt das Schiff für kurze Zeit, um eine Anzahl Zollbeamte an Bord zu nehmen, die an den Kopfenden der langen Tische im Speisesaal Platz nahmen, während sich die Fahrgäste, soweit sie Platz fanden, um sie herum gruppierten, um nach und nach einzeln ins Verhör genommen zu werden. Jedem Fahrgast wurde dabei eine Druckschrift übergeben, die in englischer Sprache die amerikanischen Zollvorschriften enthielt.

Erregte schon der ganze uns vollkommen ungewohnte Vorgang unser Erstaunen, so wurde dieses noch erhöht durch die Vorschrift, daß jeder das amerikanische Festland betretende Reisende an Eides Statt die Versicherung schriftlich abzugeben hat, daß seine zollpflichtige Habe, soweit er sie mit sich führt, einen bestimmten Wert nicht übersteige. Um dieser Formalität zu genügen, mußten wir, und wir waren keineswegs die letzten, über eine Stunde warten. Endlich kamen auch wir an die Reihe, und zu unserer Freude begnügte sich der Zollbeamte bei uns, als Fremden, mit der Beantwortung der Frage, ob wir Geschenke bei uns führten.

Wir waren beide sofort darüber einig, daß sich hier ein Vorgang abgespielt, der nach unseren altweltlichen Begriffen eigentlich unerhört ist und zum wenigsten einzig dasteht. Mag die in dem hohen amerikanischen Eingangszoll liegende Versuchung, zu paschen, für den aus Europa zurückkehrenden Amerikaner auch noch so groß, und die hiergegen sich richtende Zollkontrolle an sich durchaus begründet sein, eine derartige Behandlung doch in der Hauptsache ehrbarer Leute wäre in Europa kaum denkbar, in Deutschland bei der hier herrschenden Empfindlichkeit aber geeignet, einen unmittelbaren Sturm der Entrüstung hervorzurufen.

Wer aber glaubte, daß nach dieser hochnotpeinlichen Vernehmung die Angelegenheit erledigt sei, befand sich im Irrtum. Nach der Landung in New York wurde vielmehr jedes Gepäckstück einzeln geöffnet und durchsucht, welcher Prozedur auch wir nicht entgingen, obwohl wir eine an die Zollbehörde gerichtete persönliche Empfehlung des amerikanischen Botschafters in Berlin vorwiesen. Daß wir nicht auch hier noch stundenlang warten mußten, hatten wir lediglich dem Dazwischentreten eines zu unserem Empfang gekommenen deutschen Herrn zu verdanken, der mit einem eindrucksvollen Mittel dem Zollbeamten zu verstehen gab, daß wir nun endlich abgefertigt sein möchten.

So kam es, daß wir, obwohl unser Schiff bereits gegen 6 Uhr vor New York angelangt war, schließlich erst gegen 11 Uhr die Ankunftshalle der Hamburg-Amerika-Linie in Hoboken verlassen konnten. Ein ungefähr an eine Berliner Droschke II. Klasse erinnerndes *Cab* brachte uns unter Ausschluß des großen und eines Teils unseres Handgepäcks zunächst zur Fähre über den Hudson River und von der Landungsstelle in New York nach unserem von hier in knapp $^1/_4$ Stunde zu erreichenden Hotel, wo wir für das *Cab* $5^1/_2$ Dollars und später für jedes weitere Stück Gepäck noch je 1 Dollar zu zahlen hatten. Waren schon diese Eindrücke beim Eintritt in die Neue Welt nicht gerade erhebend, so wurden unsere Erwartungen, was das Äußere der Stadt, insbesondere die Sauberkeit und Pflasterung der Straßen anlangt, weiter recht erheblich herabgedrückt.

Und doch erscheint es uns jetzt, nachdem wir die Vereinigten Staaten von Ost nach West gesehen und einigermaßen kennen gelernt haben, unrecht, aus solchen Einzelheiten, besser ausgedrückt Äußerlichkeiten, ein Land, man möchte sagen eine Welt, zu beurteilen.

Reisevorbereitungen.

Vor die Frage gestellt, ob wir unsere Studien auf einen örtlich mehr zusammengedrängten Kreis von Verwaltungen und Bahnsystemen, wie wir zuerst wohl beabsichtigten, und damit auch den Umfang unserer Reise innerhalb der Vereinigten Staaten beschränken, oder dieses große Land vom Osten nach dem weitesten Westen durchqueren sollten, haben wir uns aus folgenden Erwägungen für das letztere entschieden.

Einmal war für uns maßgebend das Bestreben, mit dem Studium der Eisenbahnen, soweit die immerhin beschränkte Zeit dies zuließ, ein solches von Land und Leuten dieses größten politisch und wirtschaftlich geeinten Staatenbundes zu verbinden, sodann aber auch der Umstand, daß bei dem, insbesondere auch auf dem Gebiete des Eisenbahnwesens nicht zu verkennenden Ineinanderfließen der Beziehungen von Ost und West eine rationelle Begrenzung unseres Reisegebietes sich schwer feststellen ließ; wir hätten uns denn auf die östlichsten Staaten beschränken müssen. Gerade diese aber sind, namentlich in bezug auf ihr Eisenbahnwesen, schon so oft und eingehend zum Gegenstand von Fachstudien gemacht worden, daß wir dem Reiz, uns auf ein nicht „abgegrastes“ Feld zu begeben, nicht widerstehen konnten.

Die ersten Tage benutzten wir, um uns in der Stadt New York mit ihrer nicht nur reizvollen, sondern nach den verschiedensten Richtungen hin verkehrspolitisch wichtigen Umgebung zu Wasser und zu Lande umzusehen. Wir wurden bei einigen auf dem Gebiete des Eisenbahnwesens maßgebenden Männern persönlich eingeführt, so bei Mr. Harriman, dem Präsidenten des nach ihm genannten großen Eisenbahnsystems, das die Southern Pacific, Union Pacific, Oregon Short Line und Oregon R. R. and Navigation Co. (im ganzen 15 281 *miles* = 24 587 km) umfaßt. Ebenso hatten wir bemerkenswerte Unterredungen mit Mr. James J. Hill, dem Präsidenten der Great Northern Co. (im ganzen 5 980 *miles* = 9 622 km) und mit Mr. Frank A. Vanderlipp, dem früheren Unterstaatssekretär im Departement des Innern in Washington und bekannten Verfasser der auch ins Deutsche übertragenen Schrift: „Amerikas Eindringen in das Europäische Wirtschaftsgebiet". Infolge persönlicher Beziehungen hatten wir Gelegenheit, mit einem Deutsch-Amerikaner, der als Senior-Chef eines der bedeutendsten amerikanischen Bankhäuser mit der Finanzgebarung der amerikanischen Eisenbahngesellschaften genau vertraut ist, sowie mit anderen Finanzgrößen New Yorks, von denen mehrere den Verwaltungsräten von bedeutenden Eisenbahnunternehmungen als Mitglieder angehören, uns zu besprechen und die Pläne für unsere Untersuchungen zu erörtern. Besonders wertvoll war für uns ferner eine längere Aussprache mit dem deutschen Generalkonsul Bünz in New York, nicht nur über das amerikanische Verkehrswesen, sondern auch über weitere Gebiete des industriellen Lebens und über das Arbeiterwesen. Unsere Aufmerksamkeit wurde in dieser Weise auf Fragen gelenkt, deren Bedeutung nur von Männern voll erkannt wird, die Jahre lang das gesamte Volksleben zu beobachten in der Lage waren.

Unser weiterer Aufenthalt diente der Unterrichtung über die New Yorker Verkehrsanlagen.

New Yorker Straßenverkehr. Hafenanlagen.

Die Straßenbahnen *(Trolleys)* in New York sind zur Zeit noch ein den Hochbahnen *(Elevated)* ebenbürtiges städtisches Beförderungsmittel. Inwieweit die inzwischen in Betrieb genommene Tiefbahn *(Subway)*, auf der wir nach unserer Rückkunft vom westlichen Amerika am Tage vor ihrer Eröffnung die offizielle Fahrt mit dem Präsidenten und den Direktoren der Gesellschaft mitmachten, hierin eine Änderung herbeiführen wird, läßt sich z. Z. noch nicht übersehen, hängt insbesondere auch von ihrer geplanten Weiterführung ab.

Jedenfalls beweist der Umstand, daß der Verkehrszuwachs auf den alten Straßenbahnen *(Trolleys)* im letzten Jahre nur etwa 144 300 Fahrgäste betragen hat, während bei der Hochbahn die Zunahme 37 Millionen Personen ausmacht, daß die *Trolleys* ziemlich am Ende ihrer Leistungsfähigkeit angekommen sind. Sie werden zumeist elektrisch betrieben; es gibt aber auch noch Straßenbahnen mit Pferdebetrieb. Die Geschwindigkeit der Wagen ist sehr groß, die Anhaltezeiten für Aus- und Einsteigen sind so kurz, daß man erst bei einiger Gewöhnung mitkommt; dabei zeigen gerade die Damen eine besondere Behendigkeit. Der Fahrpreis beträgt allgemein 5 Cents.

Die Hochbahnen *(Elevated)* hatten früher Dampfbetrieb und werden jetzt elektrisch betrieben. Ohne Zweifel bewältigen die Hochbahnen einen bedeutenden Verkehr. Die Zugfolge ist sehr dicht, und die Wagen sind zu gewissen Tageszeiten überfüllt. Die Haltestellen sind im Vergleich zu dem erheblichen Verkehr räumlich äußerst beschränkt, die Hallen und Bahnsteige überdies meistens nur aus Holz hergestellt. Sehr oft wird das Aussteigen am Schlusse eines Zuges nicht gestattet, weil der Schlußteil des Zuges auf freier Bahn steht. Die Insassen müssen alsdann in den Wagen sich mehr nach der Spitze des Zuges bewegen. Das alles spielt sich aber in Amerika als selbstverständlich ab, ohne daß Klagen erhoben werden. Als Fahrpreis wird auch auf den Hochbahnen der Einheitspreis von 5 Cents für jede Entfernung erhoben. Die Kontrolle besteht darin, daß man beim Betreten des Bahnsteiges den Fahrschein in einen Zählkasten wirft, was von einem Bediensteten beaufsichtigt wird.

Der enorme Verkehr der Straßen- und Hochbahnen gab Anlaß zum Bau der erwähnten neuen Tiefbahn (*Subway*), die als Untergrund-, oder vielmehr Unterpflasterbahn gebaut ist. Sie ist großartig angelegt, durchzieht die ganze Insel Manhattan von Süd nach Nord und hat neben zwei Lokalgleisen noch zwei Schnellgleise, auf denen die Züge unter Überschlagung zahlreicher Lokalstationen mit großer Geschwindigkeit fahren. Die Stationsanlagen sind im Gegensatz zu denen der Hochbahn sehr geräumig.

Nicht unerwähnt darf endlich der große Personenverkehr bleiben, der sich auf den Fährdampfern *(Ferries)* zwischen New York und Hoboken, New Yersey usw. über den Hudson abspielt. Während der Harlem River mehrfach überbrückt ist, und der Verkehr zwischen New York und Brooklyn nur geringe Zeit in Anspruch nimmt, ist die Überfahrt über den sehr breiten Hudson zeitraubend. Der Amerikaner — wohl ohne jede Ausnahme — füllt die Zeit mit Zeitunglesen aus und fügt sich willig ins Unvermeidliche. Die Überführung der Eisenbahngüter über den Hudson vermittelst besonderer Fähren — zwischen je zwei mit doppelter Wagenreihe besetzten Fähren befindet sich in der Regel das Dampfboot — ist sehr umständlich. Bekanntlich plant die Pennsylvania-Eisenbahn eine Verbindung ihres Bahnnetzes mit der New Yorker Seite durch die Untertunnelung des Hudsonflusses.

Während eine Rundfahrt auf einem Automobilomnibus durch New York wegen der langsamen Vorwärtsbewegung auf die Dauer ermüdend und wegen der Gleichmäßigkeit der außerhalb der Geschäftsviertel liegenden Straßen und der Einförmigkeit ihrer Gebäude langweilig wirkte, war unsere zu Wasser unternommene Rundfahrt um die Außenseite der Stadt von großem Interesse, besonders weil sie einen recht übersichtlichen Überblick über den großartigen Handelshafen von New York gewährte. Wir hatten hierbei auch nochmals Gelegenheit, die Anlagen der Hamburg-Amerika-Linie und des Norddeutschen Lloyd in Hoboken in der Nähe zu sehen. So vorteilhaft sie sich von denen der übrigen auf der Stadtseite liegenden Schiffahrtsgesellschaften abheben, so bleibt es doch zu beklagen, daß der Verkehr von und nach den deutschen Schiffen über den zwischenliegenden breiten Hudson wesentlich unbequemer ist, als bei jenen. Auf eine Herüberlegung des Verkehrs an die Stadtseite ist jetzt, nachdem die Grundstückskosten daselbst geradezu ins Unermeßliche gestiegen sind, kaum mehr zu denken.

Nachdem wir noch den Zentralbahnhof der New York Central and Hudson River-Eisenbahn und die in New Yersey gelegene Personenstation der Pennsylvania-Eisenbahn eingehend besichtigt und Gelegenheit gehabt hatten, den ganz gewaltigen Verkehr auf der älteren Brooklyner Brücke *) zu

*) Eine andere Brücke ist jetzt über den sogenannten East River fertiggestellt, zwei weitere sind im Bau begriffen.

beobachten — es benutzen sie jährlich 60 Millionen Menschen, davon 50 Millionen im Straßenbahnwagen und 10 Millionen zu Fuß — machten wir einen Ausflug nach dem am Hudson liegenden Landhaus einer uns befreundeten Familie, wobei wir Gelegenheit nahmen, uns über die Einrichtungen des Vorortverkehrs in und bei New York zu unterrichten.

Kleinere Rundreise. New York, Boston, Buffalo, Niagara, Albany, New York.

Dann traten wir die erste kleinere Rundreise an. Auf der Reise von New York nach Boston fiel uns auf, daß wir, obwohl in Amerika wie bei uns rechts gefahren wird, eine ziemlich lange Strecke vom Bahnhof *(Central Station)* auf dem linken Gleise fuhren. Alsbald begegneten uns auf einem anderen Gleise — ebenfalls falsch — zwei Züge dicht hintereinander in sehr geringem Abstande. Der Zugführer sagte uns, daß dies für mehrere Züge dieser Strecke die Regel sei. Der Zug war im übrigen in seiner ganzen Ausstattung einer der besten, den wir auf unseren Reisen benutzt haben.

In Boston beschäftigten wir uns hauptsächlich mit den Verhältnissen der für die Anlage des Gemeinschaftsbahnhofes *(New South Station)* gebildeten *Terminal Co.* Die Ergebnisse dieser Ermittelungen sind im dritten Abschnitt verwertet. Sodann unternahmen wir eine Rundfahrt durch diese erste Gelehrtenstadt der Vereinigten Staaten.

Von Boston reisten wir über Springfield nach Buffalo weiter, wo wir am folgenden Tage von dem Präsidenten der internationalen *Tramway Co.* mit Sonderzug in einem Salonwagen über die 26,3 km lange Straßenbahnstrecke bis nach dem Niagara gefahren wurden. Hier gaben wir uns der Bewunderung dieses einzig in der Welt dastehenden Naturschauspiels hin, besichtigten beide Fälle vom Strome (unterhalb und oberhalb der Fälle) aus und machten sodann mit einem *Special car* der Niagara-Belt Line (Gürtelbahn) eine Rundfahrt auf beiden Ufern des Flusses bis Lewiston und Queenston. Darauf hatten wir Gelegenheit, die aus der Wasserkraft der Fälle gespeiste Kraftstation *(Powerhouse)* eingehend zu besichtigen, die auch für das gesamte Trambahnsystem den elektrischen Strom liefert.

Am nächsten Tage besuchten wir das Lackawana-Stahlwerk am Erie-See, dessen Einrichtungen und Anlagen uns, soweit man dies Ausländern gegenüber tut, bereitwilligst gezeigt wurden. So gewiß dieses Werk, was insbesondere die Ladeeinrichtungen für den Wasserumschlag, sowie den Ersatz der menschlichen Kraft durch maschinelle anlangt, das denkbar Mögliche leistet: auf einer nahezu einzigen Höhe steht es nur in Amerika, jedenfalls können die Kruppschen Werke in Essen und Rheinhausen, die jenes an Umfang übertreffen, in jedweder anderen Beziehung jeglichen Vergleich aushalten. Erwähnen möchten wir nur, daß die wertvollsten Teile der größten Dynamomaschinen, und zwar sowohl alter als auch noch in der Aufstellung begriffener neuer, den Fabrikstempel „Fried. Krupp, Essen" trugen.

Da der nächstfolgende Tag ein Sonnabend war, mit dessen Mittag die Sonntagsruhe beginnt, und der Montag ein nationaler Festtag, an dem der Geschäftsverkehr ebenfalls ruhte, fuhren wir in der Nacht nach New York zurück, wobei wir von Albany ab die landschaftlich sehr schön gelegene Eisenbahn am Hudson benutzten.

Labourer day.

Eine recht eigenartige Erscheinung war die Feier des Festtages 4. September, sog. *Labourer day*, in New York. Hunderttausende von Arbeitern durchzogen, den Straßenverkehr hindernd, die Hauptstraßen der Stadt. Jeder einzelne Arbeiter trug eine Flagge mit dem Sternenbanner der Vereinigten Staaten. Kein Betrunkener war zu sehen, keine Ausschreitungen waren zu bemerken.

Wir benutzten ferner diesen und den folgenden Tag, um mit mehreren in den amerikanischen Eisenbahnverhältnissen erfahrenen Landsleuten eine ganze Anzahl Fragen, die wir bereits vor unserer Abreise von hier festgelegt hatten, zu erörtern. Diesen Unterredungen verdanken wir es, daß wir auf vieles aufmerksam gemacht wurden, was uns sonst auf unserer Reise nach dem Westen vielleicht entgangen wäre.

Größere Überlandrundreise. Pittsburg (Carnegie-Werke).

Einige Tage später verließen wir abends New York, um mit der Baltimore and Ohio-Bahn nach Pittsburg, dem hervorragendsten Platze der Eisenindustrie und Mittelpunkte des Handels für das größte und bedeutendste Kohlenindustriegebiet von Nordamerika, zu fahren. Am nächsten Tage besichtigten wir die Carnegie-Werke *(Homestead Steel Works)* unter Führung eines dort angestellten Landsmannes. Dort hatten wir zuerst Gelegenheit, uns über die Arbeiterverhältnisse überhaupt (es werden daselbst 6000 Arbeiter beschäftigt), wie insbesondere über das Verhältnis zwischen Arbeitgeber und Arbeitnehmer durch mündliche Aussprache zu unterrichten (vergl. hierüber den fünften Abschnitt). Bekanntlich ist Mr. Andrew Carnegie einer derjenigen Amerikaner, die auf dem Gebiete der öffentlichen Wohlfahrt sehr viel geleistet haben. Und doch schien es uns, als ob die sozialen Verhältnisse bei den Arbeitern seiner Werke gegen die anderer amerikanischer Werke nicht vorteilhaft abstachen, was uns nachträglich auch von einem Herrn, der auf sozialpolitischem Gebiete rühmlichst bekannt ist und auf der St. Louis-Weltausstellung als Preisrichter *(Juror)* gewirkt hat, bestätigt wurde. Es ist dies um so auffallender, als Carnegie für Bildungsanstalten (Universitäten, Schulen, Bibliotheken) viele Millionen gespendet hat.

Dieser älteste Teil der Carnegie-Werke, die übrigens sämtlich dem Morganschen Stahltrust angehören, erzeugt jährlich 400 000 Tons Bessemerstahl und $1^1/_2$ Millionen Tons Siemens-Martinstahl. Sehr interessant ist die vielfache Verwendung von Naturgas. Einen zutreffenden Begriff von der enormen Eisenindustrie erhält man erst, wenn man, wie wir dies unter Führung einiger höheren Beamten der Baltimore and Ohio-Bahn taten, von *Bessemerstation* zu Schiff den Monongahela-Fluß hinab bis zur Vereinigung dieses Flusses mit dem Alleghany, dem Beginn des Ohio-Flusses, nach Pittsburg zurückfährt. Hier sahen wir auch eines der größten Werke, das aus Familienstolz den Eintritt in die Morgansche Gründung trotz aller Bemühungen von dieser Seite standhaft ablehnt.

Von Pittsburg reisten wir mit der Baltimore and Ohio-Bahn Chicago.
nach Chicago, um uns hauptsächlich mit den Einrichtungen der Illionois Central-Eisenbahn, die hier den Sitz ihrer Betriebs- und Tarifverwaltung hat, zu beschäftigen. Das Ergebnis unserer, den verschiedenen Zweigen des Eisenbahndienstes gewidmeten Studien ist bei den entsprechenden Einzelabschnitten niedergelegt.

Wie stark der Verkehr dieser deutschesten Stadt in den Vereinigten Staaten ist, die, wenn nicht alles trügt, der Stadt New York in ihrem Wachstum unmittelbar auf den Fersen folgt, geht daraus hervor, daß man zu seiner Bewältigung ein großes Netzwerk von unterirdischen elektrischen Frachtbahnen einrichtet, das es gestattet, die Frachten zwischen allen Stadtgegenden, von und nach den Bahnhöfen, Schiffslagerhäusern, Geschäftswarenlagern usw. zu bewegen. Die Haupttunnels haben einen Durchmesser von 3,886 × 4,267 m, die Zweigtunnels einen solchen von 1,825 × 2,286 m. Die Gleisspur beträgt 0,6096 m, die größte Steigung 1 : 57 m, das Gewicht der T-Schiene 24,28 kg.

Ursprünglich waren diese unterirdischen Wege für Telegraphen- und Fernsprechleitungen gedacht und gebaut, bis man ihren hohen Wert für den städtischen Frachtverkehr erkannte und sie entsprechend ausgestaltete. Der Lastverkehr wird auf diese Weise sehr wesentlich von den Fahrstraßen der Stadt ferngehalten, tausende von Tonnen Kohlen werden unterirdisch den Kellern zugeführt, die Asche ebenso abgefahren usw., wodurch auch hygienisch wertvolle Erfolge erzielt werden. Auch die Post bedient sich dieses Verkehrsmittels für ihre Zwecke und gedenkt in kurzem täglich 900 Tonnen Postgut auf diesem Wege zu befördern. Im April 1905*) waren bereits 45 km mit 38 Stationen in vollem Betriebe, der tägliche Frachtverkehr betrug bereits über 100 000 Tonnen. Man hat die Frachtkosten des Straßenverkehrs im eigentlichen Geschäftsteile von Chicago auf etwa 210 000 000 M. geschätzt und berechnet, daß durch die unterirdische Beförderungsart — abgesehen von den sonstigen Vorteilen — über 40 % an Fracht erspart werden würden.

Um auch eine mit dem Eisenbahnfach nicht im Zusammenhang stehende Sehenswürdigkeit der Stadt von allgemeiner Bedeutung wenigstens zu berühren, sei hier das Etablissement von Marshall-Field erwähnt, welches als Einzelverkaufshaus unseren größten Warenhäusern ebenbürtig erscheint, daneben aber ein Einkaufshaus für Händler unter

---

*) *Railroad Men*, April 1905, S. 242 ff.

hält, das an Umfang das andere noch übertrifft. In beiden Etablissements werden gegen 9000 Angestellte beschäftigt. Wir besichtigten das umfangreiche Unternehmen unter Führung des deutschen Konsuls Wever. Besonderen Wert hatte für uns die Besichtigung des Einkaufshauses, weil es zeigt, welche Entwicklung das amerikanische Geschäft überhaupt nimmt und nehmen wird. Zur Zeit unterhält Marshall-Field noch eine ganze Anzahl Einkaufsstellen in Europa, besonders auch in Deutschland, u. a. in Sonneberg; man geht aber — wenigstens bei den billigen Massenwaren — dazu über, in Amerika zu fabrizieren, und es wird nicht lange mehr dauern, bis man diese Art Waren zum Teil im eigenen Lande bezieht.

Schlachthöfe *(Stockyards)*.

Von großem Interesse war die Besichtigung des Schlacht- und Viehhofs *(Union Stockyard)*. Von den beiden größten, Armour and Co. und Swift and Co., sahen wir das erstere. Unter Führung eines Angestellten des Hauses besichtigten wir den ganzen Hergang von der Einbringung des lebenden Viehes bis zur Abfuhr des in die verschiedensten Waren umgesetzten Fleisches, der Abfälle usw. Die bei dem ganzen Vorgange benutzten maschinellen Einrichtungen sind dem Großbetriebe musterhaft angepaßt.

Wie in dem Abschnitt „Beamten- und Arbeitervereinigungen“ weiter ausgeführt, endete gerade mit dem Tage unseres Besuches daselbst der Ausstand der Arbeiter mit einem vollen Siege der Arbeitgeber. Tausende von Arbeitern (das Werk beschäftigt gewöhnlich 7000 Mann) belagerten als Arbeitsuchende die Straßen, durch die wir zu dem Werke fuhren; es waren Arbeiter aller Nationen vertreten; alle verhielten sich außerordentlich ruhig, nirgends vor allem war zu bemerken, daß die Leute Alkohol getrunken hatten. Wie uns gesagt wurde, sollten die Arbeiter nur soweit wieder angenommen werden, als ihre Stellen nicht inzwischen bereits besetzt waren. Jedenfalls war die Macht der Arbeitervereinigung, die bisher die Arbeitgeber gezwungen, nur ihre Angehörigen zu nehmen, gebrochen und sog. *open shop* proklamiert.

Wie groß der Verkehr des Werkes auf den Eisenbahnen

ist, geht daraus hervor, daß es für sich allein 14000 Güterwagen *(Private cars)* besitzt, darunter eine sehr große Anzahl Kühl- oder Wärmewagen, die, soweit sie zeitweilig nicht zum eigenen Gebrauche nötig sind, an andere Gesellschaften vermietet werden. Wie in dem achten Abschnitt (Frachtbevorzugungen) des näheren hervorgehoben, liegt in dem Besitz eines Wagenmaterials von solchem Umfange in der Hand großer Verkehrstreibenden, wie es die Schlachthofinhaber sind, der Ausgangspunkt für den neuesten Kampf, der gegen die Eisenbahnen entbrannt ist. Solchen Mächten wie Armour, Swift und ihren Anhängern scheinen leider die Eisenbahnen in einer ähnlichen Schwäche gegenüber zu stehen, wie sie seinerzeit*) zu ihrer völligen Unterjochung unter die *Standard Oil Co.* geführt hat.

Die Armourwerke allein unterhalten einen Betrieb, gegen den die größten Schlachthauseinrichtungen bei uns wesentlich zurücktreten. Zweiganstalten haben sie noch an verschiedenen anderen Orten, wie in Kansas City und Omaha. Diese Werke sind neu und aufs Modernste eingerichtet, während das Hauptwerk in Chicago das älteste ist und darum in bezug auf die Bauart nicht den modernen Anforderungen entspricht. Bei unserem Rundgange durch das ganze Werk fielen der hölzerne Bodenbelag und die nur gekalkten Wände (in Kansas City sind die Wände und Fußböden z. B. mit Stein bekleidet) nicht angenehm auf, dagegen ist in bezug auf Reinlichkeit und Sauberkeit vieles geschehen; es erscheint daher nicht der Wahrheit entsprechend, wenn in Deutschland immer und immer wieder der Versuch gemacht wird, Mißtrauen in dieser Beziehung zu erregen. Was die sanitäre und veterinäre Seite anlangt, so war man bestrebt, uns zu zeigen, daß auch nach dieser Richtung alles Notwendige geschehen; wir sind nicht sachverständig genug, um hierüber urteilen zu können.

Um wenigstens eine Vorstellung vom Umfange der gesamten *Stockyards* in Chicago zu geben, sei nachrichtlich bemerkt, daß dort jährlich mehr als 2 Millionen Stück Rindvieh, 6 Millionen Schweine, mehr als 2 Millionen Schafe und

*) Vgl. auch Dr. v. d. Leyen „Die nordamerikanischen Eisenbahnen" (Leipzig 1885, Veit & Co.)

gegen 60 000 Pferde geschlachtet werden. Die auf dem Viehhof an Stallungen, Buchten und sonstigen Räumen vorhandenen Einrichtungen lassen eine gleichzeitige Aufnahme von 75 000 Stück Rindvieh, 300 000 Schweinen, 50 000 Schafen und 5000 Pferden (Marktvieh) zu. Insgesamt werden daselbst 25 000 Arbeiter beschäftigt, und der Wert der Jahresproduktion soll sich auf mehr als 1 300 000 000 M. belaufen.

An die Besichtigung der Schlachthöfe schloß sich ein Besuch der Pullman-Wagenbauanstalt, die jährlich 150 Schlaf- und Salonwagen, 12 000 Güterwagen und 500 Eisenbahnpersonenwagen gewöhnlicher Art (sog. *Standard cars*) herstellt. Die Anlage bildet eine Stadt für sich mit dem Namen Pullman (town). Leider konnten wir in die Betriebsart keinen genauen Einblick erhalten, weil das große Werk, angeblich wegen Mangels an Aufträgen*), seit Wochen vollständig still lag. Äußerlich machen die ausgedehnten Pullman-Anlagen einen vornehmen Eindruck. Pullman-Werke.

Über die Beziehungen der Pullman-Gesellschaft zu den Eisenbahnen ist im neunten Abschnitt das Nötige gesagt.

Für unsere Fachstudien bot der Aufenthalt in Chicago, der Stadt, die im amerikanischen Eisenbahnwesen Mittelpunkt für das Gebiet des Betriebs- und Verkehrswesens ist, wie New York den Mittelpunkt auf dem Finanzgebiete bildet, reichlichen Stoff. Wir erhielten daselbst auch von einer Reihe von Eisenbahnen, die in Chicago Betriebs- und Verkehrsverwaltungen haben, und von zahlreichen *Railway Associations* manches wertvolle Material, das uns für unsere Arbeiten, insbesondere zur Ergänzung der uns in der liebenswürdigsten Weise mündlich erteilten Auskunft, sehr zustatten gekommen ist.

Von Chicago reisten wir mit der Burlington and Quincy-Eisenbahn nach St. Paul, um hauptsächlich die Einrichtungen in der Zentralverwaltung der Great Northern-Eisenbahn kennen zu lernen. Der Präsident James J. Hill (Vater) als finanzieller Leiter der Verwaltung hat während des größten Teils des Jahres seinen Wohnsitz in New York; sein Sohn St. Paul und Minneapolis.

*) Vgl. den Abschnitt „Beamten- und Arbeitervereinigungen“.

Mr. Louis Hill leitet als erster Vizepräsident die Geschäfte in St. Paul. Mit ihm und den übrigen Vizepräsidenten haben wir uns über die Grundsätze, nach denen diese Herren die Verwaltung führen, eingehend ausgesprochen und konnten bei so dankenswerter Offenheit, der man sich uns gegenüber befleißigte, besonders auf dem Gebiete der Wirtschaftsführung amerikanischer Eisenbahnen, unser Wissen bereichern.

Nachdem auch einige andere Zweige des Eisenbahnverkehrs näher berührt, und uns ein reichhaltiges Material zum Selbstudium überlassen war, besichtigten wir noch die am Mississippi liegenden großartigen Getreide- und Sägemühlen, sowie die Getreide-Elevatoren in der Schwesterstadt Minneapolis.

Eine ganz eigentümliche Erscheinung war für uns der, wenn man ihn so bezeichnen darf, Flößereibetrieb den Mississippi hinab. Viele tausend Baumstämme lagen dort auf dem Flusse, teils schwimmend, teils an den nicht regulierten Ufern durch ein natürliches Hindernis festgehalten. Nach und nach treiben sie den Fluß hinab und werden von den Berechtigten aufgefangen. Wie hiermit ein ordentlicher Geschäftsverkehr verbunden sein kann, vermögen wir nicht zu begreifen. Bis St. Paul aufwärts wird der Mississippi mit kleinen Dampfbooten befahren.

Die beiden Städte St. Paul und Minneapolis sind schön gelegen und zeigen eine starke Geschäftsentwickelung. Die hügelige Landschaft läßt die Wärme nicht so stark empfinden, wie in Chicago, St. Louis usw. Dem starken Verkehr zwischen den beiden Städten dienen nicht bloß die Eisenbahn, sondern auch mehrere Straßenbahnen. Wenige Wochen vor unserem Besuche waren mehrere Joche einer die hohen Ufer des Mississippi verbindenden Brücke eingestürzt; die Reste ragten hoch über die Häuser empor.

Yellowstone Park.

Wir reisten dann mit dem *North Coast Limited* der Northern Pacific-Eisenbahn, einem der besten Überlandzüge, weiter nach Livingston und von hier auf einer Seitenbahn nach Gardiner, der Eingangsstation zum Yellowstone Park, dem amerikanischen „*Wonderland*“. In großem sechsspännigen Wagen fuhren wir von Gardiner zum Mammuth-Hotel, bei dem sich zugleich die Militärstation befindet. Der Park, der an Umfang dem Reichsland Elsaß-Lothringen beinahe gleichkommt, hat nicht den Charakter eines Parks nach deutschen Begriffen. Er ist vielmehr ein dem amerikanischen Volke gehöriges, zur Besiedlung nicht bestimmtes Land im Felsengebirge *(Rocky Mountains)*, das aus einem etwa 2400 m über dem Meeresspiegel liegenden vulkanischen Hochplateau mit umliegender, zum Teil prächtiger Berglandschaft besteht.

So groß unsere Bewunderung für die vielen auf einen verhältnismäßig kleinen Raum von der Vorsehung in verschwenderischer Fülle verteilten Naturschönheiten und Sehenswürdigkeiten auch war, ihrer Besichtigung fünf Tage zu widmen, wie dies im Programm vorgesehen war, hielten wir in Anbetracht der uns zugemessenen beschränkten Zeit für ein zu großes Opfer. So gewiß der Geologe, der Mineraloge und auch der Chemiker durch eine eingehende Besichtigung seine Kenntnisse zu bereichern in der Lage sein wird — leider ist die Mitnahme auch nur des kleinsten Andenkens durch das eine stete Aufsicht führende Militär streng untersagt —, so ist der Bedarf des Laien gedeckt mit der Besichtigung der Umgebungen des Mammuth-Hotels, seiner Terrassen und heißen Schwefelquellen, sowie einiger Fontänen, insbesondere der stärksten *(Old Faithful)* und schließlich des *Grand Cañon* (Große Klamm). Das erfordert im ganzen $2^1/_2$ bis 3 Tage; wir haben, teilweise mit besonderem Fuhrwerk, das ganze fünftägige Programm durch den Yellowstone Park hindurch und über den Yellowstone-See in 3 Tagen ausgeführt; empfehlenswerter aber würde die vorstehende Auswahl sein. Auf unserer dreitägigen Rundfahrt durch den Park überschritten wir die Wasserscheide *(Great Continental Divide)* zwischen dem Atlantischen und dem Stillen Ozean in einer Höhe von etwas über 2500 m. In dieser Höhe bemerkten wir noch sehr guten Baumbestand.

Interessant war jedenfalls der Verkehr mit dem amerikanischen Reisepublikum. Obwohl der durch die Reise bedingte Geldaufwand auch für amerikanische Anschauungen recht bedeutend ist, so ließ doch die Qualität des Publikums viel zu wünschen übrig. Wenn irgendwo, so trat hier zu Tage: mag das amerikanische gute Publikum auch sonst von der eingefleischtesten Jingoart sein und Amerika über alles stellen, Vergnügungs- und auch Erholungsreisen, abgesehen vom Besuch einiger vornehmen See- und anderen Badeorte, führen es außerhalb des Landes, meistens nach dem alten Europa; nur die große Menge bleibt im Lande, nicht zum Vorteil ihrer allgemeinen Bildung wie ihrer Lebenserfahrungen. Das ist um so auffallender, als man fast in derselben Zeit, in der man vom Osten zum Yellowstone Park mit der Eisenbahn gelangt, die andere Seite des Atlantischen Ozeans erreichen kann, und zwar zu einem keineswegs höheren Preise.

Auf dem größten Teile der ungefähr 250 km langen, den Park durchziehenden chaussierten Straße, die vom Mammuth-Hotel ausgeht und hier wieder mündet, fanden wir zu beiden Seiten des Weges noch die beim Wegbau herausgenommenen Baumstämme liegen, während ein anderer Teil in seinen öden Baumresten die traurigen Folgen eines vor mehr als 20 Jahren stattgehabten gewaltigen Waldbrandes zeigte; ein untrüglicher Beweis dafür, daß eine Besorgnis, die Zukunft werde ein derartiges Zehren vom Kapital vielleicht einmal rächen, die Gemüter noch nicht erfüllt.

Vom Standpunkte des Verkehrs ist bemerkenswert, daß der Yellowstone Park keine Eisenbahn enthält. Die Zufuhrlinie Livingston-Gardiner*) endet vor der Haupteingangsstraße; innerhalb des Parks wird der Verkehr hauptsächlich von der „*Park Transportation Company*" mittels Wagen, die sechs- und vierspännig gefahren werden und manchmal einen geradezu unerträglichen Staub entwickeln, bewältigt. Einige andere Verkehrsgesellschaften, deren Reisegäste in Zelten nächtigen, sind nicht von Bedeutung.

Auf der Eisenbahnstation Gardiner setzen die Lokomotiven nicht um, sondern der ganze Zug durchfährt langsam eine sehr starke Schleife. Schon der Bahnhof liegt in der

---

*) Inzwischen hat der Yellowstone Park auch im Westen eine Eisenbahnzufuhrlinie erhalten, und zwar von der mit der Union Pacific-Eisenbahn verbundenen Oregon Short Line aus.

Schleife. Es wurde uns mitgeteilt, daß solche Anlagen sich auf einer ganzen Anzahl von Kopfstationen befinden, für welche die Beschaffung von Grund und Boden billiger sei, als das Umsetzen der Lokomotiven.

Als wir beim Verlassen des Yellowstone Parks wieder den Eisenbahnzug bestiegen, fiel uns der ungewöhnlich starke Auswurf von Feuerresten aus der Lokomotive auf. Im ganzen Zuge konnte kein Fenster geöffnet werden. Zweckmäßig war hingegen die Einrichtung, daß bereits von Gardiner einige Wagen im Zuge liefen, die am folgenden Morgen von Livingston in den *North Coast Limited*-Zug eingestellt werden sollten, sodaß deren Insassen in Livingston im Wagen übernachten konnten. Ob sie auf dem Bahnhof genügend Ruhe hatten, wissen wir nicht; wir zogen es vor, in einem Hotel, das allerdings erst zur Hälfte in Betrieb genommen war, zu schlafen.

Der *North Coast Limited*-Zug hatte folgende Zusammensetzung: Lokomotive, 1 Gepäckwagen, der auch zur Postbeförderung dient, 2 *Chair cars* (Wagen der Eisenbahngesellschaft), 1 *Dining car*, 2 *Pullman Sleeping cars* und zuletzt ein *Observation car*, bestehend aus einem Abteil für Raucher, einem Barbier- und Baderaum, einem kleinen Schreibabteil, einem größeren Raum für Nichtraucher und einer Plattform, auf der etwa 10 Personen Platz finden. Auch eine kleine Bücherei war vorhanden. Über eine längere Betriebsstörung ist an anderer Stelle näheres mitgeteilt.

Von Livingston reisten wir mit der Northern Pacific-Eisenbahn weiter nach Portland (Oregon), wo wir nach einer ungefähr 40stündigen Fahrt eintrafen.

Die auch von Dr. v. d. Leyen *) beschriebene Fahrt auf der Northern Pacific-Eisenbahn ist sehr lehrreich. Während auf der Strecke St. Paul—Livingston der Ackerbau überwiegt und namentlich in dem weiten Tale des Yellowstoneflusses, das die Bahn auf über 500 km durchläuft, zahllose kleine Ansiedelungen sichtbar sind, beginnt auf der weiteren Strecke nach Portland alsbald hinter Livingstone das an Northern-Pacific-Eisenbahn.

*) Dr. v. d. Leyen „Die nordamerikanischen Eisenbahnen" (Leipzig 1885, Veit & Co.).

Gold, Silber und Kupfer reiche Minengebiet von Montana, in dem sich die Hauptindustriestädte Butte und Helena befinden. Leider reichte unsere Zeit nicht aus, um hier länger zu verweilen. Bald nach dem Verlassen von Helena durchschneidet die Bahn den nördlichen Hauptrücken des Felsengebirges *(Rocky Mountains)* in einem Tunnel in der Höhe von 1691 m (5545 Fuß), führt dann in großem Bogen durch die getreide- und waldreichen Spokane- und Columbia-Täler, steigt nunmehr am Ostabhange des Kaskaden-Gebirges *(Cascade Mountains)* wieder bis auf 860 m und fällt zuletzt in vielen Windungen hinab zu dem Eisenbahnknotenpunkte Tacoma, der mit der wichtigen Hafenstadt Seattle auch in regem Schiffsverkehr steht. Die industriellen Werke und die Werftanlagen von Tacoma sind bedeutend. Die Eisenbahnanlagen schienen dem Verkehr kaum zu genügen. Von Tacoma führt die Eisenbahnlinie durch stark bevölkertes Gebiet parallel dem Kaskaden-Gebirge auf der einen und dem Stillen Ozean auf der anderen Seite nach Portland. Dem Eisenbahnfachmann ist es nicht verständlich, daß auf der verkehrsreichen Hauptlinie Portland—Tacoma—Seattle täglich nur vier Eisenbahnzüge in jeder Richtung fahren; in Deutschland würde die verkehrstreibende Bevölkerung sich damit kaum begnügen.

Die Gebirgsfahrten zeigten manche prächtigen Felsen- und Waldpartien. Die Eisenbahnanlagen, Tunnels, Brücken und Dämme rechnen zu den besseren der amerikanischen Bahnen. Die Schienenlage ist durchweg der versetzte (Wechsel-) Stoß.

Interessant war auch die Durchfahrt durch mehrere Indianer-Reservationen *(Flathead-, Yakima-, Puyallup-Indians)* mit ihren Wigwams. In der erstgenannten, die wir abends durchfuhren, sahen wir eine Anzahl Indianer, wie sie am Feuer sich ihre Abendmahlzeit zubereiteten.

Ferner hatten wir bei der Fahrt durch das Gebirge Gelegenheit zu sehen, wie auf viele hundert Meilen längs der Eisenbahn Waldbrände wüteten, die auch die weitere Umgebung mit einem zeitweise unerträglichen Rauch erfüllten. Ein solcher Brand währte damals im Staate Washington schon drei Monate; man sagte uns, er würde erst aufhören, wenn ein großer Regen- oder Schneefall eintrete. Die Meinungen darüber, weshalb man ihrer immer weiteren Fortsetzung nicht steuert, sind geteilt. Die einen meinen, man sei machtlos dagegen, die anderen, die dadurch entstehenden Kosten seien größer, als der durch die Brände angerichtete Schaden. Das Holz, für welches bei dem bedeutenden Holzreichtum jener Gegenden in größerer Nähe keine Verwendung vorhanden sei, habe keinen Wert, und die Versendung auf große Entfernungen sei trotz des außerordentlich niedrig bemessenen Eisenbahnfrachtsatzes, der etwa 1 Pf. für das Tonnenkilometer auf die Entfernung von San Francisco nach New York (5225 km) beträgt, immer noch zu teuer.

Aber auch in gesundheitlicher Hinsicht scheint man nicht ängstlich zu sein, denn sonst würde man wohl nicht ruhig zusehen, wie die unmittelbare Umgebung der Städte der so überaus wohltätigen Wirkungen des Waldes durch diese Brände beraubt wird. Uns war infolge des undurchsichtigen Rauches der vielgerühmte Blick von Portland auf das Kaskadengebirge versagt.

Die nicht viel mehr als 50 Jahre alte, sehr schön gelegene Stadt Portland (Oregon), die bereits 100 000 Einwohner zählt, plante zur Zeit unserer Anwesenheit eine große allgemeine Landesausstellung, deren auf breiter Grundlage aufgebaute Anlagen schon ihrer Vollendung entgegengingen. Ob das Bedürfnis nach allgemeinen Ausstellungen nicht endlich befriedigt ist? Portland (Oregon).

Die Stadt ist ein reiches und wichtiges Industriezentrum, die Holzmühlen sind zum Teil sehr ausgedehnt.

Für uns war der Aufenthalt in Portland besonders lehrreich, weil wir hier sowohl den äußeren Abfertigungsdienst, wie insbesondere auch den Bureau-, Rechnungs- und Abrechnungsdienst des Auditorbureaus einer großen westlichen Eisenbahnverwaltung (Southern Pacific) im einzelnen kennen lernten und Beziehungen anknüpften, die für unsere Studien infolge weiterer uns heute noch zugehender Mitteilungen von Nutzen geworden sind.

Auf dem Bahnhof in Portland *(Union depot)* besichtigten wir auch die ständige Ausstellung von Erzeugnissen des Ackerbaues und der Gartenkultur, von Hölzern, Steinen und

Erzen des Oregon-Gebietes. Ähnliche Ausstellungen sind auch auf anderen großen Eisenbahnstationen, namentlich im Westen Nordamerikas vorhanden; sie dienen besonders dazu, den Eingewanderten und anderen Personen, die Beschäftigung und Siedelung suchen, Aufschluß über Bodenbeschaffenheit usw. zu geben.

Shasta-Route.

Wir verließen Portland, um mit der Southern Pacific-Eisenbahn nach San Francisco zu fahren. Die Bahnlinie wird nach dem unweit der Bahnstrecke am Nordende der Sierra Nevada liegenden 4400 m hohen vulkanartigen Berge Shasta die Shasta-Route genannt. Sie führt zunächst an dem Kaskadengebirge entlang, übersteigt die Ausläufer dieses Gebirges in einer Höhe von 1350 m, durchfährt die Niederung zwischen diesen und den Ausläufern der Sierra Nevada, deren nördlichen Teil sie bei Black Butte Summit (1190 m) übersteigt, und senkt sich dann ziemlich steil in das Sacramento-Tal. In Sacramento vereinigt sich die Bahn mit der von Ogden (Großer Salzsee) kommenden Union Pacific-Eisenbahn. Der Zug erreicht in der Ebene, nachdem eine schmale Meerenge auf einer Brücke und eine breitere (Sólano) auf einer für die gleichzeitige Überführung von 24 schweren Personenwagen eingerichteten Fähre übergesetzt ist, Oakland, die Landungsstation für San Francisco. Für die Befahrung der 1242 km langen Route waren fahrplanmäßig 38 Stunden angesetzt, während unser Zug etwa $39^1/_2$ Stunden brauchte. Wie uns gesagt wurde, werden die Güterzüge, die wegen der zu überwindenden großen Steigungen häufig recht langsam fahren, bisweilen durch Raubgesindel unsicher gemacht, das die Züge als blinde Passagiere *(Tramps)* benutzt und an entlegenen Stellen ab- und aufsteigt. Die Fahrt enthielt viele prächtige Gebirgspartien. Die Vegetation nimmt, je mehr sich der Zug dem Sacramento-Tale nähert, einen südlichen Charakter an. Die Eisenbahnbauwerke auf der Strecke — soweit irgend möglich von Holz — sind denkbar einfach, ja zuweilen notdürftig.

San Francisco.

Wir erreichten Oakland und nach einer Überfahrt mit dem Fährboot über die San Francisco-Bay die Stadt San Francisco, wo wir einen längeren Halt machten; einmal, um uns einige

Tage der Ruhe zu gönnen, deren wir nach den voraufgegangenen arbeit- und strapazenreichen Wochen bedurften, andererseits, um die Umgebung dieser am „*Golden Gate*" wahrhaft prächtig gelegenen Stadt in Augenschein zu nehmen. Bietet schon die Natur hier einen erheblichen Schutz gegen die Macht des Ozeans, so hat man weiterhin noch in den bedeutenden Hafenanlagen für eine ungehinderte Verkehrsbewältigung Anlagen geschaffen, die Beachtung verdienen. Auch die für die amerikanische Marine hier und in der Nähe von San Francisco erbauten Werke sind ausgezeichnet.

Die Stadt wächst außerordentlich; dies und die Tatsache, daß man hier eigentlich nur Einzelwohnhäuser kennt, hat der Stadt bereits eine Ausdehnung gegeben, die sie bevölkerter erscheinen läßt, als sie ist. Zur Zeit hat sie gegen 400 000 Einwohner. Die Häuser sind fast ausschließlich Holzbauten, aber meist geschmackvoll ausgestattet. Man sagte uns, diese Bauten seien wesentlich billiger als Steinbauten; von anderer Seite hörten wir aber, daß man mit Rücksicht auf die immer wiederkehrenden Erdbeben an den Holzbauten, als weniger gefährlich, festhalte. Gebaut wird übrigens mit amerikanischer Schnelligkeit und nach unseren Begriffen — Sorglosigkeit. Wenn man die nicht einmal armdicken Eckpfosten und die dünnbrettrigen Balkone im Bau begriffener Häuser betrachtet, so fragt man sich erstaunt, wie solche Baulichkeiten auch nur einem geringen Windstoße widerstehen können.

Die Eisenbahnverhältnisse sind gerade nicht auf der Höhe. San Francisco selbst hat nur einen unbedeutenden Bahnhof, den der Southern Pacific-Eisenbahn für den Nahverkehr. Der Personenverkehr vom Osten, Norden und Süden geht über Oakland auf der anderen Seite der San Francisco-Bay. Fähren *(Ferries)* vermitteln ihn zu dem recht ansehnlichen *Union Ferry Depot*, welches die in San Francisco einmündenden Bahnen errichtet haben. Die Zu- und Abfuhr der auf den Eisenbahnen beförderten Güter vollzieht sich ebenfalls hauptsächlich auf dem Wasserwege, und zwar von einer besonderen Landungsstelle aus, die von dem Bahnhofe Vallejajunction aus bedient wird.

Sonst war auf dem Gebiete des Eisenbahnwesens nichts besonderes zu sehen, dagegen hatten wir reichliche Gelegenheit, uns über andere Gebiete, so die Arbeiterfrage, zu unterrichten. Sie hat hier in der einstigen Stadt der Goldsucher, wo auch heute noch, nachdem die Goldströme längst versiegt sind, der Dollar schneller als anderswo durch die Finger rollt, eine erhöhte Bedeutung.

Nachdem wir unter Führung eines in Marinekreisen bekannten Herrn noch die amerikanische Marinestation Mary Island besichtigt hatten, verließen wir San Francisco, um mit dem *Atlantic Express* von Oakland über Sacramento und Ogden nach Denver zu fahren. Von einer zunächst beabsichtigten Reise nach Los Angeles (Cal.) und von dort über die Santa Fé-Eisenbahn hatten wir aus Mangel an Zeit sowie hauptsächlich deshalb abgesehen, weil damals Wolkenbrüche ganze Bahnstrecken unfahrbar gemacht hatten und wir große Verzögerungen unserer Reise befürchteten. Wie begründet diese Besorgnis war, erfuhren wir später von bekannten Deutschen, die infolge von Betriebsstörungen auf den Eisenbahnen vier Tage lang und mehr auf einsamen Stationen und Siedelungen hatten verweilen müssen.

Southern- und Union Pacific-Eisenbahn.

Unser Weg führte wieder über Sacramento, wo sich die Bahnen nach Portland und Ogden trennen. Die fahrplanmäßige Zeit beträgt für die 1353 km lange Strecke bis Ogden mit dem *Overland Limited*-Zuge etwas über 27 Stunden, mit dem sogenannten *Atlantic Express* $32^1/_2$ Stunden. Wir brauchten mit dem letztgenannten Zuge, den wir wegen Überfüllung des ersteren benutzen mußten, infolge von Zugverspätungen 34 Stunden 20 Minuten. Bei der Beurteilung der Zuggeschwindigkeit ist zu berücksichtigen, daß die verhältnismäßig geringe Zahl der Stationen und Zugkreuzungen nur selten Aufenthalte bedingen. Es fahren nur drei Personenzüge täglich in jeder Richtung, einen Güterzug haben wir nur selten zu Gesicht bekommen. Auf der anderen Seite aber wirken die erheblichen Steigungen und Gefälle für den Betrieb erschwerend. Von Sacramento (etwa 48 m über dem Meere) steigt die Bahn auf eine Entfernung von etwa 160 km rasch in die Sierra Nevada hinauf, erreicht in Station Summit mit 7017 Fuß (2135 m) den höchsten Punkt, fällt wieder bis 3929 Fuß (1193 m), steigt von neuem bis 6154 Fuß (1877 m) in Station Fenelon und erreicht nach wechselnden Gefällen und Steigungen Ogden, das einige Meter über dem mit etwa 4300 Fuß (1311 m) über dem Meere verzeichneten Großen Salzsee liegt.

Von Ogden benutzten wir die Union Pacific-Eisenbahn, die zunächst das Wahsatch-Gebirge durchschneidet, dann in einer breiten Sattelung des Felsengebirges weiterfährt, bei Station Sherman den Kamm dieses Gebirges in Höhe von etwa 8000 Fuß (2440 m) überschreitet und bei Cheyenne (6050 Fuß = 1845 m) das Gebirge verläßt, um alsdann in zwei Armen die Steppen-, Wiesen- und Ackerlandschaften von Nebraska bis Sioux City, Omaha und Kansas City zu schneiden. Wir fuhren von Cheyenne am Fuße des Felsengebirges entlang durch eine prächtige Prärielandschaft, die aber durch anscheinend wohlhabende Siedelungen unterbrochen wurde, nach Denver, das in einer Höhe von 5270 Fuß (1602 m) äußerst malerisch unweit des Felsengebirges gelegen ist und einen herrlichen Blick auf die schneebedeckten Köpfe und Bergrücken bietet. Zu unserer Fahrt von San Francisco bis Denver hatten wir drei volle Tage und zwei Nächte gebraucht.

Im Gegensatz zu der gewerbe- und industriereicheren Northern Pacific-Linie zeigt die vereinigte Southern- und Union Pacific-Linie auf der ganzen Strecke von Sacramento bis Denver keine bedeutenden Industrien; erst hier beginnt die fieberhafte industrielle Tätigkeit wieder, und zwar in großartigem Maßstabe. Auf der californischen Seite der Sierra Nevada ist der Obstbau bemerkenswert. Das Silberminengebiet bei Virginia am östlichen Abhange der Sierra Nevada ist von der Abzweigstation Reno nicht sichtbar. Nach dem Verlassen der Sierra Nevada und des Staates California durchläuft der Zug im Staate Nevada schier endlose Wüstengegenden, die nur selten durch eine Oase unterbrochen werden. Auf der ganzen Linie von Reno bis Ogden bemerkt man die Verbesserungsbauten der Eisenbahn. Bei der ersten Anlage hat man kostspielige Bauten, wie Einschnitte und Brücken, vermieden und Steigungen und Kurven nicht gescheut. Jetzt wird geebnet und gestreckt. Der bedeutendste Teil dieser Bauten scheint die Kürzung der Bahnstrecke von der in trostloser Wüste gelegenen Station Lucia nach Ogden zu sein. Vermittels einer Durchquerung des großen Salzsees auf eine Länge von nicht weniger als 44 km wird die alte, um die Nordseite des Sees gelegte Linie um rund 70 km gekürzt. Man baute zunächst eine hölzerne Jochbrücke und ist jetzt damit beschäftigt, dieses vorläufige und gewiß nicht ungefährliche Bauwerk durch einen festen Steindamm zu ersetzen. Schon weit vor Lucia sahen wir in der Nähe der Bahn zahllose alte Personen- und bedeckte Güterwagen auf besonders angelegten Seitengleisen stehen, in denen tausende von Arbeitern ihre Unterkunft fanden. Alle Nationen der Erde schienen hier vertreten zu sein, und es mag den bauleitenden Eisenbahningenieuren nicht leicht sein, hier Ordnung zu halten. Ogden ist eine aufblühende Industriestadt, ebenso Laramie im Felsengebirge, wo sich ein Hauptstapelplatz für Eisenbahnschwellen befindet. Über mehrfache Unbequemlichkeiten im Eisenbahnzuge berichten wir an anderer Stelle im Zusammenhange.

Denver.

Denver, die Hauptstadt von Colorado, ist ein bedeutender Eisenbahnknotenpunkt und eine in rascher Entwickelung befindliche Industriestadt. Das *Union depot*, in dem alle Eisenbahnen zusammenlaufen, ist eine sehr ansehnliche Anlage, die aber noch kostspieliger Verbesserungen bedarf. So bemerkten wir gleich beim Verlassen der Station, daß zwischen dieser und der Stadt zwei Gleise in Straßenhöhe liegen, die den starken Verkehr in einer für unsere Begriffe unzulässigen Weise hemmen. Wir besichtigten einige der bedeutendsten Fabrikanlagen und unterrichteten uns über das innere Abfertigungswesen im Güter- und Personenverkehr. Bemerkenswert für diese Stadt ist, daß sie das gelobte Land der *Scalpers* (Privathändler für Eisenbahnfahrkarten) zu sein scheint, da sehr viel Geschäfte dieser Art hier zu sehen waren.

Nun trennten wir uns für einige Tage, die der eine abwechselnd in Lincoln (Nebraska), Kansas City und Parsons (Kansas) verbrachte, während der andere diese Zeit zu einem

Ausflüge nach Colorado Springs und dem Minendistrikt von Creeple Creek benutzte. Beide aber fanden wir auch während dieser Tage Gelegenheit, unsere Fach- und allgemeinen Studien zu vervollkommnen.

Lincoln (Nebraska).

Lincoln (Nebraska), eine freundliche Stadt mit gut besuchter Hochschule in einer fruchtbaren Ebene, ist als Eisenbahnknotenpunkt nicht ohne Bedeutung. Lincoln mag an dieser Stelle auch deshalb erwähnt werden, weil hier — abgesehen von kurzen Eisenbahnfahrten, insbesondere solchen in der Nähe von New York — die Ankunft des von uns benutzten Zuges ohne Verspätung erfolgte.

Daß die Wagen auf der Fahrt von Denver bis Lincoln (etwa 780 km) besonders ruhig gelaufen waren, glaubte der *Chief engineer* darauf zurückführen zu müssen, daß auf der ganzen Strecke nur Wechselstoß liege, nachdem der Gleichstoß vor 10 Jahren beseitigt sei; zugleich sei der Wechselstoß auch wirtschaftlicher in der Unterhaltung. Sehr unangenehm war an mehreren Stationen der Strecke, wo Veränderungen in der Zusammensetzung des Zuges vorgenommen wurden, das heftige Zusammenstoßen zwecks Zusammenschlusses der automatischen Kuppelung. Auf einer Station fiel ein Reisender, der eine Flasche in der Hand hielt, vom Stuhl und verletzte sich am Arm derart, daß er die Fahrt nicht fortsetzen konnte, sondern sich in ärztliche Behandlung begeben mußte. An vielen Stellen der Bahn wurden die hölzernen Brücken durch Brücken aus Stein, teils auch aus einer besonderen Zementart ersetzt.

In der in dem Vororte Havelok bei Lincoln gelegenen Hauptwerkstätte der Burlington and Quincy-Eisenbahn werden etwa 650 Arbeiter beschäftigt; die baulichen Anlagen *(Shops)* sind nicht geräumig, die Werkzeugmaschinen nicht besser, als in unseren neueren Anlagen. Die Arbeiten schienen, soweit ein Laie sich ein Urteil beimessen kann, nicht so sauber wie bei uns, werden aber nach der Meinung des leitenden Ingenieurs (des Sohnes eines deutschen Technikers) vollständig betriebssicher ausgeführt. Eine erst vor einem Jahr neu beschaffte Lokomotive befand sich wegen sehr schadhaften Zustandes (wie mitgeteilt wurde, nicht infolge eines

Betriebsunfalles) in Reparatur. Unter den Arbeitern waren mehrere Deutsche, die bereits in deutschen Eisenbahnwerkstätten gearbeitet hatten. Die tägliche Arbeitsdauer beträgt 10 Stunden, der Sonnabend ist frei; seit Wochen wurde aber nur 8 Stunden gearbeitet, weil, wie die Leute angaben, wegen der bevorstehenden Präsidentenwahl die Geschäfte flau gingen. Alle Arbeiter, ausgenommen die Vorarbeiter *(Foremen)*, werden in Stücklohn „*piece by piece*" beschäftigt, sie verdienen etwa 35 bis 40 Cents in der Stunde. Die Vorarbeiter verdienen 100 bis 125 Dollars im Monat; zwischen den Vorarbeitern und dem leitenden Ingenieur stehende Werkmeister gibt es anscheinend nicht.

Kansas City und Parsons.

Kansas City ist eine sehr industrielle Stadt von etwa 160 000 Einwohnern am Zusammenflusse des Kansas und Missouri. Es wurden die großartigen Schlachthofanlagen der Firma Armour & Co. in Chicago und die Verkehrsanlagen am Flusse besichtigt. Die letzteren sind allerdings nicht von Bedeutung; dagegen ist der Eisenbahnverkehr sehr erheblich, und zwar sowohl der Güterverkehr, als auch namentlich der Personenverkehr, da hier die verschiedensten Linien zusammentreffen. So groß aber der Verkehr ist, so vorsintflutlich sind die Bahnhofsanlagen: ein Empfangsgebäude, in welchem zu den starken Verkehrstunden — etwa dreimal am Tage — das größste Gedränge herrscht, auf dem Bahnhof selbst keinerlei Bahnsteig, nur hölzerner Belag zwischen den Gleisen, dazu so enge Gänge für das Publikum, daß Unfälle unausbleiblich sind und auch tatsächlich häufig eintreten. Nur mit Hilfe eines gut bezahlten Gepäckträgers gelang es, durch das Gedränge — es war an zwei gewöhnlichen Werktagen — einen Weg zum Zuge zu finden. Ein „*Station master*" war auf dem sog. Perron, er wußte aber nicht Bescheid, da die Züge von allen Richtungen Verspätung hatten.

Interessant war auch ein Besuch auf einer großen Farm in der Nähe von Parsons, einem Eisenbahnknotenpunkt in Kansas, in der Nähe der Grenze von Texas. Die Landwirtschaft ist in dieser Gegend noch äußerst lohnend. Der Boden verlangt noch keinen Dünger. Die Bahnverwaltungen gewähren den größeren Farmen viele Erleichterungen durch Herstellung zweckmäßiger Verladevorrichtungen; die Güteragenten besuchen die Farmen öfter und erkundigen sich nach ihren Bedürfnissen.

Auf der anderen Seite ist man wieder rücksichtslos, wenn es sich um die Einlegung von Personenzügen handelt. Fahrplanmäßig sollte morgens gegen 11 Uhr ein Zug von Parsons nach Kansas City fahren. Kurz vor 11 Uhr wurde mitgeteilt, daß der Zug etwa 2 Stunden Verspätung habe, er traf aber erst gegen 5 1/2 Uhr nachmittags ein, und alle Reisenden, etwa 30—40, mußten warten, obwohl auf der Station Parsons genügend Lokomotiven und Wagen vorhanden waren, um für die etwa dreistündige Fahrt einen Sonderzug einzurichten. Es waren meistens Kaufleute, denen der Nachmittag geschäftlich verloren ging. Auf dieser kurzen Fahrt zeigte es sich auch wieder, daß es für den gebildeten Europäer geradezu ein Ding der Unmöglichkeit ist, die sog. amerikanische „*first class*“ zu benutzen. Der Versuch, im *Chair car* zu fahren, mußte bald aufgegeben werden, weil in der ersten und einzigen Klasse die menschliche Ausdünstung und der Geruch des Tabaks aus dem benachbarten Rauchabteil, der Staub infolge Öffnens der Fenster und endlich das Ausspucken der Männer — zum Teil auch der Frauen, die vielfach, selbst noch im Pullmanwagen kauen — geradezu unerträglich war. Für die kurze Fahrt in dem dann benutzten Pullmanwagen war ein Zuschlag von 75 Cents zu entrichten. Dort war man besser aufgehoben, aber der Anschluß an den Zug nach St. Louis wurde nicht erreicht, und unser Zusammentreffen in der Weltausstellungsstadt fand infolgedessen einen Tag später statt.

St. Louis. Weltausstellung.

Wir fühlen uns nicht berufen, ein Gesamturteil über die Weltausstellung zu geben; nur soviel darf ausgesprochen werden, daß sie dem, der mit großen Erwartungen kam, wohl einige Enttäuschung bereitet haben wird. Wir waren, und mit uns eigentlich alle Landsleute, die wir darüber gesprochen haben, der Ansicht, es sei hier wiederum der Beweis erbracht, daß die Zeit der allgemeinen Weltausstellungen unwiederbringlich vorüber ist. Auf einer solchen gelangt weder

der Sachverständige noch der Laie zu seinem Rechte. Dazu kommt, daß ein den Amerikaner kennzeichnender Mut dazu gehört, in einer dem Fremden nichts bietenden Provinzialstadt eine Weltausstellung zu veranstalten. Daß sie an örtlichem Umfang die letzte Pariser übertraf, soll nach dem Urteil Sachverständiger ihr einziger und sehr zweifelhafter Vorsprung vor dieser gewesen sein. Nebenbei bemerkt, waren die hier für alles, selbst den Eintritt in die Ausstellung ($^1/_2$ Dollar) zu zahlenden Preise geradezu unerhört. Wir mußten für ein Zimmer mit einem Bett im 12. Stock 12 Dollars = 50 M. täglich zahlen. Ein Mittagessen im Deutschen Hause, das in Deutschland mit 3 M. reichlich bezahlt ist, kostete 3 Dollars.

Einzelne der in St. Louis einmündenden Eisenbahnen, so die Wabash-Eisenbahn, hatten ihre Gleise bis zum Eintritt in die Ausstellung verlängert und besondere Ausstellungsbahnhöfe angelegt, ähnlich wie es die preußische Staatsbahn in Düsseldorf getan hat.

Wie bekannt ist, wurde neben der japanischen allgemein die deutsche Ausstellung als solche bezeichnet, der die Palme des Sieges gebührt.

Ob die von der preußischen Eisenbahnverwaltung auf der Ausstellung in anschaulicher, gut ausgestatteter Weise dargestellten Aufwendungen auf dem Gebiete der Sozialpolitik und Wohlfahrtspflege und die den Arbeitern zugekommenen und zukommenden Wohltaten der Versicherungsgesetze genügend gewürdigt worden sind, möchten wir bezweifeln. In der Masse des Gebotenen konnten sie die verdiente Aufmerksamkeit kaum auf sich ziehen.

Bei der Darstellung der Betriebs- und Sicherungseinrichtungen auf den preußischen Bahnen*) scheint dies besser gelungen zu sein. Nach ihrem vollen Werte würden aber derartige Darbietungen nur auf einer Sonder- oder Fachausstellung geschätzt werden. Es ist zu bedauern — und unsere Meinung wird von hervorragenden Deutsch-Amerikanern geteilt,

---

*) Bekanntlich hatte die preußich-hessische Staatseisenbahn-Verwaltung als „*German Railroad*" die Schienen- und Sicherungsanlagen eines Bahnhofs ausgestellt.

— daß Deutschland es sich bisher hat entgegen lassen, als Ersatz für die jetzt doch nur mehr oder weniger als Weltjahrmärkte besuchten Weltausstellungen internationale Fachausstellungen zu veranstalten. Vielleicht würde gerade das Eisenbahnwesen geeignet erscheinen, auf diesem Gebiete den Anfang zu machen. Uns ist wiederholt von maßgebenden und sachverständigen Personen — insbesondere Deutschen — angeraten worden, für die Veranstaltung einer Verkehrsausstellung in Berlin einzutreten. Es kann für uns, besonders nach dem, was wir in St. Louis gesehen haben, nicht zweifelhaft sein, daß wir ein derartiges Unternehmen, welches, wie kaum ein anderes, für die Weiterentwicklung des Eisenbahnwesens von Bedeutung sein würde, getrost beginnen können.

Was sonst auf dem Gebiete des Eisenbahnwesens ausgestellt war, hat, soweit es für uns von Wert war, wie z. B. die Pullman-Ausstellung, an geeigneter Stelle Berücksichtigung gefunden.

Eine recht liebenswürdige Aufnahme fanden wir bei dem deutschen Ausstellungskommissar, der in dankenswerter Weise uns durch seine Assistenten bei unseren Besuchen in der Ausstellung begleiten ließ. Daß er durch sein Auftreten auch sonst den größten Beifall gefunden und dadurch der deutschen Ausstellung ungemein genutzt hat, ist auch anderweitig bereits bekannt geworden.

Den Nachmittag vor unserer Abreise aus St. Louis benutzten wir, um unter Führung eines hervorragenden Deutsch-Amerikaners die Verkehrsanlagen am Mississippi zu besichtigen. Wir konnten hier recht erkennen, wie die Eisenbahnen den Wasserweg brach gelegt haben. Der Schiffsverkehr, der vormals eine große Rolle gespielt hat, und dem St. Louis so viel verdankt, ist fast vollständig erlahmt. Die praktisch gebauten Getreideschiffe liegen unbenutzt, der Kohlenverkehr zu Wasser ist gering, ebenso der Baumwoll- und der Personenverkehr fast ohne Bedeutung. Der Chef der ehemals bedeutenden Mississippi-Schiffahrt hat längst sein Kapital bei den Eisenbahnen untergebracht, die dem Wasser den Verkehr weggenommen haben.

Einen imposanten Anblick gewährt die Zentralstation

(Union depot) in St. Louis, in die alle Eisenbahnen einmünden. Die Halle überspannt 32 Gleise; sie ist aber sehr dunkel, so daß auch am Tage die Eisenbahnwagen beleuchtet werden. Auch schien uns die Anordnung der Ein- und Ausfahrten der Züge wenig zweckmäßig und betriebssicher.

Pittsburg (Eisenbahnanlagen).

Von St. Louis wandten wir uns noch einmal nach Pittsburg. Bei unserer ersten Anwesenheit daselbst hatten wir uns außer der Besichtigung der Carnegie-Werke insbesondere über die dortigen Verwaltungseinrichtungen (Divisionen, Agenturen usw.) der Baltimore and Ohio-Eisenbahn unterrichtet und umfangreiches Material für unsere Arbeiten gesammelt. Nachdem wir verschiedene Fragen nochmals mit den in liebenswürdigster Weise uns zur Verfügung stehenden leitenden Beamten dieser Verwaltung erörtert hatten, und uns in weitestem Umfange Auskunft erteilt war, widmeten wir uns nunmehr der Besichtigung der Eisenbahnanlagen und Verwaltungseinrichtungen der Pennsylvania-Eisenbahn, deren Hauptverwaltung (*west of* Pittsburg) sich hier befindet. Man gestattete uns bereitwilligst, das ganze innere Getriebe, den Geschäftsgang und auch das sonstige Gebaren einer der bestverwalteten amerikanischen Eisenbahnen näher kennen zu lernen. Da Mr. Cassatt, der zugleich Präsident der Pennsylvania (*east of* Pittsburg) ist, in Philadelphia seinen Wohnsitz hat, so wurden wir von seinem Vertreter empfangen und in der zuvorkommendsten Weise über alles, was wir zu wissen wünschten, und auch aus freien Stücken über viele andere wissenswerte Dinge, insbesondere des inneren Verwaltungsdienstes, aufgeklärt und mit reichem Material für die späteren fachlichen Abhandlungen unserer Arbeit versehen.

Endlich besichtigten wir die neuen, kostspieligen Anlagen der Wabash-Eisenbahn, die einen großen Personenbahnhof in Pittsburg anlegt, zu diesem Zwecke den Washington-Hügel durchtunnelt und den Monongahela-Fluß überbrückt. Das Empfangsgebäude, in dem sich auch große Verwaltungsräume befinden, macht einen imposanten Eindruck, scheint aber in vielen Beziehungen wenig praktisch eingerichtet zu sein. Daß ein Bahnhofsvorplatz fehlt, ist weniger auffällig, da in dem neuen Gebäude — wie auf allen großen Eisenbahnstationen Nordamerikas — die An- und Abfahrt der Reisenden und des Gepäcks sich in einer besonderen Halle vollzieht.

Unser nächstes Ziel war Cleveland. Wir besichtigten die Einrichtungen für die Ausladung der Erze aus den Schiffen und die Verladung der Kohle in die Schiffe, die dieser wichtige Eisenbahnknotenpunkt und großartige Umschlagsplatz am Erie-See besitzt. Auch der Sitz der bekannten *Standard Oil Co.*, die hier ihre enormen Petroleumsammelbecken und Raffinerien unterhält, befindet sich in Cleveland. Cleveland (Ohio).

Wir beobachteten insbesondere die Beladung eines Kohlenboots, welches für Duluth bestimmt war und eine Tragfähigkeit von 10 000 Tons besaß. Die Umladung der schweren Eisenbahnwagen vollzieht sich mit denkbar geringem Aufwand an Menschenkraft in raschester Weise. Gleich lehrreich war die Besichtigung automatischer Entlader von Erzen aus den Schiffen in die Eisenbahnwagen.*)

Sodann besichtigten wir noch die Güterabfertigungsstellen der Pennsylvania- und der Baltimore and Ohio-Eisenbahn. Das Ergebnis wird im achten Abschnitt verwertet. Hier mag nur angeführt werden, daß die neuen baulichen Anlagen der Pennsylvania-Eisenbahn einen vorzüglichen Eindruck machten. Der Schuppen ist der Länge nach in Versand und Empfang getrennt, in der Mitte des Schuppens, also in bedecktem Raume, befinden sich die Ladegleise. Für die Ausgabe der Güter ist die Kopfseite, für die Annahme die Längsseite bestimmt. Die Räume für die Bureaus und für Unterkunft in Ruhepausen usw. sowie die Nebenräume sind wohl die besten, die wir auf den Stationen in Amerika gesehen haben.

Von Cleveland ging die Reise über Pittsburg ohne Aufenthalt nach Washington. Während der Fahrt bemerkten wir umfangreiche Bahnverlegungen zwecks Streckens und Ebenens der Bahntrace. Eine mehrstündige Zugverspätung erlitten wir, weil ein schwerer Güterwagen infolge Platzens der Seitenwand unser Gleis sperrte. Washington.

*) Vgl. Macco, Aufsatz in der Zeitschrift „Stahl und Eisen“ 1902, No. 2 u. 3.

Unsere Zeit in Washington widmeten wir in der Hauptsache dem Studium der Einrichtungen der *Interstate Commerce Commission* (Bundes-Verkehrsamt). Das hier erhaltene Material bildet eine der wesentlichsten Unterlagen für die nachfolgenden fachlichen Darstellungen.

Baltimore. Von Washington aus besuchten wir Baltimore, wo uns ein überaus liebenswürdiger Empfang zuteil wurde, sowohl von dem Präsidenten, als auch von dem Vizepräsidenten und den sonstigen leitenden Beamten, mit denen wir in Berührung kamen. In der Unterhaltung wurde auch die Steigerung der Tragfähigkeit der Güterwagen berührt. Über diese Frage gibt der achte Abschnitt nähere Auskunft.

In eingehendster Weise unterrichteten wir uns über die Verwaltungseinrichtungen der Baltimore and Ohio-Eisenbahn. Es ist nur zu bedauern, daß wir infolge Einäscherung ihres Hauptverwaltungsgebäudes beim großen Brande daselbst im Jahre 1903 nicht auch den normalen Geschäftsgang dieser großen Verwaltung kennen lernen konnten. Zur Zeit sind die Geschäftsräume hauptsächlich in den oberen Stockwerken des Empfangsgebäudes untergebracht. Obwohl diese Bahn von dem Pennsylvania-System „kontrolliert“ wird (vgl. den dritten Abschnitt), hat sie sich in bezug auf ihre Verwaltung größere Selbständigkeit bewahrt. Sie gehört zu denen, die augenscheinlich die größten Anstrengungen machen, in ihren Anlagen und Betriebseinrichtungen auf volle Höhe zu gelangen. Nachdem sie vor einer Anzahl von Jahren ihre finanziellen Grundlagen in wirtschaftlicher Weise neu geordnet hat, haben sich ihre Verhältnisse zusehends gehoben, sodaß sie jetzt in der Lage ist, große Summen für sog. *betterments* (Verbesserungen) auszugeben. Wir konnten bei Befahrung ihrer Strecken sehen, wie sie die aus den ersten Anfängen herrührenden, nicht nur für den Betrieb kostspieligen, sondern auch gefährlichen starken Krümmungen beseitigt und gemildert hat, und durch Errichtung des Blocksystems und Legung des schwersten Oberbaues die in der Vergangenheit gemachten Fehler zu beseitigen bestrebt ist. In der Schaffung ausreichender Güterbahnhöfe ist allerdings noch manches nachzuholen. So finden sich noch auf Hauptstraßen von Baltimore Ladegleise, auf denen ganze Züge aufgestellt, be- und entladen werden. Auch die Hafenbahnanlagen sind noch unvollkommen.

Daß sonach hier noch viel geschehen kann und muß, war uns klar. Wir hatten den Eindruck, daß gerade diese Bahn, deren Einrichtungen wir nachträglich aus dem uns überlassenen Geschäftsmaterial eingehend studieren konnten, für einen energischen Organisator preußischer Schule ein weites, aber auch dankbares Arbeitsfeld abgeben würde. Dabei gehört die Baltimore and Ohio-Eisenbahn zu den bestverwalteten.

Von Baltimore gingen wir nach Philadelphia zur Penn- **Philadelphia.** sylvania-Eisenbahn (*east of* Pittsburg). Daß auch ihre Verwaltung eine der besten ist, selbst nach unserer strengen Auffassung, ist zuzugeben; daß dort sicher und zuverlässig gearbeitet wird, ebenfalls. Andererseits aber kann nicht in Abrede gestellt werden, — diese Auffassung hat sich durch das nachträgliche Studium ihrer Einrichtungen nur noch vertieft: hier herrscht namentlich infolge einer bis auf die Spitze getriebenen Zentralisierung aller, auch der unbedeutendsten Geschäfte, ein Bureaukratismus, eine Vielschreiberei und Umständlichkeit, die, schon weil sie sich in den nachgeordneten Dienstzweigen in erhöhtem Umfange fortsetzt, recht hohe Verwaltungskosten verschlingt. Freilich kann die Pennsylvania-Eisenbahn bei ihrem gewaltigen Verkehr sich den Luxus einer überreichen Personalbesetzung wohl leisten.

Es trat gerade hier die auch auf anderen Gebieten sichtbare Erscheinung in die Augen, daß die starke Seite der amerikanischen Arbeitskraft mehr in der von einem Mangel an Vertiefung, von einer gewissen Oberflächlichkeit nicht zu trennenden Kürze in Entschluß und Arbeit besteht, daß man aber im allgemeinen weniger dazu veranlagt oder erzogen ist, in sorgfältiger, zielbewußter Prüfung jede überflüssige Belastung auszuscheiden und durch eine zweckentsprechende und verständnisvolle Zusammenfassung und Einschränkung der Kräfte den Erfolg der Arbeit zu sichern.

Die Einzelheiten unserer örtlichen Beobachtungen und nachträglichen Studien in bezug auf die beiden letztgedachten Verwaltungen werden in den einschlägigen Abschnitten unserer Sonderausführungen zur Darstellung gelangen. Dort soll auch eingehend erörtert werden, was die Pennsylvania-Eisenbahn sowie die amerikanischen Eisenbahnen im allgemeinen in sozial-politischer Beziehung für ihre Angestellten getan haben. Die Pennsylvania-Eisenbahn steht auch hier an der Spitze aller Verwaltungen, reicht aber, soweit hier überhaupt ein Vergleich zulässig und möglich ist, keineswegs an das heran, was bei der preußischen Eisenbahnverwaltung und bei den anderen deutschen Staatsbahnverwaltungen auf diesem Gebiete geschehen ist und noch geschieht.

Wir besichtigten daselbst noch die Baldwin-Locomotiv-Werke, wo wir von 17000 sonst beschäftigten Personen nur 6000 antrafen. Die durch die Geschäftsinhaber angeblich wegen Mangels an Aufträgen verfügte außerordentlich große Einschränkung der Arbeitskräfte dauerte bereits seit Monaten; ihre wahre Ursache zu ergründen, ist uns nicht gelungen. Ob hier dasselbe Verfahren seitens der Eigentümer — die Werke stehen im Privatbesitz, sind nicht Aktiengesellschaft — eingeschlagen wurde, wie bei Pullmann in Chicago?

In Philadelphia haben wir unsere höchste Wohnstätte gefunden; wir wohnten im 20. Stock des Hotels, während wir es in New York nur bis zum 14. Stock gebracht haben.

Rückkehr nach New York. Übersicht des Reiseweges.

Nunmehr kehrten wir nach einer Abwesenheit von mehreren Monaten nach New York zurück, um in vielfachen längeren Besprechungen und zwanglosen Unterhaltungen mit Sachverständigen und auch sonst im amerikanischen Geschäftsleben erfahrenen und hervorragenden Männern unsere Eindrücke wiederzugeben, soweit nötig, zu berichtigen und unsere bereits auf der Reise begonnenen Studien zu vertiefen.

Besondere Mühe gaben wir uns, den finanziellen Aufbau der mit den Eisenbahnen an der Bewältigung des Personen- und Güterverkehrs arbeitenden anderweitigen

Betriebsgesellschaften (Pullman- und Expreß-Gesellschaften usw.) und ihre eigenartigen Beziehungen zu den ersteren, soweit dies überhaupt möglich ist, kennen zu lernen. Im übrigen nahmen wir Gelegenheit, noch verschiedene einzelne Einrichtungen, wie den inneren Dienst auf der großen Zentralstation der New York Central-Eisenbahn, zu besichtigen. Dort sahen wir auch das sog. *Switch*'en der Maschinen bei Einfahrt der Lokalzüge. Es besteht darin, daß die Maschine, nachdem sie vor dem Eintreffen des Zuges auf der Station abgekuppelt ist, durch eine mit gepreßter Luft betriebene Weichenvorrichtung beim Eintritt in die Station in ein anderes Gleis geleitet wird, als der Zug selbst. Es geschieht dies, um die Maschine sofort wieder anderweitig zu verwenden. Das ganze Manöver, das übrigens, wie uns gesagt wurde, bisher zu keinem Unfall geführt hat, ist gleichwohl ein Wagnis, das nach unseren Anschauungen nicht gemacht werden sollte. Mißlingt es, so ist ein schwerer Unfall die unausbleibliche Folge.

Ferner besichtigten wir das Gebäude der *Railroad Young men Christian Association* (Eisenbahnerabteilung der christlichen Vereinigung junger Männer) in der Madison Avenue eingehend. Von dieser Einrichtung wird noch besonders die Rede sein. Daß sie und mit ihr eine ganze Reihe über das Land verteilter Zweiganstalten gute Erfolge — auch in finanzieller Beziehung — aufzuweisen haben, ist offensichtlich schon bei unseren mehrmaligen Besuchen zutage getreten, ebenso, daß sie diesen Erfolg, zu einem Teil wenigstens, ihrem Zusammenhang mit der allgemeinen christlichen Vereinigung junger Männer verdanken. Es hängt das mit den Lebensanschauungen der Amerikaner überhaupt und im besonderen mit ihrer religiösen Lebensauffassung zusammen. Aber weder die Aufnahme in den Verein wird von einem Religionsbekenntnis abhängig gemacht, noch wird den Mitgliedern irgendwelche Religionsübung aufgedrängt; beides wird immer und immer wieder bekannt gegeben. Man zeigt damit, daß man auch auf den Teil des Beamtentums, welcher der Verbindung zwischen Religionsübung und Geselligkeit gleichgültig oder gar abgeneigt gegenübersteht, klugerweise ausreichende Rücksicht nimmt. Gleichwohl waren wir uns alsbald darüber einig, daß, so erstrebenswert ein derartiger außerdienstlicher Zusammenschluß der Eisenbahnangestellten auch für unsere Verhältnisse sein würde, auf der Grundlage oder auch nur im losen Zusammenhang mit einer konfessionelle Ziele verfolgenden Vereinigung, bei uns kein Erfolg zu erreichen sein würde. Es würden vielmehr gerade diejenigen Elemente, auf deren günstigen Einfluß in erster Linie sonst zu rechnen wäre, im voraus abgeschreckt werden, ohne daß dies etwa einen Rückschluß auf einen Mangel an Religiosität zuließe.

Aber von vornherein aussichtslos scheint es nicht, auch bei uns auf diesem Gebiete etwas zu schaffen. Allerdings müßten dem endgiltigen Entschlusse hierzu sehr eingehende Erwägungen nicht nur auf seiten der entscheidenden, sondern vor allem auf seiten vertrauenswürdiger, zur tätigen Teilnahme an der Einrichtung selbst berufener Kreise vorausgehen. Es wäre von vornherein alles zu vermeiden, was der etwa geplanten Einrichtung auch nur im entferntesten den Stempel behördlicher Anordnung aufdrücken könnte. Dagegen glauben wir, daß die finanzielle Seite der Frage, die in Amerika bei dem großen Reichtum gerade der den Eisenbahnen näherstehenden Kreise spielend gelöst wurde, auch bei uns nicht unüberwindliche Schwierigkeiten bieten wird, vorausgesetzt, daß diese Sache von geschickter Hand in Angriff genommen wird. In erster Linie denken wir dabei an die Stadt Berlin mit ihren Vororten. Hier sind nicht nur tausende von Eisenbahnbeamten aller Kategorien angestellt, sondern der Dienst bringt auch eine große Zahl hier nicht angestellter Beamten nach Berlin, abgesehen von denen, die auf Urlaub hierherkommen. Für alle diese Personen einen Stützpunkt zu schaffen, wo sie nicht nur gute und billige Verpflegung, sondern auch passende und lehrreiche Unterhaltung, zum Teil vielleicht auch Unterkunft für kürzere Zeit fänden, wäre ein Unternehmen, das sicher dem Beamtentum zum Wohle gereichen würde.

Nach den voraufgegangenen Schilderungen haben wir folgenden Reiseweg innegehalten:

Reise von Berlin nach Cuxhaven . .	402 km
Cuxhaven—New York (3654 Seemeilen)	6 778 „
New York—Boston	376 „
Boston—Buffallo—Niagarafälle—New York	1 570 „
New York—Scarborough und zurück .	102 „
New York—Pittsburg	714 „
Pittsburg—Chicago	713 „
Chicago—St. Paul	707 „
St. Paul — Livingstone — Yellowstone Park—Livingstone—Portland . .	3 107 „
Portland—San Francisco	1 242 „
Ausflug nach Mary Island und zurück	64 „
San Francisco—Denver	2 227 „
Denver—Lincoln	777 „
Lincoln—Kansas City	335 „
Kansas City—Parsons	220 „
Parsons—Kansas City	220 „
Kansas City—St. Louis	348 „
St. Louis—Pittsburg	1 082 „
Pittsburg—Cleveland	240 „
Cleveland—Washington	1 156 „
Washington—Philadelphia	218 „
Philadelphia—New York	145 „
New York—Cuxhaven	6 778 „
Cuxhaven—Berlin	402 „
	= 29 923 km
Dazu Landwege im Yellowstone Park	246 „
	= 30 169 km.

Diese Zahl ist etwas mehr als die, welche notwendig ist, um 51 Mal von Berlin nach Cöln a. Rh. zu reisen. Die Reisewege, die wir in Amerika zurücklegten, sind auf der Karte verzeichnet.

Während der Reise haben wir 15 Nächte und 17 Tage im Eisenbahnwagen zugebracht, und zwar in allen Arten von Wagen, vom besten *Private-* und Pullman-*Car* mit *State room* bis zum gewöhnlichen Eisenbahnwagen ohne Bett.

Trotz aller Anstrengungen, und trotzdem die von uns besuchten Teile der Vereinigten Staaten — abgesehen von einigen westlichen — an landschaftlichen Schönheiten und geschichtlich bemerkenswerten Punkten weniger bieten als Reisen in Europa, glauben wir unseren Entschluß, bis an den äußersten Westen zu gehen, umsoweniger bereuen zu sollen, als wir dank dem Entgegenkommen, das wir gerade im Westen überall fanden, auf mancherlei Erscheinungen aufmerksam wurden, die bisher nicht zum Gegenstand der Erörterung gemacht worden sind.

Zweiter Abschnitt.

Beobachtungen allgemeiner Art, insbesondere über das Reisen auf den Eisenbahnen.

Uniformität der Bauten, Straßen, Hotels, örtlichen Verkehrseinrichtungen. Elektrische Straßenbahnen. Andere mechanische Anlagen. — Einrichtung der Eisenbahnpersonenwagen, Bedienung, Beleuchtung. — Gang der Wagen, Schienenlage. — Zugbetrieb: Reisegeschwindigkeit, Fahrplanwesen (*Train dispatcher*), Stationsleitung, Unregelmäßigkeiten, Unfälle, technisches Sicherungswesen. — Wirtschaftsbetrieb in den Zügen. — Empfangsgebäude, Speiseräume (*Quick lunch rooms*) usw.

Uniformität der Bauten, Straßen, Hotels, örtlichen Verkehrseinrichtungen.

Eine Erscheinung, welche wohl in keinem Lande so hervortritt wie in Amerika, ist die auf einem Charakterzug des amerikanischen Volkes beruhende Uniformität, das Bestreben, ein erprobtes Muster zu vervielfältigen. Es ist nicht zu verkennen, daß die Amerikaner der Durchführung dieses Gedankens einen Teil ihrer Erfolge auf verschiedenen Gebieten, insbesondere auch der Industrie, verdanken. Für uns geht diese Verallgemeinerung schon um deswillen zu weit, weil sie ein uns nicht sehr ansprechendes Aufgeben der Individualität bedingt.

Soweit wir bemerken konnten, sind die Städte — und zu solchen auszuwachsen sind bei dem Mangel rein ländlicher Gebilde alle Ortschaften bestimmt — in ihrem äußeren Aufbau durchweg einem gewissen System, dem die Hauptstraße *(Avenue)* rechtwinklig schneidenden Straßen- *(Streets-)* Blocksystem gefolgt. Es ist dies hauptsächlich darin begründet, daß den Städten nicht wie in Europa ihre Lage und ihr Straßenbild durch geschichtlichen Werdegang, Kriegsnöte usw. aufgezwungen wurde, sondern daß sie sich als neuzeitliche Gründungen von vornherein frei entfalten konnten. Ihre Anlage — mehr an Flüssen und Seen als in der alten Welt — war einzig und allein durch die Eignung des Punktes für die Entwicklung von Handel und Industrie bedingt. Das hat allerdings auch die üble Folge gehabt, daß Fabriken und Werkanlagen aller Art in ungleich größerer Zahl als bei uns im Innern der Städte liegen. Die Straßen sind meistens mit Nummern, statt mit Namen bezeichnet, was ihre Auffindung erleichtert. Die Gebäude, namentlich große Bauten, zeigen eine ausgesprochene Übereinstimmung; so beispielsweise die „*State Capitols*" in den Hauptstädten der einzelnen Union-Staaten. Sie sind mit ihrer, dem Washingtoner Kapitol nachgebildeten, gleichförmigen Kuppel stets weithin sichtbar. Daher kommt es, daß man ein einzelnes Städtebild, wenn nicht die Natur selbst dafür gesorgt hat, nur schwer in der Erinnerung festhalten kann.

Eine besonders eigenartige Erscheinung nach dieser Richtung sind die Wolkenkratzer (*Sky scrapers*) mit ihren 20 und mehr Stockwerken. Sie verdanken ihre Entstehung wohl ausschließlich den außerordentlich beschränkten Verhältnissen der New Yorker City. Nach und nach aber sind sie — vielfach ohne sachliches oder örtliches Bedürfnis — im ganzen Lande, selbst in kleinen, noch nicht einmal örtlich völlig zusammengeschlossenen Gemeinwesen, entstanden und scheinen auch heute ihre Siegeslaufbahn noch nicht abgeschlossen zu haben.

Derselbe Zug in der amerikanischen Geschmacksrichtung macht sich in der Bauart der Hotels und ihrer inneren Einrichtung geltend; ja noch mehr, auch die Lebensweise in ihnen beruht auf Schablone und wirkt auf uns Deutsche um so weniger angenehm, als sie uns der Freiheit des Willens beraubt, die wir auch auf Reisen nicht gern missen möchten. Der Hotelpreis begreift ohne weiteres Wohnung und sämtliche Mahlzeiten in sich, selbst für solche Fremde, die nur ein oder zwei Tage im Hotel bleiben wollen (sog. *American plan*); nur der unseren europäischen Verhältnissen viel näher stehende Osten kennt auch den sog. *European plan* als gleichberechtigte Einrichtung, der aber immer seltener anzutreffen ist, je weiter die Reise nach dem Westen geht.

Dagegen ist wiederum z. B. der Genuß von Eiswasser, trotz seiner anerkannt schädlichen Wirkung auf die menschliche Gesundheit und ohne Rücksicht auf die klimatischen Verhältnisse durch das ganze Land — sozusagen einen ganzen Weltteil — verbreitet.

Auffallend ist ferner, trotz der Verschiedenartigkeit in den Bestandteilen, aus denen sich die amerikanische Nation zusammengesetzt hat, eine gleichmäßige Abneigung, die Wege durch die Straßen zu Fuß zurückzulegen. Sie mag wohl in der Hauptsache auf die langgestreckte Lage der Städte an den Flüssen und Seen und die hierdurch auch für kleinere Gemeinwesen sich ergebenden erheblicheren Entfernungen zurückzuführen sein. Diese möglichst abzukürzen, mußte bei einem Volke, das wie das amerikanische dem Grundsatze „*time is money*“ huldigt, als selbstverständlich erscheinen. Die Folge war, daß bei der aus anderen Gründen wenig üblichen Benutzung von Droschken und Einzelfuhrwerken das Straßenbahnwesen sich in einem ganz anderen Maße als bei uns entwickelte. In Ortschaften, in denen nach ihrem Umfange bei uns eine Straßenbahn schon deshalb nicht aufkommen könnte, weil der deutsche Bürger die Ausgabe von zehn Pfennig für eine kurze Fahrt als Verschwendung ansehen würde, gelangt in den Vereinigten Staaten der Straßenbahnverkehr zu voller Blüte; dabei zeigt sich die eigentümliche Erscheinung, daß der äußere Betrieb, wie er in einer Großstadt uns vor Augen tritt, sich auch in kleinen Städten wiederfindet. Andererseits fällt es auf, daß in einem Lande, wo der Erfindungsgeist gerade auf technischem Gebiete so hervorragendes geleistet hat, auf anderen Gebieten Einrichtungen bestehen geblieben sind, die aus der Zeit herrühren, in der der Betrieb von Straßenbahnen in den Kinderschuhen steckte. So findet beispielsweise eine Verausgabung von Fahrscheinen im eigentlichen Sinne nicht statt; nur Umsteigescheine *(Transfer tickets)* werden verausgabt für solche Fahrgäste, die auf eine Seitenlinie übergehen wollen, ähnlich wie dies beispielsweise in Paris beim Omnibusverkehr der Fall ist. Ein derartiger Fahrgast sagt dies beim Einsteigen dem Schaffner, d. h. er braucht nur sein Ziel zu nennen, und der Schaffner gibt ihm ohne weiteres einen derartigen Ausweis. Ein Fahrtausweis für die anderen

Fahrgäste ist nicht üblich, obwohl diese ungefähr 90 % aller Reisenden ausmachen. Der Schaffner zieht vielmehr an der auf beiden Seiten der Wagendecke befindlichen Kontrollschnur soviel Mal oder dreht an einem Hebel so oft, als er Fahrgeld in Empfang genommen hat. Wenigstens soll er das tun. Wir haben jedoch wiederholt beobachtet, daß, wenn z. B. vier Fahrgäste neu hinzugekommen waren und ihr Fahrgeld bezahlt hatten, der Schaffner nur zwei Mal die Schnur gezogen, also das Fahrgeld der übrigen Fahrgäste für sich behalten hat. Wie uns der Leiter einer größeren Straßenbahn versicherte, haben auf seiner Bahn die Unterschlagungen der Schaffner eine bedenkliche Höhe angenommen. Auf unsere Frage, warum man nicht wenigstens Revisoren in größerer Anzahl anstellte, wenn man nicht zu einem anderen Kontrollverfahren übergehen wolle oder könne, erwiderte man uns, das würde nur geeignet sein, die Sache zu verschlimmern, denn dann müsse der Schaffner nicht nur für sich, sondern auch noch für den Revisor sorgen.

Warum man gerade in der Verausgabung der Fahrscheine auf den Straßenbahnen so sparsam ist, erscheint um so auffälliger, als in Amerika das Scheckverfahren im ganzen übrigen Leben in höchster Blüte steht. Wie bei uns in den größten Warenhäusern, so erhält man in Amerika im unbedeutendsten Laden und kleinsten Gasthof auch für den geringsten Betrag eine Anweisungsnotiz (Scheck).

Der Preis für die einmalige Benutzung der Straßenbahnen — das gilt auch für die Hochbahnen *(Elevated)* in New York, Boston und Chicago — beträgt durchweg fünf Cents; die Umsteigscheine werden unentgeltlich verabfolgt, sodaß der Preis sich auch beim Verkehr mit den näheren Vororten nicht erhöht.

An den *Suburban-* (Vorort-) Verkehr hat sich in den Vereinigten Staaten nach und nach ein weiterer Verkehr angegliedert, der die dem Straßenbahnverkehr ursprünglich gezogenen Grenzen verlassen, aber unter Beibehaltung der Betriebsart sich zu einem Fernverkehr ausgebildet hat.

Elektrische Straßenbahnen.

Es dürfte von Wert sein, hier kurz die Entwicklung der elektrischen Straßenbahnen überhaupt zu verfolgen. Das

Netz dieser Bahnen betrug im Jahre 1890 erst 1471 km, im Jahre 1902, für das eine amtliche Statistik vorliegt, dagegen bereits 26 115 km. An Personenwagen gab es 1890 32 505, 1902 60 290. Die Anzahl der im Betriebe beschäftigten Personen stieg im gleichen Zeitraum von 70 764 auf 140 769 und die Zahl der in einem Jahre beförderten Fahrgäste von 2 023 010 202 auf 4 774 211 904. Die Hauptaufgabe der elektrischen Straßenbahnen bildet zwar die Personenbeförderung in den größeren und mittleren Städten, indes wachsen sie sich allmählich auch zu Verkehrsmitteln zwischen einzelnen Ortschaften aus, und schon gibt es elektrische Bahnen, die recht weit auseinandergelegene Orte (besonders in Ohio und Indiana) mit einander verbinden und außerhalb der Ortsstraßen mit einer Schnelligkeit bis zu 65 km und mehr, auf einer Strecke sogar bis zu 88,5 km in der Stunde verkehren. Die zu durchfahrenden Strecken sind z. T. über 100 km lang, ja demnächst wird man von Wheeling nach Indianapolis (587 km) mit der elektrischen Bahn fahren können. In vielen Beziehungen nähern sich die elektrischen Straßenbahnen den Eisenbahnen, so namentlich im Westen durch Benutzung eigenen Bahnplanums an Stelle der öffentlichen Straßen, durch Legung schwerer Schienen und in der Größe und Schwere der Wagen. Moderne Straßenbahnwagen in den östlichen Küstenstädten messen 10 m und mehr in der Länge und wiegen 11 deutsche Tonnen und mehr. Die Wagen im Fernverkehr sind durchschnittlich 15,2 m lang und 22,7 t schwer, es gibt indes vereinzelt auch Wagen von über 18 m Länge. Auf den amerikanischen elektrischen Bahnen verkehren auch Privatwagen und in Indiana und Ohio sogar schon einige Schlafwagen. Es ist dies auch ein Beweis dafür, wie schon recht ansehnliche Entfernungen mit elektrischem Betriebe durchmessen werden.

Manche elektrischen Bahnen besitzen eigene Personenbahnhöfe. In Indianapolis besteht ein Zentralbahnhof, in dem alle neun elektrischen Linien zusammenlaufen, und auch in anderen Städten bestehen öffentliche Stationsgebäude mit z. T. architektonisch wirkendem Äußeren.

Die Güterbeförderung ist noch nicht sehr entwickelt,

hat indes zweifellos eine Zukunft. Dies gilt sowohl von dem Güterverkehr im Innern der Städte, als besonders von dem Ferngüterverkehr, dem die elektrischen Bahnen die größte Aufmerksamkeit zuzuwenden beginnen.

Die Güterfrachten sind in der Regel etwas niedriger, als die Frachten der Spediteure und etwas höher, als die der Eisenbahnen.

Das in elektrischen und anderen Straßenbahnen angelegte Kapital mag z. Zt. etwa 12 Milliarden M. betragen.

Die Rentabilität der elektrischen Straßenbahnen ist im allgemeinen gut. Im Jahre 1902 sind an Zinsen und Dividenden gezahlt:

a) bei den Straßenbahnen in Großstädten von 500 000 Einwohnern und mehr 35,2 % der Bruttoeinnahme,

b) in Städten von 100 000—300 000 Einwohnern 31,6 %,

c) in Orten von 25 000—100 000 Einwohnern 24,1 % und

d) in kleineren Orten 18,9 %.

Die Fernstraßenbahnen zahlten etwa 30 %.

Diese Zahlen lassen zwar für sich allein keinen Schluß auf die Verzinsung des Anlagekapitals zu; es steht indes fest, daß die Rentabilität des Betriebes drüben nirgends in Zweifel gezogen wird. Die Bruttoeinnahmen betrugen im ganzen (einschließlich der wenigen nichtelektrischen Straßenbahnen) über 1 029 000 000 M., die Betriebskosten über 592 000 000 M., der Betriebskoëffizient stellte sich auf 57,5 %. Unter den Betriebskosten erscheinen 39 000 000 M. an Schadensersatzleistungen für Unfälle, d. i. etwa $^{1}/_{15}$ der gesamten Betriebskosten. Bei Betriebsunfällen wurden 1218 Personen getötet und 47 429 verletzt, 32 % dieser Unfälle entfallen auf Angestellte und Fahrgäste, 68 % auf andere Personen.*)

Andere mechanische Anlagen.

Bei der Eisenbahnfahrt durch Amerika zeigt sich überall, wohin menschliche Siedelungen schon gelangt sind, das Bestreben, Menschenkräfte durch mechanische Einrichtungen zu ersparen. Auch auf den kleinsten Bahnhöfen gewahrt man Rampen- (Pfeiler-) Bahnen zum Abstürzen der Frachten (insbesondere Kohlen) aus den Wagen,

*) Vgl. New Yorker Staatszeitung v. 27. August 1905.

die in großer Zahl mit Bodenklappen versehen sind; an anderen sinnreichen Verladeeinrichtungen fehlt es nicht. Selbst unbedeutende Steinbrüche sind mit hydraulischer oder elektrischer Maschinenkraft versehen. Ob das immer wirtschaftlich ist, mag dahingestellt bleiben. Wenn bei uns besonders auf diesem Gebiete vielleicht hier und da zu wenig geschieht, so steht andererseits zu befürchten, daß der rastlose amerikanische Unternehmungsgeist wohl nicht ganz von Übertreibungen frei bleibt. Die Spuren verlassener Werkanlagen aller Art sind in der Neuen Welt mehr wahrnehmbar, denn bei uns.

Einrichtung der Eisenbahnpersonenwagen. Bedienung. Beleuchtung.

Daß und warum gerade auch im Eisenbahnwesen in der ganzen amerikanischen Union in bezug auf Bau und Betrieb, ungeachtet aller Interessenkämpfe in wirtschaftlicher Beziehung, eine große Übereinstimmung besteht, wird an anderer Stelle im Zusammenhange näher dargelegt. Hier handelt es sich im wesentlichen nur um Beobachtungen während unserer Eisenbahnfahrten.

Dem Amerikareisenden, der nicht zugleich Eisenbahnfachmann ist, gefällt zunächst das Einheitswagensystem. Man kennt nur den vier- und sechsachsigen Personenwagen. Im ungeteilten Raume befinden sich 62 Sitzplätze auf Querbänken, je zwei auf beiden Seiten eines Mittelganges. Der Raum für jeden Platz deckt sich etwa mit dem Raum für einen Platz unserer dritten Wagenklasse. Die Banklehnen können zum Vorwärts- und Rückwärtsfahren gestellt werden; in der Regel kann man sie auch flach stellen und hierdurch ermöglichen, den sonst nicht gestützten Kopf anzulehnen, sofern der Nachbar einverstanden ist. Das Ein- und Aussteigen geschieht durch zwei Türen an den Stirnwänden. Gewöhnlich hat jeder Wagen zwei Aborte, einen für Frauen und einen für Männer; Waschgelegenheit scheint sich nur in den auf längeren Strecken laufenden Wagen zu befinden.

Auf Reisen bis zu mittleren Entfernungen ist dieser Einheitswagen *(Chair car)* sicherlich nicht ungeeignet; auf längeren Reisen entspricht er wohl kaum den Anforderungen, die man billigerweise stellen muß. Das lange Sitzen mit gekrümmten Beinen ist unbequem. Durch im Mittelgange sich bewegende Personen wird man fortgesetzt gestört, selbst wenn alle Wageninsassen sich sonst ruhig auf ihren Plätzen verhalten. Unsere Wagen dritter Klasse sind ohne Zweifel für die Gewohnheiten der deutschen Bevölkerung viel geeigneter, als die amerikanischen *Chair cars.* Nur verhältnismäßig wenige Personen sind bei uns in einem Wagenabteil untergebracht; sie verfügen über ein Klosett; es gibt besondere Frauenabteile usw. Daß die gewöhnlichen amerikanischen Wagen den Vergleich mit unserer zweiten oder gar ersten Klasse nicht aushalten, ist so einleuchtend, daß es keiner weiteren Ausführung bedarf.

Immerhin sind die Amerikaner bis jetzt im allgemeinen noch zufrieden mit ihrem *Chair car* und die Eisenbahnverwaltungen werden, wenn der Druck dazu nicht aus den Reihen des Publikums kommt, dieses sog. *Car*-System (Einheitswagensystem) sicherlich nicht freiwillig aufgeben, denn für sie ist es zweifellos in jeder Weise, besonders aber in bezug auf die Ausnutzung, vorteilhafter. Das bei uns namentlich in den höheren Ständen so stark hervortretende Bestreben, möglichst allein zu reisen, kann in Amerika bei den im Gebrauch stehenden Einheitswagen als aussichtslos garnicht in Betracht kommen. Die ausschließlich in den Pullman-, nicht in den eisenbahneigenen Wagen eingerichteten Einzelabteile spielen wegen ihrer geringen Zahl und Aufnahmefähigkeit und besonders auch wegen des hierdurch wesentlich erhöhten Fahrpreises zur Zeit noch keine große Rolle.

Ob sonach dem Einheitswagen aus der Zeit, in der die Eisenbahn durch die Wildnis dahinfuhr, und der Schutz vor Räubern und mitreisenden Dieben ausschließlich in der Zusammenfassung einer möglichst großen Zahl Reisender in einem ungetrennten Raum zu finden war, die Stunde jemals schlagen wird? Vielleicht weist der Durchschnittsamerikaner das Abteilsystem ebenso zurück, wie unsere Reisenden dies bei der zuerst versuchten teilweisen Einführung von ungetrennten Abteilen in unseren D-Zügen (z. B. zwischen Berlin und Hamburg) getan haben.

Bei allen längeren Reisen benutzt der Amerikaner, wenn es ihm seine Mittel nur einigermaßen gestatten, den

Pullman-Wagen, der für Tag- und Nachtfahrt eingerichtet ist, dessen Benutzung aber die Zahlung eines Zuschlags zum Fahrpreise bedingt (vgl. darüber den neunten Abschnitt). Auch die Pullman-Wagen sind in der Hauptsache nach dem Saalsystem eingerichtet; sie bestehen aus einem großen Raume für 32 Reisende und gewöhnlich zwei größeren Abteilen *(State- oder drawing rooms)* für je zwei oder drei Personen. Für den großen Raum ist je eine Wasch- und Abortanlage für Frauen und Männer vorhanden, außerdem ein kleiner Rauchraum. Die *State [drawing] rooms* haben eigenen Nebenraum.

Außer diesen beiden Wagenarten gibt es noch besondere Aussichtswagen usw., deren Benutzung ebenfalls einen Zuschlag zum Fahrpreise erfordert.

Wie schon erwähnt, benutzt der besser gestellte Amerikaner fast immer den Pullman-Wagen. Wir haben denselben Grundsatz beobachtet, dafür allerdings reichlich Zuschläge zahlen müssen. Nur im Vorortverkehr und bei den Fahrten zwischen den nahe gelegenen Städten (z. B. New York—Philadelphia) sahen wir auch besseres Publikum im *Chair car.* Übrigens zeigt der *Chair car* gerade im Vorortverkehr den großen Fehler zu langsamer Entleerung. Die Illinois Central-Eisenbahn, deren Vorortverkehr in Chicago sehr bedeutend ist, hat aus diesem Anlaß Abteilwagen bauen lassen, die den Personenwagen auf der Berliner Stadt- und Ringbahn sehr ähnlich sind; man könnte versucht sein anzunehmen, daß sie diesen jedenfalls älteren Wagen nachgebildet seien; die Amerikaner bestreiten aber, daß ihnen die Berliner Wagen bekannt waren, obgleich ein solcher im Jahre 1893 auf der Weltausstellung in Chicago ausgestellt war. Ein Unterschied besteht darin, daß diese Wagen der Illinois Central-Eisenbahn zwei Längsgänge haben. Man versucht gegenwärtig Wagen, in denen die Abteiltüren vom Schaffner von einer Stelle auf elektrischem Wege geöffnet und geschlossen werden können.

In neuester Zeit hat auch die Pullman-Gesellschaft Wagen gebaut, die nach Art europäischer Luxuszüge nach dem Abteilsystem eingerichtet sind. Wir sahen auf der Weltausstellung in St. Louis einen derartigen Wagenzug. Einen ähnlichen, wenn auch nicht ganz so guten, benutzten wir auf der Fahrt von St. Paul nach Portland. Der ausgestellte Zug schien an Ausstattung und Bequemlichkeit nichts zu wünschen übrig zu lassen; immerhin sind ihm die europäischen Luxuszüge ebenbürtig; nur ist der Benutzungspreis in Amerika sehr viel höher und schon aus diesem Grunde wird an eine Verallgemeinerung dieser Bauart sobald nicht gedacht werden können.

Als ein Vorzug der Pullman-Wagen wurde uns die Anbringung der Treppe an der Stirnseite bezeichnet. Sie ist während der Fahrt unter der Plattform verdeckt untergebracht. Erst beim Einfahren des Zuges in die Haltestation wird die die Einrichtung verdeckende Brücke in die Höhe gezogen. Die Treppe selbst ist breiter und wesentlich bequemer als bei uns. Wegen des Mangels an Bahnsteigen führen die Pullman-Bediensteten *(Porters)* stets Fußbänke mit sich, die sie auf den Bahnhöfen an die Treppe stellen.

Angenehm fällt auf, daß in den meisten Zügen das zum Trinken, Waschen und auch für die Klosetts bestimmte Wasser unter ausreichendem, zum Teil vorzüglichem Druck gehalten und sehr häufig erneuert wird. Zu diesem Zwecke sind auf den Wagendecken Einrichtungen getroffen, die das Füllen der verschiedenen Wasserbehälter während des Zugaufenthaltes durch Schlauchsystem ermöglichen, indem gleichzeitig auch das zur Kühlung des Trinkwassers nötige Eis erneuert wird. Wie überall in Amerika, so wird, wenigstens in allen Pullman-Wagen, auch für die nicht in geschlossenen Abteilen untergebrachten Reisenden in bezug auf die Wasserversorgung sehr viel getan. In der Regel befinden sich in einem Pullman-Schlafwagen im sog. Rauchabteil 3 bis 4 ausgiebig große Waschgefäße neben einander, während dahinter durch eine Wand getrennt oder von diesem Abteil aus zugänglich, sich die Klosetts für Herren befinden. Handtücher, meist kleine, für eine einmalige Benutzung bestimmte, stehen zur freien Benutzung in beliebiger Zahl zur Verfügung und werden so oft als nötig in ihrem Bestande aufgefüllt. Das sog. endlose Handtuch ist als unsauber aus den Pullman-Wagen verschwunden. Gute Waschseife wird überall unentgeltlich vorgehalten.

In ähnlicher Weise wie der Rauchabteil für die Herren, ist ein kleinerer Nebenraum im Wagen für die Damen eingerichtet.

Daß der deutsche Reisende gleichwohl mit dem, was hier geboten wird und als gut bezeichnet werden muß, nicht zufrieden ist, liegt an der Art, wie es geboten wird. Es berührt uns nicht angenehm, wenn wir uns zusammen mit mehreren wildfremden Menschen waschen und ankleiden müssen, nachdem wir, um an die Reihe zu kommen, in demselben Raume vielleicht schon eine halbe Stunde gewartet haben; unwillkürlich werden wir durch den bloßen Anblick derer, die wieder auf uns warten, zur Eile gedrängt. Der Amerikaner freilich wird durch alles dies nicht im mindesten berührt; man kann sehen, mit wie großer Ruhe sich hierbei mehrere Herren rasieren. Hieraus erhellt auch, weshalb der Amerikaner den in der verhältnismäßig geringen Anzahl von Wascheinrichtungen liegenden Mangel nicht sieht: Zeit ist in der Regel hinreichend vorhanden, also wartet er, bis die Reihe an ihn kommt.

Aufgefallen ist uns, daß trotz der verhältnismäßig großen Zahl, mitunter gegen 30 Personen, die Luft am Morgen nicht schlecht war; allerdings fuhren wir während der heißen Jahreszeit, die ein teilweises Offenlassen der an der Decke angebrachten Lüftungsöffnungen um so eher ermöglichte, als überall an diesen Öffnungen Siebe angebracht waren, die den Rauch und Staub wenigstens teilweise abhielten, das Eindringen der manchmal recht großen Kohlenreste aber ganz verhinderten. Derartige Siebe finden sich auch fast an allen Wagenfenstern vor, während zum weiteren Schutz an der Außenseite des Wagens kleine Holzscheiben angebracht sind, die hier ungefähr denselben Zweck erfüllen, wie bei der Equipage der Schmutzflügel. Ebenso sind übrigens fast überall Doppelfenster in den Wagen vorhanden. Nur läßt die Art, wie die Fensteröffnung in der Wagenwand angebracht ist, nach unseren Begriffen viel zu wünschen übrig. Sie liegt so tief, daß eine Person auch nur von Mittelgröße stehend nicht in der Lage ist, aus dem Fenster zu blicken. Man sieht vielmehr an die das Oberbett enthaltende Ausbauchung der

Wand, an die sich der nicht mit amerikanischen Einrichtungen vertraute Reisende sicher mit dem Kopf stößt, wenn er sich bückt, um hinauszusehen. Auch ist das Öffnen der Fenster selbst bei Tage, weil jede handliche Zugeinrichtung fehlt, und das Fenster hinaufgehoben, nicht herabgelassen wird, recht unbequem. Auffallender Weise ist an alledem auch bei den neuesten Einrichtungen nichts geändert, selbst nicht in den Luxuszügen, soweit daselbst überhaupt ein Oberbett vorhanden ist.

Das Bedienungspersonal der Pullman-Wagen besteht, soweit wir das beobachten konnten — abgesehen vom Aufsichtspersonal *(Conductors)* — durchweg aus Schwarzen. Die Bedienung ist im allgemeinen gut, wenn man sich über die allen Negern bekanntlich eigene, oft recht unangenehme Ausdünstung und darüber hinwegzusetzen vermag, daß der schwarze Diener ohne Scheu plötzlich neben einem Reisenden Platz nimmt und auch wohl eine Unterhaltung anzuknüpfen versucht. Er fühlt sich eben, wenn er nicht gerade beschäftigt ist, als *Gentleman*. Jedenfalls ist die Bedienung ausgiebig, in der Regel sind mindestens zwei Personen für einen Wagen vorgesehen.

Während im Gegensatz zu unseren Einrichtungen in den amerikanischen Hotels, wenigstens älteren Stils, die Stiefel von der Hotelbedienung nicht gereinigt und geputzt werden, ist es in den Pullman-Schlafwagen gerade umgekehrt. Der schwarze Diener fordert jedem Reisenden die Stiefel zum Putzen ab, er bürstet seine Kleider und vor allem seinen Hut beim Verlassen des Zuges, beansprucht dafür aber auch ein Trinkgeld. Es darf aber nicht unerwähnt bleiben, daß auch in bezug auf die Bedienung der Osten sich vorteilhaft vom Westen abhebt.

So erging es uns trotz der Pullman-*Accomodation*, wie der Amerikaner sagt, auf der Fahrt in dem *Atlantic Express* von San Francisco nach Denver nicht besonders gut. Die Unsauberkeit und das Verhalten des Bedienungspersonals spottete geradezu jeder Beschreibung. In Ogden mußten wir, obwohl für uns ein *Drawing room* belegt, jedenfalls aber bezahlt war, diesen, weil angeblich schon früher anderweitig verkauft, verlassen und für die Nacht in dem großen Pullman-Wagen übernachten. An Ruhe und Schlaf war schon um deswillen nicht zu denken, weil der bereits am Abend betrunkene weiße Pullman-Schaffner *(Conductor)* mit einem ebenfalls betrunkenen Reisenden sich während der ganzen Nachtzeit in dem lediglich durch einen Vorhang getrennten Rauchabteil laut unterhielt, gleichwohl aber gegen jedes dem Personal geltende Glockenzeichen taub war. Ein Reisender hat buchstäblich 9 mal ohne Erfolg geklingelt. Am andern Morgen bis gegen 10 Uhr vormittags war das Rauchabteil, in dem Schnapsflaschen, Zigarrenreste und Asche den Boden bedeckten, nicht gesäubert. Ein Publikum, welches sich ohne Murren und Klagen eine solche Behandlung gefallen läßt, muß von einer großen Geduld und von einer noch größeren Liebe zu seinen Eisenbahnen beseelt sein. Ist schon zur Tageszeit das Zusammenreisen in demselben Raum mit bisweilen 30 Personen kaum ein Vergnügen, jedenfalls aber ein solches eigener Art, so ist die an ein Massenquartier heranreichende Unterbringung bei Nacht eigentlich nicht anders als widerwärtig zu bezeichnen, und zwar für Männer nicht viel weniger als für Frauen. Die einzige Rücksicht, die man auf letztere nimmt, besteht darin, daß das Rauchen durchweg verboten ist; in der Unterbringung der Personen verschiedenen Geschlechts — und man sieht außerordentlich viele allein reisende Damen — wird kein Unterschied gemacht, sodaß hinter einem Vorhange in demselben Abteil *(Section)* (Ober- und Unterbett) je einem Herrn und einer Dame die Ruhestätte angewiesen wird. Es gehört eben die der amerikanischen Frau eigene, übrigens keineswegs im schlechten Sinne zu deutende freiere Lebensanschauung und -auffassung zu dem Entschluß, unter solchen Umständen allein zu reisen. Für den fremden Reisenden gibt es allerdings viel Gelegenheit, Studien zu machen, wenn sie auch manchmal nicht erbaulich wirken. So erschienen auf dem Boden des Wagens außerhalb des Vorhanges, hinter dem eine sehr elegante Dame untergebracht war, zwei Füße mit braunseidenen Strümpfen, deren einer ein recht großes Loch zeigte, durch welches die entblößte große Zehe hervorleuchtete.

Selbst wenn dieser von uns benutzte Zug nicht zu den besten zu rechnen ist, so gehört doch eine gerade vielen unserer Landsleute aus früherer Zeit nachhängende urteilslose Vorliebe für alles Fremde dazu, eine solche Art der Beförderung dem Reisen auf unseren Eisenbahnen auch nur als ebenbürtig an die Seite zu setzen.

Die Beleuchtung der Züge scheint nur in den allerneuesten Pullman-Luxuszügen auf voller Höhe zu sein; in diesen Zügen entspricht sie ungefähr der Einrichtung, wie sie seit geraumer Zeit in Deutschland in den Wagen einer Anzahl von Schnellzügen vorhanden ist, die über dem Haupte eines jeden Reisenden eine kleine elektrische Lampe vorsieht. Im allgemeinen begnügen sich auch die Luxuszüge mit der sog. Pintsch-Gasbeleuchtung, die z. B. bei den Luxuszügen der Baltimore and Ohio-Eisenbahn auch heute noch als etwas besonderes reklamehaft angepriesen wird. Eine ganze Reihe von sonst sehr guten Zügen führt noch heute Ölbeleuchtung, die das Lesen bei Dunkelheit verbietet. Recht mangelhaft fanden wir die Beleuchtung in den gewöhnlichen Eisenbahnwagen. So fuhren wir in einem von Buffalo nach New York gehenden Schnellzuge in einem Wagen, der in keinem seiner Teile, selbst stehend nicht, das Lesen auch großer Schrift gestattete.

Überhaupt schwindet so ziemlich aller und jeder Luxus in den nur aus bahneigenen Wagen gebildeten Personenzügen, abgesehen vielleicht von den dem Nahverkehr und Vorortverkehr dienenden langsam fahrenden Zügen. Das Bestreben, dem reisenden Publikum den Aufenthalt im Zuge so angenehm wie möglich zu gestalten, tritt bei Benutzung bahneigener Wagen jedoch dort hervor, wo der Wettbewerb eine Rolle spielt. Wo dieser nicht in Frage kommt, ist man nicht selten versucht, zu glauben, die Verwaltung wünsche das Gegenteil zu beweisen, schon um ihr eigenes Wagenmaterial so viel als möglich zu sparen oder das Publikum zu zwingen, sich der Pullman-*Accomodation* zu bedienen. Insbesondere lassen derartige Züge in der Sauberkeit, der inneren Ausstattung, der Versorgung mit Wasser usw. oft zu wünschen übrig.

Die Umwandlung des Pullman-Wagens zum Schlafsaal geschieht in der Weise, daß das untere Lager unter Benutzung zweier sich gegenüberliegender Bankreihen, das obere durch Herunterklappen der in der Wagenwand hierfür vorgesehenen Einrichtung gebildet wird. Das Ober- und Unterbett zusammen führen die Bezeichnung „*section*". Werden beide Betten benutzt, so ist das An- und Auskleiden recht beschwerlich, es muß in fast liegender Stellung vor sich gehen; ebenso fehlt es an jeder auskömmlichen Einrichtung zur Unterbringung der Kleider.

Dagegen sind die Betten selbst der Güte nach besser und vor allem auch breiter als in unseren Schlafwagen, sodaß bei nicht zu hohen Ansprüchen zwei Personen nebeneinander Platz finden, dann allerdings mehr beengt, als bei uns eine Person. Wird hiervon zur Kostenersparnis — der Preis ist nicht wesentlich höher als für eine Person — nicht selten von den weniger bemittelten Reisenden Gebrauch gemacht, namentlich auch zur Unterbringung von Kindern, so leistet sich der besser gestellte Amerikaner die Beschlagnahme einer ganzen *Section* und schafft sich dadurch allerdings in bezug auf den gebotenen Raum eine hinlänglich bequeme Ruhestätte. Er ist aber auch dann noch nicht imstande, die nach unseren Anschauungen dem Saalsystem anhaftende Schattenseite zu vermeiden, nämlich die mangelhafte Abgrenzung gegen die Mitreisenden. Auch der schwerste Vorhang vor der Lagerstätte gewährt sie nicht in genügendem Maße*). Dagegen muß die Anordnung der Betten in der Zugrichtung, wovon auch an anderer Stelle die Rede ist, als ein Vorzug der amerikanischen Wagen anerkannt werden. Diese Art der Anordnung ist

*) Wie wir hören, sind neuerdings, und zwar eigentümlicher Weise bei den elektrischen Fernbahnen in Indiania und Ohio, einige Schlafwagen in Gebrauch genommen, bei denen dieser Nachteil überwunden ist. Der bei Tage einen großen Saal bildende Wagen wird für die Nachtzeit in einzelne Schlafräume dadurch abgeteilt, daß in einem zweiten Wagenboden während der Tageszeit untergebrachte Rollwände (ungefähr wie bei einem Zylinderbureau) heraufgezogen werden. Von einer derartigen Einrichtung haben wir bei den Eisenbahnen nichts bemerkt.

auch bei den unseren Abteilen ähnlichen *Drawing-* und *State rooms* beibehalten. Hierdurch erreicht man, daß der auf seinem Bette liegende Reisende bei der Fahrt weniger geschüttelt wird, als bei uns, wo die Betten der Schlafwagen in der Querrichtung angeordnet sind.

Berücksichtigt man weiter, daß die sehr schweren Personenwagen, die straffe Kupplung, der Wechselstoß der Schienen, sowie die größere Zahl der Schwellen weiterhin ein ruhigeres Fahren begünstigen, so wäre hier in der Tat die größtmögliche Vollendung erreicht, wenn nicht andere Einrichtungen der amerikanischen Eisenbahnen diese guten Erfolge zum Teil wieder aufhöben.

Dahin ist in erster Reihe das Pfeifensignal der Lokomotive zu rechnen, das sehr häufig, scheinbar bei allen nicht abgeschlossenen Wegübergängen — und das sind die meisten — ertönt, und das Glockenläuten, das sowohl während des Befahrens von Übergängen, als auch während des Fahrens durch die Bahnhöfe fortwährend vernommen wird. Gerade dieses Läuten wirkt außerordentlich störend, besonders während der Nachtzeit, weil man nicht nur das der eigenen Lokomotive hört, sondern auch aller anderen, die sich zu gleicher Zeit auf demselben Bahnhof bewegen.

An eine Änderung nach dieser Richtung ist so lange nicht zu denken, als die Sicherheitseinrichtungen der Bahnen nicht wesentlich verbessert werden. Daran können aber heute und in absehbarer Zeit nur die wirklich gut gestellten Bahnen im Osten und in den Mittelstaaten denken, der weite Westen nicht; und gerade da macht sich jener Mangel um so mehr geltend, als der durch die riesigen Entfernungen bedingte mehrtägige und mehrnächtige Aufenthalt im Zuge für den Reisenden an sich schon recht anstrengend ist. Jedenfalls hatten wir, obgleich wir von 15 Eisenbahnnachtfahrten nur wenige in dem großen allgemeinen Raum zugebracht haben, die Empfindung, daß dies nicht gerade zu den Vergnügungen zu rechnen ist, wie die in Europa reisenden Amerikaner die Zurücklegung auch der größten Entfernungen in ihrem Lande hinzustellen belieben.

Sehr störend ist auch, wie in unserer Reisebeschreibung schon angeführt ist, das ruckweise Ankuppeln der Lokomotiven und Wagen — ein noch recht fühlbarer Mangel der selbsttätigen Kupplung.

Gang der Wagen. Schienenlage.

Unstreitig ist dagegen an sich, wie schon angedeutet, der Gang der Personenwagen auf den nordamerikanischen Eisenbahnen ein ruhigerer, sozusagen ein glatterer *(smoother)*, als im allgemeinen bei uns; darüber sind die Meinungen auch bei den fachmännischen Amerikafahrern ziemlich übereinstimmend, während die Ansichten über die Ursachen dieser Erscheinung auseinandergehen. Der eine schreibt ihn dem ausschließlichen Gebrauch langer und schwerer Wagen auf Drehgestell (die gewöhnlichen, den Eisenbahnen gehörigen Personenwagen haben mindestens vier, die sämtlichen Pullman-Wagen sechs Achsen), der andere der Anlage, wie der Unterhaltung des Oberbaues zu.

Was letztere anlangt, so halten nach der Meinung eines Fachmannes, der im Auftrage der englischen Regierung im Jahre 1903 die Vereinigten Staaten bereist hat, die verkehrsreichen Linien im östlichen Teile und in der Mitte der Vereinigten Staaten, besonders in bezug auf die Güte der Beschotterung, jeden Vergleich mit den englischen Bahnen, selbst den besten, aus.

Ob dies in der Allgemeinheit und in solchem Grade zutrifft, entzieht sich unserer Beurteilung, da wir nach dieser Richtung hin nicht genügende Kenntnis von dem Zustande der englischen Bahnen haben. Dagegen können wir, ohne selbstverständlich unserer Meinung den Wert eines fachmännischen technischen Urteils beimessen zu wollen, bestätigen, daß die Unterhaltung des Oberbaues auf den von uns bereisten amerikanischen Bahnen im Durchschnitt einen guten Eindruck machte. Dies gilt auch von den meisten Bahnstrecken des Westens, wo beispielsweise die Bauart der Brücken im allgemeinen noch recht vieles zu wünschen übrig läßt, und die Bahnhofsanlagen sowie die Wegübergänge häufig geradezu vorsintflutlich erscheinen.

Bekannt ist die außerordentlich dichte Schwellenlage auf den amerikanischen Bahnen; sie ist auf allen Bahnen, auch den finanziell weniger günstig gestellten, zu beobachten. Während in Preußen auf einem Kilometer Bahn 1083 bis 1500 Schwellen liegen, können in Amerika durchschnittlich auf ein Kilometer bei schweren Schienen 1535 bis 1754 und bei leichten Schienen 1973 gerechnet werden. Dagegen sind die amerikanischen Schwellen im allgemeinen kürzer und schmäler als die deutschen. Sie sind fast durchweg aus hartem Holz (Eichen oder Kastanien) oder aus Nadelholz hergestellt, das indes unser Nadelholz an Güte anscheinend übertrifft.

Die amerikanische Eisenbahnschiene ist im allgemeinen nicht schwerer als die unsrige, man ist indessen jetzt dabei, die 39,56 und 42,03 kg wiegende Schiene für sehr verkehrsreiche Linien durch solche von 49,45 kg zu ersetzen.

Endlich ist auf den amerikanischen Eisenbahnen mit Ausnahme von einigen, z. B. der Northern Pacific-Eisenbahn, statt des bei uns gebräuchlichen Gleichstoßes der Schienen, der sog. Wechsel- oder versetzte Stoß eingeführt. Beim Wechselstoß liegen die Enden der beiden Schienen eines Gleises nicht einander gegenüber wie bei uns, sondern das Ende der einen Schiene (Stoß) liegt gegenüber der Mitte der anderen Schiene.

Man ist vielfach geneigt, gerade dieser Einrichtung die Wirkung zuzuschreiben, daß sie dem Gang der Personenwagen die ruckartige Bewegung nimmt, die auf den deutschen Eisenbahnen unangenehm auffällt.

Ein in hervorragender Stellung befindlicher Ingenieur deutscher Herkunft, der Gelegenheit hatte, mit beiden Systemen zu arbeiten, sprach sich uns gegenüber folgendermaßen aus: *My opinion is, that with ballast and a reasonable heavy rail the alternate joint is preferable and I believe the majority of the larger Railroad Companies use it. The Northern Pacific and some other roads use the even joint on tangents and the alternate joint on curves. An equal expense of labour for maintenance on the same character of track will in my opinion produce an easier riding track with the alternate joint.* Er meint also, daß ein ruhiger Gang der Wagen stets einen gut gehaltenen Oberbau zur Voraussetzung habe; auf gleichgearteten Strecken erziele man aber bei gleichem Arbeitsaufwande für die Bahnunterhaltung mit Wechselstoß einen ruhigeren Gang als mit Gleichstoß.

Ein anderer oberster technischer Leiter eines großen Eisenbahnsystems äußerte sich schriftlich über diesen Punkt. Der Brief lautet in der Übersetzung:

„In Beantwortung Ihres Briefes vom 4. d. M. betreffs Information des Herrn F. S. u. Gen. über die Verhältnisse des Wechselstoßes und Gleichstoßes der Schienen, teile ich Ihnen mit, daß m. E. der erstere den Vorzug verdient.

Der Wechselstoß gibt einen besseren Lauf mit weniger Unterhaltungskosten für die Bahn. Beim Gleichstoß besteht die Neigung der Schienen, an den Stößen Winkel zu bilden, besonders an den sehr mäßigen Kurven, für welche die Schienen nicht gebogen sind. Beim Wechselstoß liegt immer eine feste *(solid)* Schiene an der einen Seite jedem Stoß an der andern Seite gegenüber, um die gerade Gleisspur innezuhalten *(to hold the track to line)*.

Die Überlegenheit des Wechselstoßes zur Innehaltung der Richtung in den Kurven ist in der Praxis von verschiedenen Eisenbahnverwaltungen anerkannt, die beide Stoßarten — Wechselstoß für Kurven und Gleichstoß für gerade Linien (eine halbe Schienenlänge vor und hinter jeder Kurve) — gebrauchen. Sind die Kurven nur kurz auseinander, so ist die ununterbrochene Verwendung des Wechselstoßes üblich.

Bei Wechselstoßgleisen werden mit zunehmender Schnelligkeit der Fahrt die Stöße weniger merkbar, was sich daraus erklärt, daß der Wagen nicht die Zeit hat, eine volle Neigung nach der Stoßseite zu machen, während bei Gleichstoßgleisen, entsprechend der gleichzeitigen Neigung, unter beiden Rädern ein sehr wesentliches Stampfen bemerkbar ist. Beim Gleichstoß hat der Wagen die volle Wirkung der Stöße senkrecht durchzumachen, beim Wechselstoß hält die Schiene der einen Seite das Rad in gleicher Ebene und nur das Rad der anderen Seite hat eine Neigung zu machen, der Wagen fällt also nur in halbem Maße.

Wenn die Schienenverbindungen vollkommen *(perfect)* sein könnten, so daß kein plötzlicher Neigungsunterschied auf der ganzen Schienenstrecke wäre, so würde es keinen Unterschied machen, ob die eine oder die andere Art des Stoßes angewendet würde, aber in der Praxis ist das nicht erreichbar.

In Kurven, in denen nur Gleichstoß vertreten ist, muß (bei gleichlangen Schienen) jede Stoßlücke der inneren Schiene geschlossen *(cut)* werden, während bei dem Wechselstoß die Stöße an der Innenseite ruhig vorauseilen dürfen, und zur Ausgleichung des Längenunterschiedes eine entsprechend kurze Zwischenschiene verwendet werden kann."

Danach wäre der Wechselstoß in beiden Richtungen — also in betrieblicher und wirtschaftlicher Beziehung — vorzuziehen. Wir wollen nur noch hinzufügen, daß nach unseren Wahrnehmungen der Gang der Wagen auch da ruhiger war, wo augenscheinlich der Oberbau sich nicht in besonderer Verfassung befand; es mag aber dahingestellt bleiben, ob dies mit auf den Wechselstoß oder lediglich auf die Bauart der Wagen zurückzuführen war.

Zugbetrieb: Reisegeschwindigkeit.

Die Reisegeschwindigkeit geht im allgemeinen nicht über eine Durchschnittsleistung unserer Schnellzüge hinaus. Wir hatten keine Gelegenheit, in einem der Züge zu fahren, die von den Amerikanern mit berechtigtem Stolz als die schnellsten Züge der Welt bezeichnet werden. Es sind dies vier Züge, nämlich zwei Züge des eigentlichen Nahverkehrs und zwei des großen Fernverkehrs.

Die Philadelphia and Reading-Eisenbahn fährt Sommer und Winter einen Zug von Camden bei Philadelphia nach dem Seebade Atlantic City in 50 Minuten, d. h. bei einer Entfernung von allerdings nur 89,3 km mit einer Reisegeschwindigkeit von 107,2 km, die Pennsylvania - Eisenbahn auf ihrer um 4 km längeren Wettbewerbstrecke ebenfalls einen Zug in 54 Minuten, also mit einer Reisegeschwindigkeit von 103,7 km. Den Zügen hat man den Namen „*Atlantic City Fliers*" gegeben. Ebenso wertvoll und beachtenswert sind die Leistungen der Pennsylvania-Eisenbahn und der New York Central- in Verbindung mit der Lake Shore and Michigan Southern-Eisenbahn auf den großen Strecken New York — Chicago über Pittsburg und über Albany — Buffalo, wenn auch nicht eine so große absolute Reisegeschwindigkeit erreicht wird, wie zwischen Camden und Atlantic City.

Seit dem 1. Juli 1905 kann man nach Chicago über Pittsburg wie über Buffalo mit je einem Zuge in der kurzen Zeit von 18 Stunden gelangen. Unter Zugrundelegung der Entfernungsangaben in dem „*Official Guide of the Railways and Steam Navigation Lines of the United States*“ (November 1904) ergibt sich für New York — Chicago

über Buffalo eine Entfernung von 1576,1 km,
über Pittsburg „ „ „ 1468,4 km.

Die Reisegeschwindigkeit der beiden Züge beträgt danach 87,6 und 81,6 km. Die Züge führen den Namen „*The* 20th *Century Limited*“ (New York Central) und „*The Special*“ (Pennsylvania). Mit Recht bezeichnet die New York Central-Eisenbahn ihren Zug als den schnellsten Fernzug der Erde *(the fastest long distance train in the world).* Doch ist die Leistung der Pennsylvania-Eisenbahn nicht minder gut, denn die Strecke New York — Buffalo — Chicago bietet keine betrieblichen Schwierigkeiten, während auf der, wenn auch kürzeren Strecke der Pennsylvania-Eisenbahn das hohe Alleghanygebirge überwunden werden muß, wodurch ein starker Zeitverlust entsteht, der vorher und nachher durch Steigerung der Geschwindigkeit bis auf 120 km wieder einzuholen ist. So hohe Reisegeschwindigkeiten können aber auch nur dadurch erreicht werden, daß der Verkehr dieser Züge in der Tat zu einem reinen Fernverkehr New York — Chicago unter fast gänzlicher Ausschaltung des Verkehrs der zwischengelegenen Orte gestaltet wurde, und die Aufenthalte auf das allernotwendigste Maß zurückgeführt wurden. Werden doch die großen Bahnhöfe von Buffalo und Pittsburg und selbst der Millionenstadt Philadelphia von den beiden Zügen umfahren; der Verkehr mit diesen Städten ist nur durch Benutzung von Vorortzügen zu ermöglichen.

Überhaupt können diese Einzelleistungen nicht als Grundlage für eine Beurteilung der Gesamtleistungen dienen. Mehr Wert hat die Reisegeschwindigkeit, die in dem Schnellverkehr im ganzen, und zwar nicht bloß auf einer Linie erzielt wird. Hierüber gibt die nachstehende Übersicht der Reisegeschwindigkeiten sämtlicher Schnellzüge auf einigen der wichtigsten amerikanischen und deutschen Schnellzugstrecken Auskunft:

Strecke	Kilometer	Anzahl der Schnellzüge	Davon mit einer Reisegeschwindigkeit von 60 km u. mehr. Anzahl	und zwar: Kilometer 60	61	62	63	64	65	66	67	68	69	70	75	76	78	81	82,5	83
New York—Pittsburg	714,4	11	8	1	—	2	—	1	3	—	—	1	—	—	—	—	—	—	—	—
Pittsburg—Chicago	754	4	1	—	—	1	—	—	—	—	—	—	—	—	—	—	—	—	—	—
Pittsburg—St. Louis	999	3	—	—	—	—	—	—	—	—	—	—	—	—	—	—	—	—	—	—
New York—Buffalo	707,2	12	8	—	—	2	—	2	—	—	2	1	1	—	—	—	—	—	—	—
Buffalo—Chicago	861,1 oder 868,9	13	7	—	—	—	1	—	4	—	2	—	—	—	—	—	—	—	—	—
		43	24	1	—	5	1	3	7	—	4	2	1	—	—	—	—	—	—	—

Anmerkung:

1. Die beiden vorgenannten Schnellzüge New York—Chicago mit 87,6 und 81,6 km Reisegeschwindigkeit sind hier nicht aufgeführt.
2. Der Aufstellung liegt der *Official Guide of the Railways and Steam Navigation Lines* für November 1904 zugrunde. Ein neueres Kursbuch lag uns nicht vor.

Strecke	Kilometer	Anzahl der Schnellzüge	Davon mit einer Reisegeschwindigkeit von 60 km u. mehr. Anzahl	60	61	62	63	64	65	66	67	68	69	70	75	76	78	81	82,5	83
Berlin—Hamburg	286	6	4	—	—	—	—	—	—	—	—	—	—	1	1	—	—	1	—	1
Hamburg—Berlin	286	6	5	—	—	—	—	—	—	—	—	—	—	1	—	2	1	—	1	—

Berlin Anh. Bf.—Frankfurt a. M.	538,9 oder 559,5	6	3	—	—	—	1	1	1	—	—	—	—	—	—	—	—	—	—	—
Frankfurt a. M.—Berlin Anh. Bf.	538,9 oder 559,5	6	3	—	—	1	2	—	—	—	—	—	—	—	—	—	—	—	—	—
Berlin Fr.—Cöln . . . . . (über Hannover)	582,5 oder 585,3	7	4	—	—	—	1	—	1	1	—	—	—	1	—	—	—	—	—	—
Cöln—Berlin Fr. . . . . . (über Hannover)	582,5 oder 585,3	7	6	1	1	—	—	—	—	—	—	2	1	1	—	—	—	—	—	—
Berlin—Königsberg i. Pr. . .	590,2	4	4	1	—	—	1	1	1	—	—	—	—	—	—	—	—	—	—	—
Königsberg i. Pr.—Berlin . .	590,2	4	3	—	—	1	1	1	—	—	—	—	—	—	—	—	—	—	—	—
Berlin—München . . . . . (über Hof)	654,8 oder 725,7	5	2	1	—	—	—	—	—	—	1	—	—	—	—	—	—	—	—	—
Berlin—München . . . . . (über Probstzella)	702,1	5	4	—	—	—	—	1	1	—	2	—	—	—	—	—	—	—	—	—
München—Berlin . . . . . (über Hof)	654,8 oder 725,7	5	1	—	—	—	—	—	—	1	—	—	—	—	—	—	—	—	—	—
München—Berlin . . . . . (über Probstzella)	702,1	5	4	—	—	—	—	—	—	2	—	2	—	—	—	—	—	—	—	—
		66	43	3	1	2	6	4	4	4	3	4	1	4	1	2	1	1	1	1

Anmerkung:

Der Aufstellung liegt das Reichskursbuch für September 1905 zugrunde.

Bei dieser Aufstellung sind für die Amerikaner nur Eisenbahnen östlich vom Mississipi berücksichtigt, die überwiegend im Flachlande gelegen sind und große Städte miteinander verbinden; die in Vergleich gestellten deutschen Strecken sind keineswegs betrieblich einfacher. Der Vergleich ergibt, daß auf den genannten deutschen Strecken verhältnismäßig mehr Züge (im ganzen $^2/_3$) eine Reisegeschwindigkeit von 60 km und mehr erreichten als in den Vereinigten Staaten, selbst unter Mitberücksichtigung der beiden besonders beschleunigten Schnellzüge, und daß der Gesamtverkehr daher in bezug auf Schnelligkeit in Deutschland gleichmäßiger gut bedient war, und zwar trotz der hier im allgemeinen zahlreicheren Zwischenaufenthalte. Würden bei uns die Schnellzüge mehr als bisher für den Fernverkehr freigemacht, so würden wir Amerika gegenüber noch besser stehen. Jedenfalls darf man — ohne den Amerikanern die Anerkennung für ihre Leistungen bei den erwähnten besonders schnellen Zügen versagen zu wollen — behaupten, daß die amerikanischen Eisenbahnen selbst auf den Hauptstrecken und bei Innehaltung des Fahrplanes im allgemeinen mindestens nicht schneller fahren als die deutschen Eisenbahnen. Die fahrplanmäßigen Zeiten werden aber geradezu gewohnheitsmäßig überschritten, sodaß man selbst bei diesen nicht ungewöhnlichen Geschwindigkeiten sich des Eindrucks nicht erwehren kann, daß es sich hier um mehr oder weniger „papierene“ Schnelligkeiten handelt.*)

Die Pünktlichkeit scheint, wie später noch erläutert wird, in der Tat ein wunder Punkt im amerikanischen Eisenbahnverkehr zu sein; in dieser Beziehung stehen die amerikanischen Eisenbahnen ohne allen Zweifel den deutschen erheblich nach. Es mag dahingestellt bleiben, inwieweit die amerikanischen Eisenbahnanlagen unzureichend sind. Hüben wie drüben ist der Verkehr in starker, bisweilen nicht erwarteter Entwicklung begriffen und es ist nicht leicht, für alle Fälle so reichlich gesorgt zu haben, wie es erwünscht wäre.

---

*) Vgl. auch Goldberger „Das Land der unbegrenzten Möglichkeiten“ (Berlin u. Leipzig 1903, Fontane & Co.).

Fahrplanwesen *(Train dispatcher)*. Stationsleitung.

In bezug auf das Fahrplanwesen sind uns hauptsächlich zwei Abweichungen von unserem Verfahren aufgefallen, nämlich die Bearbeitung des Fahrplans und die örtliche Ausführung des Dienstes.

Das Fahrplanwesen ist bei den Eisenbahnen der Vereinigten Staaten anders geordnet als bei den deutschen Eisenbahnen. Bei uns sind bekanntlich die zweimal im Jahre aufzustellenden festen graphischen Fahrpläne, die jedem Personen- und Güterzuge seine bestimmte Lage geben, genau auf Minute und Teilminute, unter Berücksichtigung der Kreuzungen und Überholungen, so konstruiert, daß sich der Betrieb — abgesehen von ganz außergewöhnlichen Fällen — glatt danach entwickeln muß, und daß er von jeder Station aus für ihren Bereich selbständig gehandhabt werden kann. In dem deutschen Fahrplan ist von vornherein auch eine ausreichende Zahl von Bedarfs-Personen- und -Güterzügen vorgesehen, so daß es nur auf die Entscheidung ankommt, ob ein Bedarfszug im Einzelfalle zu fahren ist; sein Fahrplan ist bereits vorhanden. Es ist klar, daß in diesem System eine mühsame Arbeit liegt, aber auch, daß — wenn irgendwo — gerade im Betriebe die Stetigkeit und Ordnung angebracht, und daß ein sachgemäßer Fahrplan unter den Mitteln zur Erzielung der Betriebssicherheit das unentbehrlichste ist.

Einen solchen, bis in alle Einzelheiten gehenden Fahrplan, der wie ein Uhrwerk den Zugbetrieb regelt, kennt man in Amerika bei den meisten Eisenbahnen noch nicht. Zwar gibt es auch bei den amerikanischen Eisenbahnen Fahrpläne, in denen insbesondere die Fahrten der Personenzüge möglichst festgelegt sind. Auch über Güterzüge gibt es Feststellungen; aber so präzis wie bei uns fanden wir den Fahrplan nirgends. Überall spielt im Zugverkehr die Hauptrolle nicht sowohl der starre, unabänderliche Fahrplan, als vielmehr die Anordnung des Zugleiters *(Train dispatcher)*. Das ist kein einzelner Beamter, vielmehr eine Einrichtung, die darin besteht, daß jedem Distrikts-Superintendenten eine Zugleitungsstelle beigegeben ist, die von den Stationen telegraphische Meldungen über den Lauf der

Züge erhält und die nach Bedarf in den Zugbetrieb eingreift und insbesondere Kreuzungen und Überholungen der Züge anordnet. Die Zugleitungsstelle ist mit so vielen Beamten besetzt, als zur Arbeitsbewältigung nötig sind. Die eigentlichen Disponenten sind die drei *Dispatchers*, von denen stets mindestens einer anwesend ist; nicht selten stehen sie noch unter einem *Chief dispatcher*.

Der *Train dispatcher* *) stammt aus der Zeit, als der Telegraph noch nicht in den Dienst des Eisenbahnbetriebes gestellt war. Er hatte zunächst als Beauftragter des Superintendenten, indem er in dessen Bezirk fortwährend auf- und abreiste, das Zugpersonal über die Zugarrangements zu unterrichten. Ein fester Fahrplan für die ganze Strecke war nicht vorhanden. Als später der Telegraphendienst auch dort eingerichtet wurde — es geschah dies der Kostenersparnis wegen zuerst keineswegs auf allen Stationen — wurde der *Train dispatcher* seßhafter und erließ seine *Train orders* von seinem Bureau aus, welches mit allen Telegraphenbureaus der Strecke verbunden war.

Diese Befehle erläßt er heute noch, obwohl bei der auch in Amerika jetzt mächtig fortschreitenden Herstellung von mechanischen Einrichtungen die Stationen ebenso wie bei uns in der Lage wären, die Verantwortung für den Gang der sämtlichen Züge zu übernehmen. Allerdings müßte man sich entschließen, auch für den Personenverkehr den verantwortlichen Betriebsbeamten auf die Station zu setzen. Wo die Stellwerke örtlich zusammengezogen sind und die Sicherung des Zugdienstes durch mechanische Anlagen gewährleistet ist, nähert sich zwar die Abwicklung des Dienstes unseren Einrichtungen, immerhin greift auch hier der *Train dispatcher* häufig in den Betrieb ein. Bei den Eisenbahnen mit spärlicher Zugfolge, wie wir sie insbesondere im weiten Westen angetroffen haben, ist das unmittelbare Kommando des *Train dispatcher* am ausgedehntesten.

Eine ebenfalls auffällige Erscheinung ist die nicht zu verkennende Abneigung der Amerikaner gegen den Ge-

*) Vgl. Priestley, *Report on the organisation and working of Railways in America (London, Eyre and Spottiswoode, 1904)*, S. 81 ff.

brauch der graphischen Fahrpläne in der bei uns üblichen Weise. Nur für die bureaumäßige Bearbeitung der Fahrpläne bedient man sich zuweilen der graphischen Form. Dagegen ist in der Hand auch nicht eines Betriebsbeamten auf der Strecke ein solcher zu finden.

Der *Dispatcher* und seine Organe arbeiten in der Hauptsache aus dem Gedächtnis, und, wie an anderer Stelle erwähnt ist, ohne Benutzung von Morsestreifen, allerdings mit der Vorsicht, daß alle Anordnungen von der Empfangsstelle aufgeschrieben und telegraphisch zurückgegeben, auch auf den Stationen — wenigstens bei Unregelmäßigkeiten — sowohl vom Lokomotivführer wie vom Zugführer durch Gegenschrift anerkannt werden müssen. Diese Rückgabe wird dann auch beim *Dispatcher* in einem Hefte vermerkt.

Gedruckte Dienstfahrpläne fanden wir auf den Stationen eigentlich nur für den Personenzugdienst; nur hin und wieder trafen wir die Einrichtung, daß ein täglicher Güterzug in den Fahrplan mit aufgenommen war. Im allgemeinen wird dieser Teil des Dienstes dem Ermessen der Station oder dem daselbst tätigen *Telegraf Operator*, allerdings unter Oberleitung der *Dispatchers* überlassen, die je nach Bedürfnis weitere Züge einschieben oder den einzigen vorhandenen verlegen können.

Maßgebend für die Regelung des Dienstes ist die allgemein durchgeführte Einteilung der einzelnen Züge oder allein fahrenden Maschinen je nach ihrer Bedeutung und dem Interesse an ihrer Durchführung, sowie der Grundsatz des sog. „*right of way*“ (Recht auf die Benutzung der Strecke). Letzteres verliert der verspätete Zug unter Umständen ohne weiteres, und zwar bei eingleisigen Strecken auch gegenüber den Zügen aus der anderen Richtung. Daraus sind wenigstens zum Teil die außerordentlich großen Verspätungen, die einzelne Züge erleiden, zu erklären. Der Grundsatz mag eine Berechtigung haben, wenn die Verspätungen überhaupt eine Ausnahme sind; wie die Verhältnisse aber in den Vereinigten Staaten liegen, wirkt er außerordentlich nachteilig auf den gesamten Zugdienst ein. Wenn auch nach amerikanischer Übung der Grundsatz zunächst nur für die nach festem Fahrplan verkehrenden Personenzüge gelten soll, so wirkt doch auch der Güterverkehr auf ihn zurück, weil die durch einen Güterzug verschuldete Verspätung eines Personenzuges diesen des „*right of way*" verlustig machen kann, wie wir das praktisch erlebt haben.

Nachteilig scheint ferner der Umstand zu wirken, daß die Wahrung des Stationsabstandes im allgemeinen nur für die Personenzüge vorgeschrieben ist, übrigens auch hier keineswegs streng durchgeführt wird. Für die Güterzüge gilt er nur ausnahmsweise. Wir befanden uns im Westen auf einem der berühmten *Limited*-Züge, dem in einer sehr erheblichen Neigung auf eine ganz kurze Entfernung zwei Güterzüge folgten, die wiederum voneinander um kaum eine Zuglänge getrennt fuhren, und von denen der erste durch zwei Maschinen gezogen und von einer dritten geschoben wurde.

Die Dienstfahrpläne pflegen nicht für einen ganzen Bahnbereich, sondern für den Bezirk des Superintendenten aufgestellt zu werden, so daß jede über die Grenze des Bezirks hinaus wirkende Unregelmäßigkeit eine Verständigung zwischen den beiden beteiligten Bezirken erfordert. Da mit dem Anwachsen des Verkehrs der örtliche Bereich des Bezirks immer geringer geworden ist — wir trafen solche von kaum 50 km —, so arbeitet der Apparat zuweilen etwas schwerfällig, zumal auch die Rapportierung bei weitem verwickelter und umfangreicher ist, als bei uns.

Jeder der drei *Dispatchers* hat in der Regel acht zusammenhängende Stunden Dienst. Er beschäftigt durchschnittlich drei Telegraphisten, die meist einen zehnstündigen Dienst haben; bei starkem Verkehr, bei schwierigem Betriebe wächst die Zahl der Telegraphisten, die übrigens auch die Listenführung für den täglichen Ausgleich der Güterwagen zu besorgen haben. Jedenfalls ergibt sich, daß der Telegraphendienst einen Umfang hat, der z. B. in unseren dichtbesetzten Gebieten ins ungeheuerliche führen würde. Man denke nur, daß jede Station von Bedeutung jeden Zug melden muß, der dann beim *Dispatcher* aufgeschrieben wird. Für Abzweigungsstrecken, besonders in den Kohlenrevieren, ist auch wohl ein detachierter *Dispatcher* zu finden, dem unabhängig vom Superintendenten der Dienst übertragen ist. Hier findet die telephonische Verständigung mehr und mehr Eingang.

Stationsleitung.

Nicht minder abweichend von unserem Verfahren ist die Wahrnehmung des äußeren Stationsdienstes. Schon die eingreifende Tätigkeit des *Dispatcher* verbietet die Stellung eines Stationsleiters mit den Befugnissen unseres Bahnhofsvorstehers. Man kann auf den amerikanischen Bahnhöfen sofort bei Ankunft, Aufenthalt und Abfahrt des Zuges bemerken, daß niemand vorhanden ist, der den Zug sozusagen in der Hand hat. Ein diensthabender Beamter, wie wir ihn haben, ist nicht zu finden. Der *Station Agent* sowohl wie der *Station Master*, soweit ein solcher — wie auf ganz großen (meist Gemeinschafts-) Stationen — überhaupt vorhanden ist, sieht den Schwerpunkt seiner Aufgabe bestimmungsmäßig in ganz anderen Dingen, insbesondere im inneren Verwaltungsgebiete. Er hat weder die Aufsicht über den Zug, noch den Befehl über das Personal, und ist für pünktliche Einhaltung der Fahrzeiten nicht verantwortlich. Der Zugführer, dem der Zugdienst in und außerhalb der Station übertragen ist, hat nicht immer Zeit, sich um die Dinge zu kümmern, die bei uns Sache des Fahrdienstleiters sind. Das Auskunftsbureau, welches auf einer Anzahl von großen Stationen zu finden ist, hat ebenso wenig mit diesen Dingen zu tun, beschränkt sich vielmehr meist auf Auskünfte über Preise und Zuganschlüsse und ist in der Regel auch mit Beamten aus der Klasse der Fahrkartenverkäufer besetzt. Ob diese Bureaus mit Erfolg tätig und ihre Beamten auf der Höhe sind, darüber möchten wir uns ein Urteil nicht erlauben. In St. Louis wurde uns jedenfalls eine falsche Auskunft erteilt, und man sollte doch annehmen, daß die dortige Stelle gerade mit Rücksicht auf die Weltausstellung gut besetzt war.

So kommt es jedenfalls, daß der Reisende, der sich erkundigen will, niemand auf dem Bahnsteig vorfindet, der ihm Auskunft zu erteilen berufen und verpflichtet ist. Wir mußten, um nur ein Beispiel zu erwähnen, in Ogden trotz eingehendster Bemühungen den Versuch aufgeben, zu erfahren, ob der Zug, in den unser Gepäck durch Schuld unseres Dieners geladen war, die Station bereits passiert habe oder nicht; jeder von uns gefragte Beamte gab eine andere Auskunft. Daß bei einem solchen Verfahren selbst bei der denkbar größten Geschicklichkeit und Findigkeit des amerikanischen Volkes Unregelmäßigkeiten unausbleiblich sind, kann nicht wundernehmen. Gleichwohl sehen selbst dortige Fachleute in unserem Fahrdienstleiter lediglich den Polizeimann, der das reisende Publikum am Gängelbande führt, und für den deshalb bei dem reifen amerikanischen Volke kein Platz sei. Der Amerikaner will eben frei sein; wir sahen sehr häufig selbst auf größeren Bahnhöfen Reisende an der falschen Seite aussteigen und über die Gleise fortgehen.

Bei der Zugabfahrt beschränkt sich der Zugführer anscheinend darauf, in einem nur den Nächststehenden vernehmbaren Tone zu sagen (von einem Rufen kann keine Rede sein) „*All on board*“. In der Regel ist das aber auch der letzte Augenblick, selbst dann, wenn der Aufenthalt wegen Verspätung des Zuges abgekürzt worden ist. Gelingt es einem Reisenden nicht, schnell einen Aufgang zu einem Wagen zu erfassen, so läuft er die größte Gefahr, zurückzubleiben. Wir waren durch die verschiedenen Vorfälle, deren Zeuge wir waren — unser eigener Diener war hauptsächlich durch Schuld des Personals einmal zurückgeblieben — schließlich so vorsichtig geworden, daß wir es jedenfalls vorzogen, in unmittelbarster Nähe des Zuges und, wenn möglich, unseres Wagens zu bleiben.

Auf großen Stationen, insbesondere auch auf Kopfstationen, sind vielfach große Tafeln aufgestellt, auf denen die Abfahrt der Züge angegeben ist. Auch wurde auf einigen solcher Stationen die Abfahrt durch Sprachrohre ausgerufen. An den Wagen selbst sahen wir nur in seltenen Fällen Kurstafeln oder andere Wegemerkmale.

Unregelmäßigkeiten. Unfälle.

Die ganze äußere Handhabung des Betriebes und die damit zusammenhängende Sorglosigkeit des Publikums ist unverkennbar e i n e der Ursachen, auf welche die unverhältnismäßig große Zahl der auf den amerikanischen Eisenbahnen vorkommenden Unglücksfälle zurückzuführen ist. Im Jahre Juli 1902 bis Juni 1903 sind allein aus diesem Anlaß von Privatpersonen 163 getötet und 1688 verletzt worden, von Beamten 749 und 9108. Bei uns sind im ganzen nur 127 Privatpersonen und 158 Beamte getötet und verletzt worden, wobei zu bemerken ist, daß die amerikanische Statistik nach dieser Richtung nicht als unbedingt zuverlässig angesehen werden kann. Es besteht zwar eine allgemeine Anordnung zur Anmeldung aller Unfälle, die Verwaltungen sollen aber immer noch geneigt sein, mit ihren Angaben zurückzuhalten. Die nicht gerade schwerwiegenden Machtbefugnisse der *Interstate Commerce Commission* sind kaum geeignet, einen wirksamen Zwang auszuüben.

Die mitgeteilte Zahl erscheint aber noch gering im Verhältnis zu der Zahl derjenigen Unglücksfälle, welche die Reisenden ohne eigene Schuld betroffen haben. Es wurden

	getötet	verletzt
a) bei Zugunfällen	176	4665,
b) „ sonstigen Betriebsunfällen .	16	1878,

während bei uns aus diesen Ursachen im ganzen nur 4 und 165 Personen betroffen wurden (Verhältniszahlen s. S. 79).

Auch diese Unfälle werden zum größten Teil auf die Art der Betriebsführung zurückzuführen sein; denn sie muß nach unserer Auffassung zweifellos zu Unregelmäßigkeiten und Zugverspätungen führen. Diese sind aber so zahlreich, daß sie vom Publikum als selbstverständlich hingenommen werden. Daß wir bei unseren vielfachen Reisen (15 563 km auf den amerikanischen Eisenbahnen) und obwohl wir fast nur die schnellsten und besten Züge benutzten, wenn wir vom Stadt- und Vorortverkehr absehen, nur einmal pünktlich angekommen sind, ist bereits früher erwähnt; selbst auf der Fahrt von Philadelphia nach New York (145 km), mit einem der besten Züge der Pennsylvania-Bahn, hatten wir 5 Minuten Verspätung. Durchschnittlich beträgt aber die Verspätung viel mehr und muß auf Stunden beziffert werden. Dabei hört man selten Äußerungen der Unzufriedenheit oder des Unwillens, wie sie aus jedem auch noch so geringfügigen derartigen Anlaß bei uns sofort vernehmbar werden. Um nur ein Beispiel anzuführen: Auf unserer Fahrt nach dem Westen, die wir im „*North Coast Limited*“, einem der besten und schnellsten Züge in den Vereinigten Staaten, zurücklegten, machte der Zug morgens gegen $9^1/_2$ Uhr zwischen den Stationen Rosebude und Forsytha Halt; ein entgleister schwerer Güterwagen versperrte die Weiterfahrt auf der eingleisigen Bahn. Unser Zug wurde viele Kilometer weit nach der Station Rosebude zurückgeschoben. Ohne den Humor zu verlieren, nahmen die Reisenden die wenig angenehme Sache hin, verließen die Wagen und suchten sich, so gut es ging, die Zeit außerhalb des Zuges zu vertreiben. Die einen improvisierten einen Schießstand, um mit den auch jetzt noch anscheinend vielfach mitgeführten Pistolen zu schießen, eine Anzahl junger Damen und Herren machten abwechselnd auf zwei aus einer der Station nahegelegenen Farm entliehenen Pferden Spazierritte — und dergleichen mehr. Kein Laut des Unwillens war vernehmbar, als erst um 2^{15} mittags ein Hilfszug an uns vorüberfuhr, obwohl sich hieraus für jeden mit dem Eisenbahnbetriebe auch nur einigermaßen bekannten Reisenden ergab, einmal daß man entweder nicht zureichende Hilfsmittel mit sich führte oder den an sich ziemlich einfachen Vorfall in seinem Umfange unterschätzt hatte, und daß ferner die Stationen, auf denen Hilfszüge vorhanden sind, zu weit auseinanderliegen; im vorliegenden Falle mußte er 112 Meilen, also 180 km weit herangeschafft werden. Der entgleiste Wagen war ein solcher mit 40 t Ladefähigkeit; wäre es ein kleinerer Wagen gewesen, so hätte er viel leichter und schneller aus dem Gleise gehoben werden können. Hier zeigten sich deutlich auch die Schattenseiten der Verwendung von Wagen mit so hoher Ladefähigkeit. Endlich um 4^{15}, also nach einem Aufenthalt von fast 7 Stunden konnte unser Zug seine Fahrt fortsetzen. Alle Anschlüsse, insbesondere auch der nach dem Yellowstone Park, welcher für einen großen Teil der Zuginsassen das Reiseziel war, gingen verloren. Viele Stunden waren ohne Not geopfert. Wir hatten im übrigen bei diesem Mißgeschick Gelegenheit, zu beobachten, wie außerordentlich rasch die Draisinen der *Road Masters* sich auf dem Gleise bewegen.

Ob man den Zugunregelmäßigkeiten energisch zu Leibe geht und ihre Zahl vermindert, vermochten wir nicht festzustellen, da eine Statistik der Zugverspätungen nicht erhältlich war. Die Zahl der Unfälle hat nicht abgenommen. Nach der Statistik, welche die *Interstate Commerce Commission* hierüber alljährlich herausgibt (vgl. die beiden Tafeln auf S. 79ff.), ist vielmehr bei den amerikanischen Eisenbahnen nicht nur die absolute Zahl der Unglücksfälle wesentlich gestiegen, sondern auch die Verhältniszahl der Unglücksfälle hat sich in erschreckender Weise erhöht. Sie beträgt gegen das Jahr 1888 mehr an getöteten Personen 86%, an verletzten sogar 196%, ganz im Gegensatz zu unseren Verhältnissen. Es gewinnt fast den Anschein, als ob das amerikanische Volk trotz seiner hohen Einsicht und seines guten praktischen Verständnisses sich dieses Zusammenhanges zwischen den Unregelmäßigkeiten und den Unglücksfällen nicht voll bewußt ist, während doch gerade bei uns die Überzeugung bis in die breiten Schichten des Volkes eingedrungen ist, daß die Sicherheit im Eisenbahndienst in der Hauptsache durch die peinlichste Regelmäßigkeit gewährleistet wird.

Ein großer Teil der Unfälle entsteht übrigens, wie die Tafel ergibt, infolge der Nichtbewachung der Bahnübergänge über die Straßen; solche Überwachungen kennt man selbst bei sehr verkehrsreichen Übergängen nicht. Man sieht daraus, daß auch die amerikanischen Eisenbahnen mit der allgemein üblichen Warnung: „*Railroad Crossing*“ oder „*Look out for the Locomotive*“ nicht mehr auskommen, wenn sie ihre Ausgaben an Entschädigungen und Renten nicht allzu hoch anwachsen lassen wollen.

Technisches Sicherungswesen.

Die Züge melden sich bei den Übergängen nur durch Pfeifensignale und das Läuten der Lokomotivglocke an. Sonstige Warnungszeichen — etwa durch Läutewerke auf der Strecke — ertönen nicht. Große Wirkung scheint indes weder das Pfeifen noch das Läuten der Lokomotive zu haben, da die Unfälle auf Übergängen, wie bereits bemerkt ist, verhältnismäßig sehr zahlreich sind.

Im übrigen hat der amerikanische Schöpfergeist natürlich nicht geruht, die Zugfahrten nach Möglichkeit durch mechanische Hilfsmittel zu sichern. So sind zur Sicherung der Zugfahrten auf der freien Strecke, abweichend von den Einrichtungen in Deutschland, vielfach selbsttätig wirkende Signalanlagen ausgeführt.*) Die amerikanischen Verwaltungen sind zur Einführung derartiger Systeme hauptsächlich dadurch veranlaßt worden, daß es dort große Schwierigkeiten bietet und kostspielig ist, für die sehr zahlreichen und vielfach einsam gelegenen Blockstationen geeignete Bedienstete zu finden und dauernd zu halten. Diese selbsttätigen Blockanlagen sind im allgemeinen so beschaffen, daß der Zug selbst elektrische Stromquellen an- und abschaltet und hierdurch die Blocksignale auf Fahrt und Halt stellt. Es liegt auf der Hand, daß derartige Einrichtungen — besonders da sie nicht ständig unter Aufsicht stehen — verhältnismäßig häufig versagen; denn Beschädigungen der Leitungen, Schwächung der Stromquellen (Batterien), Abnutzung der beweglichen Teile, atmosphärische Elektrizität usw. können leicht Störungen veranlassen. Durch solche Störungen kann aber entweder ein Signal, das Fahrt zeigen sollte, in der Haltstellung verbleiben, oder ein anderes Signal, das der Zug selbst aus der Fahrstellung in die Haltstellung bringen sollte, in der Fahrstellung stehen bleiben. Im ersten Falle kommt der Zug ohne Not zum Halten, und es ist niemand zur Stelle, der den Lokomotivführer über die Sachlage aufklären und ihn davon in Kenntnis setzen könnte, ob die Weiterfahrt gestattet ist oder nicht. Im zweiten Falle aber wird der Lokomotivführer durch die Fahrstellung des Signals geradezu zu der irrigen Annahme verleitet, die vorliegende Strecke sei frei, während sie tatsächlich besetzt ist; nur zufällige glückliche Umstände würden also einen Betriebsunfall verhindern können.

Diese Unzuverlässigkeit der Signale ist den amerikanischen

---

*) Diese Anlagen sind u. a. von Scholkmann in dem Werke „Die Eisenbahntechnik der Gegenwart, IV. Abschnitt" (Wiesbaden 1901 u. 1904 bei Kreidel) und in einem in Glasers Annalen für Gewerbe und Bauwesen, Jahrg. 1902, Bd. 51, No. 610 veröffentlichten Vortrage näher beschrieben.

Eisenbahnverwaltungen nicht unbekannt geblieben, und es werden, um die Anzahl der Versager so viel als möglich einzuschränken, für deutsche Verhältnisse ganz ungewöhnlich hohe Kosten für den Betrieb und die Unterhaltung der selbsttätigen Streckensicherungsanlagen aufgewendet. Trotzdem versagen diese Signale nach deutschen Begriffen sehr häufig — aber die amerikanischen Fachleute bezeichnen die Anzahl dieser Versager immer noch als niedrig. So hat z. B. der amerikanische Ingenieur Carter von der Chicago and North Western-Bahn auf dem internationalen Eisenbahnkongreß in Paris im Jahre 1900 zum Lobe (?) des selbsttätigen Blocksystems hervorgehoben, daß erst bei 4813 Blockbedienungen, erst bei jedem 24. Zuge eine Störung — und erst bei 900 000 bis 1 000 000 Blockbedienungen eine Störung, die ein betriebsgefährliches Signal ergibt, vorkommt. Bei den Millionen von Blockbedienungen, die täglich auf den deutschen Eisenbahnen vorzunehmen sind, müßte sich die Anzahl der Unfälle ganz erheblich vergrößern, wenn dort ein dem amerikanischen Betriebe entsprechender Prozentsatz von Störungen eintreten würde, abgesehen von dem wichtigen Umstande, daß auf den deutschen Bahnen beim Versagen eines Signals durch die an jeder Blockstelle vorhandenen Bediensteten besondere Maßnahmen zur Sicherung der Zugfahrt ergriffen werden. Tatsächlich gehören derartige Signalstörungen auf den preußisch-hessischen Bahnen z. B. zu den seltenen Ausnahmefällen, und es ist allgemein nur auf ausdrücklichen schriftlichen Auftrag des Fahrdienstleiters gestattet, ein Haltsignal zu überfahren. Auf den amerikanischen Bahnen dagegen darf der Lokomotivführer ohne weiteres jedes Haltsignal überfahren, allerdings mit der Einschränkung, daß die Fahrgeschwindigkeit alsbald herabgemindert und daß mit verminderter Geschwindigkeit so lange weitergefahren wird, bis wieder ein Signal die freie Fahrt anzeigt. Wie trügerisch dieses Fahrzeichen indes sein kann, ist bereits vorstehend erläutert worden.

Zur Sicherung der Zugfahrten auf den Bahnhöfen sind bei den meisten Eisenbahnen des Ostens, aber noch nicht in gleichem Umfange bei denen des Westens der Vereinigten Staaten Stellwerke vorhanden, die von Wärtern bedient werden — ähnlich den, gleichen Zwecken dienenden Anlagen auf den deutschen Bahnhöfen. Auf den größeren Bahnhöfen findet man häufig auch Stellwerke mit Kraftbetrieb — besonders Preßluftanlagen. Die Leistungsfähigkeit und Zuverlässigkeit dieser amerikanischen Stellwerke wird von den Fachmännern übereinstimmend keineswegs höher bewertet als die der Anlagen auf den deutschen Bahnen, vgl. z. B. die bezeichneten Schriften von Scholkmann. Jedenfalls aber sind diese Sicherungsanlagen in Amerika noch nicht entfernt in der Ausdehnung vorhanden wie bei uns.

Wirtschaftsbetrieb in den Zügen.

Wenn irgend eine Einrichtung unseren Beifall gefunden hat, so ist es der Wirschaftsbetrieb in den Zügen im östlichen Teile der Vereinigten Staaten, besonders der Pennsylvania-, der Baltimore and Ohio-, der New York Central- und der New York, New Haven and Hartford-Eisenbahn.

Es sind nicht nur die Wagen, die in ihrer inneren Einrichtung sich vorteilhaft von den in unseren Zügen laufenden unterscheiden, es sind vor allem die Speisen, ihre Anrichtung und Auftischung, sowie die Bedienung, woran sich unsere Speisewagen-Gesellschaften ein Muster nehmen könnten. Die innere Einteilung der Wagen weicht nicht wesentlich von der bei uns gebräuchlichen ab. Die Plätze sind, in der Mitte einen Durchgang freilassend, an beiden Seiten angeordnet, der Rauminhalt des auf eine Person gerechneten Platzes ist aber größer, insbesondere sind die Tische breiter, ebenso die Stühle. Auch die innere Einrichtung der Wagen fällt gegenüber der unserer Wagen vorteilhaft auf; im allgemeinen ist als Wand- und Deckenbekleidung die einfache Holztäfelung vorherrschend. An den Wänden sind stellenweise Nischen angebracht, die einen frischen Blumenschmuck enthalten, den sehr häufig auch die Tische zeigen. Die den Küchenraum abschließende Wand ist in der Regel mit einer Anrichteeinrichtung (Buffet) besetzt, wo, wie vielfach in unseren Restaurants üblich, auch Liköre und andere besondere Getränke bereit gehalten werden. Das Tischzeug (Wäsche, Porzellan, Bestecke usw.) ist, wie in den besseren amerikanischen Restaurants, von tadelloser Beschaffenheit, sodaß man schon beim Eintritt den Eindruck erhält, daß man sich in einem erstklassigen Restaurant befindet. Diesem Eindruck entspricht auch die Güte und die Reichhaltigkeit der Speisen und Getränke, sowie die Ausrüstung und das Verhalten der Bedienung und endlich die überall zu erkennende peinliche Sauberkeit. Obwohl die Bedienung fast durchweg aus Schwarzen besteht, so machen doch die ihnen anerzogene Ruhe und Gewandtheit, sowie der tadellose weiße Anzug den besten Eindruck. Die Aufsicht führt ein weißer Kontrolleur, der auch den Rechnungsdienst versieht. Die Zahl der Kellner ist so bemessen, daß in der Regel einer bis zu drei Tischen zu bedienen hat; jedenfalls ist die Bedienung sehr flott. Auch die Zubereitung der Speisen geht rasch von statten; wir haben in einem Wagen fünf Köche gesehen, übrigens auch sämtlich Schwarze. Nur einmal mußten wir — und zwar in einem Nachtzuge von Boston nach Buffalo — wegen starker Besetzung des Speiseraumes so lange warten, daß wir uns noch mit knapper Not vor dem Aussetzen des Wagens ein einfaches Abendessen verschaffen konnten.

Die Preise in den Speisewagen sind ziemlich mäßig und entsprechen denen eines besseren Restaurants. Für einen Reisenden mit gutem Appetit ist die vielfach von uns angetroffene Einrichtung eines festen Preises für eine Mahlzeit (gewöhnlich ein Dollar) sogar sehr vorteilhaft. Diese offenbar aus dem *American plan* der Hotels herübergenommene Sitte überläßt dem Reisenden die freie unbeschränkte Auswahl der Speisen nach einer umfangreichen, meist in künstlerischer Form ausgestatteten Speisekarte, welche z. B. auch die — in Amerika allerdings preiswerten — Austern enthält. Da, wo diese Einrichtung nicht besteht, wo also jede Speise besonders bezahlt wird, nimmt die Eisenbahnverwaltung, entgegen der sonst in Amerika geltenden Sitte, auf den Einzelreisenden insofern Rücksicht, als sie unter entsprechender Ermäßigung des Preises Einzelportionen (also nicht für zwei Personen berechnet, wie es sonst Landessitte ist) abgibt.

Auch die Getränke sind tadellos, gut gehalten und nicht teuer. Dabei ist zu bemerken, daß ein Zwang zur Bestellung nicht besteht. Im Gegenteil, die in ganz Amerika verbreitete Sitte, zu den Mahlzeiten nur Eiswasser zu nehmen, ist auch in den Speisewagen in voller Übung.

Einen Speisewagenbetrieb auf dieser Höhe trifft man nicht nur in den sogenannten *Limited*-Zügen, die wie unsere Luxuszüge nur eine beschränkte Anzahl Reisende gegen höheren Zuschlag aufnehmen, wir fanden ihn auch besonders gut bei den Zügen von New York nach Boston usw.

Im weiteren Westen dagegen, zum Teil schon auf den Eisenbahnen in den mittleren Staaten hält sich die Einrichtung nicht auf gleicher Höhe, wenigstens nicht in den Zügen des gewöhnlichen Verkehrs. Insbesondere fällt die Güte der Speisen gegenüber der im östlichen Teile der Vereinigten Staaten ab; auch machte sich bei den mehrtägigen Reisen der Mangel an Auswahl bemerkbar.

Immerhin können auch hier die Speisewagen in ihren Leistungen den Vergleich mit den unsrigen aufnehmen, obwohl sie teilweise unter schwierigeren Bedingungen ihren Betrieb zu führen haben, als die auf unseren verhältnismäßig viel kürzeren Strecken verkehrenden Speisewagen. Schon die während eines größeren Teils des Jahres herrschende, drückende Sonnenhitze, die bis in die späten Abendstunden nachwirkt, muß erhebliche Schwierigkeiten für die Erhaltung der Vorräte ergeben, ganz abgesehen davon, daß selbst die gewöhnliche Auffüllung der Vorräte in den dünn bevölkerten Landesteilen nicht einfach ist. Dazu kommt, daß, wie wir es erlebten, eine große Zugverspätung die Beschaffung von Lebensmitteln für nicht vorgesehene Mahlzeiten nötig macht.

Nach alledem kann man den Eisenbahnen die Anerkennung für diesen Betrieb nicht versagen. Die Vergebung des Wirtschaftsbetriebes in der bei uns gebräuchlichen Weise, die der Eisenbahn bei Beschaffung der Wagen durch die Wirtschaftspächter einen ansehnlichen Ertrag bringt, haben wir nirgends angetroffen. Die Eisenbahnverwaltungen führen den Betrieb für eigene Rechnung und haben in der Zentralverwaltung in der Regel eine eigene Abteilung dafür eingerichtet. Sie sorgen auch durch Entsendung höherer Kontrollbeamten dafür, daß ihre Absichten überall verwirklicht werden, und die Verwaltung mit ihrem Betriebe Ehre einlegt.

Nach zuverlässigen Mitteilungen erzielen die Eisenbahnverwaltungen aus diesem Betriebe keinen Überschuß, und sie wollen das auch nicht. Die meisten arbeiten mit Zuschüssen. So legt die Baltimore and Ohio-Eisenbahn jährlich etwa 120 000 M. zu, und der den Betrieb leitende Generalsuperintendent sagte: „Dies Geld ist gut angelegt *(the money is well spent)*". Wettbewerbsrücksichten mögen auch hierbei eine wesentliche Rolle spielen.

Empfangsgebäude. Speiseräume *(Quick lunch rooms)* usw.

Die baulichen Verhältnisse der Eisenbahnstationen entsprechen nach unseren Beobachtungen dem Verkehrsbedürfnis vielfach nur in geringem Maße; es mag das nicht zum wenigsten auf das schnelle Wachstum der Städte zurückzuführen sein, mit denen die Erweiterung der Verkehrsanlagen nicht Schritt gehalten hat. Nur da, wo mehrere Bahnen im Wettbewerb stehen, also namentlich in den größeren Städten, kann man im allgemeinen darauf rechnen, Empfangsgebäude anzutreffen, die auf einer gleichen Höhe stehen, wie bei uns. Im Durchschnitt aber begnügt sich der in bezug auf sein Heim anspruchsvolle Amerikaner auf den Eisenbahnen mit den einfachsten Gebäuden, die auch im Innern jeden Aufwand vermissen lassen. Nur hinsichtlich der Wasch- und Abortverhältnisse sind auch die bescheideneren Gebäude gut ausgestattet. In ihnen fehlt auch selten eine Rasierstube, die in hervorragendem Maße zu den Lebensbedürfnissen des Amerikaners gehört, ebenso wie die überall anzutreffende Gelegenheit, sich außerhalb des Hauses die Stiefel an den Füßen reinigen und putzen zu lassen. Sehr unzureichend sind auf vielen Bahnhöfen die Bahnsteige, zu denen meistens keine schienenfreien Zugänge führen; auch sind die Bahnsteige durchweg viel schmaler als bei uns. Die Fahrkartenschalter sind in der Regel in dem allgemeinen Warteraum untergebracht; nur selten sahen wir Schalterräume, in denen nicht auch bei Tag Licht brannte.

Für Frauen ist meistens ein besonderer Warteraum vorhanden, auf größeren Bahnhöfen auch ein Raum für Raucher. Die Restaurationsräume liegen der Regel nach gesondert, sie sind meistens in *Dining-* und *Lunch rooms* eingeteilt.

Was uns auch bei wenig anspruchsvollen Empfangsgebäuden noch besonders auffiel, war die Einrichtung von sog. *Quick lunch rooms* (Schnellfrühstücksräume), wie sie sich auch sonst, den Lebensgewohnheiten des Amerikaners entsprechend, im Lande vorfinden. So wenig erwünscht es im allgemeinen für unsere Lebensverhältnisse wäre, den Amerikanern in ihrer der Gesundheit nachteiligen Hast beim Essen zu folgen, so ist doch nicht zu verkennen, daß da, wo die Betriebsverhältnisse der Eisenbahn eine Beschleunigung der Mahlzeiten erfordern, die Einrichtung auch bei uns durchaus angebracht wäre, z. B. auf vielen verkehrsreichen Übergangsstationen mit kurzen Aufenthaltszeiten. Sie besteht darin, daß um einen mit Speisen besetzten langen Tisch eine ganze Anzahl im Fußboden befestigter Drehstühle ohne Lehnen (sog. Schusterschemel) angebracht sind; auf diese Weise wird mit außerordentlich wenig Bedienungspersonal ein schnelles Verabreichen von Speisen und Getränken erreicht und ein störendes Nachdrängen anderer Reisenden beim Essen verhütet. In einer großen Station fanden wir die Einrichtung dahin erweitert, daß sich die Tische und Schemel um einen in der Mitte als Garküche eingerichteten Raum im Geviert herumzogen. Auch in der Form fanden wir sie, daß der Kochraum im Zimmer daneben angebracht war. Zwischen ihm und dem Speiseraum war eine lediglich dem Dienstpersonal zugängliche Verbindung. Wir haben auf unserer Reise die Mahlzeiten wiederholt in solchen Räumen eingenommen. Aus dem Vorhandensein derartiger Einrichtungen ergibt sich übrigens, daß durchaus nicht überall Speisewagen mitgeführt oder auch nur zu den Mahlzeiten eingesetzt werden, wie vielfach behauptet wird.

Über die hohen Fahrpreise der amerikanischen Bahnen, die Zuschläge für die Benutzung der Pullman-Wagen, den Privatfahrkartenhandel und die Kursbücher enthält der siebente Abschnitt ausführliche Mitteilungen.

Tafeln zu S. 71.

Zahl der im Jahre 1902/03 beim Eisenbahnbetriebe auf den Bahnen der Vereinigten Staaten und auf den preußisch-hessischen Staatsbahnen verunglückten Personen.

	Vereinigte Staaten-Bahnen (1. Juli 1902 bis 30. Juni 1903)		Preußisch-hessische Staatsbahnen (1. April 1902 bis 31. März 1903	
	getötet	verletzt	getötet	verletzt
Reisende:				
1. unverschuldet				
a) bei Zugunfällen	176	4 665	3	128
b) bei sonstigen Betriebsunfällen	16	1 878	1	37
2. infolge eigener Unvorsichtigkeit beim Benutzen, Besteigen und Verlassen in Bewegung befindlicher Züge .	163	1 688	43	84
	355	8 231	47	249
Es kommen auf je 1 000 000 beförderte Reisende . . .	0,51	11,84	0,08	0,41
Bahnbeamte und Bahnarbeiter:				
3. bei Zugunfällen	855	6 186	8	96
4. a) durch unvorsicht. Verhalten beim Besteigen und Verlassen in Bewegung befindl. Fahrzeuge oder während des Aufenthalts in diesen .	749	9 108	40	118
b) beim Wagenschieben u. Rangieren der Züge, sowie beim An- und Abkuppeln	(Nur beim An- und Abkuppeln) 281	3 551	97	231
c) durch unzeitigen Aufenthalt auf den Gleisen, namentlich beim Überschreiten derselben . .	1 721	41 636	135	108
d) durch sonstige unvorsichtige Handhabung des Dienstes usw. . .	—	—	40	100
	3 606	60 481	320	653
Es kommen auf je 1000 Bedienstete	2,75	45,45	0,90	1,83
Seite	3 961	68 712	367	902

	Vereinigte Staaten-Bahnen (1. Juli 1902 bis 30. Juni 1903)		Preußisch-hessische Staatsbahnen (1. April 1902 bis 31. März 1903	
	getötet	verletzt	getötet	verletzt
Übertrag:	3 961	68 712	367	902
Fremde Personen:				
5. unverschuldet	140	481	10	90
6. infolge eigener Unvorsichtigkeit	5 739	7 360	191 163*)	144 6*)
	5 879	7 841	201 163*)	234 6*)
Gesamtzahl der beim Eisenbahnbetriebe getöteten od. verletzten Personen ...	9 840	76 553	163*) 568	6*) 1 136
	86 393		1 704 (ausschl.Selbstmörder) 1 873 (einschl. Selbstmörder)	
Es kommen auf je 1 000 000 durchfahrene Zugkilometer	6,43	50,01	1,70	3,38
	56,44		5,10 (ausschl.Selbstmörder)	
			2,19	3,42
			5,61 (einschl. Selbstmörder)	
100 km Streckenlänge ..	25,92		5,37 (ausschl.Selbstmörder) 5,90 (einschl. Selbstmörder)	

Nachweisung der durch Eisenbahnunfälle aller Art in den Vereinigten Staaten in den Jahren 1888 und 1903 zu Schaden gekommenen Personen.

Jahr	Bahnlänge km	Eisenbahnbedienstete		Reisende		Andere Personen		Zusammen	
		getötet	verletzt	getötet	verletzt	getötet	verletzt	getötet	verlet
1888 1903	223 825 333 354	2 070 3 606	20 148 60 481	315 355	2 138 8 231	2 897 5 879	3 602 7 841	5 282 9 840	25 88 76 55
1903 gegen 1888	+ 109 529 + 49%	+ 1 536 + 74%	+ 40 333 + 200%	+ 40 + 13%	+ 6 093 + 285%	+ 2 982 + 103%	+ 4 239 + 118%	+ 4 558 + 86%	+ 50 6 + 196

*) Selbstmörder.

Von den Schadensfällen des Jahres 1903 sind entstanden

durch:	Eisenbahnbedienstete		Reisende		Andere Personen		Zusammen	
	getötet	verletzt	getötet	verletzt	getötet	verletzt	getötet	verletzt
…llen vom Zuge Lok.od.Wagen)	551	5 188	63	493	449	762	1 063	6 443
…ıfspringen auf …en Zug (Lok. …der Wagen) . .	198	3 920	65	1 066	462	1 365	725	6 351
=	749 21%	9 108 15%	128 36%	1 559 19%	911 15%	2 127 27%	1 788 18%	12 794 17%

Eisenbahnbedienstete sind 1903
getötet: 3 606, d. i. von je 364 Eisenbahnbediensteten einer;
verletzt: 60 481, d. i. von je 22 Eisenbahnbediensteten einer.

Reisende sind 1903
getötet: 355, d. i. von je 1957441 Reisenden einer;
d. i. auf je 94798491 Personenkilometer einer;
verletzt: 8231, d. i. von je 84424 Reisenden einer;
d. i. auf je 4088623 Personenkilometer einer.

Eine Tötung oder Verletzung entfällt bei den Eisenbahnbediensteten (a) und Reisenden (b) auf je

im Jahre	a) Eisenbahnbedienstete		davon bei dem Zugpersonal allein		b) Reisende	
	eine Tötung	eine Verletzung	eine Tötung	eine Verletzung	eine Tötung	eine Verletzung
1893	320	28	115	10	1 985 153	183 822
1894	428	33	156	12	1 668 791	178 210
1895	433	31	155	11	2 984 832	213 651
1896	444	28	152	10	2 827 474	178 132
1897	486	30	165	12	2 204 708	175 115
1898	447	28	150	11	2 267 270	170 141
1899	420	27	155	11	2 189 023	151 998
1900	399	26	137	11	2 316 648	139 740
1901	400	26	136	13	2 153 469	121 748
1902	401	24	135	10	1 883 706	97 244
1903	364	22	123	10	1 957 441	84 424

Dritter Abschnitt.

Die Eisenbahnverwaltungssysteme und die sonstigen wichtigeren Beziehungen der Eisenbahnverwaltungen zu einander.

Eisenbahngruppen. Finanzielle Verbindungen und ihre Weiterentwicklung. — Verstaatlichung? — Gemeinschaftsstationen (*Union Depots*). *Terminal*-Gesellschaften. — Verbände auf den verschiedenen Gebieten (Personen-, Güterverkehr usw.). — Technische und andere Vereinigungen (*The American Railway Association* usw.).

Das Eisenbahnnetz der Vereinigten Staaten hatte Mitte des Jahres 1903 eine Länge von rund 205 000 engl. Meilen oder rund 330 000 km.

Eisenbahngruppen. Finanzielle Verbindungen und ihre Weiterentwicklung.

Dieses Eisenbahnnetz wurde im Jahre 1902/03 von 2078 Eisenbahngesellschaften betrieben, wovon indessen nur 809 selbständig waren, während alle anderen in einer Abhängigkeit von der einen oder anderen dieser selbständigen Gesellschaften standen. Nicht weniger als 153 Eisenbahnen haben in dem genannten Jahre weiter ihre Selbständigkeit eingebüßt, die großen Eisenbahnsysteme mit beherrschender Macht nehmen also immer noch an Umfang zu. Ihnen gegenüber haben die übrigen selbständig gebliebenen Eisenbahnunternehmungen keine wesentliche Bedeutung für das wirtschaftliche Leben des Volkes.

Daneben liegt das weite Feld der betrieblichen und finanziellen Vereinigungen, die jene Unterschiede nur erweitert und vertieft haben. Die großen Systeme werden dadurch noch mächtiger, während die kleineren Verwaltungen immer mehr in den Schatten gestellt werden.

Die gegenwärtige Lage der großen Vereinigungen zeigt im allgemeinen folgende Gruppierung.*)

---

*) Vgl. auch Archiv für Eisenbahnwesen 1904, Heft 4, S. 978 ff.

I. Der Osten wird durch drei große, miteinander befreundete Gruppen beherrscht, nämlich durch die New York Central-, die Pennsylvania-Eisenbahn und das Morgansystem.

Das New York Central-System bildet den Familienbesitz der Familie Vanderbilt. Es verbindet die Städte New York, Montreal und Boston im Osten mit Buffalo, Cleveland, Chicago und St. Louis im Westen. Die wichtigsten dazu gehörigen Linien sind:

a) New York Central and Hudson River-Eisenbahn. Sie verbindet, dem Eriekanal folgend, New York mit Albany, Buffalo und Montreal;
b) die Boston and Albany-Eisenbahn;
c) südlich vom Eriesee die Lake Shore- und Michigan Southern-, sowie die Nickel Plate-Eisenbahn zwischen Buffalo, Cleveland, Toledo und Chicago;
d) nördlich vom Eriesee — teilweise auf kanadischem Gebiet — die Michigan Central-Eisenbahn zwischen Buffalo, Detroit und Chicago;
e) zwischen Chicago, Cleveland, Cincinnati und St. Louis die sog. „Big Four Route";

sowie außerdem noch eine Reihe kleinerer Bahnen.

Dieser Gesamtbesitz umfaßt etwa 18 000 km.

Die eben aufgezählten Bahnen bilden jedoch keineswegs die gesamte Interessensphäre der New York Central-Eisenbahn. Westlich von Chicago wird nämlich noch die „North-Western Line" (14 500 km) von der New York Central-Eisenbahn kontrolliert. Diese Linie durchzieht das Weizengebiet der Staaten Wisconsin, Jowa, Minnesota, Süd-Dacota und Nebraska.

Südlich von dem New York Central-System liegt die Interessensphäre der Pennsylvania-Eisenbahn.

Diese verbindet in einem sowohl ausgedehnten, als dicht verzweigten Netze die Küstenstädte New York, Philadelphia, Baltimore und Washington mit Pittsburg, Cincinnati, Cleveland, Toledo, Indianapolis, St. Louis und Chicago. Einen kleinen, aber wichtigen Besitz des Systems bildet die Long Island-Eisenbahn, die besonders für den New Yorker Vorortverkehr von Wichtigkeit ist. Die Gesamtlänge des Systems (eingeschlossen die Baltimore and Ohio-Eisenbahn, die eine selbständigere Stellung einnimmt) beträgt mehr als 25 800 km.

Die New York Central- und die Pennsylvania-Eisenbahn stehen wiederum zu einander in freundlichen Beziehungen und kontrollieren gemeinsam je zur Hälfte eine Reihe kleinerer Bahnen. Es sind dies die Norfolk and Western-, Cheasapeake and Ohio-, Kanawha and Michigan-, Hocking Valley-, Toledo and Ohio Central-, Jersey Central- und schließlich Philadelphia and Reading-Eisenbahn. Insgesamt umfassen diese Bahnen etwa 9600 km.

Dazu kommt schließlich noch die Lehigh Valley-Eisenbahn zwischen New York und Buffalo (2160 km), die zu je einem Drittel von der Pennsylvania-, der New York Central-Eisenbahn und dem Morgansystem kontrolliert wird.

Das Morgansystem umfaßt eine Reihe von Bahnen, in denen Pierpont Morgan und die mit ihm verbündeten Interessen vorherrschen. Dazu gehören:

a) die Eriebahn (3460 km) zwischen New York, Buffalo, Cleveland und Chicago — also eine Wettbewerbsbahn der New York Central;

b) zwei Systeme in den südatlantischen Staaten von Virginia bis Florida, nämlich die Atlantic Coast Line (6400 km) und die Southern-Eisenbahn (11 250 km);

c) eine Reihe von Bahnen, die dies Gebiet mit dem Westen (Chicago, Cincinnati und St. Louis) verbinden, so z. B. die Monon Route, die Louisville and Nashville-, die Nashville-, Chattanooga and St. Louis-, die Mobile and Ohio-Eisenbahn usw., insgesamt etwa 9600 km.

Alles in allem umfaßt das Morgansystem etwa 30 500 km.

II. Die westlichen Bahnen gliedern sich ebenso wie die östlichen in drei große Gruppen.

Die nördlichste davon ist die Hill-Gruppe, die die Northern Pacific- und Great Northern-, sowie die Chicago, Burlington and Quincy-Eisenbahn mit zusammen fast 32 000 km umfaßt.

Südlich davon liegt das große Harriman-System der Vereinigten Union Pacific- und Southern Pacific-Eisenbahn. Es besteht dies aus folgenden Teilen:

a) die Union Pacific-Eisenbahn verbindet Kansas City und Omaha mit Denver, Cheyenne und Ogden;
b) von Ogden nach San Francisco führt über die Sierra Nevada die ehemalige Central Pacific-Eisenbahn, die jetzt einen Teil der Southern Pacific-Eisenbahn bildet;
c) ferner besitzt die Southern Pacific-Eisenbahn einen ununterbrochenen Schienenstrang längs der West- und Südwestgrenze der Vereinigten Staaten von Portland (Oregon) im Norden über San Francisco und Los Angeles bis Galveston und New Orleans im Süden;
d) schließlich gehört noch zu dem System die Oregon Short Line und die Railroad and Navigation Co., wodurch Ogden mit dem Nordwesten (Portland, Spokane, Butte) verbunden ist;
e) außer diesen Überlandbahnen stehen aber auch noch die das Mississippital von Norden nach Süden beherrschende Illinois Central-, die Yazoo and Mississippi- und die Chicago and Alton-Eisenbahn zu dem Harriman-System in enger Beziehung.

Wenn man diese hinzurechnet, so erreicht die gesamte Interessengemeinschaft etwa 30 000 km.

Das größte und vor allem vollständigste der amerikanischen Eisenbahnsysteme sind die Rockefeller-Gould-Bahnen, die sich im Besitz der Familie Gould (mit Beteiligung Rockefellerschen Kapitals) befinden. Das Zentrum des Systems ist St. Louis. Von da erstrecken sich:

nach Westen die Missouri Pacific-, die Denver and Rio Grande- und die Rio Grande and Western-Eisenbahn bis Salt Lake City und Ogden;

nach Südwesten die Texas Pacific-Eisenbahn, die Katy Route, die Cotton Belt Route, die International and Great Northern-Eisenbahn und kleinere Bahnen bis zum Golf und zu der mexikanischen Grenze.

Neuerdings ist das System auch noch östlich und

nördlich von St. Louis ausgebaut worden, und zwar durch die Erwerbung der Wabash-, der Wheeling and Lake Erie- und der Western Maryland-Eisenbahn. Hierdurch hat das System Verbindung mit Chicago, Buffalo, Pittsburg und Baltimore bekommen. Es ist wohl anzunehmen, daß später noch eine Verbindung zwischen Buffalo und New York (vielleicht die Lackawanna- oder die New York, Ontario and Western-Eisenbahn) hinzuerworben wird, während im Westen eine neu zu erbauende Linie von Utah nach dem Stillen Ozean das System vervollständigen würde. Damit würde sich in einer Hand ein Netz befinden, das von Ozean zu Ozean und vom Golf bis zu den Seen reicht.

Nicht ganz so wichtige Gruppen im Westen sind die vereinigten Frisco und Rock Island-Systeme sowie die sog. Hawley-Gruppe.

Die Frisco und Rock Island-Bahnen umfassen 21 000 km und erstrecken sich von Chicago und St. Louis nach dem Nordwesten, Westen und vor allem nach dem augenblicklich neu aufgeschlossenen Südwesten (Indian Territory, Oklahoma).

Die Hawley-Gruppe umfaßt die Minneapolis and St. Louis-, die Jowa Central-, die Colorado and Southern- und die Toledo, St. Louis and Western-Eisenbahn, im ganzen etwa 5000 km, die sich zwischen Texas, Denver, St. Paul, Toledo und St. Louis ausdehnen.

Alles zusammen befinden sich über 250 000 km in den Händen von zehn großen Gruppen, während die Gesamtlänge der amerikanischen Bahnen, wie erwähnt, etwa 330 000 km beträgt.

So weit sind die Verbindungen unter den Eisenbahnen gediehen trotz des Gesetzes, welches die Vereinigung von Eisenbahnen zum Zwecke der Aufhebung oder Beschränkung des Wettbewerbs verbietet. Es wäre verfehlt, anzunehmen, daß nunmehr den Bestrebungen, weitere Vereinigungen zustande zu bringen, der Boden entzogen sei. Man trachtet heute mehr denn je nach solchen. Der ausgesprochenste Versuch, das Ziel mit Umgehung des Gesetzes zu erreichen oder ihm wenigstens so nahe als möglich zu kommen, ist das Streben der sog. Harriman-Bahnen und ihrer Freunde nach gemeinsamer Beherrschung der Northern Pacific-, Great Northern- und Chicago Burlington and Quincy-Eisenbahn durch die *Northern Securities Co.* Der Fall beschäftigt bereits seit zwei Jahren die Gerichte; das Urteil des obersten Bundesgerichts vom 14. März 1904 hat zwar die Ausgabe der Werte dieser Gesellschaft für ungültig erklärt, damit ist aber der Fall tatsächlich noch nicht erledigt: man sucht auf Umwegen zum Ziel zu gelangen. Inzwischen muß das immer und immer wieder auftauchende Gerücht von dem Gelingen oder Scheitern dieses Versuches als Börsenmanöver dienen, mittels dessen für oder gegen die Werte der beteiligten Eisenbahngesellschaften Stimmung an der Börse gemacht wird.

Ein an hervorragender Stelle im Eisenbahnwesen stehender Beamter, mit dem wir hierüber sprachen, meint, an dem endlichen Siege der Harriman-Gruppe sei nicht ernstlich zu zweifeln. Sollte dieser Fall eintreten — und bei einem Realpolitiker von dem Schlage und der Beharrlichkeit des Mr. Harriman ist das wohl möglich —, so würde dies auf dem Wege der tatsächlichen Zusammenfassung der amerikanischen Eisenbahnen eine Etappe sein, die für die weitere Entwicklung von größter Bedeutung sein müßte. Mr. Harriman ist bisher der einzige der herrschenden Eisenbahnmänner Amerikas gewesen, der ernstlich den Versuch gemacht hat, die seiner Leitung unterstellten verschiedenen Systeme gewissermaßen auch organisch, administrativ zusammenzufassen, wie dies im vierten Abschnitt näher ausgeführt ist. Mr. Harriman würde, wenn er siegreich aus diesem Kampfe hervorgehen sollte, über ein Bahnnetz mit einem Umfange von mehr als 50 000 km verfügen, und schon hört man, daß die Union Pacific-Eisenbahn eine weitere Verbindung nach dem Osten, bis nach New York anstrebt. Es entsteht die Frage, ob ein derartiges System überhaupt noch auch nur einigermaßen einheitlich zusammengefaßt werden kann.

Nicht als ob der gegenwärtige Leiter Mr. Harriman nicht ein sehr kluger und findiger Mann wäre. Seine Fähigkeiten liegen aber, so sagten uns erfahrene Eisenbahnfachmänner, mehr auf finanziellem Gebiete. Zu bewundern sei die Schnelligkeit, mit der er, der vor einer kurzen Spanne von

Jahren noch ein schlichter *Broker* an der New Yorker Börse gewesen, sich in die Verhältnisse der Eisenbahnverwaltung eingearbeitet habe; den Schwerpunkt seines Könnens werde er aber stets in der finanziellen Leitung finden müssen und diese werde, selbst wenn sich die finanziellen Verhältnisse wesentlich einfacher gestalten sollten, stets einen ganzen Mann voll in Anspruch nehmen. Wenn gleichwohl Mr. Harriman sich daran begeben habe, eine das ganze System umfassende Organisation des Verwaltungsdienstes zu schaffen, vorläufig noch ohne schriftliche Festlegung, so zeige das unter allen Umständen, daß er den Mut der Überzeugung besitze.

Eine große Gefahr liege aber von vornherein darin, daß diese Organisation allzu sehr auf die zeitigen leitenden Persönlichkeiten zugeschnitten sei. Hierdurch würde einmal der ganzen Verwaltung zu sehr der Stempel des Persönlichen aufgedrückt und zwar oft solcher Persönlichkeiten, welche zwar unter einem fachmännisch erfahrenen Präsidenten Tüchtiges geleistet hätten, die aber jetzt, wo sie in einem wesentlich erweiterten Wirkungskreise ständen und noch dazu im großen und ganzen auf sich selbst angewiesen seien, ihrer hiernach viel schwierigeren Aufgabe nicht voll gewachsen erschienen.*) Hierzu komme, daß mit dem immerhin aus den verschiedensten Gründen nicht selten eintretenden Wechsel in den Persönlichkeiten in der Regel ein Wechsel auch in der Behandlung der Geschäfte eintrete. Es liege das insofern nahe, als eben die Persönlichkeit als solche eine zu große Rolle spiele, ohne Rücksicht darauf, ob sie auch unter allen Umständen und überall die geeignete sei. Nach der Richtung machten eigentlich nur die östlichen Bahnen und allen voran die Pennsylvania-Eisenbahn eine Ausnahme. Diese rechne im allgemeinen mit Persönlichkeiten durchschnittlicher Begabung und habe ihre ganze Organisation so zugeschnitten, daß alle, auch die in leitender Stellung wirkenden Personen, mit möglichst genau umschriebenen Rechten und Pflichten rechnen können und

---

*) Eines der größten Systeme (ungefähr 21 000 km umfassend) hat außer einem gemeinsamen Präsidenten je einen einzigen verantwortlichen Leiter für das Tarif- und das Bahnunterhaltungswesen, einschließlich Betrieb *(Transportation Operating Department).*

zu rechnen haben. Dabei sei ein gewisser *embarras de richesse* nicht zu vermeiden, und die Verwaltung gestalte sich deshalb von vornherein teurer. Aber das sei oft nur scheinbar; denn das Verfahren der Pennsylvania-Bahn gewährleiste im allgemeinen einen glatten Übergang der Geschäfte auf neue Personen, während bei allen den Bahnen, die in der Hauptsache von sog. Persönlichkeiten geleitet würden, das erste Unternehmen des Nachfolgers sei, die Spuren der Tätigkeit seines Vorgängers möglichst zu verwischen, um sich zur Geltung zu bringen. Da werde nicht nur in sachlicher Beziehung das Gegenteil von dem eingeführt, was der Vorgänger als allein praktisch und nutzbringend durchgeführt, es trete meist auch ein durchgreifender Wechsel in den zur Durchführung der Neuerung berufenen Personen ein, an deren Stelle dann oftmals diejenigen treten, welche die zur Leitung bestimmte neue Persönlichkeit aus ihren alten Verhältnissen mit sich bringe.*) Die hierdurch stellenlos werdenden Beamten kämen dann wieder zu anderen Systemen, und so herrsche ein der ruhigen Fortentwicklung der einzelnen Bahnsysteme sicher nicht vorteilhafter Wechsel, der um so nachteiliger wirke, je mehr er gerade in den leitenden Stellungen eintrete.

Bezeichnenderweise wurde gerade während unserer Anwesenheit in den Vereinigten Staaten die Ablösung des Mr. Loree, Präsidenten der Rock Island-Eisenbahn, von seinem Posten bekannt und in den Tagesblättern eingehend besprochen. Er war innerhalb dreier Jahre der vierte Präsident dieses großen Systems. Seine Schuld wurde, abgesehen von mehr persönlichen, in seiner Stellung zu dem Beamtentum der Gesellschaft liegenden Gründen, darin ge-

*) Wir haben allerdings auch bei der Baltimore and Ohio-Bahn eine Reihe von Personen in leitender Stellung angetroffen, die erst verhältnismäßig kurze Zeit im Dienste dieser Gesellschaft waren. Es waren das meistens Beamte, die früher im Dienste der Pennsylvania-Bahn gestanden, sich daselbst bewährt hatten und dieserhalb, als die Pennsylvania-Bahn sich die Kontrolle über die Baltimore and Ohio-Bahn verschafft hatte, gegen Übernahme anderer Personen aus dem Dienst der Baltimore and Ohio-Bahn ausgetauscht waren, anscheinend um bei dieser die Verwaltungsgrundsätze der Pennsylvania-Bahn einzuführen.

funden, daß er, der bis zu seiner Wahl vierter Vizepräsident der Pennsylvania-Eisenbahn gewesen war, in Verkennung der zwischen den östlichen und westlichen Bahnen vorhandenen Unterschiede eine Betriebsweise eingeführt habe, die zu den Einnahmen des Bahnsystems in keinem Verhältnisse stand, so daß die Reineinnahmen in auffälliger Weise zurückgegangen seien.

Wie schwer eine Verwaltung durch einen derartigen häufigen Wechsel geschädigt wird, geht auch daraus hervor, daß nach den damals durch die Tagespresse gehenden Mitteilungen diese Bahn ihren Präsidenten innerhalb dreier Jahre mit Einschluß der Abfindung für vorzeitige Lösung des Vertragsverhältnisses über 2 Millionen Dollars bezahlt hat.

Bedenkt man weiter, welche großen Kosten für diese Bahn mit dem jetzt wieder notwendigen Wechsel im ganzen Verwaltungssystem verbunden sind, so darf man sich nicht wundern, wenn im Volke allmählich der Ruf nach einer gründlichen Umwälzung des amerikanischen Eisenbahnwesens immer lauter wird, als deren Endziel wenigstens die demokratische Partei der Vereinigten Staaten in ihrer Tagespresse auch bisher schon die Verstaatlichung der Eisenbahnen angesehen hat. — Präsident Roosevelt nahm bekanntlich in seiner letzten Botschaft zu der am verwickeltsten liegenden Eisenbahntariffrage offen Stellung. Er erstrebt ein mit entscheidender Gewalt auszurüstendes Eisenbahn-Aufsichtsamt. Daß Roosevelt, der von der republikanischen Partei auf den Schild gehobene Präsident, hierdurch ein nicht zu leugnendes Entgegenkommen gegenüber den demokratischen Anschauungen an den Tag legt, beweist jedenfalls von neuem seinen durch ein tiefes Verantwortlichkeitsgefühl gestählten Mut und seinen über Parteianschauungen hinaus auf große Ziele gerichteten Blick. Wie weit entfernt er aber von der Erreichung seines auf die Befreiung der Vereinigten Staaten von der Umklammerung durch die verschiedensten Trusts gerichteten Endzieles ist, zeigt u. a. die Rede, welche der Präsident der gesamten Staatseisenbahnkommissare *(National Association of Railway Commissioners)* auf deren letztem Kongreß in Birmingham gehalten hat. Wie es scheint, ist Mr. Smith sich der Tragweite der von Roosevelt neu inaugurierten Politik nicht bewußt. Sie stellt sich vor der Hand allerdings lediglich als eine solche dar, die, wie Mr. Smith selbst sagt, die Auswüchse der großen Vereinigungen in den Vereinigten Staaten abzuschneiden bestimmt ist; es soll verhindert werden, daß diese Vereinigungen ihre Macht mißbrauchen. Mr. Smith sagt u. a., daß man ohne die großen Kapital- und sonstigen Vereinigungen, denen man jetzt zu Leibe rücken will, nicht imstande wäre, im prächtigen Pullman-Zuge mit allem modernen Komfort ohne Wagenwechsel von New York nach San Francisco (mehr als 5000 km) in der kurzen Zeit von 96 Stunden zu reisen. Was aber beweist das, wenn die Tatsache wirklich zuzugeben ist? Daß man diese Gebilde erhalten und pflegen müsse, auch nachdem sie ihren Hauptzweck erfüllt haben? Etwa aus Dankbarkeit? Derartiges aus dem Munde eines Bürgers der Vereinigten Staaten zu hören, mutet ganz eigentümlich an.

Ist, fährt Mr. Smith fort, die Zusammenfassung aller Eisenbahnen des Landes in ein einziges System unter Staatsaufsicht schon gefährlich wegen der Zentralisation so großer Kapitalien, um wie viel bedrohlicher würde sie sein, wenn hierdurch die Gewalt über mehr als eine Million Angestellte in die Hand des Mannes gegeben würde, der die staatliche Macht zeitweise in sich vereint. Nach Mr. Smiths Meinung würde das in kurzer Zeit zur Monarchie führen.

Es kann dahingestellt bleiben, ob bei einer Bevölkerung von 80 Millionen Einwohnern die Zahl der Eisenbahnangestellten dem zeitigen Präsidenten eine bis zur Vernichtung der Republik reichende Gewaltherrschaft ermöglichen würde; jedenfalls hätten die gesetzgebenden Gewalten es bei der Verstaatlichung in der Hand, hiergegen Vorsorge zu treffen, wie dies z. B. bei den Beamten der staatlichen Post geschehen ist, die durch den Wechsel der Parteistellung des Präsidenten nicht mehr in ihren Stellungen berührt werden. Unverständlich aber ist es, daß Mr. Smith diese Machtbefugnis anscheinend ohne Bedenken dem Leiter von zu einem großen einheitlichen System zusammengefaßten Privatbahnen anzuvertrauen bereit wäre.

Würde irgend ein Vorgang geeignet sein, der Beseitigung der Selbständigkeit der Eisenbahnen vorzuarbeiten, so wäre es die Aufhebung der *Pooling*-Gesetze, an der gewisse Finanz- und Eisenbahnkreise nach wie vor tätig sind. In kurzer Zeit würde, wenn man aus den bisherigen Vorgängen schließen kann, das gesamte Eisenbahnnetz in wenige Hände zusammengefaßt werden. Glaubt Mr. Smith im Ernste, daß dies lediglich eine Zusammenfassung des Kapitals bedeuten würde? Glaubt er, ein Mann wie z. B. Mr. Harriman würde zurückhaltender in der politischen Ausbeutung einer Macht sein, wie sie ihm durch Unterstellung eines Beamtenheeres gegeben würde, als der von der Nation gewählte Präsident? Ja noch mehr, hier würde es sich dann nicht allein um eine politische Machtfrage handeln; es würde, wenn nicht alle bisherigen Zeichen trügen, eine noch viel größere Gefahr dadurch entstehen, daß die wirtschaftliche Selbständigkeit des ganzen Volkes bedroht wäre.

Wie würde das amerikanische Volk, wenn es durch die Macht der Verhältnisse gezwungen wird, entscheiden? Würde es vorziehen, dem von ihm selbst gewählten Präsidenten eine vom republikanisch-demokratischen Standpunkte aus nicht unbedenkliche Erweiterung seiner Machtbefugnis zu gewähren, oder würde es lieber einem von ihm auch sonst unabhängigen, nicht immer Vertrauen genießenden Eisenbahnkönig die Herrschaft über sein wirtschaftliches und damit mehr oder weniger über sein politisches Leben einräumen? Aber so weit ist es noch lange nicht. Dafür werden die Eisenbahnen und ihre mächtigen Verbündeten sorgen, die aus leicht erklärlichen Gründen gegen jede staatliche Einmischung sind, in welchem Umfang und in welcher Form sie auch eintreten möge.

Verstaatlichung? Bei der Frage, ob die Eisenbahnen in den Vereinigten Staaten, soweit menschliches Ermessen reicht, zur Verstaatlichung geeignet sind, darf man nicht vergessen, daß Aufbau und Entwicklung dieser Eisenbahnen einen wesentlich anderen Gang genommen haben, als bei unseren früheren Privatbahnen. Eine größere amerikanische Eisenbahnverwaltung ist in den meisten Fällen ein wirtschaftliches und finanzielles Gebilde, dessen Betätigung keineswegs allein auf das Gebiet des Eisenbahnbetriebes beschränkt ist; im Gegenteil, bisweilen liegt der wirtschaftliche und finanzielle Schwerpunkt abseits von diesem Betriebe.

Eine Verstaatlichungsaktion würde also etwas wesentlich anderes bedeuten als seinerzeit bei uns; unter keinen Umständen wäre mit der Übernahme des Betriebes der Eisenbahnen in die Hand des Staates die Sache als abgetan anzusehen.

Die amerikanischen Eisenbahnen würden sich nach ihrer Eigenart nur schwer aus ihrem Milieu herausheben lassen, ohne in der einen oder anderen Richtung einen ihre Wesensbedingungen geradezu aufhebenden Schaden zu nehmen, ganz abgesehen davon, daß ihre Beamten — es soll das kein Vorwurf sein — aus den verschiedensten Gründen, soweit man das übersehen kann, als Träger einer Verstaatlichung nur schwer sich denken ließen. Dazu kommt, daß die Vereinigten Staaten durch ihre eigene Wirschaftsführung den Beweis, daß sie einen großen Betrieb haushälterisch zu führen verstehen, bisher nicht voll erbracht haben. So lange überhaupt in den Vereinigten Staaten die Anschauungen von den Aufgaben des Staates auf der einen Seite und dem Charakter der Eisenbahnen als rein privatwirtschaftlicher Gebilde auf der anderen Seite nicht grundsätzlich andere geworden sind, kann an eine dem Lande zum Heil dienende Unterordnung der Eisenbahnen unter die staatliche Gewalt nicht gedacht werden, noch weniger aber an einen Staatsbetrieb. Vor der Hand ist deshalb auch von dem Eintreten der demokratischen Partei für eine Verstaatlichung nicht allzuviel zu erwarten; denn zur Zeit sind es lediglich parteipolitische Gründe, durch die ihre Haltung bestimmt wird. Die Abneigung gegen den jetzigen Zustand findet in den allgemeinen politischen Anschauungen auch dieser Partei keinen festen Boden.

Gemeinschaftsstationen (*Union-Depots*). *Terminal*-Gesellschaften.

Wenn wir nach dieser den Blick in die Zukunft richtenden Abschweifung wieder den Boden der Gegenwart betreten, so dürfen wir auch diejenigen Gemeinschaftsverhältnisse nicht vergessen, die nicht die Gesellschaft oder den Betrieb als Ganzes, sondern einzelne Gebiete oder Teile zum Gegenstande haben. Hierhin gehört zunächst die Gemeinschaftlichkeit einzelner Bahnhöfe zwischen verschiedenen Gesellschaften. Bei uns ist in der Regel eine der den Bahnhof benutzenden Verwaltungen die alleinige Eigentümerin von Grund und Boden sowie der Gebäude und Anlagen; die anderen Verwaltungen haben die Mitbenutzung gegen Zahlung angemessener, vielfach pauschalierter Entschädigungen. Ganz anders in Nordamerika. Dort haben die beteiligten Eisenbahnverwaltungen fast überall, wo auf größeren Knotenpunkten die Linien mehrerer Eisenbahnen zusammentreffen, eine selbständige Aktiengesellschaft gebildet. Dieser Gesellschaft gehören die Anlagen der Gemeinschaftsstation (*Union Depot*); sie führt Verwaltung und Betrieb der Gemeinschaftsstation mit eigenem Personal gegen Entschädigung durch die sie benutzenden Eisenbahnverwaltungen. Die vertraglichen Abmachungen über die Gesellschaftsbildung und die Benutzungsart sind nicht immer gleich, aber meistens doch sehr ähnlich.

Die erste derartige Station, die wir eingehender besichtigten, war die der *Boston Terminal Co.* gehörige in Boston, zu der die fünf beteiligten Eisenbahngesellschaften: New York, New Haven and Hudson River-, die Boston and Albany-, die New England-, die Old Colony- und endlich die Boston and Providence-Eisenbahn sich zusammengeschlossen haben. Der Verkehr auf dem *Terminal*-Bahnhof in Boston ist sehr erheblich. Nach den uns übergebenen statistischen Mitteilungen laufen täglich mehr als 3000 Personenwagen und 150 bis 400 Post- und Expreßgutwagen im Bahnhof ein und aus. Im Jahre 1903 wurden 26 505 137 Reisende und über 2 Millionen Stück Gepäck abgefertigt; die Zahl der Bediensteten beläuft sich auf etwa 2500 Köpfe. Das ansehnliche Empfangsgebäude enthält gut eingerichtete und umfangreiche Räumlichkeiten für das reisende Publikum. Bemerkenswert ist auch die Verbindung der städtischen Hochbahnen mit den Eisenbahnstationen derart, daß ein Übergang über die Straße vermieden wird, eine Einrichtung, die man auch in manchen anderen Städten von

Nordamerika findet. Die Bahnhofshalle überdeckt 32 Gleise, auf denen gleichzeitig 252 Wagen aufgestellt werden können.

Uns interessierte in erster Linie die Frage nach der selbständigen Verwaltung solcher Terminal- oder Union-Gesellschaften, deren es naturgemäß eine ganze Anzahl gibt. Sie verdanken ihre Entstehung auf der einen Seite dem natürlichen Bestreben der an einem Orte zusammentreffenden verschiedenen Eisenbahnverwaltungen nach Verbilligung des Betriebes und Erleichterung des Übergangsverkehrs; auf der anderen Seite dem bei dem scharfen Wettbewerbe unter den einzelnen Verwaltungen ebenfalls natürlichen gegenseitigen Mißtrauen. Gerade der letzte Grund ist ausschlaggebend gewesen nicht nur für die gewählte Form der Vereinigung, sondern auch dafür, daß der gesamte Güterverkehr in der Regel von der Gemeinschaft von vornherein ausgeschlossen geblieben ist. In dieser Beziehung sprachen natürlich auch Gründe örtlicher Art mit, so die für den Geschäftsverkehr günstige Lage des einen oder anderen Güterbahnhofs u. dergl. mehr. Wird das alles berücksichtigt, so muß man zugeben, daß die Entwicklung den Verhältnissen in Amerika entsprochen hat. Eine Vergleichung mit der Gestaltung der Gemeinschaftsverhältnisse bei uns ist bei der ganz verschiedenen Lage der Dinge schwer möglich. Daß bei uns das beteiligte Publikum und in vielen Fällen auch die Eisenbahnverwaltungen durch die bei uns übliche Form der Zusammenfassung verschiedener Betriebe verhältnismäßig mehr Vorteile haben, mag zugegeben werden; die Gründe hierfür liegen in unseren eigenartigen Verhältnissen und zeigen sich in bezug auf die Eisenbahnverwaltungen nicht zum wenigsten in dem Vertrauen, das bei uns auch der Wettbewerbsbahn in einem gewissen Umfange entgegengebracht wird. Die amerikanischen Bahnen kennen ein solches Vertrauen nicht; sie wenden lieber von vornherein etwas mehr Kosten auf, als daß sie die Existenz und Entwicklung ihres Verkehrs durch die Wettbewerbsbahn gefährden lassen. Aber auch das Publikum würde in Amerika durch die ausschließliche Betriebsführung einer der beteiligten Verwaltungen kaum zu seinem Rechte kommen.

Demgegenüber dürften die Erschwernisse und Mehrkosten, die sich für Betrieb und Verwaltung (Unversetzbarkeit des lediglich zu der *Terminal Co.* gehörigen Personals) aus der Betriebsführung durch eine auf die Station beschränkte Verwaltung ergeben, nicht ausschlaggebend ins Gewicht fallen; zudem sollen auch Gründe anderer Art für diese Form gesprochen haben, so z. B. finanzielle. Die Art, wie die amerikanischen Eisenbahnen in der Hauptsache entstanden sind, lassen es begreiflich erscheinen, daß die Geldmittel vielfach recht knapp waren, ja noch mehr, die Eisenbahngesellschaften sahen bisweilen, noch ehe die Linie fertig ausgebaut war, ihren Kredit erschöpft, sodaß sie selbst, insbesondere eine einzelne allein, ihn nicht weiter in Anspruch nehmen konnten. Hier vermittelte die Gründung einer neuen, dem Namen nach verschiedenen Gesellschaft die dringend nötige Hilfe. Das nach jeder Richtung zweckdienliche und außerdem sehr geschmackvoll ausgebaute *Union Depot* in Portland verdankt z. B. einer aus diesem Grunde gebildeten Gesellschaft seine Entstehung.

Die *Terminal*-Gesellschaften sind meist in Form einer Aktiengesellschaft gebildet, deren Kapital die beteiligten Verwaltungen in dem Verhältnis ihres Anteils an der Gemeinschaftsverwaltung aufgebracht haben. Verkehrseinnahmen im eigentlichen Sinne bezieht die *Terminal*-Gesellschaft in der Regel nicht. Die übrigen Einnahmen (Bahnhofsbuchhandel, Bahnhofswirtschaft usw.) und ebenso sämtliche Ausgaben einschließlich der Verzinsung des Anlagekapitals werden nach dem Verhältnis der Beteiligung verteilt. Das Anlagekapital wird bisweilen von vornherein höher bemessen, als der Kostenanschlag für die Station erfordert, um für spätere *betterments* (Verbesserungen) vorzusorgen.

Die Gesellschaft hat ihren eigenen Präsidenten, Vizepräsidenten und *Board of Directors*, der sich aber ausschließlich aus den maßgebenden Beamten der beteiligten Eisenbahngesellschaften zusammensetzt.

Das ausführende Organ ist in der Regel ein besonderer Superintendent, dem wiederum meist ein Stationsvorsteher

(Station Master), eine im übrigen seltene Erscheinung in den Vereinigten Staaten, unterstellt ist.

Man scheint im allgemeinen mit all diesen Einrichtungen zufrieden zu sein, insbesondere soll sich die Zusammensetzung des *Board of Directors* im allseitigen Interesse bewährt haben. Wesentlich hierzu beitragen dürfte der Umstand, daß die Beschlüsse meist nach der Zahl der Personen, nicht nach Anteilen, gefaßt werden.

Das alles gilt indessen nur für die von den beteiligten Eisenbahnverwaltungen unter sich gegründeten *Terminal-* oder *Union*-Gesellschaften.

Einen ganz anderen Charakter als diese wesentlich dem Personenverkehr dienenden Einrichtungen hat die *Chicago Union Transfer*-Gesellschaft, die nicht von den Eisenbahngesellschaften gegründet ist und deshalb für ihre Leistungen sowohl von den Eisenbahnen, wie vom Publikum Gebühren fordert. Sie ist lediglich für den Güterverkehr geschaffen und vermittelt diesen sowohl zwischen den einzelnen Güterbahnhöfen in Chicago, als auch zwischen diesen und den Verkehrstreibenden. Sie scheint sich keiner großen Beliebtheit zu erfreuen und wird von den Eisenbahnverwaltungen kaum benutzt. Insbesondere hat neuerdings die Baltimore and Ohio-Eisenbahn sich nicht dieser, sondern der *Chicago Terminal Transfer*-Eisenbahngesellschaft angeschlossen, um sich den Eintritt nach Chicago und sonstige Rechte für den Betrieb daselbst dauernd zu sichern. Die Verhältnisse der ersteren lassen einen Schluß auf die eigentlichen *Terminal*-Gesellschaften nicht zu.

Die von den Eisenbahngesellschaften gebildeten *Terminal-* oder *Union Depot*-Gesellschaften veröffentlichen keine Geschäftsberichte; sie sind auch in der Eisenbahnstatistik als besondere Eisenbahnunternehmungen nicht zu finden.

Nach den amerikanischen Eisenbahnverhältnissen ist es selbstverständlich, daß eine größere Anzahl von Städten der Vorteile eines Gemeinschaftsbahnhofs entbehrt; war es doch bei uns vor der Verstaatlichung nicht viel anders!

Schließlich darf nicht unerwähnt bleiben, daß auch in Amerika da, wo die Verhältnisse beider Teile dazu drängen, eine Mitbenutzung der Linien der einen durch die andere, auch wohl in seltenen Fällen die Besorgung des Personen- und noch seltener die des Güterverkehrs vorkommt. Die entsprechenden Verträge lassen erkennen, wie jede der beiden Verwaltungen sich vor allen Schädigungen durch die andere möglichst zu sichern bestrebt ist. Irgend eine andere Eigentümlichkeit gegenüber unseren gleichartigen Verhältnissen liegt jedoch hier nicht vor.

Verbände auf den verschiedenen Gebieten (Personen-, Güterverkehr usw.).

Weitere Beziehungen bestehen zwischen den Eisenbahnen in der Art, daß sie sich getrennt nach geographisch und wirtschaftlich zusammengehörigen Gruppen zur Aufstellung und Weiterbildung der Güterklassifikation zusammengetan haben.

Hieraus sind entstanden:

1. das *Official Classification Committee* für den Teil des Landes östlich vom Mississippi und nördlich vom Ohiofluß,
2. das *Western Classification Committee* westlich vom Mississippi,
3. das *Southern Classification Committee* für das Land südlich vom Ohio und östlich vom Mississippi.

Die Vereinigung zu 1) ist im Jahre 1889 von der früher schon vorhandenen und übrigens auch heute noch fortbestehenden Vereinigung von Eisenbahnverwaltungen (dem sog. *Joint Committee*) abgezweigt.

Wie alle Anträge auf Änderung der zuerst angenommenen Güterklassifikation nur von den Mitgliedern des *Joint Committee* ausgehen konnten, so sollten andererseits alle Beschlüsse des *Classification Committee* gemäß ihrem nur beratenden Charakter zu ihrer Gültigkeit der Bestätigung durch das *Joint Committee* bedürfen. Das ist im Jahre 1895 in der Weise abgeändert worden, daß zur Stellung von Abänderungsanträgen nicht nur je 3 Mitglieder des *Classification Committee* und des *Joint Committee* berechtigt sein sollen, sondern daß solche Anträge auch von den inzwischen ins Leben gerufenen Vereinigungen ausgehen können, nämlich:

a) der *Trunk Line Association*,
b) „ *Central Traffic Association*,

c) der *Freight Traffic Association of the Middlestates,*

d) „ hierzu besonders autorisierten *Local Committees.*

Die Entscheidung bleibt aber nach wie vor bei dem *Joint Committee* als derjenigen Körperschaft, die ungefähr der Generalkonferenz der deutschen Eisenbahnen entspricht. Nach außen tritt jedoch dies *Committee* nicht hervor, weil seine Handlungen den gesetzlichen (*antipool-* und *antitrust-*) Bestimmungen widersprächen; veröffentlicht werden lediglich die Entschließungen der einzelnen Verwaltungen, und zwar für jede besonders.

Die Erwägungen, von denen das *Classification Committee* ausgehen soll, beziehen sich auf:

1. die eingehende Prüfung der Wettbewerbsverhältnisse,
2. die zu erwartende Beförderungsmenge des in Frage kommenden Artikels und die Richtung, in welcher das Gut zur Versendung kommt,
3. seinen Wert, seinen Umfang und sein Gewicht,
4. den Grad der Gefahr, der das Gut während der Beförderung ausgesetzt ist,
5. die Gründe, welche eine besondere Erleichterung in den Frachtverhältnissen angezeigt erscheinen lassen.

Die *Official Classification* kennt 6 verschiedene Klassen, ebenso die *Southern*, während die *Western* nur 5 aufweist. Neben diesen Klassentarifen sind niedrigere Tarife für die in den einzelnen Landesteilen zur Beförderung gelangenden Massenartikel, wie Getreide, Holz, Kohle, lebendes Vieh, Öl usw., eingeführt.

Ob die auf die Einführung einer „*Uniform Classification*“ für das ganze Land gerichteten Bestrebungen, wie sie von der *National Association of Railway Commissioners* (Vereinigung der staatlichen Eisenbahnkommissare) jetzt wieder zum Ausdruck gebracht sind, diesmal Erfolg haben werden, steht dahin.*)

Den Bedenken gegen eine solche Vereinheitlichung soll dadurch begegnet werden, daß, soweit die Bedürfnisse eines

*) Eine von der *Interstate Commerce Commission* im Jahre 1889 in dieser Richtung eingeleitete Bewegung ist an dem Widerstand der Eisenbahnen gescheitert.

Landesteils dies erfordern, Ausnahmetarife erstellt werden.*) Von Interesse erscheint diese Bewegung schon um deswillen, weil auch hier wieder der Versuch hervortritt, die *Interstate Commerce Commission*, welche für die Herstellung und Fortbildung der Tarife mit in Aussicht genommen werden soll, mit weiteren praktischen Befugnissen auszurüsten. Jedenfalls hat es mit der Erfüllung dieses Wunsches noch gute Wege.

Zurzeit ist der Vorgang bei den einzelnen Klassifikationskomitees, die je mit 16 Mitgliedern besetzt sind, der, daß sie — und zwar nicht nur ohne Zuziehung der Verkehrsinteressenten, sondern auch grundsätzlich ohne Vernehmung von Sachverständigen im mündlichen Verfahren — in der Regel zweimal im Jahre zur Beratung zusammentreten. Einwendungen einer einzelnen Verwaltung gegen die Beschlüsse des *Classification Committee* werden beim *Joint Committee* geltend gemacht und hindern die Inkraftsetzung des Beschlusses dieser Verwaltung gegenüber. Wie wir aber in Erfahrung gebracht haben, kommen derartige Einwendungen kaum vor.

Ein weiterer Teil des als mit den *Antipool*- und *Antitrust*-Gesetzen in Widerspruch befundenen *Joint Committee* war die *Joint Traffic Association*, ein die östlichen Bahnen umfassender Tarifverband. Er ist mit seinem Mutterverein infolge der Rechtsprechung von der Außenwelt verschwunden. An seine Stelle ist — zum Teil wenigstens — die sog. *Trunk Line Association* getreten.

Der im Statut ausgesprochene Zweck ihrer Gründung ist die Ausführung der in bezug auf Personen- und Güterverkehr ergangenen bundes- und einzelstaatlichen Gesetzgebung durch Austausch der Meinungen auf dem Gebiete der Tarife, der Klassifikation und der Statistik.

In Wahrheit ist es eine Fortsetzung des alten Tarifverbandes, und es berührt ganz eigentümlich, wie sehr der Verband, seine Beamten und seine Mitglieder das Tageslicht scheuen. Wie man uns ausdrücklich und zuverlässig mitteilte, wird außer den uns vorliegenden, wie angedeutet, sehr

---

*) Vgl. Franke, Archiv für Eisenbahnwesen 1904, Heft 2, S. 271.

harmlosen Statuten nichts gedruckt, was irgendwie auf eine verbotene Vereinigung schließen ließe. Herübergenommen ist aus der alten Organisation offiziell nur das *Inspection Bureau*, welches im Jahre 1883 durch unseren hochverdienten Landsmann Albert Fink eingerichtet worden ist.

Diese Bureaus — auch die übrigen *Classification Committees* sowie ihre auftraggebenden Verwaltungen unterhalten solche — haben den Zweck, beim Güterversand und -Empfang Fehler in der Tarifeinschätzung und Gewichtsfehler richtig zu stellen; ihre Bedeutung springt ohne weiteres in die Augen, wenn man berücksichtigt, daß die amerikanischen Frachtbestimmungen keine Konventionalstrafen für falsche Inhalts- und Gewichtsangaben kennen. Die Bureaus sind an den Verkehrsmittelpunkten untergebracht und haben das Recht und die Pflicht, auf den Güterböden Nachforschungen anzustellen, auch nach anderen Stationen Revisoren zu entsenden.

Von dem *Chief Inspector* der *Central Freight Association* in Chicago wurde uns die Rechnungsaufstellung für das Jahr 1903 übergeben; es ist von Interesse, hieraus die Tätigkeit des Bureaus und seine Erfolge zu ersehen.

An Gewicht sind zugesetzt worden:

bei Wagenladungen 1 725 253 545 amerk. Pfunde
= 784 990 deutsche Tonnen,
bei Stückgut 135 474 465 amerik. Pfunde
= 61 641 deutsche Tonnen,

mit einer Mehreinnahme von zusammen 2 065 147 Dollars = 8 591 012 M. In bezug auf die Inhaltsangaben sind Richtigstellungen erfolgt, die eine Mehrfracht von 584 854 Dollars = 2 432 993 M. brachten. — Die Kosten für die Unterhaltung des Bureaus beliefen sich auf 252 752 Dollars = 1 051 448 M., sodaß ein Reinüberschuß von 2 065 147 + 584 854 — 252 752 = 2 397 249 Dollars oder 9 972 556 M. verblieb.

Es gibt noch eine ganze Reihe den Zwecken des Personen- und Gütertarifwesens gewidmete Vereinigungen, aber als offizielle sind gewissermaßen nur jene Klassifikationskomitees mit ihren Anhängseln anzusehen. Die übrigen haben nur einen mehr oder weniger privaten, zum Teil sogar einen fast ausschließlich geselligen Charakter. Es ist deshalb nicht von allgemeinem Interesse, sie auch nur dem Namen nach aufzuführen.

Technische u. andere Vereinigungen (*The American Railway Association* usw.).

Von großer Bedeutung für die amerikanischen Eisenbahnen ist die *American Railway Association*, die im Jahre 1891 aus der *General Time Convention* hervorgegangen ist. Sie war gegründet worden, um die Bewegung auf Einrichtung eines *Standard Time*-Systems mehr in Fluß zu bringen, und lehnte sich an die schon zu Anfang der 70er Jahre geschaffenen zwang- und formlosen Vereinigungen für die Zwecke des Personendurchgangsverkehrs an. Als 1883 mit Einführung der 4 *Standard times* (Normalzeiten) für die verschiedenen Teile der Vereinigten Staaten und Kanada*) anstatt der bis dahin gültigen (ungefähr 50) Zeiten die Zwecke der Vereinigung in der Hauptsache erreicht waren, löste man sie gleichwohl nicht auf, in der richtigen Erwägung, daß eine größere Gleichmäßigkeit auch auf anderen Gebieten für den Eisenbahn-Durchgangsverkehr, wie insbesondere auch für den Betriebsdienst von hervorragender Bedeutung sein müsse; man zog vielmehr allmählich immer neue Gebiete vor ihr Forum. Eines der ersten war das Signalwesen, dem nach und nach der ganze Betriebs- und Verkehrsdienst folgte, sodaß die im Jahre 1891 beschlossene Namensänderung auch sachlich berechtigt war. Die *Association* umfaßt 220 Eisenbahnverwaltungen der Vereinigten Staaten, von Kanada und Mexiko, die in bezug auf ihre Streckenlänge über ungefähr 95 % aller Eisenbahnen dieser Länder verfügen. Jede Verwaltung hat mindestens eine Stimme; solche Verwaltungen, die mehr als 1000 Meilen (1609 km) betreiben, haben für jedes angefangene 1000 eine Stimme mehr.

Die Aufgabe der *American Railway Association* besteht in dem Erlaß verbindlicher und unverbindlicher Bestimmungen für den Betriebsdienst. Für ihre Ausarbeitung bestehen Ausschüsse. Die technischen Ausschüsse betreffen den Zugdienst, den Wagendienst und den Sicherheitsdienst. Die *Association* hat eine Betriebsordnung erlassen, die

*) *Eastern time* (östliche Zeit vom Atlantischen Ozean bis Pittsburg und Charleston); mittlere Zeit *(Central time); Mountain time* (Gebirgszeit); *Pacific time* (bis zum [Stillen] Großen Ozean).

zwar einen unverbindlichen Charakter hat, indes von der großen Mehrzahl der Eisenbahnverwaltungen angenommen ist. Diese Betriebsordnung gibt eine Erklärung der technischen Ausdrücke und enthält Vorschriften für den Betrieb auf ein-, zwei-, drei- und viergleisigen Strecken, für die Handhabung des Dienstes der *Train Dispatchers*, für den Signal- und sonstigen Sicherungsdienst und für die Bewegung der Züge gegen die Fahrtrichtung.

Ferner ist 1902 ein Übereinkommen, betreffend die Wagenbenutzung, geschaffen worden, das eine größere Wirtschaftlichkeit in der Wagenbenutzung unter den Bahnen anstrebt (vgl. den achten Abschnitt). Daneben sind noch besondere Vorschriften für den Wagendienst aufgestellt worden.

Außerdem hat die *Association* Resolutionen gefaßt, deren wesentlichste folgendes betreffen:

1. Einheit in der Größe und Ladefähigkeit der Wagen (1897).
2. Durchgehende Bremse in Personen- und Güterzügen. Empfohlen wird die Westinghouse-Bremse (1901).
3. Automatische Güterwagenkupplung (1890) nach dem „*Master Car Builders Type of Automatic Freight Car Coupler*".
4. Technische Einzelheiten der Wagenkonstruktion (1894) nach den „*Details of Car Construction*" der *Master Car Builders Association*.
5. Feste Typen für gedeckte (G-)Wagen in bezug auf Größe und Tragfähigkeit.

   (Als Normal-G-Wagen gilt ein Wagen von 36′ Länge, 8′ 6″ Breite und 8′ Höhe, im Innern gemessen. Die Türöffnung beträgt 6′. Nach diesem Wagen kann das Mindestgewicht einer Frachtladung festgesetzt werden. Bei kleineren oder größeren Wagen wird das Mindestgewicht nach festen Zahlen bemessen, und zwar wird es bei kleineren Wagen vermindert um $2^1/_2$ % (bei 35′) oder 5 % (unter 35′) und bei größeren höher bemessen um

   10 % bei Wagen von 37′ u. 38′
   25 % „ „ „ 39′ „ 40′

40 % bei Wagen von 41′ u. 42′
55 % „ „ „ 43′ „ 44′
65 % „ „ „ 45′ „ 46′
70 % „ „ „ 47′ „ 48′
80 % „ „ „ 49′ „ 50′
150 % „ größeren Wagen.

Bei der Festsetzung des Mindestgewichts soll die Schwere des Gutes berücksichtigt werden. 6″ werden nicht berechnet, über 6″ als 1′ gezählt.)

6. Einheitliche Gleisspur (4′ 8½″).
7. Einheitliche Vorschriften für Heizung und Beleuchtung der Züge.

Außer dieser großen Vereinigung mit ihren Sektionen bestehen noch Sondervereinigungen je für einzelne Dienstzweige, so die „*Master Car Builders Association*“ (Wagenbauvereinigung) für die einheitliche Unterhaltung der Wagen. Eine weitere Vereinigung auf dem Gebiete des Wagendienstes ist die *International Association of Car Accountants and Car Service Officers* (Vereinigung für die Zählung der Wagen usw.). Sie gibt Normativbestimmungen, betreffend das Wagenübereinkommen, und außerdem das sog. „*Railway Equipment Register*“ heraus, welches im einzelnen, und zwar ebenfalls für die Zwecke des Wagenübereinkommens, Nummer, Größe, Fassungsfähigkeit und Art (wie offener, gedeckter, Kohlen- usw. Wagen) enthält. Ferner gibt es noch eine ganze Reihe von Vereinigungen, die dazu bestimmt sind, die berufliche Fortbildung der Angehörigen einzelner Dienstzweige zu fördern, so die der *Train Dispatchers* (Zugdienstleiter), der *American Railway Engineering and Maintenance of Way Association* für die Zwecke des Zugförderungs- und des Bahnunterhaltungsdienstes.

Auch die *Comptrollers* (Rechnungsdirektoren) haben sich zusammengeschlossen. Ihrer Vereinigung sind zu danken der Anfang einer einheitlichen Buchungsordnung, die später unter Einwirkung der *Interstate Commerce Commission* ins Leben gerufen wurde, und ferner eine ganze Anzahl allgemeine Bestimmungen für die bessere und sichere Ausgestaltung des Rechnungs- und Abrechnungsdienstes und der Statistik.

Auch unter den Bahnärzten haben sich zwei Vereinigungen (*International Association of Railway Surgeons*, sowie *American Academie of Railway Surgeons*) gebildet.

Jedenfalls liefern schon die hier aufgezählten Vereinigungen — ihre wirkliche Zahl ist viel größer — den Beweis, daß sich die Angehörigen der verschiedenen amerikanischen Eisenbahnen auf vielen Gebieten des Eisenbahnwesens zu gemeinsamer Arbeit zum eigenen und zum Nutzen des Publikums zusammengefunden haben, trotz aller zwischen ihnen bestehenden Kämpfe und Eifersüchteleien.

Vierter Abschnitt.

Die Organisation der einzelnen Eisenbahnverwaltungen.

Generalversammlung. Verwaltungsrat *(Board of Directors).* — Einteilung der Zentralverwaltung. *Departments,* Divisions- und Distriktsbezirke. — Verwaltungsgebäude, Bureauräumlichkeiten. Geschäftliche Erledigung der Bureau- und Rechnungssachen. Mechanische Hilfsmittel im inneren Geschäftsbetriebe.

Generalversammlung. Verwaltungsrat *(Board of Directors).*

So sehr auch die amerikanischen Eisenbahnen in ihren inneren Verhältnissen, ihrem Umfang, ihrem wirtschaftlichen Werte und in der Politik, die sie in ihren einzelnen Systemen verfolgen, auseinandergehen, so sind doch in dem äußeren Aufbau der Verwaltung kaum grundsätzliche Verschiedenheiten zu erkennen. Nur in den Beziehungen an sich selbstständiger Eisenbahnen zu einander zeigen sich Unterschiede je nach der Art und dem Grad des gegenseitigen Interesses, das in der Hauptsache auf eine wechselseitige finanzielle Beteiligung gegründet ist. Man sagt von einer Eisenbahnverwaltung, die zu einer anderen auf Grund eines entsprechenden Aktienbesitzes in einem Abhängigkeitsverhältnis steht, sie wird von ihr „kontrolliert". In diesem Verhältnis steht z. B. die Baltimore and Ohio-Eisenbahn zur Pennsylvania-Eisenbahn, die einen wesentlichen Teil des Aktienkapitals jener Eisenbahn in Händen hat. Die letztere ist nach außen selbständig, dagegen wird ihre Politik von der Pennsylvania-Eisenbahn in einem gewissen Grade vorgezeichnet. Das wird dadurch erreicht, daß die Mitglieder des *Board of Directors* in beiden Gesellschaften zum Teil dieselben Personen sind, und daß auch häufig Überführungen leitender Beamten von der einen Bahn zur anderen vorkommen. Ebenso oft kommt es aber auch vor, daß einzelne Personen, Familien oder Finanzgruppen auf Grund ihres Aktienbesitzes mehr oder weniger die tatsächliche Leitung der Geschäfte einer Eisenbahn oder wenigstens ihrer Politik in ihrer Hand halten. In der Regel sichern sie sich dann ihren Einfluß durch Besetzung der Stellen im Verwaltungsrat mit von ihnen abhängigen Personen. Diese Besetzung erfolgt wie bei unseren Aktiengesellschaften durch Beschluß der Generalversammlung der Aktionäre mit dem Unterschiede, daß bei uns Privatvermögen von einem Umfang, der das Übergewicht in der Generalversammlung von Aktiengesellschaften mit einem so enormen Grundkapital verleiht, nicht anzutreffen sind. Es leuchtet ein, daß hierdurch die Bedeutung der Generalversammlung gegenüber dem Verwaltungsrat noch ganz anders, als dies bei uns bisweilen wahrzunehmen ist, herabgedrückt werden muß. Gegenüber dem Besitz des Aktienkapitals der New York Central-Eisenbahn in den Händen der Familie Vanderbilt wird sie zur bloßen Form. Doch legt man schon des äußeren Scheins wegen Wert darauf, die Form der Aktiengesellschaft beizubehalten, und tatsächlich sind alle Eisenbahnunternehmungen der Vereinigten Staaten als Aktiengesellschaften gebildet.

Liegen der Generalversammlung der Aktionäre Geschäfte ob, wie die Erhöhung und Herabsetzung des Grundkapitals, die Bestätigung der vom Verwaltungsrat beschlossenen Ausgabe von Schuldverschreibungen, die Wahl der Mitglieder des Aufsichtsrats usw., so stehen an der Spitze der eigentlichen Verwaltung der Gesellschaft der Verwaltungsrat *(Board of Directors)* und als Geschäftsträger (Vorstand) der Präsident mit den ihm beigegebenen Vizepräsidenten und anderen Oberbeamten *(General Officers)*.

Alle die Aktiengesellschaften als solche betreffenden Bestimmungen werden durch die allgemeinen Satzungen *(Bylaws)* festgelegt. Dazu gehören die Bestimmungen über die Gliederung und Geschäftsverteilung innerhalb des Verwaltungsrates, über die Generalversammlung der Aktionäre und anderweitige besondere Regeln, die vom Vorstand dem Verwaltungsrat gegenüber zu beobachten sind, sowie über Zahlung von Zinsen und Dividenden u. a. m. Die Geschäftsanweisung für den Vorstand und seine Organe, sowie die allgemeinen Bestimmungen für alle Beamten und Angestellten werden in der Regel in der Verwaltungs-Ordnung *(Organisation)* getroffen.

Der *Board of Directors* setzt sich in der Hauptsache aus Finanzleuten, und zwar entweder den großen Bankiers, die die Finanzgeschäfte der Gesellschaft leiten, oder den für ihre Person in erheblichem Umfange finanziell beteiligten Männern zusammen. Dazu treten die Präsidenten, zuweilen auch die Vizepräsidenten der Verwaltung; aber an sich sind Präsident und Vizepräsident Beamte der Gesellschaft, und nur als Beamte erhalten sie Gehalt, während die Stellung als Mitglied des Verwaltungsrats eine Ehrenstellung ohne Besoldung ist, insbesondere also auch für die nur als Mitglieder gewählten Personen; abgesehen von gewisser Fahrbegünstigung beziehen diese Mitglieder lediglich Tagegelder für die Wahrnehmung der verschiedenen Sitzungen *(Meetings)* usw.

Die Politik der Gesellschaft und ihre finanzielle Leitung im großen liegt ausschließlich in der Hand des Verwaltungsrats, der zu diesem Zwecke nicht bloß häufig zur Entgegennahme von Berichten über den Stand der Geschäfte und zu Beschlußfassungen zusammentritt, sondern auch aus sich heraus ständige Exekutiv-Komitees einsetzt. Solch Komitee ist eine Einrichtung, die nicht nur als ständiger Beirat für den Präsidenten als Leiter der eigentlichen Verwaltung gedacht, sondern auch in bestimmten Fällen für den *Board* zu handeln befugt ist. Bei der Pennsylvania-Eisenbahn ist je ein besonderes Komitee für

a) das Finanz- und Verkehrswesen,
b) die Bahn- und Betriebsverwaltung,
c) die Grundeigentumsverwaltung,
d) die Nebenverwaltungen *(Incidental business)* und
e) das Versicherungswesen

vorhanden. Der Präsident der Verwaltung ist Mitglied aller Komitees. Auch die Vizepräsidenten gelten als Mitglieder der Komitees, wenn sie anwesend sind.

Andere Eisenbahnverwaltungen haben eine ähnliche Einteilung der Komitees; bei kleineren Unternehmungen ist die Zahl der Komitees geringer, überall aber scheint wenigstens ein ständiges Komitee vorhanden zu sein, so daß der Verwaltungsrat immer in engster Fühlung mit der laufenden Verwaltung bleibt.

Das Bindeglied zwischen dem Verwaltungsrat und seinem Komitee und der ausführenden Verwaltungstelle ist stets der Präsident. Er ist nicht bloß Präsident der ausführenden Verwaltung, sondern auch zumeist Präsident *(Chairman)* — stets aber Mitglied — des Verwaltungsrats. Die Gesamtpolitik des Unternehmens wird so durch den Präsidenten von der Vertretung der Aktionäre auf die Gesamtverwaltung übertragen; sie ist unter seiner Oberaufsicht und nach seiner Weisung *(Supervision and Direction)* in allen *Departments* zu befolgen. Der Präsident „*shall have charge of the seal of the Company*". In dieser Weise ist bei den amerikanischen Eisenbahnen das Präsidialsystem in vollkommenster Weise durchgeführt.

Wie die Zahl der Verwaltungsratskomitees verschieden groß ist, so ist je nach dem Umfange des Eisenbahnunternehmens auch die Zahl der Vizepräsidenten der Verwaltung bemessen. Während die Pennsylvania-Eisenbahn und mit ihr die größeren östlichen Verwaltungen ungefähr für jede Abteilung *(Department)* einen Vizepräsidenten ernennen, der gleichzeitig Mitglied eines Exekutiv-Komitees des *Board of Directors* ist, haben beispielsweise die Union Pacific-, die Oregon-Eisenbahn und andere Systeme nur einen Vizepräsidenten. In solchen Fällen stehen den einzelnen Abteilungen sog. *General Officers* vor mit wesentlich gleichen Befugnissen, aber ohne Sitz und Stimme im *Board of Directors.*

Einteilung der Zentralverwaltung. *Departments*, Divisions- u. Distriktsbezirke.

Im allgemeinen gliedert sich die höchste Verwaltungsstelle einer Eisenbahn (Generaldirektion) in folgende Geschäftsgruppen:

General Office,
Treasury } *Department,*
Accounting }
Transportation (Operating) Department,
Maintenance of Way and Construction Department,
Traffic Department,
Legal (Law) }
Real Estate oder } *Department* { Diese kommen getrennt oder vereinigt vor.
Land Commissioner }

Dazu kommen bei einigen Eisenbahnen, insbesondere den östlichen (älteren) noch die Verwaltungen der Wohlfahrtseinrichtungen, so bei der Pennsylvania-Eisenbahn für *Voluntary Relief-*, *Pension-* und *Employees Saving Fund*.

Der Gedanke, die Zentralverwaltung auch örtlich zu vereinigen, ist nicht streng durchgeführt, wenigstens nicht bei den westlichen Eisenbahnen.

Abgesehen von der Pennsylvania- und der Baltimore and Ohio-Eisenbahn, die in der Nähe von New York, in Philadelphia und Baltimore, ihren Sitz haben, sind die Finanzverwaltungen wohl aller Systeme in der Stadt New York vereinigt, und zwar auch von solchen Eisenbahnverwaltungen, deren Strecken weit ab von New York beginnen, während wiederum die Verwaltung des Tarifwesens und des Betriebsdienstes *(Operating service)* meistens in Chicago untergebracht ist. Diese Erscheinung hängt mit der verschiedenen Bedeutung der beiden Millionenstädte zusammen. New York ist Zentrum aller Finanzoperationen, Chicago der bedeutendste Knoten- und Übergangspunkt des Verkehrs von und nach dem Westen der Vereinigten Staaten. Die Union Pacific-Eisenbahn hat ihr *Traffic and Accounting Department* in Omaha (Nebr.), ihr *Maintenance and Operating Department* aber ebenfalls in Chicago.

Nicht selten sind von der Zentralverwaltung, z. B. vom *Accounting Department*, einzelne Zweige abgesondert.

Wie der Präsident und die Vizepräsidenten, zählen im allgemeinen alle diejenigen Beamten als *General Officers*, denen in der Organisation ein eigenes selbständiges Ressort in der Zentralverwaltung, wenn auch mit dem Sitz an einem anderen Orte zugewiesen ist. Ihre Anstellung erfolgt entweder wie die des Präsidenten und der Vizepräsidenten (mit Ausnahme des wohl nur als Titularpräsident anzusehenden fünften Vizepräsidenten der Pennsylvania-Eisenbahn) durch den *Board of Directors* selbst oder vorbehaltlich seiner Genehmigung durch den Präsidenten der Gesellschaft.

Zwischen den leitenden Beamten der Zentralverwaltung, dem Präsidenten, den Vizepräsidenten, Generalverwaltern *(General Managers)*, Oberingenieuren *(Chief Engineers)* usw.

und der Distriktsverwaltung *(Superintendents)* stehen bei den großen Gesellschaften für den Betriebsdienst Chefs der Bezirksverwaltungen, wie die Generalsuperintendenten (Oberbetriebsdirektoren) und bestimmte Generalagenten für besondere Verkehrsangelegenheiten.

Die Vorsteher der Distriktsverwaltungen sind als *Officers*, nicht als *General Officers* anzusehen, und unter diesen stehen die Beamten der örtlichen Verwaltungen *(Employees)*, soweit sie einen bestimmten Posten selbständig führen.*)

Allen diesen Beamten sind, soweit sie die Geschäfte nach ihrem Umfange nicht allein führen können, sogenannte *Clerks* beigegeben, für deren Geschäftserledigung sie die Verantwortung tragen. Zu den *Clerks* gehören insbesondere auch die Telegraphisten, sowie die Stenographen und Maschinenschreiber.

Bei der großen Verschiedenheit in der örtlichen Ausdehnung, der Dichtigkeit des Verkehres und der Schwierigkeit des Betriebes bei den einzelnen Systemen kann von einer einheitlichen Form in der Gruppierung der aus der Natur der Geschäfte sich ergebenden Zweige keine Rede sein. Die oben aufgeführten einzelnen Geschäftsgruppen bezeichnen daher nur in großen Zügen die Gliederung der Verwaltungstätigkeit.

Im einzelnen kommen insbesondere für die Zusammenfassung oder Auseinanderziehung verwandter Gruppen eine Reihe von Umständen in Betracht, die kein allgemeines Interesse in Anspruch nehmen und auf die hier einzugehen sich erübrigt; nur eines dieser Umstände, der an anderer Stelle ausführlicher behandelt ist, sei hier kurz Erwähnung getan, nämlich des rein persönlichen Moments in dem Sinne, daß eine Organisation im ganzen oder doch überwiegend auf die Personen zugeschnitten ist, die zeitweilig in leitender oder hervorragender Stellung tätig sind. Das ergibt bei dem nicht durch natürliche Umstände allein bedingten, sondern

---

*) *Employees* ist übrigens auch die allgemeine Bezeichnung für das Personal der Eisenbahnen überhaupt, einschl. des rein mechanisch tätigen, sowie der *Clerks* und sogar der Arbeiter. Auch der Unterschied zwischen *salary* (Gehalt) und *wage* (Lohn) wird nicht überall streng durchgeführt.

meist aus anderen Gründen eintretenden Abgang dieser Personen die Notwendigkeit öfterer Änderungen mit den für die Fortführung der Geschäfte nicht immer günstigen Folgen.

Von den uns im Druck vorliegenden Verwaltungs-Ordnungen fünf größerer Eisenbahnen ist die eine, nachdem ihre im Jahre 1897 geschaffene Vorgängerin bereits im Jahre 1899 geändert worden war, durch eine solche vom Jahre 1900 wieder aufgehoben. Aber auch diese hat inzwischen schon wieder Änderungen erfahren. Auch von den übrigen Verwaltungs-Ordnungen ist keine über zwei Jahre alt. Zwei davon haben bereits wieder nicht unwesentliche Änderungen über sich ergehen lassen müssen, während bei einer Anzahl größerer Systeme, besonders im Westen, wie uns mündlich mitgeteilt wurde, die Verwaltungs-Ordnung nicht einmal schriftlich oder wenigstens nicht im Drucke herausgegeben wird, damit man freiere Hand in der Abänderung hat.

General Office. In bezug auf die Erledigung der Geschäfte bei der Zentralverwaltung steht in der Regel unmittelbar unter dem Präsidenten das Generalbureau *(General Office)*. In diesem Bureau laufen alle der Bearbeitung und Beaufsichtigung durch den Präsidenten unterliegenden Geschäfte zusammen. Insbesondere wird von hier aus meist unter Vermittelung eines Sekretärs, der als Vertrauensmann sowohl des Verwaltungsrats als auch des Präsidenten bestellt und daher meistens ein Mann der Zukunft ist, auch der für die Leitung der Geschäfte notwendige Zusammenhang mit dem Verwaltungsrat und seinen einzelnen Komitees, insbesondere aber mit dem Exekutiv-Komitee (bei der Pennsylvania-Eisenbahn *east of* Pittsburg *„Incidental Business Committee"*) aufrecht erhalten. Nicht zu verwechseln mit diesem Komitee ist das *Executive Department*, welches, wie das bei einzelnen Eisenbahnverwaltungen an seine Stelle tretende Generalbureau unmittelbar unter dem Präsidenten steht und hauptsächlich dazu bestimmt ist, ihm den Überblick über die Geschäfte im ganzen zu erleichtern. Hier werden deshalb meist auch die Geschäfte allgemeiner Art unter eigener Leitung der zuständigen Vizepräsidenten und solche Geschäfte erledigt, die der Präsident sich besonders vorbehalten hat. Hierzu gehört

z. B. der sonst wohl auch dem *Purchasing* (Einkaufs-) *Director* oder -*Agent* unter Vorbehalt der Bestätigung überlassene Einkauf von Lokomotiven und Wagen. Bei einer Anzahl größerer zu einem einheitlichen System gehöriger Verwaltungen sitzt im *Executive Department* auch der für alle diese Verwaltungen gemeinsam tätige *Comptroller*, obwohl er seinem Wirkungskreis nach in eine andere Abteilung gehört. Diese Abweichung beruht indessen offenbar auf rein persönlichen Gründen.

Alles in allem lassen sich gerade für den geschäftlichen Inhalt dieses *Department* bestimmte Grundsätze nicht aufstellen oder besser gesagt nicht herausschälen; die Verschiedenheiten sind, ohne daß man in der Hauptsache einen ersichtlichen Grund dafür findet, recht groß. Überall aber gehören in das Generalbureau die wichtigeren Personalangelegenheiten.

Treasury Department.

Der Finanzabteilung fallen bei den amerikanischen Eisenbahnen mit ihren umfangreichen und wichtigen Finanzoperationen Aufgaben zu, wie sie bei unseren staatlichen Eisenbahnverwaltungen nicht mehr vorkommen. Der Schatzmeister *(Treasurer)* ist daher entweder als Vizepräsident bestellt, oder aber in anderer gehobener Stellung als Abteilungsleiter unmittelbar dem Präsidenten unterstellt. Er ist für die vorschriftsmäßige Vereinnahmung und Verausgabung der Gelder der Gesellschaft verantwortlich und hat die seiner Verantwortung entsprechenden Rechte, z. B. die Bestimmung über die Art der Ablieferung der Einnahmen der Dienststellen.

Eine seiner Hauptaufgaben besteht darin, daß er den Präsidenten über die Einnahmen — in der Regel wöchentlich — und über den finanziellen Stand der Gesellschaft überhaupt dauernd auf dem Laufenden hält.

Weiterhin fallen ihm alle Geschäfte zu, welche die „Sicherheiten“ der Gesellschaft *(Shares and bonds)* betreffen. In der Regel hat er für diese Geschäfte einen besonderen Gehilfen *(„Transfer Agent“* oder *„Registrar of Bonds“)*, während ihm für die weiter oben erwähnten Geschäfte eine entsprechende Zahl von Assistenten zugewiesen ist.

Das eigentliche Zahlgeschäft besorgt der Kassierer.

Es war sehr lehrreich, bei den verschiedenen Verwaltungen zu sehen, wie der Kassenverkehr geregelt ist. Die Verschiedenheit, welche auf diesem Gebiete herrscht und sogar bei den beiden Pennsylvania-Gesellschaften (*east* und *west of* Pittsburg) zutage tritt, läßt vermuten, daß eine wirklich befriedigende Regelung hierfür noch nicht gefunden ist. Während die Linien *west of* Pittsburg alle Gehälter und Löhne durch besondere Zahlmeister, die zu diesem Zwecke die Strecke bereisen, zur baren Auszahlung bringen, wird bei den Linien *east of* Pittsburg für jeden Zahlungsempfänger ein Scheck im Zentralbureau des *Comptroller* in Philadelphia ausgeschrieben, und, soweit Löhne der Streckenarbeiter in Frage kommen, durch Vermittlung des Divisions- oder Distrikts-Superintendenten den Berechtigten ausgeliefert.

Wenn man bedenkt, daß es sich hierbei um mehr als 20000 Personen handelt, die mindestens ein Mal im Monat gelöhnt werden müssen, so kann man ermessen, mit welchem Aufwand an Arbeit allein die Vorbereitung dieses Geschäfts verbunden ist. Rechnet man auch wenig auf den Zeitaufwand für den Superintendenten, der, wie wir annehmen, die Gelegenheit des Löhnungsgeschäftes benutzt, um seine Strecke zu besichtigen und sein Personal kennen zu lernen, so bleibt für den Gelöhnten immer noch die Mühe, den Scheck bei der Bank der Gesellschaft einzulösen; nur in wenigen Fällen wird er dies in seinem Wohnort tun oder ihn da in Zahlung geben können.

Der Scheckverkehr hat, wenn er allgemein den Barverkehr zu ersetzen imstande ist, zweifellos seine großen Vorzüge für beide Teile, den Zahlenden und den Empfangenden; aber er eignet sich vielfach nicht für den kleinen Mann, und andererseits verursacht er bei der großen Zahl der Schecks und den verhältnismäßig geringen Summen, um die es sich bei den Löhnen handelt, mehr Arbeit als die Barauszahlung.

Die Ablieferung der baren Verkehrseinnahmen geschieht im allgemeinen durch Vermittlung der Expreßgesellschaften, die auf allen Stationen vertreten sind, bei der Bank der Eisenbahngesellschaft.

Die eigentliche kassenmäßige Behandlung der Einnahmen und Ausgaben bei den amerikanischen Eisenbahnen scheint nach unseren Beobachtungen grundsätzlich von der wirtschaftlichen Behandlung getrennt zu sein. Die Vereinigung der Geschäfte des Etats- und Kassenrats in einer Person kennt man nicht, was nach der ganzen Geschäftsgebarung nur als zweckmäßig bezeichnet werden muß. *Accounting Department.*

An der Spitze der Etats- oder Rechnungsabteilung (*Accounting Department*) steht der *Comptroller* der Gesellschaft, und zwar entweder unter Oberaufsicht des Präsidenten, wie dies z. B. bei allen zum Harriman-System gehörigen Linien der Fall ist, oder unter Oberaufsicht eines Vizepräsidenten. Er ist eine wichtige Persönlichkeit auf dem Wirtschaftsgebiet, auf dem er für die buchmäßige Ordnung sorgt und gleichzeitig bis in alle Einzelheiten die Beobachtung sparsamer Geschäftsführung überwacht. Aber wie auch bei uns der größere oder geringere Erfolg der Revisionstätigkeit dieser Art wesentlich bedingt ist durch die Persönlichkeit, eine auf umfassendes Wissen, auf Takt und Umsicht gegründete Stellung und den Einfluß, den der Beamte sich zu verschaffen versteht —, so sahen wir auch bei den amerikanischen Eisenbahnen wesentliche Unterschiede nach dieser Richtung. Als einen der ersten Eisenbahnfachleute lernten wir einen Herrn kennen, der in seiner Stellung als *Comptroller* sich ein so hohes Ansehen und damit auch einen so großen Einfluß erworben hat, daß der Präsident der Eisenbahngesellschaft, obwohl er sich nicht am Sitze der Hauptverwaltung befindet, ihn dauernd seiner Person beigeordnet hat, um sich seiner jederzeit bedienen zu können.

Gerade bei ihm ist zu erkennen, wie durch die Vorschriften im allgemeinen nur der Rahmen für die Tätigkeit des *Comptroller* gegeben werden kann, und wie die Ausfüllung seine eigene Sache ist. Daß dies bei den fast unbeschränkten Befugnissen der amerikanischen Eisenbahnpräsidenten in noch ganz anderem Maße zutrifft als bei uns, leuchtet ein und wird um so klarer, als auch der *Board of Directors*, dessen Vertrauensmann der *Comptroller* gleichzeitig ist, den Dingen immerhin zu fern steht, und der Sekretär des *Board* durch seine Abhängigkeit vom Präsidenten, als Mitgliedes des *Board*, nicht immer in der Lage ist, selbstständig Stellung zu nehmen.

Obwohl wir Gelegenheit hatten, viele maßgebende Fachleute kennen zu lernen, haben wir keinen angetroffen, der auf allen Gebieten des Eisenbahnwesens so gründlich Bescheid wußte und dabei so wenig Bureaukrat war, wie dieser Herr, der seit langen Jahren bei einer jetzt mit anderen Linien zu einem der größten Systeme zusammengeschlossenen Eisenbahn so recht die Überlieferung verkörpert, die bei der nicht fachmännischen Ausbildung des leitenden Präsidenten die gleichmäßige Fortführung der Geschäfte gewährleistet. Es erscheint dies um so erfreulicher, als der *Comptroller* ein geborener Deutscher ist, während der Präsident sich bisher nicht als deutschfreundlich erwiesen hat, ein weiterer Beweis für die Unentbehrlichkeit unseres Landsmannes, dem wir in jeder Weise zu danken verpflichtet sind. Andere *Comptrollers* großer Verwaltungen, die wir kennen lernten, schienen ihre Aufgabe mehr auf der formalen Seite zu suchen.

Der *Comptroller* ist ferner verantwortlich für die Ordnung und Durchführung der Rechnungsvorschriften bezüglich der Einnahmen und Ausgaben und für eine wirksame Kontrolle des Schatzmeisteramts, ebenso wie er gleich dem Schatzmeister den Präsidenten über die finanzielle Lage des Unternehmens jederzeit auf dem Laufenden zu halten hat.

Für das eigentliche Revisionsgeschäft und die Leitung des Buchungswesens ist dem *Comptroller* in der Regel, nicht immer, ein *General Auditor*, General-Rechnungsrevisor, beigegeben, dem seinerseits wieder eine Anzahl Rechnungsrevisoren *(Auditors)* für die einzelnen Rechnungsressorts unterstellt sind. In dem Bureau des *Comptroller* oder des ihm unterstellten *General Auditor* wird auch eine Gegenkontrolle über die Buchungen in der Finanzabteilung geführt; in der Regel bedarf es einer Visierung der Anweisungen vor der Auszahlung.

Auch die Aufgaben unserer Verkehrskontrollen fallen in das Ressort des *Comptroller*. Es sind bei den größeren Verwaltungen meistens besondere Rechnungsressorts *(Auditors)* gebildet:

für die Güterfrachten,
„ „ Kohlenfrachten,
„ „ Personenverkehrseinnahmen,
„ „ Ausgaben,
„ „ unter besonderer Kontrolle stehenden, mit der Verwaltung nicht verschmolzenen Linien.

Endlich ist noch zu erwähnen der *Supervisor of Traveling Auditors*, der die Aufsicht über die Kassenkontrolleure auf der Strecke führt. Allen diesen Personen sind, soweit erforderlich, Assistenten meist mit fest umschriebenen Pflichten und die nötigen Schreiber beigegeben.

Für die Verrechnung der Ausgaben ist entweder durch die Organisation selbst oder wie z. B. bei der Baltimore and Ohio-Bahn durch den *Comptroller* mit Genehmigung des Präsidenten, bei der Pennsylvania-Eisenbahn (*east of* Pittsburg) mit Genehmigung des Verwaltungsrates eine Buchungsordnung erlassen. Sie beruht in der Hauptsache auf den Weisungen der *Interstate Commerce Commission* und ist daher bei den einzelnen Eisenbahngesellschaften in ihren Grundsätzen gleich.

Bei der Verrechnung werden unterschieden:

I. *Maintenance of way and structures* (Unterhaltung der Bahn und der Bauwerke),

II. *Maintenance of equipment* (Unterhaltung der Betriebsmittel),

III. *Conducting traffic* (Ausgaben für den Personen- und Güterverkehr, persönliche und sachliche, einschließlich Mieten und Pächte für Bureauräume usw.),

IV. *Conducting transportation* (Ausgaben für den Betriebs-, Maschinen-, Werkstätten-, Telegraphen-, Fernsprech- und elektrotechnischen Dienst),

V. *General expenses* (Generalunkosten).

Dazu sind zu rechnen: Die Gehälter der Beamten, Gehilfen und Bureaudiener der Zentralverwaltung, Miete, Heizung und Beleuchtung der Bureauräume dieser Verwaltung, Druck- und Schreibgebühren, Bekanntmachungen, sowie die Kosten für den Hinterbliebenenfond der Gesellschaft u. dergl.

VI. *Construction and equipment* (Kosten für Neuanlagen und Neubeschaffung von Wagen, Lokomotiven usw., Grunderwerb, Ausbau zweiter und dritter Gleise, Ausrüstung von Neubaustrecken usw.),

VII. *General ledger accounts* (Zahlungen des Hauptbuches): Für Obligationen, Hypotheken und Grundrenten, Kosten der Teilnahme an anderen Betrieben sowie an den Vereinigungen *(Car trusts)*, Steuern usw.

Für Nebenbetriebe, wie Hotels, Elevatoren, Warenhäuser, wird zwar selbständig eine Einnahme- und Ausgaberechnung geführt, indes erscheinen in der Rechnung der Gesellschaft nur die Reinüberschüsse in Einnahme.

Als allgemeine Buchungsregeln gelten folgende:

Wenn ein Beamter in mehreren Dienstzweigen zugleich beschäftigt wird, so ist seine Besoldung anteilig zu verrechnen.

Eine der Buchungsordnung beigegebene Klassifikation aller im *Operating Department* angestellten und beschäftigten Personen gibt Aufschluß über ihre Amtsgeschäfte in den einzelnen Dienstzweigen und erleichtert so die Buchung ihres Diensteinkommens.

Die Kosten der Anschaffung begreifen diejenigen für eine dabei notwendig gewordene Reparatur, sowie die Frachtkosten und die Kosten der Ablieferung in sich; dagegen wird der Ertrag für dabei gewonnenes Altmaterial dem Ausgabetitel gutgeschrieben.

In gemeinsamen Beratungen haben die *Comptrollers* verschiedener Bahnverwaltungen wichtige Beschlüsse über weitere einheitliche Grundsätze für die Rechnungsführung gefaßt. Es ist nicht zu verkennen, daß das ernste Bestreben vorhanden ist und gerade in den letzten Jahren auch gewisse Erfolge erzielt hat, eine durchsichtigere Buchführung zu schaffen. Anscheinend schlägt man aber doch nicht die richtigen Wege ein; das ersonnene Buchungsmuster ist zu verwickelt, es erinnert zu sehr an das alte deutsche Normalbuchungsformular mit seinen vielfach künstlichen Gliederungen. In der Tat fanden wir denn auch besonders bei den unteren Stellen eine Menge statistischer Aufzeichnungen, die sehr umständlich waren und doch in erheblichem Umfange auf

Schätzungen beruhten. Mit solchen Aufzeichnungen kann man die Statistik bedienen, aber für die praktische Dienstführung wird damit nicht viel gewonnen.

Traffic Department.

Wenn die bisher behandelten Dienstzweige in ihrer äußeren Gestaltung und wohl auch teilweise in ihrer Geschäftsführung, abgesehen von den den Privateisenbahnen naturgemäß eigentümlichen Verschiedenheiten, nicht allzuviel von unseren eigenen Verhältnissen abweichen, so zeigen sich in der Verkehrsverwaltung größere Unterschiede. Sie finden ihre Erklärung nicht nur darin, daß eigentlich sämtliche amerikanischen Eisenbahnen mit einem größeren oder geringeren Wettbewerb zu rechnen haben — auch bei uns bestanden in dieser Beziehung früher ähnliche Verhältnisse —, wir haben es hier vielmehr auch mit amerikanischen Besonderheiten zu tun.

An sich umfaßt die Verkehrsverwaltung das gesamte Personen- und Gütertarifwesen (einschließlich Gepäck), nicht aber den Abfertigungsdienst, den Beförderungsdienst und die Verfügung über den Wagenpark.

An der Spitze steht ein *Traffic Manager* oder wenn, wie dies bei den großen Verwaltungen der Fall ist, eine Trennung zwischen Personen- und Gütertarifwesen gemacht werden mußte, ein *Manager Freight Traffic* und ein *Manager Passenger Traffic*, jedesmal unter Oberleitung eines Vizepräsidenten oder eines sog. *Traffic Director*. Die allgemeine Dienstanweisung überträgt dem *Manager Freight Traffic* die Pflege der geschäftlichen Beziehungen der Eisenbahngesellschaft zu den Verkehrstreibenden, die Aufstellung oder Genehmigung der Tarife und zu diesem Zwecke die nötigen Verhandlungen und Abmachungen mit anderen Eisenbahngesellschaften oder Personen (?) vorbehaltlich der Genehmigung des Präsidenten.

Unter ihm sind ein oder mehrere *General Freight Agents* (Frachtagenten) tätig, denen für die ihnen zugewiesenen Bezirke die Unterstützung des *Manager* in seiner oben umschriebenen Aufgabe, sowie die Veröffentlichung der Tarife zufällt.

Bei den sog. Kohlenbahnen, z. B. der Pennsylvania- und der Baltimore and Ohio-Eisenbahn, ist die Verwaltung des

Kohlen- und Koksfrachten-Geschäfts von dem allgemeinen *Freight Traffic Department* losgelöst und besonderen Agenten, teils unter Oberaufsicht des *Freight Traffic Manager*, teils auch unmittelbar unter der eines der Vizepräsidenten, übertragen. Dasselbe gilt für den Viehverkehr *(Live stock)*, soweit der Verkehrsumfang es zweckmäßig erscheinen läßt; ja es findet sich sogar bisweilen ein *General Dairy Freight Agent* (Milchverkehrsagent).

Auch ein *Industrial Agent* kommt vor mit der Aufgabe, im Interesse der Eisenbahnverwaltung sich der Entwicklung und Weiterentwicklung der Industrie zu widmen.

Die Entschädigungsansprüche aus dem Güterverkehr werden überall durch besondere Agenten bearbeitet, die teils am Sitze der Zentralverwaltung, teils in anderen größeren Orten tätig sind.

Die Beamten bei den großen Eisenbahnunternehmungen beschränken ihre Tätigkeit auf den Binnenverkehr der Verwaltung, für den Durchgangsverkehr sind besondere Einrichtungen geschaffen. Das liegt an der ganzen Entwicklung der amerikanischen Eisenbahnverhältnisse. Die Pennsylvania-Eisenbahn (*east of* Pittsburg) hat für ihren Durchgangsverkehr zwei besondere Linien, die *Empire-* und die *Union Line*, eingerichtet und die Geschäfte des Durchgangsverkehres besonderen *Traffic Managers* übertragen. Sie walten — ausgestattet mit großen Machtbefugnissen — ihres Amtes ganz unabhängig vom *General Traffic Manager* und bearbeiten in der Regel nicht nur die eigentlichen Tarifangelegenheiten, sondern auch die Schadensersatzansprüche, sowie das Beförderungs- und Abfertigungswesen unter Oberleitung des Verkehrs-Vizepräsidenten.

Alle diese mit einer besonderen Aufgabe betrauten höheren Beamten haben zu ihrer Unterstützung nicht nur an ihrem dienstlichen Wohnsitz einen Stab von Assistenten, sondern es stehen unter ihnen, verteilt auf einzelne Bezirke, oftmals auch auf bestimmte für ihren Dienstzweig besonders in Betracht kommende Orte, noch eine ganze Reihe von Beamten, die in der gleichen Richtung tätig sind. Diese unterhalten, ebenso wie die leitenden Beamten selbst, zum

Teil sehr stark besetzte Bureaus. Hierauf, wie auf die entsprechenden Einrichtungen für das Personentarifwesen, soll später noch eingegangen werden.

Wo der Personenverkehr nicht unter den *General Traffic Manager* gestellt ist, steht, wie schon erwähnt, an der Spitze dieses Dienstzweiges ein *Passenger Traffic Manager*, dessen Hauptaufgabe in der Anbahnung und Unterhaltung eines lebendigen Verkehrs und Zusammenhanges zwischen der Verwaltung und dem die Eisenbahn benutzenden Publikum und in der Gestaltung und Weiterbildung der Tarife besteht.

Er oder der ihm unterstellte *General Passenger Agent* verfügt auch über den Druck und die Verteilung der Fahrkarten sowie über das ganze Veröffentlichungs- und Reklamewesen.

Unter beiden stehen mit der in bezug auf das Verhältnis zum Publikum gleichen Aufgabe für ihre Bezirke die *Division Ticket Agents*, sowie für noch kleinere Bezirke die *District Passenger Agents.*

Für den Gepäckverkehr ist bei den großen Eisenbahnverwaltungen ein besonderer *General Baggage Agent* vorhanden.

Transportation- oder Operating Department.

An der Spitze der Betriebsabteilung steht unter Oberleitung eines Vizepräsidenten der *General Manager.* Seine Tätigkeit deckt sich bei den großen Verwaltungen nicht mehr mit der eines Generaldirektors, dem wohl früher bei der geringeren Ausdehnung der Linien und dem nicht so dichten Verkehr die fachmännische Leitung des ganzen Unternehmens anvertraut war. Nach und nach sind die bis dahin von ein und derselben Person geleiteten *Departments* als selbständige Ressorts abgezweigt worden.

Unter der Leitung und Verantwortlichkeit des *General Manager* steht der gesamte Betriebsdienst einschließlich des Beförderungs-, Wagen- und Abfertigungsdienstes, der Maschinen- und Werkstättendienst, der Bahnunterhaltungs- sowie der Telegraphendienst, das Haftpflicht- und Versicherungswesen, der Verkehr mit der Post *(U. S. Mail)* und das Polizeiwesen; bei einigen Verwaltungen auch die Beschaffung der Betriebsmittel, Kohlen und anderer Materialien, überhaupt also der ganze Dienst, soweit nicht besondere *Departments* abgezweigt sind.

Die Gliederung nach unten zeigt je nach den einzelnen in dieser Sammelabteilung vereinigten Dienstzweigen bei den großen Verwaltungen noch mehrere Abstufungen.

Zunächst erscheinen als Verwalter besonderer Dienstzweige:

1. Der *General Superintendent of Transportation*, dem das Fahrplanwesen und der gesamte Beförderungsdienst (einschließlich der Verfügung über den Wagenpark und die Maschinen) untersteht. Eine Trennung nach betriebs- und maschinentechnischem Dienste kennt man nicht, man ist vielmehr — wohl nicht mit Unrecht — der Meinung, daß eine einheitliche Verwaltung des Lokomotiv- und Wagenparks große Vorzüge habe. Dem *General Superintendent of Transportation* stehen bei größeren Verwaltungen mehrere *Superintendents* zur Seite.
2. Der *General Superintendent of Motive Power* für die Unterhaltung der Betriebsmittel;
3. der *Chief Engineer of Maintenance of Way* für die gesamte Bahnunterhaltung, mit mehreren *Assistant Engineers;*
4. der *Superintendent of Telegraph*;
5. der *Superintendent of Police*,
6. der *Superintendent of Relief, Saving and Pension.* Dieser hat die Verwaltung und finanzielle Leitung der verschiedenen Fonds und Kassen usw.; vgl. die Besprechung der Wohlfahrtseinrichtungen S. 172 ff.

Der Dienstbereich aller dieser Beamten erstreckt sich über den Gesamtbereich der Eisenbahngesellschaft.

Als Außenstellen gehören zum *Transportation Department*, stehen also unter dem *General Manager*

7. die *Division General Superintendents* (Oberbetriebsdirektoren), denen wiederum
8. die *District Superintendents* (Betriebsdirektoren) unterstellt sind.

Den Divisions- und Distrikts-Superintendenten ist die Aufsicht und Leitung des Gesamtdienstes ihrer Bezirke übertragen, soweit nicht einzelne Teile, wie die Bearbeitung der Fahrpreise, Frachten und Entschädigungsansprüche aus dem Personen- und Güterverkehr, sowie das Werkstättenwesen, besonderen Beamten zugewiesen sind. Jedenfalls ist auch hier der betriebs- und betriebsmaschinentechnische, sowie der gesamte Beförderungs- und Abfertigungsdienst unter einem Beamten vereinigt, was sich nach dem Urteile der von uns befragten Beamten durchaus bewährt hat. Die Überwachung des örtlichen Gesamtdienstes von einer Stelle aus wird als besonders wirksam für die Diensthandhabung angesehen. Den Superintendenten sind für den Bahnunterhaltungsdienst Distriktsingenieure, die von dem *Chief Engineer* oder seinen Assistenten beaufsichtigt werden, und — wie bereits im zweiten Abschnitte ausführlich dargelegt ist — für die Zugleitung die *Train Dispatchers* beigegeben.

Um eine Vorstellung von dem Umfang des Gesamtbezirks einer solchen Verwaltung und ihrer Gliederung zu geben, sei erwähnt, daß die Baltimore and Ohio-Bahn bei 7075 km Gesamtstreckenlänge zuzüglich 1745 km zweiter und dritter Gleise, ausschließlich eines für die Stadt New York gebildeten besonderen Bezirks, drei Divisionsbezirke mit 13 *District Superintendents* (ausschließlich zweier für den Divisionsbezirk New York) hat. Hierzu tritt noch ein besonderer *General Agent* als Repräsentant der Verwaltung in Pittsburg.

Bei der Pennsylvania-Eisenbahn (*east of* Pittsburg) kommen auf eine Gesamtstreckenlänge von 5839 km, von der eingleisig 2836, zweigleisig 1739, dreigleisig 698 und viergleisig 566 km betrieben werden, 4 Divisionsbezirke mit zusammen 20 Distriktssuperintendenten. In der Person des Superintendenten ist der gesamte Dienst des ihm unterstellten Geschäftsbezirks in dem beschriebenen Umfange vereinigt; er trägt die Verantwortung für diesen Gesamtdienst, insbesondere auch für einen sparsamen Betrieb. Der Superintendent prüft ferner alle Ausgaben und hat auch die allgemeine Aufsicht über die im Distrikt befindlichen

Kassen, während ihre besondere Revision den dem *Accounting Department* unterstehenden *Traveling Auditors* übertragen ist. Es gibt indes auch Superintendenten, denen als Dienstbereich lediglich eine große Station, dagegen keine Strecke, überwiesen ist. Über die großen *Terminal-* oder *Union*-Gesellschaften ist an anderer Stelle das Nähere angeführt. Neben den Distriktssuperintendenten ist von der Pennsylvania-Eisenbahn in den großen Verkehrsmittelpunkten New York, Pittsburg und Erie je ein dem *General Manager* unterstellter *General Agent* und für den Hafen New York ein *Resident Manager* bestellt.

Allen diesen Beamten in leitender Stellung sind nicht nur die zu ihrer Unterstützung und Vertretung nötigen Personen, sondern auch das entsprechende Bureau- und Unterpersonal beigegeben.

Eine eigentümliche Erscheinung ist der *Superintendent of Police.* Seine und seiner Untergebenen Stellung ist nur aus den amerikanischen Verhältnissen heraus verständlich. Bahnpolizeiliche Vorschriften sind nicht vorhanden, ebensowenig kümmert sich die örtliche Polizeibehörde im allgemeinen um die Eisenbahnen; sie sind also schon aus diesem Grunde darauf angewiesen, sich selbst zu helfen, wie und wo es nötig ist.

Die Organisation der Bahnpolizei ist folgende: Auf den Bahnhöfen ist eine Anzahl uniformierter, in der Dienstkleidung den allgemeinen *Policemen* ähnelnder Schutzleute tätig, die in erster Reihe für die Aufrechterhaltung der Ordnung unter dem Publikum sorgen. Sie machen durchweg einen guten Eindruck. Da sie aber der amtlichen Machtbefugnisse entbehren, versagen ihre Dienste oft gerade da, wo der Reisende ihrer am nötigsten bedarf, z. B. bei den Streitigkeiten mit den Droschkenkutschern. Neben diesen als solche kenntlichen Polizisten halten die Verwaltungen noch eine Anzahl nicht uniformierter sog. *Detectives.* Diese dienen hauptsächlich zur Verhütung und Entdeckung von Diebstählen und Unterschlagungen. Sie haben ihr Augenmerk auf die Güterböden, Personen- und Güterwagen, Kassenlokale usw. zu richten. Als *Detectives* fungieren vielfach besonderes Vertrauen genießende eigene Beamte der Verwaltung, die als solche ihren Mitbeamten, mit denen sie auch zusammen arbeiten, nicht bekannt sind, sich aber im Falle des Bedürfnisses durch eine Marke zu erkennen geben.

An der Spitze der nicht immer selbständigen Bauabteilung steht bei den größeren Unternehmungen ein Vizepräsident, im übrigen, und zwar unter dem Präsidenten oder einem Vizepräsidenten, der Ober-Ingenieur *(Chief Engineer)*. Ihm obliegt die Oberleitung des Baues neuer Bahnlinien und die gesamte Unterhaltung der im Betriebe befindlichen Bahnstrecken. Es kommt aber auch eine Regelung in der Weise vor, daß je ein besonderer Hauptingenieur für die Betriebs- und für die Neubauverwaltung bestellt ist. Noch häufiger findet sich ein besonderer Oberingenieur für den Bau und die Unterhaltung der Lokomotiven und Wagen und für das gesamte Werkstättenwesen *(Chief Engineer of Motive Power)*. Immer aber gehört der Oberingenieur zu den *General Officers* der Gesellschaft. *Engineering Department.*

Unter dem Oberingenieur leiten mehrere Ingenieure die Sektionen für den Neubau, für die gewöhnliche Bahnunterhaltung, für das Telegraphenwesen, für Brücken und andere große Bauwerke usw. Den Ingenieuren sind Ingenieurassistenten in der nötigen Anzahl beigegeben; einzelne von diesen üben auch eingehende Revisionen der Bauausführungen an Ort und Stelle aus und prüfen die Arbeiten der bei den Divisionen und Superintendenten tätigen Ingenieure.

Ein eigenartiges Amt fanden wir in der Ingenieurabteilung der Illinois Central-Bahn in Chicago in dem sog. *Consulting Engineer* verkörpert. Er muß juristische und technische Kenntnisse besitzen. Man hat hier anscheinend einen Zweck verfolgt, der bei uns durch die Mitwirkung administrativer Streckendezernenten bei den technischen Arbeiten erreicht ist.

Obwohl die Einkaufsabteilung ihrer Bezeichnung nach auf den Einkauf beschränkt erscheint, ist ihr doch bei allen Verwaltungen auch das Verkaufsgeschäft, namentlich bezüglich des Altmaterials, übertragen. Die Befugnisse des Leiters, *Purchasing Department.*

der in der Regel dem *General Manager*, bei anderen Verwaltungen auch dem Präsidenten oder einem Vizepräsidenten unmittelbar unterstellt ist, sind in den Organisationsstatuten verschieden begrenzt und umschrieben. Nach dieser Richtung ist vom *Purchasing Agent* oder *-Director* ungefähr dasselbe zu sagen wie vom *Comptroller*. Es kommt in der Hauptsache auf die Persönlichkeit und die Stellung an, vielfach auch auf die größere oder geringere Neigung des Präsidenten, sich in diesem Dienstzweig selbst zu betätigen. Im allgemeinen behält der Präsident, vielfach unter Mitwirkung des *Board of Directors*, sich die Bestellung der Wagen, Lokomotiven, Schwellen, Schienen und Kohlen oder einzelner dieser Gegenstände vor.

Im übrigen beschafft der *Purchasing Agent* den Bedarf des *Transportation Department* selbständig. Die Pennsylvania-Eisenbahn (*east of* Pittsburg) hat indessen seine Befugnis dahin eingeschränkt, daß er nicht über einen dreimonatlichen Bedarf und nicht über Aufträge von mehr als 10 000 Dollars selbständig entscheiden darf.

Bei der Baltimore- and Ohio-Bahn erfuhren wir, daß der *Purchasing Agent*, der vor Antritt dieser Stellung *Clerk* im Generalbureau des Präsidenten gewesen war und als solcher sich offenbar großes Vertrauen erworben hatte, viel selbständiger gestellt ist. Er ist berechtigt, in Ausnutzung der jeweiligen Konjunktur das nötige Schienenmaterial für mehrere Jahre zu bestellen. Im allgemeinen kann man annehmen, daß solche Bestellungen über das Fiskaljahr (Rechnungsjahr) hinaus nicht gern gemacht werden, schon um die Mittel der Verwaltung nicht festzulegen.

Im Gegensatz zu der beschriebenen freieren Stellung dieser Beamten scheint sie bei anderen Verwaltungen von untergeordneter Bedeutung zu sein, und zwar dergestalt, daß der *Purchasing Agent* lediglich bestimmte Aufträge des *General Manager* auszuführen hat. Soweit es sich um solche Gegenstände handelt, für die ein Marktwert besteht, erscheint dies besonders in Amerika, wo die großen Trusts die Preise ganz gleich halten, natürlich. Tatsächlich hat dieser immer mehr zur Regel gewordene Umstand die Stellung und die Freiheit des *Purchasing Agent* beeinträchtigt. Soweit das aber nicht der Fall ist, kommt auch heute noch alles auf die Vertrauenswürdigkeit des *Purchasing Agent* an. Für eine ganze Reihe von Bedarfsgegenständen, die im Innern des Landes im Großen hergestellt und an den wichtigsten Handelsplätzen durch Kommissionäre vertrieben werden, fehlt es auch heute noch an einer nach außen erkennbaren Preislage. Hier hängt der Vorteil, den die Eisenbahngesellschaft beim Einkauf erreichen kann, ganz wesentlich vom *Purchasing Agent* ab. Im allgemeinen hat die Fabrik den Preis festgesetzt, der ihr unter allen Umständen zukommen muß. Er enthält gleichzeitig die dem Kommissionär in festen Prozenten (gewöhnlich 5%) zugedachte Provision; sie gewährt in der Regel den Spielraum, innerhalb dessen der von der Eisenbahnverwaltung zu zahlende Preis zu bemessen ist. Der ehrliche *Purchasing Agent* wird den durch geschickte Ausnutzung der Konjunktur oder des meist vorhandenen Wettbewerbs vom Kommissionär sicher zu erlangenden Preisnachlaß seiner Verwaltung voll zugute kommen lassen. Wie uns aber zuverlässig mitgeteilt wurde, findet man bezeichnenderweise nichts Absonderliches darin, daß der *Purchasing Agent* diesen aus einer Teilung der Provision des Kommissionärs gewonnenen Nutzen für sich behält. Es hängt das wohl auch damit zusammen, daß der *Purchasing Agent* bei einigen Eisenbahnen — wenigstens nach amerikanischen Anschauungen — zu gering besoldet wird. Es wurde uns erzählt, daß ein vor einigen Jahren verstorbener Präsident, der früher sein eigener *Purchasing Agent* gewesen sei, in kluger Erkenntnis der Verhältnisse das Gehalt des später von ihm bestellten besonderen Beamten so hoch wie das eines Vizepräsidenten bemessen habe, und daß die Gesellschaft dabei sehr gut gefahren sei.

Bemerkenswert ist auch eine Maßnahme, die wir bei einer Eisenbahnverwaltung fanden, die wahrscheinlich aber bei mehreren Verwaltungen eingeführt ist. Sie besteht darin, daß die *Clerks* des *Purchasing Agent* ihren *lunch* in dem im Verwaltungsgebäude eingerichteten *lunch room* unentgeltlich einnehmen können und müssen, damit sie nicht während der Geschäftsstunden in den Gastwirtschaften mit Lieferanten zusammen kommen. Die *Clerks* der übrigen Bureaus zahlen für die Benutzung dieser Einrichtung eine geringe Gebühr, sind aber zur Einnahme der Speisen in diesem *lunch room* nicht verpflichtet.

Über den Verkauf von Altmaterial waren allgemeine Vorschriften nicht erhältlich; er unterliegt nur der Prüfung durch den *Comptroller*, dem selbstverständlich auch das Schriftenmaterial über den Einkauf vorzulegen ist. Die Verwaltung der Haupt-, Neben- und Ortsmagazine *(Storehouses)* erfolgt durch *Storekeepers*. Der Geschäftsgang zwischen dem *Storekeeper* und den Dienststellen, insbesondere die Prüfung des Bedarfs der letzteren, ist verschieden nach der ganzen Art der Verwaltung der einzelnen Eisenbahnen. Es wird hierüber im zehnten Abschnitt näheres gesagt werden.

Legal- oder *Law Department.*

Die Abteilung für Rechtsangelegenheiten, die in der Regel dem Präsidenten unmittelbar unterstellt und dem sg. *General Counsel* zur Verwaltung übertragen ist, spielt bei dem eigenartigen Charakter der amerikanischen Eisenbahnen eine wesentlich andere Rolle als bei uns. Dies ergibt sich daraus, daß die amerikanischen Eisenbahnen auf der einen Seite im allgemeinen des öffentlich rechtlichen Schutzes ermangeln und auf der anderen Seite ein Erwerbs- und Finanzunternehmen darstellen, das den Wechselfällen des täglichen Lebens unterliegt, örtlich weit ausgedehnt ist und sich vielfach über eine ganze Reihe von selbständigen Rechtsgebieten erstreckt.

Der oberste Rechtsbeistand ist der *General Counsel;* er ist nicht nur für den Vorstand der Gesellschaft, sondern auch für den Verwaltungsrat tätig, und muß — soll er seine Stellung richtig ausfüllen — allseitiges Vertrauen genießen.

Unter ihm sind seine Assistenten, *Counsels* oder *Solicitors* tätig, die sich in der Regel so in die Arbeiten teilen, daß der eine die Prozeßführung, der andere die Tätigkeit zu erledigen hat, die wir unter der freiwilligen Gerichtsbarkeit verstehen. Diese Beamten werden am Sitze der Zentralverwaltung beschäftigt.

Außerdem sind noch für den nach dieser Richtung hin in mehrere Bezirke zerlegten Verwaltungsbereich sog.

Bezirks-*Attorneys* oder -*Solicitors* und unter diesen wieder Distrikts-*Solicitors* oder *Local Attorneys* beschäftigt. Die Pennsylvania-Eisenbahn (*east of* Pittsburg) hat ihr Netz für diese Zwecke in 70 Distrikte eingeteilt und für jeden Distrikt einen *Solicitor* bestellt, der seinen Sitz oder seine Praxis im Distrikt haben muß. In einer ganzen Reihe von Fällen beschäftigt sie wohl Rechtsanwälte im Nebenamt, aber auch diese gelten als Beamte der Gesellschaft.

Der Abteilung für das Grundeigentum ist unter Oberaufsicht eines Vizepräsidenten der *Real Estate Agent* vorgesetzt; ihm obliegt die Aufsicht über das Grundeigentum der Gesellschaft und die Verwahrung der Urkunden und Dokumente. Er hat alle auf das Grundeigentum bezüglichen Käufe, Verkäufe, Miet- und Pachtverträge abzuschließen. *Real Estate Department.*

Wo die Verwertung der den Eisenbahnen staatlicherseits rechts und links vom Bahnkörper überwiesenen Landstriche einen verhältnismäßig großen Einfluß auf die Gestaltung der finanziellen Verhältnisse der Verwaltung ausübt, ist dieses Ressort von entsprechend größerer Bedeutung. Dies trifft besonders für den Westen zu.

Bei einzelnen Gesellschaften sind die dem *Real Estate Agent* überwiesenen Geschäfte auf mehrere selbständig neben einander tätige Oberbeamte verteilt. So hat die Illinois Central-Bahn je einen *Land Commissioner*, *Tax Commissioner* und *Custodian of Deeds* (Urkunden).

Die Abteilung für das Versicherungswesen steht unter der Leitung eines Superintendenten und unter der Oberaufsicht eines Vizepräsidenten und vereinigt in sich die Angelegenheiten, betreffend Feuer-, See- und andere Versicherungen, sowie die Entschädigung der beim Eisenbahnbetriebe verletzten oder getöteten Personen u. a. m. *Insurance Department.*

Es finden sich noch vor: *Voluntary Relief Department* für die Verwaltung einer auf freiwillige Beiträge der Beamten gegründeten Unterstützungskasse gegen Unfälle und Krankheit, ferner *Employees Saving Fund*, eine Gesellschaftssparkasse und der Pensionsfond. Über alle diese Einrichtungen wird unter dem Abschnitte Wohlfahrtseinrichtungen weiteres mitgeteilt.

Wie sich nach den Grundzügen, die in den vorstehenden Ausführungen zum Teil nur in Kürze dargestellt werden konnten, in einer großen Verwaltung die Gliederung des Gesamtdienstes vom leitenden Präsidenten bis zu den untersten Aufsichtsorganen der einzelnen Dienstzweige gestaltet, zeigt der auf der nächsten Seite abgedruckte Organisationsplan der Pennsylvania-Eisenbahn. Er deckt sich nicht mehr genau mit der heutigen Einteilung, da inzwischen namentlich infolge des Wechsels der leitenden Persönlichkeiten mehr oder minder wichtige Änderungen in den Befugnissen der Nachfolger eingetreten sind. Aber das Verwaltungssystem kommt in dem Plane in vollem Umfange zum Ausdruck.

Verwaltungsgebäude, Bureauräumlichkeiten.

Die örtliche Unterbringung der Beamten ist schon aus gewissen äußeren Gründen (ob in neuen oder alten Verwaltungsgebäuden) recht verschieden.

Im allgemeinen liebt man es, wenigstens bei den Zentralverwaltungen und den größeren Güterabfertigungen, eine größere Zahl von Beamten in großen Räumen unterzubringen, und begegnet damit anscheinend auch den Wünschen der Beamten selbst.

Zimmer für Einzelbeamte findet man in den Vereinigten Staaten höchst selten; selbst die höheren Beamten haben in der Regel noch mehrere *Clerks* in ihrem Zimmer, jedenfalls aber in einem, durch die geöffnete Tür verbundenen Nebenraum. Diese Art der Unterbringung des Personals entspricht auch den bei den übrigen großen geschäftlichen Unternehmungen hervortretenden Gepflogenheiten, von denen die Eisenbahnverwaltungen in ihren bureaudienstlichen Einrichtungen wie auch in bezug auf die Befähigung ihrer Angestellten kaum abweichen. Ein *Clerk*, der im Bureaudienst einer Eisenbahnverwaltung beschäftigt ist, unterscheidet sich nicht von denen in den übrigen geschäftlichen Unternehmungen, weshalb auch Übertritte aus der einen in die andere viel häufiger zu verzeichnen sind, als bei uns.

Ein Nachteil der großen Bureauräume liegt in den Lichtverhältnissen; wirklich helle Räume haben wir nicht oft angetroffen. Das liegt an der Bauart der amerikanischen Häuser. In einer großen Anzahl von Räumen, die wir sahen,

Zu S. 130.

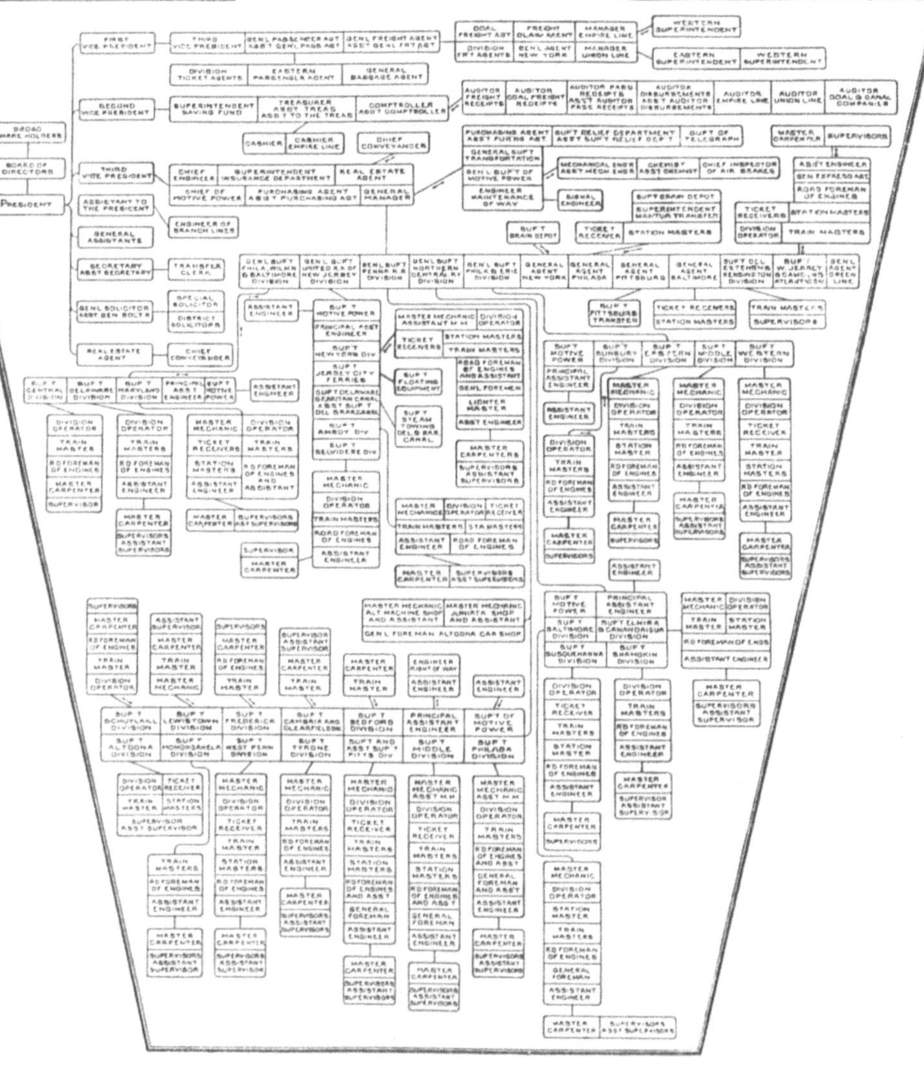

wird den ganzen Tag Licht gebrannt. Daß ein solcher Zustand den Augen im allgemeinen nicht günstig ist, war daraus zu ersehen, daß eine nicht unbedeutende Anzahl von Beamten während der Arbeit grüne Augenschirme zu benutzen pflegt.

Wirklich günstige Verhältnisse nach dieser Richtung trafen wir bei den beiden Zentralverwaltungen der Pennsylvania-Eisenbahn (*east* und *west of* Pittsburg) in Philadelphia und Pittsburg an, wobei wir allerdings bemerken müssen, daß das noch ziemlich neue Verwaltungsgebäude der Baltimore and Ohio-Bahn in Baltimore bei dem schweren Brandunglück im Jahre 1903 durch Feuer zerstört worden ist; auch dieses Gebäude soll vortreffliche Räume enthalten haben.

Während das Verwaltungsgebäude in Philadelphia nicht neu und anscheinend nach und nach den wachsenden Bedürfnissen entsprechend ausgebaut und erweitert ist, wurde das in Pittsburg von vornherein in genügend großer Bemessung in 12 Stockwerken, nebst einem Parterre und einem Dachgeschoß, aufgeführt. Zeigt das Gebäude in Philadelphia, der früheren Gepflogenheit entsprechend, kleinere aber im ganzen gut beleuchtete Räume, so weist das in Pittsburg bei einer außerordentlich geschickten Ausnutzung des Raumes große, soweit wir erkennen konnten, gleichfalls durchweg gut beleuchtete Räume auf.

Man mag über die sog. Wolkenkratzer (*Sky scrapers*) denken wie man will, zweifellos haben sie auch ihre guten Seiten. Gerade dann, wenn ein derartiges Gebäude durch ein einziges Unternehmen ausgenutzt wird, hat diese Bauart außerordentliche Vorzüge. Von einer das persönliche Einvernehmen erschwerenden räumlichen Ausdehnung, wie sie auch in unseren neuesten Geschäftsgebäuden zu finden ist, kann dort bei Benutzung der auf die einzelnen Teile des Gebäudes verteilten Fahrstühle keine Rede mehr sein; und an solchen Fahrstühlen (*local* und *express lifts*) fehlte es in den von uns besichtigten Gebäuden nicht, sie waren vielmehr in reichlicher Anzahl vorhanden.

Wenn man berücksichtigt, daß in dem auf einer verhältnismäßig beschränkten Grundfläche aufgeführten Verwaltungsgebäude der Pennsylvania-Eisenbahn in Pittsburg ungefähr 1250 Personen der Zentralverwaltung tätig sind, die man nach dem Kubikinhalt des zur Verfügung stehenden Raumes als gut untergebracht bezeichnen muß, so kann man nur sagen, daß hier sachentsprechend verfahren ist. Dabei sind Erd- und Kellergeschoß, als Bahnhofsempfangsgebäude mit allen dazu notwendigen Einrichtungen für Publikum und Eisenbahn, der Zentralverwaltung entzogen. Günstig für die Luft- und Lichtverhältnisse wirkt ein ungewöhnlich geräumiger Hof in der Mitte des Gebäudes. Nicht so günstig eingerichtet waren allerdings andere hohe Geschäftshäuser, die wir besichtigten. Auch in den vielstöckigen Hotels waren mitunter die Lichtverhältnisse auf den Fluren und in den Zimmern, deren Fenster nach dem Hofe liegen, nicht besonders gut.

Soweit wir uns als Laien zu einem derartigen Urteil für berechtigt halten, müssen wir überhaupt sagen, daß die Meinung, die Wolkenkratzer beeinträchtigten das Zuströmen der Luft, nicht zutrifft, wenn diese Gebäude vereinzelt dastehen. Das Gegenteil ist der Fall, sie erzeugen Zugluft und wirken damit auch luftreinigend. Jeder, der die Verhältnisse des Domplatzes in Cöln kennt, weiß, daß dort jahraus jahrein, hervorgerufen durch die isolierte Höhe des Domes, Zugluft weht. Auch da, wo ganze Straßen von Wolkenkratzern, sog. *Cañons* (Klammen) entstanden sind, beispielsweise in New York, haben wir von einer wesentlichen Luftverschlechterung nichts merken können.

Für Feuersicherheit hat man in Amerika nicht allein bei den Wolkenkratzern, sondern auch bei gewöhnlichen Geschäfts- und vielfach auch Wohnhäusern durch Anbringung von außen liegenden Feuertreppen *(Fire escapes)* gesorgt, deren Lage, soweit nötig, durch eine besondere, meist transparente Beleuchtung für die Nachtzeit nach innen kenntlich gemacht wird. Es ist bisher jedenfalls nicht bekannt geworden, daß in den Wolkenkratzern bei Ausbruch eines Feuers das Leben der Insassen mehr gefährdet ist, als in anderen Gebäuden. Zuverlässig hörten wir vielmehr, daß jüngst in Chicago beim Ausbruch eines Brandes etwa 500 junge Mädchen, die alle in dem brennenden Gebäude beschäftigt waren, über die Feuertreppen den Ausgang genommen haben und ohne jeden Schaden ins Freie entkommen sind. Jedenfalls läßt der Umstand, daß diese Gebäude lediglich zu Geschäfts-, nicht zu Wohnzwecken benutzt werden, die Feuersgefahr an sich schon geringer erscheinen.

Vom praktischen Standpunkte aus bieten die amerikanischen Bauwerke für die Herstellung von Geschäftsgebäuden für Eisenbahnzwecke für uns bessere Vorbilder als die italienischen alter und neuer Art, die unsere Architekten gerne zum Muster nehmen.

Unsern Beifall fand in dem Pittsburger Verwaltungsgebäude der gewaltige Abmessungen enthaltende, vorzüglich helle Zeichensaal und die zur Herstellung der Blaudrucke mittels elektrischer Kraft geschaffene Einrichtung.

Geschäftliche Erledigung der Bureau- und Rechnungssachen.

Die Erledigung der Bureaugeschäfte, d. h. der gesamte innere Verwaltungsdienst der Eisenbahnen, ist in Amerika anders geartet als bei uns. Ein Zusammenarbeiten in dem Sinne, daß der leitende Beamte, Referent oder Dezernent, mit dem expedierenden Beamten Rücksprache hält oder ihm seine schriftlichen Anweisungen für die Bearbeitung gibt, oder das Stück einem Sekretär „zuschreibt“, ist fast nirgends bekannt. Es hängt dies offenbar mit der Entwicklung des Eisenbahnwesens zusammen. Die Verwaltungen fingen klein an; die leitenden Beamten erledigten alle Geschäfte selbst, oder sie überließen die Erledigung einigen wenigen Männern in Vertrauensstellung, die sich der *Clerks* als mechanisch arbeitender Kräfte bedienten. Dies Verfahren bildet auch heute noch die Regel. Soweit es irgend möglich ist, geben der Präsident, die Vizepräsidenten, die *General Managers*, *General Superintendents*, *Superintendents* und alle anderen Beamten in leitender Stellung den *Clerks*, die fast alle im Stenographieren bewandert sind, den Inhalt des abzufassenden Schreibens wörtlich an, und zwar wenn angängig, sofort nach Empfang des die Antwort erheischenden Schriftstückes oder eines entsprechenden Auftrages usw. Dies Verfahren ist soweit durchgeführt, daß der leitende Beamte bei Empfang der Postsachen die zu entwerfenden Schreiben, soweit er sich überhaupt damit befassen will, sofort angibt; ja in neuerer Zeit hat man noch eine weitere Vereinfachung in der Weise eingeführt, daß dieser Beamte zuweilen die Antwortschreiben in den Phonographen spricht, den dann später der Maschinenschreiber bei der Anfertigung der Schreiben benutzt.

Der *Clerk* ist meist nicht bloß Stenograph, sondern auch Maschinenschreiber; jeder höhere Beamte und alle diejenigen, denen *Clerks* (in diesem Sinne Expedienten) zugewiesen sind, beschäftigen wenigstens einen Maschinenschreiber, der selbstverständlich auch die Reinschriften herzustellen hat, wenn von solchen überhaupt die Rede sein kann; Expeditionen in unserem Sinne, also Konzept und Reinschrift, werden kaum gemacht. Deswegen kennt man im allgemeinen auch keine Urschriften, als Belag dient in der Regel ein Abdruck der Reinschrift, welche auf den jetzt gebräuchlichen Schreibmaschinen in großer Zahl hergestellt werden können. Solche Abzüge werden auch den Berichten der unteren Dienststellen an die oberen Stellen beigegeben, wenn sie mehrere Instanzen zu durchlaufen haben, worauf bei den amerikanischen Eisenbahnen, nicht gerade zur Beschleunigung des Geschäftsganges und wohl auch nicht immer zum Vorteil der sachlichen Behandlung, großes Gewicht gelegt wird. Nicht zum wenigsten hat dies seinen Grund in der sonst zweifellos vorteilhaften Hervorkehrung der Person, als Vertreter eines Amts, da jeder sich berufen und verpflichtet zu fühlen scheint, persönlich Stellung zu nehmen.

So hat ein Vorschlag für ein Bauwerk bei der Pennsylvania-Eisenbahn unter allen Umständen mehrere Instanzen durchzumachen. Der Entwurf wird in der Regel, wenn er nicht ganz unbedeutend ist, von einem Ingenieur des *Construction Department* aufgestellt und gelangt dann mit allen Beilagen und Kostenanschlägen an den Chef-Ingenieur, der seine Bemerkungen dazu macht und die Sache an den *General Superintendent* weiter gibt. In gleicher Weise geht sie dann an den *General Manager* und an den Vizepräsidenten weiter. Nur dann, wenn sie nicht von erheblicher Bedeutung ist, entscheidet letzterer endgültig; in allen anderen Fällen gelangt sie weiter an den Präsidenten und von diesem ausnahmslos an das zuständige Komitee des *Board*.

Nur in dem Sinne, daß die beteiligten Instanzen unter Zurückbehaltung je eines Überdrucks des Bauvorschlages der Vorschrift entsprechend nacheinander ihre Bemerkungen zusetzen, kennt man den sog. Kurzer-Hand-Schriftverkehr. Sonst ist er nicht üblich, selbst nicht innerhalb der eigenen Verwaltung. Man hilft sich in allen Fällen mit der Beigabe von Überdruckstücken, die aber schon deshalb keinen gleichwertigen Ersatz jenes Verkehrs bilden, weil die schnelle Erfassung des Wesentlichen beeinträchtigt ist und überhaupt die Übersichtlichkeit verloren geht, ganz abgesehen davon, daß gerade der K.-H.-Schriftverkehr zur Kürze in der Schreibweise anzuhalten geeignet ist. Zum Teil wird dieser Nachteil durch den Gebrauch der englischen Sprache ausgeglichen, die an sich schon in ihrem ganzen Bau auf Kürze im Ausdruck hinweist, und die durch den amerikanischen Geschäftsverkehr an kurzen, treffenden Worten und Wendungen noch wesentlich bereichert worden ist.

Mit der Feder hergestellte Schriftstücke sind uns, obwohl wir während unseres Aufenthaltes einen regen Schriftwechsel mit verschiedenen Verwaltungen und ihren einzelnen Dienststellen, auch solchen untergeordneter Art, wie Güterabfertigungen, unterhielten, nicht zu Gesicht gekommen. Andererseits liegt uns ein mit der Schreibmaschine, natürlich nicht während der Fahrt, sondern nachträglich hergestellter Tagesbericht eines Zugführers vor, ein Beweis, wie alles nach der mechanischen Herstellung des Schreibwerks drängt. Eine Kanzlei in unserem Sinne haben wir nirgends angetroffen.

Es ist nicht zu verkennen, daß die hier geschilderte Art des Arbeitens, insbesondere das sofortige Diktieren der Reinschrift, an sich geeignet ist, den Geschäftsgang zu verkürzen, wenn nicht Mißbrauch oder Übertreibung vorkommt; sonst bewirkt sie das Gegenteil, ebenso, wenn die nötige Sammlung oder Geschicklichkeit fehlt. Jedenfalls ist Übung erforderlich. Wir waren nicht in der Lage, ein umfangreicheres Geschäftsstück von Anfang bis zu Ende zu verfolgen, um prüfen zu können, ob nicht auch durch die bei der Kürze der Zeit sicherlich nicht immer zu vermeidende Unklarheit im Ausdruck weitere Schreibereien verursacht werden. Zu verwundern wäre dies bei den bezeichneten Umständen nicht. Es darf aber als feststehend gelten, daß die allzugroße Erleichterung im Schreibwerk verführerisch und geeignet ist, seine Vermehrung herbeizuführen. Daß man im allgemeinen bei den amerikanischen Eisenbahnen mehr Schreibwerk leistet, als es jetzt bei den preußischen Staatsbahnen der Fall ist, ist nach unserer Wahrnehmung nicht zweifelhaft. Aufgefallen ist uns dies bei der rein bureaumäßigen Arbeit, insbesondere in den Rechnungsbureaus und den Abfertigungsstellen, worauf wir im einzelnen noch zurückkommen werden. Die monatliche Herstellung tausender von Schecks, wie sie bei der Zentralstelle der Pennsylvania-Eisenbahn *(east of* Pittsburg) über alle möglichen Ausgabeposten, auch solche unbedeutendster Art vorkommt, wäre nicht denkbar, wenn nicht für die Herstellung im einzelnen so viele Hilfsmittel vorhanden wären. Und doch ist dies Ganze ein nach unseren Anschauungen nicht schnell genug zu beseitigendes Schreibwerk.

Dasselbe gilt beispielsweise von den vielfachen Überdruckstücken der *Way bill* (Frachtkarte), von denen wir bis zu 18 Stück gezählt haben. Ihre Herstellung mittels Kopierens auf der Schreibmaschine ist an sich keine wesentliche Mehrarbeit, doch liegt zweifellos in der nach unseren Anschauungen überflüssigen Versendung an jede beteiligte Durchgangsverwaltung eine starke Belastung. Dabei muß noch berücksichtigt werden, daß, wenn eine Bearbeitung durch deren Empfangsdienststellen eintritt, das Maß überflüssiger Arbeit gar nicht zu übersehen ist. Ob nicht auch verschiedene, die statistischen Erhebungen erleichternde Maschinen, die wir insbesondere bei der New York Central-Eisenbahn im Gebrauche sahen, mit Veranlassung sind, daß die Statistik bei den amerikanischen Eisenbahnen eine weit über ihren wirklichen Wert gehende Schätzung genießt, kann dahingestellt bleiben. Jedenfalls können wir aus dem Umfang der statistischen Arbeiten in Amerika lernen, wie es nicht zu machen ist.

Einen großen Vorteil haben allerdings die Kopien aller

Arbeiten: die Presse kann schnell bedient werden, und es ist bekannt, daß die Beziehungen zu den Tageszeitungen von den amerikanischen Eisenbahnen sehr gepflegt werden.

Eine weitere Eigentümlichkeit des amerikanischen Geschäftslebens, die in gleicher Weise bei den Eisenbahnen eingeführt ist, tritt uns in der ausgiebigsten Benutzung des Fernsprechers entgegen. Nicht nur alle höheren Beamten, sondern auch eine große Anzahl *Clerks* und wohl eigentlich alle von Personen benutzten Geschäftsräume sind mit Fernsprechern ausgerüstet. Sie sind möglichst so angebracht, daß nicht nur eine telephonische Verständigung im Hause, sondern auch am Orte, und wo irgend nötig, auch mit den wichtigeren Dienststellen an anderen Orten im Fernverkehr vom Arbeitsplatze aus ermöglicht ist.

Was hierbei — besonders im amerikanischen Geschäftsleben — sehr angenehm auffällt, ist die größere Empfindlichkeit der Apparate, die ein so lautes Sprechen wie bei uns nicht bedingt, und die wesentlich schnellere Herstellung einer Verbindung, was auf eine reichhaltigere Ausstattung mit Leitungen zurückzuführen ist. Auch die Herstellung der Verbindung durch den Verbindungssucher ohne Vermittlung des Amtes, die sich bei uns noch in den ersten Anfängen der Entwicklung befindet, ist in Amerika auf der Höhe.

Nach einer Richtung wirken beide Einrichtungen, die Benutzung der Schreibmaschine und die des Fernsprechers, nach unserer Auffassung nicht günstig — sie stören das ruhige Arbeiten. Es scheint ja, als ob der Amerikaner sich hierdurch nicht belästigt fühlt; auf uns machte aber ein Bureauraum mit einer größeren Zahl von Personen, von denen die eine diktiert, die andere auf der Schreibmaschine arbeitet und die dritte den Fernsprecher benutzt, nicht gerade den Eindruck, als ob dadurch die Menge oder gar die Güte der Arbeit gefördert würde.

Aber, wie gesagt, der Amerikaner scheint von härterem Holz geschnitten, wie es sich auch bei der Arbeit der Telegraphisten auf den Bureaus der Zugleiter *(Train Dispatchers)* zeigt, wo eine ganze Reihe von Apparaten in Tätigkeit ist, die alle im Gegensatz zu den unsrigen keinen Morsestreifen haben und dadurch den Telegraphisten zwingen, trotz des Arbeitsgeräusches der Anlagen und trotz der in demselben Raume stattfindenden Benutzung der Fernsprecher, die Depeschen abzuhören, statt abzulesen.

Was die Registrierung der aufkommenden Geschäftspapiere anlangt, so ist anscheinend auch bei den amerikanischen Eisenbahnen der Grundsatz vertreten, daß der Beamte seine Geschäftssachen am besten selbst aufbewahrt. Wir sahen nur im Westen eine eigentliche Registratur. Hier aber zeigte sich dieselbe Erscheinung, die wir auch sonst oft beobachteten. Die Einrichtung, die man getroffen hat, ist an sich praktisch; es genügt ein Beamter, um für 18—20 Bureaubeamte diese Geschäfte zu erledigen, obwohl alle Ein- und Ausgänge verzeichnet werden. Alle Schriftstücke derselben Geschäftsart — für das ganze Bureau gibt es ungefähr 500 solcher — erhalten die gleiche Geschäftsnummer, ähnlich wie bei uns die Personalien. Es hat aber keinen praktischen Wert, alle diese Papiere, wie es tatsächlich geschieht, mindestens 10 Jahre aufzubewahren und durch die massenhafte Aufstapelung das Auffinden der noch nötigen Geschäftsstücke zu erschweren.

Eine nicht gerade angenehm auffallende Einrichtung, die übrigens in kleinerem Umfange auch bei den früheren großen deutschen Privatbahnverwaltungen anzutreffen war, ist das Halten von Adjutanten. Kaum ein Beamter in leitender Stellung kann ohne seinen oder seine Adjutanten leben. Bis zu dreien sahen wir diese Herren im Vorzimmer der Dienstgewaltigen ohne wirkliche Arbeit herumsitzen.

Weibliche Angestellte werden im Bureaudienst in erheblicher Anzahl, meist als Stenographinnen und Maschinenschreiberinnen und in den Telegraphenbureaus, besonders auch im Fahrkartenverkauf, also ungefähr in den gleichen Dienstzweigen wie bei uns, beschäftigt. Die Übertragung wirklich verantwortungsvoller Posten oder die Leitung von Bureaus usw an weibliche Personen kommt kaum vor, dagegen kennt man meistens keinen Unterschied in der Abgeltung der Dienste zwischen ihnen und dem männlichen Personal.

Mechanische Hilfsmittel im innern Geschäftsbetriebe.

An mechanischen Einrichtungen zur Erleichterung der Bureautätigkeit sahen wir besonders *Smith Premier-* und *Remington*-Schreibmaschinen. Schreibmaschinen deutschen Ursprungs wurden von uns nicht angetroffen. Dagegen waren die Rechenmaschinen, die wir in Benutzung vorfanden, meistens deutscher Herkunft; sie werden zum Addieren und Dividieren, vor allem aber zur Feststellung der für die Statistik nötigen Verhältniszahlen, Prozentsätze usw. benutzt. Die Maschinen arbeiteten sicher und rasch. Gelobt wurde u. a. besonders die Prozentrechenmaschine von Keuffel und Errer. Bessere Schreib- und Rechenmaschinen als die, welche auch bei uns bekannt und im Gebrauch sind, sahen wir nicht, auch nicht auf der Weltausstellung in St. Louis, auf der diese Maschinen in auffällig vielen Arten sich vorfanden.

Fünfter Abschnitt.

Beamtentum und Arbeiterwesen.

Allgemeine Stellung. — Gemeinsame Bestimmungen für Beamte und Angestellte. — Annahme-, Anstellungs- und Dienstverhältnisse. — Besoldungen; Löhne. — Dienstdauer und Ruhezeiten. — Disziplinarmaßregeln. — Beamten- und Arbeitervereinigungen. — Gesamtzahl des beschäftigten Dienstpersonals.

Allgemeine Stellung.

Die Eisenbahnen der Vereinigten Staaten beschäftigen — einschließlich der etwa 60—70000 Mann zählenden Angestellten der Expreßgesellschaften — gegenwärtig ein Personal von rund 1400000 Angestellten und Arbeitern *(Officers, Employees and Labourers)*, so daß etwa 1,75 % aller Einwohner Amerikas im Eisenbahndienst tätig sind. Zieht man die Zahl der nicht mehr arbeitsfähigen Greise, der Frauen und Kinder von der Einwohnerzahl ab, so ergibt sich, daß ein sehr hoher Prozentsatz aller arbeitsfähigen Personen im Eisenbahndienst steht. Die Eisenbahnen spielen daher nicht nur als hauptsächlichste Verkehrsanstalt, sondern auch als Arbeitgeber eine große Rolle im Leben des amerikanischen Volkes.

Es versteht sich von selbst, daß der bei den Eisenbahnen beschäftigte Bestandteil der Bevölkerung alle die Eigenschaften zeigt, die dem Amerikaner überhaupt eigen sind. Er ist, welcher Klasse des Beamtentums er auch angehört (wenn man überhaupt von Beamtenklassen in unserem Sinne sprechen kann), *Gentleman.* Der Verkehr zwischen Vorgesetzten und Untergebenen ist im allgemeinen freier und ungezwungener als bei uns; von der in Deutschland vielfach hervortretenden formalen Unterordnung weiß man nichts. Zeigt sich dies schon beim dienstlichen Zusammensein, so verschwindet beim außerdienstlichen Verkehr jeder Unterschied.

Abgesehen von der in Amerika überall herrschenden größeren Freiheit, man könnte sagen Natürlichkeit in den äußeren Formen des Verkehrs, ist diese Erscheinung zum großen Teile darauf zurückzuführen, daß verschieden abgestufte Beamtenlaufbahnen in dem Sinne, daß ein Anwärter mit Umgehung der unteren sogleich in eine höhere Dienstklasse eintreten kann, nicht bekannt sind. Der Anfänger muß — das ist die Regel — ohne Rücksicht auf seine allgemeine Vorbildung auf der untersten Stufe des Dienstzweiges beginnen; es finden sich daher in allen Stufen des Dienstes Personen, die einen höheren allgemeinen Bildungsgrad besitzen, als er für das jeweilig bekleidete Amt erforderlich ist. Darauf ist es auch zweifellos zurückzuführen, daß das Beamtentum im allgemeinen einen intelligenten Eindruck macht.

Bewährt sich der Beamte im praktischen Dienste, so stehen ihm an sich alle Stellen offen. Insoweit ist es zutreffend, daß in Amerika Männer, die auch jetzt noch zum Teil die höchsten Stellen bei der Eisenbahnverwaltung bekleiden, von unten angefangen haben. Nur darf man nicht glauben, daß dies ohne wirkliche, wenn auch vielleicht erst während der Dienstzeit erworbene Vorbildung möglich wäre. Ein Bremser *(Brakeman)* wird noch nicht deshalb, weil er seinen Dienst vollkommen versteht und ausführt, in eine höhere Stelle befördert. Wenn es andererseits vorgekommen ist, daß ein solcher schließlich Präsident wurde, so beweist sein Dienstbeginn als junger Bremser noch nicht, daß er ohne allgemeine Bildung gewesen ist, die schließlich der Grund für sein besseres Fortkommen war.

Fest steht allerdings, daß Mr. James J. Hill, einer der bedeutendsten Eisenbahnpräsidenten und einer der bekanntesten Männer Nordamerikas, ebenso wie dies bei Lincoln, einem der größten Präsidenten, den die Vereinigten Staaten gehabt haben, der Fall war, als Holzhacker in das praktische Leben eingetreten ist, und zwar ohne jede Vorbildung. Aber derartige Ausnahmen bestätigen eben nur die Regel.

Auf eine außerhalb des praktischen Dienstes erworbene Fachbildung wird in der Regel kein Wert gelegt. Bei der

Besetzung von Stellen, die an sich eine fachtechnische Vorbildung wünschenswert erscheinen lassen und sie nach unseren Anschauungen erfordern, setzt man sich oft über den Mangel einer solchen hinweg, wie dies bei einer ganzen Reihe von Superintendenten zutage tritt; ja noch mehr, die allgemeine Stimmung ist der Ernennung von Superintendenten (also ungefähr unsere früheren Betriebsdirektoren) aus der Zahl der gelernten Ingenieure nicht günstig. Man glaubt, daß gerade die wissenschaftlich technische Vorbildung einen mitten in das tägliche Leben gesetzten Beamten nicht vorteilhaft beeinflußt. Das geht sogar so weit, daß man die dem Superintendenten für rein technische Zwecke beigegebenen *District Engineers* und die *Road Masters* vielfach aus den nicht technisch vorgebildeten Personen ernennt. Dagegen glauben wir doch die Bemerkung gemacht zu haben, daß bei den besseren Bahnverwaltungen die eigentliche Bautätigkeit einschließlich des Sicherungswesens immer mehr den wissenschaftlich gebildeten Technikern übertragen wird.

Die früher beobachtete Praxis, das Zugförderungspersonal aus gelernten Handwerkern zu entnehmen, hat man in Amerika vielfach verlassen, weil man die Erfahrung gemacht haben will, daß derartig vorgebildete Bedienstete ihre Aufmerksamkeit mehr der Maschine als solcher, wie dem Zugförderungsdienst widmen.

Schon daraus ergibt sich, daß eine Scheidung in technische und nichttechnische Berufszweige bei den amerikanischen Eisenbahnen tatsächlich nicht besteht. Dies zeigt sich auch in dem oft eintretenden Wechsel in der Beschäftigung selbst bei den höheren, ja sogar bei den leitenden Beamten.

Die Persönlichkeit als solche spielt, wie dies auch sonst in Amerika zu beobachten ist, eine große Rolle. Hierin und in dem Vorgesagten liegt der Grund, weshalb in Amerika das Bestreben, die eigene Persönlichkeit in den Vordergrund zu schieben, so deutlich zutage tritt. Das hat gewiß seine guten Seiten, da ein solches Hervortreten im allgemeinen nur durch hervorragende Leistungen möglich ist, die in der Regel auch an der Person anerkannt und gewürdigt werden. Es hat aber auch seine Schattenseiten, da dem Strebertum (in des Wortes schlechter Bedeutung) Tür und Tor geöffnet ist.

In der Regel liegt die Beurteilung eines Beamten nach seinen Leistungen und nach seiner ganzen Persönlichkeit in der Hand des nächsten Vorgesetzten, in letzter Instanz in der Hand des Departementschefs. Wir lernten einen Herrn in hervorragender Stellung bei einem der größten Systeme kennen, der, obwohl er in seinem Fach anerkannt tüchtig war, in der Furcht überflügelt zu werden, nur solche Personen anstellte, von denen er das nicht zu befürchten brauchte, und wenn er sich getäuscht hatte, solche Beamte niemals aufkommen ließ. Derartige Fälle sollen nicht selten sein. Sie finden, wenn nicht ihre Begründung, doch ihre Entschuldigung in der menschlichen Schwäche, die auch den großzügigen Amerikanern anhaftet. An sich kann indes der den amerikanischen Eisenbahnbeamten beseelende Geist im allgemeinen gelobt werden.

Gemeinsame Bestimmungen für Beamte und Angestellte (*General regulations*).

Alle Beamten, die eine feste Besoldung beziehen, haben ihre gesamte Tätigkeit dem Dienst der Gesellschaft zu widmen. Personen im Alter von mehr als 35 Jahren sollen nicht in den Dienst der Gesellschaft übernommen werden. Ausnahmen in beiderlei Hinsicht sind nur auf Beschluß des *Board* statthaft, der in der Regel auch die Höhe der Gehälter für die Beamten festsetzt, während die Löhne der unteren Bediensteten, der *Clerks* usw., durch den Vorstand des Dienstzweiges festgelegt werden. Letzterer hat auch bei Abgängen an Bediensteten und in Krankheitsfällen für die pünktliche Erledigung aller Arbeiten, nötigenfalls durch zeitweilige Einstellung besonderer Beamten zu sorgen, wie er überhaupt für das durch und für ihn beschäftigte Personal verantwortlich ist.

Personen, die dem Trunke oder einem anderen Laster ergeben sind oder ein rohes Benehmen zeigen, sollen nicht geduldet werden.

Jeder Beamte und Angestellte hat die Pflicht, sich mit den ihn angehenden Bestimmungen bekannt zu machen. Unkenntnis wird als Entschuldigungsgrund nicht angenommen.

Abgesehen von bescheinigten Krankheitsfällen darf kein Beamter ohne besondere Erlaubnis des Vorgesetzten dem Dienste fern bleiben.

Alle Beamten und Angestellten, die eine Kasse verwalten oder Gelder für Rechnung der Gesellschaft in Empfang nehmen, haben Sicherheit in Geld zu hinterlegen. Die nachgeordneten Kassenbeamten stellen die Sicherheit indes nicht der Eisenbahnverwaltung, sondern dem verantwortlichen Leiter der Kasse. Die Sicherheitsbeträge sind nach den durchschnittlichen Monatseinnahmen bemessen und weisen einen Mindestsatz von 500 Dollars und einen Höchstsatz von 50000 Dollars (diesen bei einer monatlichen Einnahme zwischen 250000—500000 Dollars) auf. Es liegt auf der Hand, daß bei derartig hoch bemessenen Sicherheitsbeträgen von einer Gestellung aus dem eigenen Vermögen des pflichtigen Beamten nur in seltenen Fällen die Rede sein kann. Zur Darleihung des Betrages sind auch in Amerika besondere Gesellschaften vorhanden.

Diese dem Hauptinhalt nach wiedergegebenen Bestimmungen sind, soweit das vorliegende Material erkennen ließ, bei allen Gesellschaften, wenn auch nicht ganz gleichlautend, in Geltung.

Annahme-, Anstellungs- und Dienstverhältnisse.

Die *American Railway Association* hat sich seit Jahren damit beschäftigt, für die Annahme des Eisenbahnbetriebspersonals Regeln aufzustellen, damit die Erfordernisse, die an die körperliche Tauglichkeit und die elementaren Kenntnisse der Bewerber gestellt werden, wenigstens im allgemeinen übereinstimmen. Am 5. April 1905 hat die *Association* folgende Bedingungen angenommen, die nicht nur bei der ersten Annahme der Bewerber, sondern auch bei der späteren Beförderung in höhere Stellen und bei einer etwa besonders angeordneten Nachkontrolle Anwendung finden sollen.

Körperliche Tauglichkeit.

1. Das Sehvermögen. Der Inhaber einer Stelle im Betriebsdienste muß die Signale deutlich erkennen können und klares Farbenunterscheidungsvermögen besitzen. Die Anforderungen sind für die einzelnen Dienststellungen verschieden.

a) Lokomotivführer, Heizer, Zugführer, Packmeister, Schaffner, Bremser, Bahnbewachungs- und Weichenpersonal.

Anforderungen (ohne Augenglas)		
bei der Annahme	bei der Beförderung	bei der Nachkontrolle
$^1/_1$ Sehschärfe auf einem und nicht weniger als $^2/_3$ Sehschärfe auf dem anderen Auge.	$^1/_1$ Sehschärfe auf einem und nicht weniger als $^2/_3$ Sehschärfe auf dem anderen Auge.	*) . . . Sehschärfe auf einem und nicht weniger als *) . . . Sehschärfe auf dem anderen Auge.

b) Stations- und Rangierpersonal, Signalunterhaltungspersonal und Telegraphisten.

bei der Annahme	bei der Beförderung	bei der Nachkontrolle
$^1/_1$ Sehschärfe auf einem und nicht weniger als $^1/_2$ Sehschärfe auf dem anderen Auge.	$^2/_3$ Sehschärfe auf einem und nicht weniger als $^1/_2$ Sehschärfe auf dem anderen Auge.	*) . . . Sehschärfe auf einem und nicht weniger als *) . . . Sehschärfe auf dem anderen Auge.

c) Anderes Maschinen-, Zug- und Bahnhofspersonal, Wagen- und Maschinen-Inspektoren (Wagen- und Werkmeister?) und Brücken- und Streckenvorarbeiter.

bei der Annahme	bei der Beförderung	bei der Nachkontrolle
$^2/_3$ Sehschärfe auf einem und nicht weniger als $^1/_2$ Sehschärfe auf dem anderen Auge.	$^2/_3$ Sehschärfe auf einem und nicht weniger als $^1/_2$ Sehschärfe auf dem anderen Auge.	*) . . . Sehschärfe auf einem und nicht weniger als *) . . . Sehschärfe auf dem anderen Auge.

d) Schrankenwärter.

bei der Annahme	bei der Beförderung	bei der Nachkontrolle
$^1/_2$ Sehschärfe auf beiden Augen.	—	*) . . . Sehschärfe auf beiden Augen.

Genügt der Prüfling unter a) im Falle der Nachkontrolle, unter b) c) und d) im Falle der Annahme, Beförderung oder Nachkontrolle den Bedingungen ohne Augenglas nicht, so kann er doch beibehalten, angenommen oder befördert werden, wenn er mit Hilfe des Augenglases die vorgeschriebene Sehschärfe erreicht.

Für die Prüfung werden Schrift- und Buchstabentafeln nach Snellen benutzt. Das Verfahren und die zulässige Fehlergrenze ist im einzelnen festgesetzt.

---

*) Nach den besonderen Vorschriften der einzelnen Eisenbahn.

Ebenso bestehen für die Feststellung des Farbenunterscheidungsvermögens bestimmte Tafeln (nach Holmgren und Dr. Thomson) und Vorschriften. Auch farbiges Laternenlicht wird verwendet.

2. Das Gehör. Der Prüfling muß scharf hören können, er muß bei der Annahme imstande sein, einer Unterhaltung im gewöhnlichen Gesprächstone bei 20 amerik. Fuß Entfernung folgen zu können. Für die Beförderung und bei der Nachkontrolle wird das Gleiche bei 10 Fuß Entfernung und geschlossenen Augen gefordert. Bei der Prüfung kann ein Gehörmesser verwendet werden.

Die Zeiten für die Nachkontrolle des Seh-, Farbenunterscheidungs- und Hörvermögens setzt jede Eisenbahn nach eigenem Ermessen fest.

3. Andere physische Erfordernisse. Der Prüfling muß die für sein Amt nötige Kraft haben und eine gesunde allgemeine Konstitution zeigen, auch ohne Schwierigkeit sprechen können. Die Feststellung auch dieser Eigenschaften regelt sich nach bestimmten Vorschriften.

Kenntnisse. Vor der Aufnahme in ein Dienstverhältnis der vorgenannten Arten (mit wenigen Ausnahmen) wird eine Prüfung abgehalten, in der erwiesen werden muß, daß der Bewerber

a) lesen kann
   - die Dienstvorschriften,
   - verschiedene Handschriften,
   - die Fahrplanzeiten,
   - die Uhrenzeiten;

b) schreiben kann
   - die Bezeichnungen verschiedener Eisenbahndienststellungen,
   - die Namen mehrerer Stationen der Eisenbahn, bei der er sich bewirbt, und die Fahrplanzeiten mehrerer Züge für diese Stationen;

c) rechnen kann in den 4 Spezies;

d) genügende Auffassungsgabe und Sprachkenntnis besitzt und

e) seine Dienstpflichten kennt.

Der Beschluß vom 5. April 1905 über die Annahmebedingungen des Betriebspersonals bedeutet einen großen Fortschritt; er zeigt zugleich, daß sich die ganz und gar willkürliche Einstellung von Personal, von der man früher sprach,*) mit einem sicheren Eisenbahnbetriebe nicht verträgt. Umfangreichere Dienstprüfungen, wie bei uns, kennt man indessen noch nicht; für die Beförderung in höhere Stufen gibt vielmehr überall die praktische Befähigung die nächste Anwartschaft. Dienstaltersvorzüge läßt man im allgemeinen nicht gelten, so daß in allen Dienststufen die verschiedensten Lebensalter vertreten sind. Gleichwohl finden sich z. B. bei der Baltimore and Ohio-Eisenbahn Ansätze eines Dienstaltersystems *(Rules and rates of pay for Telegrapher.* April 1904).

Im allgemeinen aber hält man darauf, daß bewährte Kräfte möglichst schnell in ihrer Stellung aufrücken, so daß an den verantwortungsvollsten Posten im Durchschnitt Männer im besten Lebensalter angetroffen werden.

Beamte, die bisher ihren Posten zur Zufriedenheit ausgefüllt haben, aber wegen höheren Alters die dafür nötige Frische nicht mehr zeigen, sonst aber noch brauchbar erscheinen, werden in einem weniger verantwortungsvollen Amt untergebracht, oder sie bleiben — wenn es sich um hohe Posten handelt — dem Namen nach in der Stellung, während die Verrichtungen des Amtes von einem anderen Beamten wahrgenommen werden, in der Regel ihrem bisherigen Mitarbeiter, der alsdann vor der Dienstbezeichnung den Zusatz *Assistant* führt, z. B. *Assistant Comptroller.*

Der Präsident und diejenigen Vizepräsidenten, die zugleich Mitglieder des *Board of Directors* sind, unterliegen der Wahl und jährlichen Wiederwahl durch die Generalversammlung der Aktionäre; die verantwortlichen Beamten der Zentralverwaltung und die als *General Officers* zu bezeichnenden verantwortlichen Beamten der Bezirksverwaltungen werden in der Regel vom Präsidenten angestellt und durch

---

*) Noch im Herbst 1905 führte ein Aufsatz der sehr angesehenen *Railroad Gazette* ernste Klage über große Mißstände im Anstellungswesen der amerikanischen Eisenbahnen. Gleichzeitig wurde die Einsetzung besonderer *Railway employment*-Bureaus empfohlen.

den *Board* bestätigt, alle anderen Beamten durch die Abteilungsleiter unter Zustimmung des Präsidenten und bisweilen auch des *Board*.

Alle diese Beamten können vorbehaltlich ihrer etwaigen Entschädigungsansprüche durch die gleichen Organe jederzeit von ihrem Amte abberufen werden.

Eine feste, lebenslängliche Anstellung kennt man nicht; die Verträge, die nur in den wenigsten Fällen schriftlich abgefaßt werden, sind in der Regel jährlich kündbar oder zu erneuern.

Alle anderen *Employees*, deren Amt nicht geschäftsordnungsmäßig festgelegt ist, sowie alle zur tatsächlichen Hilfeleistung angenommenen Personen, wie die *Clerks* und die *Typewriters* (Maschinenschreiber), sowie endlich die Unterbeamten können jederzeit teils mit, teils ohne Kündigung entlassen werden. Ist man entschlossen, die Entlassung eintreten zu lassen, so geschieht sie in der Regel sofort, und zwar bei den ohne Kündigung Angenommenen meist unter Gewährung des Lohnes für eine Woche. Für die Beamten des Außendienstes, einschließlich der Telegraphisten, hat man an Stelle von Einzelabmachungen sog. *Schedules of pay and rules and regulations governing Engineers, Firemen, Conductors, Trainmen and Telegraphers* in gedruckter Form zur Aushändigung an jeden einzelnen Beamten erlassen, die fast bei allen Eisenbahnverwaltungen von dem zuständigen Abteilungsleiter, wie auch von dem *Chairman* der beteiligten Beamten-Vereinigungen *(Brotherhoods)* anerkannt sind. Sie enthalten nicht nur die Bestimmungen über die Höhe der Gehälter, die Bemessung der anderweitigen Entschädigungen, die Dienstdauer usw., sondern auch eigentliche Dienstvorschriften. Hierauf wird bei der allgemeinen Besprechung des Verhältnisses der Eisenbahnverwaltungen zu ihren Angestellten noch eingegangen werden.

Besoldungen; Löhne.

Die Gehälter werden in der Regel monatlich, und zwar nachträglich gezahlt. Ihre Höhe ist bei der Verschiedenheit der Tätigkeit der Beamten, des Umfanges der Eisenbahnverwaltung und aus einer Anzahl anderer Gründe auch bei den gleichartigen Beamtenklassen recht verschieden.

Dies gilt insbesondere vom Gehalt der Präsidenten, soweit hier überhaupt noch von einem Gehalt die Rede sein kann. Der Präsident einer großen Verwaltung soll jährlich 50—75000 Dollars, also etwas mehr als 2—300000 Mark von seiner eigenen und dazu noch weitere Vergütungen für die Verwaltung und Kontrolle der angegliederten oder anderer Eisenbahnen beziehen. — Das Jahresgehalt des Vizepräsidenten soll sich zwischen 9600 und 18000 Dollars — (etwa 40000 und 75000 Mark) bewegen. Ob und inwieweit der Präsident und die Vizepräsidenten sowie vielleicht auch noch andere leitende Beamte *(General Officers)* Nebeneinkünfte, wie Gewinnanteile usw. beziehen, vermochten wir nicht festzustellen. Daß solche Nebeneinkünfte bei ein'gen Bahnverwaltungen ganz erheblich sind, unterliegt aber wohl keinem Zweifel.

Das Mindestgehalt eines *General Manager* einer größeren Verwaltung soll 12000 Dollars (50000 Mark) betragen, das des *Traffic Manager* und des *General Superintendent of Transportation* ebensoviel.

Der *Comptroller* eines großen Eisenbahnsystems erhielt 15000 Dollars (63000 Mark) Gehalt und der ihm untergeordnete *Auditor* angeblich 10000 Dollars (42000 Mark). Gleichwohl gab der letztere das Dienstverhältnis auf, weil er eine einträglichere Anstellung erhalten konnte.

Das Jahresgehalt eines *Chief Engineer* beginnt mit ungefähr 6000 Dollars (25000 Mark), das des *Superintendent of Motive Power* mit 7200 Dollars (30000 Mark).

Die *General Division Superintendents* beziehen ungefähr 7200 Dollars (30000 Mark), sowie freie Dienstwohnung und haben die Befugnis, zwei Schwarze als Diener auf Kosten der Gesellschaft zu halten.

Die Jahresgehälter der Distriktssuperintendenten bewegen sich zwischen 2400 und 6000 Dollars (10000 und 24000 Mark), außerdem haben sie Dienstwohnung und einen Diener (Schwarzen) frei, dagegen keine Reisetagegelder, sondern nur Anspruch auf Erstattung der baren Auslagen aller Art während ihrer Dienstreisen. Meist ist ihnen jedoch und ebenso den noch höheren Beamten ein sog. *Private car* zur Verfügung gestellt, der, wie wir selbst bei einigen Reisen zu beobachten Gelegenheit hatten, nicht nur mit allen möglichen Bequemlichkeiten, u. a. auch einem Badezimmer, ausgestattet ist, sondern auch von einem Koch und einem Diener begleitet wird.

Der Wagen ist zur Einnahme von Mahlzeiten und Getränken aller Art sowie mit einem Vorrat von Zigarren usw. ausgerüstet, und zwar in einer Weise und einem Umfange, daß jederzeit auch Gäste an den Mahlzeiten teilnehmen können. Die Ausstattung und auch wohl die Art der Verpflegung ist verschieden nach der Stellung des Wageninhabers.

Die dem Distriktssuperintendenten beigegebenen Ingenieure beziehen ein Gehalt von ungefähr 1800—2220 Dollars (7500—9200 Mark). Über die Einkommensverhältnisse der übrigen höheren Beamten war eine zuverlässige Auskunft nicht zu erlangen.

Die Gehälter der hier nicht aufgeführten höheren Beamten könnten zwar durch Vergleichung mit den in der Organisation ungefähr gleichgestellten Beamten unschwer gefunden werden; hier wird indessen das gegebene Gerippe die Verhältnisse in genügender Weise kennzeichnen.

Die in der Regel tageweise festgesetzten Vergütungen der *Clerks* und der ihnen gleichgestellten Maschinenschreiber usw. bewegen sich zwischen 50—80 Dollars (200—330 Mark) im Monat; die sog. *Head-* oder *Chief Clerks* (Bureauvorsteher) erhalten entsprechend mehr. In Portland (Oregon) erfuhren wir von einem uns zur Führung beigegebenen Deutschen, der seit 30 Jahren im Dienste der Gesellschaft stand und mit der Bearbeitung der Personenzugfahrpläne beschäftigt wird, daß er 80 Dollars im Monat erhalte. Ein *Clerk* der Baltimore and Ohio-Eisenbahn in Pittsburg erklärte, das Gehalt der *Clerks* bei seiner Verwaltung betrage 75—80 Dollars im Monat. Davon bezahle der Unverheiratete für das Leben im *Boardinghouse* (vollständige Beköstigung und Wohnung) etwa 30 Dollars für den Monat.

Der *Station Agent* einer größeren westlichen Verwaltung bezieht monatlich 180 Dollars, der *Assistant Station Agent* zwischen 125 und 150 Dollars, der *Chief Train Dispatcher* 120 bis 150 Dollars, ein gewöhnlicher *Train Dispatcher* 80 Dollars; der Lokomotivführer kommt bei seiner in der Hauptsache auf Stundengeld gegründeten Vergütung auf 130—140 Dollars im Monat, der Heizer *(Fireman)* auf 55 % dieses Betrages bei gleichen Leistungen; der Zugführer *(Conductor)* sogar auf ungefähr 150—180 Dollars, sein Schaffner oder Bremser *(Brakeman)* wieder auf 55 % dieses Betrages.

Auffallend ist, daß das Einkommen einiger Dienstklassen nach den uns gemachten Angaben auf den östlicheren Bahnen geringer ist als im Westen; danach bringt es ein Lokomotivführer im Osten nur auf 115, ein Heizer auf 66, ein Bremser auf 61,20 Dollars monatlich. Dabei sind überall die Entschädigungen für Überstunden nach ihrem Durchschnitt berücksichtigt. Teuerungsverhältnisse, die Anlaß zu diesen Unterschieden sein könnten, liegen nicht vor, im Gegenteil, die Lebensmittel sind im Westen sogar billiger als im Osten.

Für die höhere Bemessung der Gehälter der Zugführer gegenüber denen der Lokomotivführer wurde uns als Grund angegeben, man habe die Zugführer durch die sehr ausgiebige Bemessung der Gehälter vor Veruntreuungen bewahren wollen; leider aber habe man sich getäuscht.

Die durchschnittliche tägliche Besoldung und Löhnung für die sämtlichen Eisenbahnen der Vereinigten Staaten gibt die Statistik der *Interstate Commerce Commission* für die Jahre 1893 und 1903 in folgenden Zahlen:

	1893	1903
General Officers (Direktoren)	8,10 Dollars	11,27 Dollars
Other Officers (Andere Oberbeamte)		5,76 „
General Office Clerks (Bureaubeamte)	2,25 „	2,21 „
Station Agents (Stationsagenten)	1,83 „	1,87 „
Other Station Men (Andere Stationsbedienstete)	1,65 „	1,64 „
Enginemen (Lokomotivführer)	3,68 „	4,01 „
Firemen (Heizer)	2,06 „	2,28 „
Conductors (Zugführer)	3,10 „	3,38 „
Other Trainmen (Andere Zugbedienstete)	1,92 „	2,17 „
Section Foremen (Rottenführer, Vorarbeiter)	1,75 „	1,78 „
Other Tracmen (Streckenarbeiter)	1,22 „	1,31 „
Switch Tenders pp. (Weichensteller usw.)	1,82 „	1,76 „
All other Employees and Labourers (Alle anderen Bediensteten und Arbeiter)	1,70 „	1,77 „

Ein Vergleich dieser täglichen Einkommensätze mit den Gehalts- und Lohnsätzen der deutschen Eisenbahnbediensteten ist sehr schwierig. Nach den Unterlagen der amerikanischen Statistik muß angenommen werden, daß die Sätze insbesondere bei dem beamteten Personal *(Employees)* nicht durch Teilung des Gesamtaufwandes durch die mit 365 vervielfachte Zahl der Bediensteten gefunden ist. Wählt man diese, bei den deutschen Eisenbahnen übliche und wohl allein zutreffende Berechnungsart, so ergeben sich nämlich für Amerika bei allen Berufsklassen Tagessätze, die zum Teil erheblich geringer sind als die vorstehend aus der amerikanischen Statistik mitgeteilten Sätze. Der größte Unterschied zeigt sich bei dem Lokomotiv- und Zugbegleitungspersonal. Daraus ist zu folgern, daß bei der amerikanischen Ermittelungsart nur die Tage, vielleicht zu 10 oder 12 Stunden gerechnet, in Betracht gezogen sind, an denen das Personal tatsächlich im Dienst gewesen ist; nicht bezahlte Ruhe-, Krankheitstage usw. sind anscheinend außer Betracht geblieben. Man würde danach, wenn man die angegebenen amerikanischen Tagessätze mit der Zahl der Jahrestage vervielfachte, Einkommensbeträge erhalten, die über den im Laufe eines Jahres wirklich erzielten Verdienst ganz erheblich hinausgingen.

Es tritt aber noch ein anderer Umstand hinzu. Augenscheinlich ist nämlich bei den Eisenbahnen der Vereinigten Staaten die Zahl der in besseren Stellungen befindlichen Bediensteten verhältnismäßig sehr viel geringer als bei uns; es gilt dies namentlich vom Bahnhofs- und Abfertigungsdienst.

Man wird aus diesen Erwägungen sich auf eine Gesamtermittelung dahingehend beschränken müssen, daß der Gesamtaufwand an persönlichen Ausgaben durch die Gesamtzahl der beschäftigten Beamten und Arbeiter aller Dienstzweige geteilt wird. Wird diese Ermittelungsart auf das Jahr 1902 angewendet, so ergeben sich als Jahreseinkommensätze für einen Bediensteten:

bei allen Eisenbahnen der Vereinigten Staaten . . . . 2400 M.

bei den Eisenbahnen in der Bahngruppe II (in den Staaten New York, New Jersey, Pennsylvania, Delaware, Maryland und einem Teile von West-Virginia) 2505 M.

Demgegenüber stellt sich die Jahresdurchschnitts-Aufwendung für einen Bediensteten

bei der preußisch-hessischen Eisenbahngemeinschaft auf . . . . 1386 M.

Wird dabei noch erwogen, daß reichlich 10 Prozent der Bediensteten der preußisch-hessischen Staatseisenbahnen verwaltungsseitig Wohnungen teils unentgeltlich, teils zu billigen Mietpreisen überwiesen sind, so scheinen die Dienstbezüge des amerikanischen Eisenbahnpersonals im Verhältnis zu den landesüblichen Preisen für Lebensmittel und andere Bedürfnisse keineswegs günstiger zu sein als bei uns; dabei ist aber noch weiter in Betracht zu ziehen, daß die Lebensstellung der amerikanischen Eisenbahnbediensteten keineswegs so sicher ist, wie bei uns, und daß diese Bediensteten fast bei allen Bahnverwaltungen bis in die neuste Zeit für ihr Alter und die Zukunft ihrer Hinterbliebenen im wesentlichen allein zu sorgen hatten.

Dienstdauer und Ruhezeiten.

Oberster Grundsatz ist — worauf auch oben hingewiesen wurde —, daß jeder Beamte und Arbeiter, sobald er eine feste Besoldung erhält, seine gesamte Arbeitskraft und Arbeitszeit dem Dienste der Gesellschaft zu widmen hat.

Für die leitenden Beamten, ihre Assistenten usw. und für die ihnen beigegebenen *Clerks* der *General Offices* sowie das Personal der Divisions- und Distriktsverwaltungen versteht es sich nach amerikanischen Anschauungen von selbst, daß sie die durch ganz Amerika üblichen allgemeinen Geschäftsstunden innehalten; sie umfassen mit Einrechnung der ungefähr $1^1/_2$ stündigen Unterbrechung für den *Lunch* (zweites Frühstück) in der Regel einen Zeitraum von 10 Stunden.

Der Sonnabend-Nachmittag ist, da die Sonntagsruhe im Geschäftsleben in Amerika wie in England bereits an diesem Nachmittage einsetzt, dienstfrei.

Die *Chief Clerks* (Bureau-Vorsteher) sind zur Öffnung und Durchsicht der Post morgens früher zur Stelle; die in leitender Stellung wirkenden Herren kommen, insbesondere wenn sie genügend Assistenten haben, wohl etwas später zum Dienst.

Für die Beamten des Außendienstes (einschließlich der Güterabfertigungen) haben wir bestimmte allgemeine Regeln nicht feststellen können; einen gewissen Anhalt gewinnt man durch die Bestimmung der Baltimore and Ohio-Bahn, daß für einen allein tätigen Stationstelegraphisten eine zwölfstündige Dienstdauer, die nur durch eine einstündige Esspause unterbrochen wird, ein Tagewerk ausmachen soll.

Für einen Lokomotivführer gilt bei der Baltimore and Ohio-Bahn als Regel, daß er nach einer fünfzehnstündigen Dienstzeit zwölf Stunden Ruhe beanspruchen kann, der Zugführer, Schaffner und Heizer nach gleicher Dienstdauer zehn Stunden.

Die Oregon-Eisenbahngesellschaft gibt ihren Lokomotivführern und Heizern, sowie dem Zugbegleitpersonal nach einer 16 stündigen ununterbrochenen Dienstdauer nur 8 Stunden Ruhezeit.

Übernachtungslokale in unserem Sinne hat man nicht; wo ihre Einrichtung von der Verwaltung versucht wurde, mußte sie bei der vom Personal dagegen gezeigten Abneigung wieder aufgegeben werden. Im allgemeinen findet das auswärts übernachtende Fahrpersonal Unterkunft in sog. *Boardinghouses* oder in den Unterkunftsräumen der *Young men Christian Association* — *Y. M. C. A.* — (Christlicher Verein junger Männer), — und es ist Vorkehrung seitens der Verwaltung getroffen, daß das Personal, wenn die Entfernung nicht zu groß ist, durch den sog. *Caller* (Wecker) rechtzeitig zum Dienst herbeigerufen wird.

Von Bestimmungen über eine eigentliche Sonntagsruhe ist nur für das Bureaupersonal etwas zu finden; so sollen die in den Bureaus in Baltimore, Grafton, Pittsburg und Newark beschäftigten Telegraphisten einen um den anderen Sonntag einen Ruhetag ohne Lohnausfall haben.

Für das Personal des äußeren Dienstes ergibt sich bei der strikten Sonntagsruhe im Bahnverkehr, die den Güterverkehr gänzlich ausschließt und den Personenverkehr wesentlich vermindert, die Möglichkeit einer gewissen Sonntagsruhe von selbst.

Es scheint, wenigstens bei den östlichen Verwaltungen, Regel zu sein, dem Bureaupersonal jährlich mindestens 10 Tage Urlaub unter Weitergewährung der Besoldung zu bewilligen.

Zum Schluß mag noch angeführt werden, daß sich der im Herbst 1905 in Washington abgehaltene internationale Eisenbahnkonkreß mit der dienstlichen Inanspruchnahme des Eisenbahnpersonals beschäftigt hat. Das Schlußergebnis *(Conclusion)* der Besprechungen war folgendes:

Dauer und Regelung der Arbeit.

Es erscheint wegen der vielen Besonderheiten des Eisenbahndienstes unmöglich, einheitliche Regeln aufzustellen, die auf die verschiedenen Sonderfälle anwendbar sind.

Die Regeln müssen nicht nur für die verschiedenen Beamtenklassen, sondern auch für jede einzelne Klasse je nach der mit dem Dienst verbundenen größeren oder geringeren Anstrengung verschieden sein. Dies bedingt, daß sie ausreichenden Spielraum bieten müssen, um für alle Fälle anwendbar zu sein.

In Anbetracht des Vorstehenden läßt sich die Starrheit eines Gesetzes nicht mit derjenigen Dehnbarkeit vereinbaren, die durch die Mannigfaltigkeit der Bedürfnisse des Publikums, der Bediensteten und der Verwaltung geboten ist. Es ist daher erwünscht, daß der Arbeitgeber die größte Freiheit erhält, die Dienstdauer unter der Überwachung der maßgebenden Behörden nach folgenden Grundsätzen zu regeln:

1. Die Wichtigkeit der zu leistenden Arbeit, ihre größeren oder geringeren Unterbrechungen und die mit ihr verbundene Anstrengung sind in Betracht zu ziehen, um die Zahl der Dienststunden jeder Klasse richtig festzusetzen.
2. Die Zahl der Stunden ist nach einem Durchschnitt für einen genügend langen Zeitraum zu berechnen; dieser zerfällt in Dienstschichten, die durch angemessene Ruhezeiten getrennt sind.

3. Die durchschnittliche Dauer des Dienstes ist der Art der Arbeit und dem Grade der damit verbundenen Verantwortlichkeit anzupassen.

Disziplinarmaßregeln.

Es ist erklärlich, daß die in der Eigenart der amerikanischen Verhältnisse begründete Auffassung des Dienstverhältnisses und seine sofortige Lösbarkeit ein eigentliches, auf erzieherische Wirkungen abzielendes Strafverfahren nicht aufkommen lassen. Die Dienstentlassung auf der einen und der freiwillige Austritt der Bediensteten auf der anderen Seite werden, wenn die Verhältnisse sich nicht anders entwickeln sollten, stets in ganz anderer Weise in den Vordergrund gerückt erscheinen, als bei uns.

Allgemeine Vorschriften für das Gesamtpersonal konnten wir nicht erlangen. Wir machen daher die folgenden Ausführungen aus den einschlägigen Dienstanweisungen der Baltimore and Ohio-Bahn sowie der Oregon-Eisenbahngesellschaft für das Zugförderungs- und Begleitungspersonal und die Beamten des Telegraphendienstes; es ist aber anzunehmen, daß die hierfür maßgebenden Bestimmungen im allgemeinen auch für das übrige Personal zutreffen werden.

Ganz allgemein gilt der Grundsatz, daß die Dienstentlassung jede Strafe ausschließt. Welche Strafen, abgesehen von der Entlassung, auferlegt werden, ist schwer zu erkennen. Nur für die geprüften Heizer der Baltimore and Ohio-Bahn ist die Bestimmung getroffen, daß ihnen im Disziplinarwege die durch die Prüfung nachgewiesene Befähigung aberkannt werden kann.

Es gewinnt den Anschein, daß im allgemeinen die vollständig in die Hand der Vorgesetzten gegebene Gehaltsbemessung, das dienstliche Aufrücken und Vorwärtskommen durch den Schuldigbefund nachteilig beeinflußt werden sollen. Ist nicht zu verkennen, daß hierin dem Vorgesetzten ein wirksames Mittel zur Aufrechterhaltung der Disziplin in die Hand gegeben ist, so darf man sich doch darüber nicht täuschen, daß es bei der für das Personal stets vorhandenen Möglichkeit, ein anderes Unterkommen zu finden, vielfach versagt. Aber auch abgesehen hiervon wird man wenigstens gegenüber dem in *Unions* und *Brotherhoods* organisierten

Beamtenkorps aus den an anderer Stelle entwickelten Gründen vielfach geneigt sein, ein Auge zuzudrücken.

Für das Verfahren sind bestimmte Vorschriften vorhanden:

Kein Beamter soll, ohne daß gleichzeitig ein Strafverfahren gegen ihn eingeleitet wird, vom Dienste suspendiert werden. Bei der Untersuchung, insbesondere den hierbei notwendigen Verhandlungen sollen die Parteien zugezogen werden; nur die Vernehmung der Zeugen kann getrennt erfolgen. Die Untersuchung soll, wenn möglich, innerhalb 7 Tagen stattfinden, die Entscheidung rechtzeitig verkündet werden. Gegen das Urteil findet Berufung bei den *General Officers* statt. Dies gilt zunächst für die Lokomotivführer; für die Heizer, Schaffner usw. gelten ähnliche Bestimmungen. Es war uns nicht möglich, zuverlässiges Material darüber zu bringen, in welchem Umfange die Vorgesetzten von der ihnen hiernach zustehenden Befugnis tatsächlich Gebrauch machen.

Allgemein mag zum Schluß noch ausgesprochen werden, daß die Äußerungen der höheren Beamten in leitender Stellung, namentlich auch der Distrikts-Superintendenten, über die Führung des Betriebspersonals meistens günstig waren. Ein sehr starkes Ehrgefühl soll das Personal vor Ausschreitungen und Nachlässigkeiten abhalten. Überdies strebt jedermann vorwärts. Trunkenheit soll wenig beobachtet werden; wenn aber einmal ein Mann dem Alkoholgenuß verfallen ist, wird scharf gegen ihn vorgegangen; Whisky-Trinker sind gefürchtet, da sie bei starkem Genuß dieses Getränks längere Zeit dienstunbrauchbar sind.

Beamten- u. Arbeitervereinigungen.

Es soll und kann nicht der Zweck dieser Ausführungen sein, die Vereinigungen der Beamten und Arbeiter zur Wahrung und Vertretung ihrer Interessen hier vom allgemeinen Standpunkte aus zu erörtern, es sollen vielmehr nur ihre Wirkungen auf die amerikanischen Eisenbahnen, soweit dies in dem hier gegebenen Rahmen möglich ist, in Betracht gezogen werden. Da aber die amerikanischen Eisenbahnen in ihrer ganzen Entwicklung und nach der Natur der dortigen Verhältnisse überhaupt in wesentlich anderer Weise von dem zeitigen Stande und der weiteren Gestaltung des allgemeinen Arbeitsmarkts abhängig sind, als bei uns, so würde eine einseitige Beleuchtung der reinen Eisenbahnverhältnisse kein zutreffendes Bild ergeben.

Die in Rede stehende, das wirtschaftliche Leben aller modernen Kulturstaaten je nach Stand und Umfang ihres Handels oder ihrer Industrie mehr oder weniger beeinflussende, teilweise sogar beherrschende Frage hat in den Vereinigten Staaten, dem englischen Beispiele folgend, einen von der Entwicklung unserer Verhältnisse verschiedenen Gang genommen. Ist sie, die ursprünglich überall auf die Verbesserung der Lage der wirtschaftlich schwachen Volksschichten gerichtet war, bei uns und auch in anderen Ländern insofern zu einer politischen geworden, als diese Kreise ihre Besserstellung gleichzeitig mit und durch Erlangung der politischen Macht zu erreichen suchen, so ist sie in Amerika wie in England vor der Hand fast ganz auf rein wirtschaftliche Fragen beschränkt geblieben. Mit anderen Worten, es ist den amerikanischen Sozialdemokraten, insbesondere ihren Führern, nicht einmal der Versuch gelungen, gegenüber den arbeitenden Volksschichten und den ihnen wirtschaftlich gleichstehenden Kreisen des Volkes sich als die Verfechter ihrer wirtschaftlichen Bestrebungen aufzuspielen.

Es haben sich Einrichtungen gebildet, die, ohne jeden Zusammenhang mit den politischen Fragen, mit der Sozialdemokratie als solcher nichts gemein haben.

Einem mit der Entwicklung der deutschen Verhältnisse bekannten Beobachter der amerikanischen Bewegung könnte es scheinen, als sei Amerika um diese Entwicklung zu beneiden. — Keineswegs!

Nicht als ob die Vereinigten Staaten durch den Terrorismus der *Unions* (Vereinigungen) in den Erfolgen ihrer Industrie bereits zurückgegangen wären, sie haben vielmehr gerade in den letzten Jahren wieder gewaltige Fortschritte gemacht. Es fragt sich aber, ob diese Entwicklung nicht eine ungleich größere gewesen wäre, wenn nicht auch in Amerika die wirtschaftliche Tätigkeit durch das Auftreten der *Unions* zeitweise lahmgelegt worden wäre.

Was besonders die Eisenbahnen und die mit ihnen unmittelbar zusammenhängenden Industriezweige anlangt, so sei hier sogleich hingewiesen auf die Pullman'schen Wagenfabriken in Chicago, die unter normalen Verhältnissen 6000 Arbeiter beschäftigen. Von diesen waren, als wir das Werk besichtigten, höchstens 600 in Tätigkeit. Wie uns in Chicago mitgeteilt wurde, sollten die übrigen Arbeiter entlassen worden sein, weil nicht genügende Aufträge vorlagen. In Wirklichkeit soll man diesen Schritt getan haben, um einen im Anzug begriffenen Ausstand im voraus die Spitze abzubrechen. Man wollte, wie man sagte, den Arbeitern einen Vorgeschmack von den unausbleiblichen Folgen eines Ausstandes geben, um ihnen den Appetit zu verderben. So sicher ein derartiger Standpunkt den moralischen Anforderungen, die wenigstens wir nach dieser Richtung an ein derartiges Werk und seinen Leiter stellen, nicht entspricht, so erscheint die Maßnahme doch in einem weniger ungünstigen Lichte, wenn man sich die Lage im allgemeinen und in Chicago selbst vor Augen hält. Jedenfalls hat die Pullman'sche Leitung dies richtig erkannt. Das beweist der Umstand, daß die Arbeiter der großen Chicagoer Schlachthäuser (gegen 10 000 Mann) zur Erzielung höherer Löhne tatsächlich, nachdem Pullman seine gleichfalls höheren Lohn anstrebenden Arbeiter entlassen hatte, in den Ausstand eintraten. Dieser Ausstand endete allerdings mit einer völligen Niederlage der Arbeiter. Gerade an dem Tage, als wir die Schlachthäuser besichtigten, meldeten sich Tausende wieder zur Arbeit, und, wie wir hören, hat demnächst auch Pullman seine Arbeiter wieder angenommen. Gerade dieses Werk mußte, wie nicht verkannt werden darf, mit aller nur möglichen Vorsicht und Klugheit handeln; war doch der daselbst im Jahre 1894 ausgebrochene Ausstand der Ausgangspunkt für den allgemeinen Eisenbahnerausstand, der nachher den Eisenbahnbetrieb in den Vereinigten Staaten eine Zeit lang fast vollständig lahm legte.

In den Vereinigten Staaten ist diese Erscheinung einmal auf den über das ganze Land ausgedehnten Zusammenschluß gleicher und verwandter Arbeiterklassen, dann aber auch auf den Umstand zurückzuführen, daß zu diesen Arbeiterklassen die Angestellten von Dienstzweigen im Eisenbahnbetriebe gehören, die bei uns wirklichen Beamten vorbehalten sind. Das gilt zunächst hauptsächlich von dem nicht zu den eigentlichen Eisenbahn-*Unions*, sondern zu den allgemeinen Gewerkschaften gehörigen handwerksmäßig vorgebildeten Aufsichtspersonal in den Werkstätten und Lokomotivschuppen, von dem dann die Bewegung auf die verwandten Dienstzweige im Eisenbahndienst, die Lokomotivführer und -Heizer übergriff, um schließlich auch das Zugpersonal anzustecken.

Der Vizepräsident der Great Northern-Eisenbahn, Mr. L. Hill in St. Paul, Sohn des Präsidenten, schilderte uns in lebhaften Farben, wie dieser Ausstand sich entwickelt und schließlich auf das ganze Gebiet der Vereinigten Staaten ausgebreitet habe, und wie hilflos die Eisenbahnen dem Ausstand gegenüber gestanden hätten, gerade weil er zugleich mit den Arbeitern auch die in gehobener Stellung befindlichen Bediensteten ergriffen hatte.

Das Vereinswesen hat in den Vereinigten Staaten einen Umfang angenommen, den selbst wir Deutsche nicht kennen. Auch äußerlich macht sich das bemerkbar. Ein sehr großer Teil der Herren, oft genug auch der Damen, die man sieht, trägt eine Rosette oder Brosche usw. zum Zeichen der Zugehörigkeit zu irgend einer Vereinigung. Diese Erscheinung tritt schon in den höheren Kreisen stark auf, bezieht sich da aber immerhin in den meisten Fällen lediglich auf das soziale oder politische Leben. Nach unten hin wächst sie indes nicht nur in die Breite, sondern auch in die Tiefe, indem sie in diesen Kreisen gewissermaßen das ganze Leben des Menschen, zum mindesten aber seine Erwerbstätigkeit in ihren Bereich zieht und unter ihre Kontrolle stellt.

Bilden die besser gestellten Kreise ihre Klubs, so haben die Handwerker und die ihnen ungefähr gleichstehenden Beamtenkreise ihre *Brotherhoods* (Gewerk- oder Brüderschaften), die Arbeiter im allgemeinen aber ihre *Unions (Trade-* oder *Labourer-Unions)*, eine Bezeichnung, die allerdings auch als Sammelnamen alle Arten von Vereinigungen umschließt.

Von den Klubs brauchen wir in diesem Zusammenhange nicht zu reden, obwohl sie in den Vereinigten Staaten auch in den Eisenbahnerkreisen eine nicht unbedeutende Rolle spielen. Immerhin verfolgen sie mehr gesellige, belehrende oder auch geschäftliche Zwecke, weisen es aber von sich, der Verwaltung gegenüber als eine geschlossene Kaste gelten zu wollen.

Ganz anders die *Brotherhoods*, die in der Hauptsache das Betriebspersonal in seinen verschiedenen Zweigen umfassen. Es gibt solche für Lokomotivführer, Lokomotivheizer, Zugführer, Schaffner. Auch *Clerks* gehören ihnen wohl an, nur mit dem Unterschiede, daß es sich dabei meist um allgemeine, nicht um eigentliche Eisenbahnerverbände handelt, obwohl auch solche bestehen.

Die Arbeiter gehören, mit Ausnahme der auf der Strecke verteilten Bahnunterhaltungsarbeiter, die wenigstens bis jetzt noch zu keiner eigenen Vereinsbildung gelangt sind, ganz allgemein den *Unions* an, sei es allgemeinen oder Eisenbahn-*Unions*. Die Isolierung der Bahnunterhaltungsarbeiter von den *Unions* rührt daher, daß die Einkassierung der Mitgliederbeiträge zu viel Schwierigkeiten macht.

Alle diese Vereinigungen, seien sie *Brotherhoods* oder *Unions*, vertreten den Standpunkt, daß es Sache der Eisenbahnverwaltungen ist, mit ihren Vertretern alle Verhandlungen zu führen, die ihre Mitglieder im ganzen betreffen, wie Gehalts- oder Lohnbemessung und sonstige Entschädigungen, Regelung und Festsetzung der Arbeits- und Ruhezeiten, Straf- und Disziplinarmaßregeln usw., — und daß die Eisenbahnen verpflichtet sind, die Stellen mit den den Vereinigungen angehörenden Personen zu besetzen.

Die von der Gesamtheit aller dieser Vereinigungen gebildete Kette hat sich schließlich wie eine eiserne Klammer um die Eisenbahnverwaltungen gelegt, die zu lockern ihnen sehr schwer wird. So sehen wir bei den amerikanischen Eisenbahnen die merkwürdige Erscheinung, daß, während der höhere und schließlich jeder für sich allein dastehende Beamte gegenüber der vorgesetzten Verwaltung, die ihn jederzeit ohne irgend welches Verfahren und ohne jedweden Entschädigungsanspruch entlassen kann, nichts vermag, das Verhältnis der großen Mehrheit des unteren

Beamtentums und der Arbeiter zu den Eisenbahnverwaltungen sich in der entgegengesetzten Richtung entwickelt hat, indem sie diesen ihren Willen aufzwingen.

Die Gründe, weshalb es so gekommen ist und so kommen mußte, hier näher zu entwickeln, würde — wie schon angedeutet — zu weit führen. Nur soviel sei erwähnt, daß das Band, welches eine *Union* um ihre Mitglieder schließt, ein außerordentlich festes und dauerndes ist, und daß es den Bundesbruder der Vereinigung meist auch dann erhält, wenn er beruflich und seiner ganzen Stellung nach der Vereinigung entwachsen ist. So wurde uns gesagt, daß der Oberbürgermeister von San Francisco, ein früherer Theatermusiker, ein *Unionman* ist.

Es leuchtet ein, daß, wenn solche Fälle häufig vorkommen — und in den Vereinigten Staaten ist das Karrieremachen jedenfalls auch heute noch leichter als irgendwo anders — dies mittelbar und unmittelbar den Vereinigungen zugute kommen muß. Jedenfalls ist es als Tatsache zu bezeichnen, daß die Eisenbahnverwaltungen sich im allgemeinen gefügt haben; die einen mehr, die anderen etwas weniger. Nur die Pennsylvania-Eisenbahn *(east and west of* Pittsburg) soll, wenn wir recht berichtet sind, ganz allgemein — wenigstens bezüglich der Arbeiter — den „*open shop*“ proklamiert haben, d. h. sie lehnt es ab, mit den Vertretungen der *Unions* über Annahme von Arbeitern usw. zu verhandeln, und behält sich volle Freiheit darüber vor, wen sie als Arbeiter einstellen will. Das würde insofern auch einen Fortschritt bedeuten, als bisher wohl alle Verwaltungen sich herbeilassen mußten, zum mindesten mit den Eisenbahn-*Unions* zu verhandeln, wenn sie es auch teilweise ablehnten, mit den allgemeinen *Unions* in Verhandlungen zu treten.

Dagegen ist es keiner der Eisenbahnverwaltungen bisher gelungen, sich unabhängig von den verschiedenen *Brotherhoods* zu machen, wenigstens sind die *Rules (Schedules) and rates of pay* in gleicher Weise, wie bei den übrigen, auch bei der der Pennsylvania-Bahn nahestehenden Baltimore and Ohio-Bahn durch Übereinkunft des *Chairman* der *Brotherhood* und des Vertreters der Eisenbahnverwaltung zustande gekommen. In den *Rules* usw. ist dies ausdrücklich ausgesprochen und durch beiderseitige Unterschrift bescheinigt. Wie stark der auf die Eisenbahnverwaltungen geübte Druck ist, sieht man aus den Zugeständnissen, die ihnen abgerungen sind. Denn gern und freiwillig wird keine Eisenbahnverwaltung, auch keine amerikanische, in eine allgemeine Bestimmung, wie die folgende, willigen:

„Geldstrafen dürfen nicht verhängt werden. Der Lokomotivführer soll nicht wegen kleinerer Vergehen gemeldet werden."

„Wegen Beschädigung und Zerstörung des der Verwaltung gehörigen Gebrauchsmaterials soll weder Bestrafung eintreten, noch Ersatzanspruch erhoben werden."

Dafür, daß solche Bestimmungen von der Verwaltung genau eingehalten werden, sorgt die Aufmerksamkeit der *Brotherhoods*, die jedenfalls in dieser Richtung den besten Korpsgeist zeigen. Jedwede Streitigkeit rückt die Gefahr eines Ausstandes vor die Augen. Was ein solcher bedeutet, wenn — wie dies der Fall ist — die Beamten-*Brotherhoods* das Personal des einzelnen Dienstzweiges für den ganzen Verwaltungsbereich umfassen, haben die amerikanischen Eisenbahnen in den neunziger Jahren erfahren müssen. Der Zusammenhang zwischen den Angehörigen der durch eine *Brotherhood* verbundenen Dienstzweige wird durch einen eisernen Zwang aufrecht erhalten. Das ist nicht mehr Disziplin, das ist geradezu als Vergewaltigung zu bezeichnen. Wie weit diese geht, wie sie in sinnloser Weise über das Ziel hinausschießt, ist aus einem Fall erkennbar, der uns erzählt wurde. In einer westlich gelegenen Stadt waren die Anstreicher in den Ausstand getreten. Einer der Ausständigen benutzte die ihm auferlegte Ruhe, um sein eigenes Häuschen neu anzustreichen. Die Gewerkschaft verbot ihm dies aber unter der Androhung sofortigen Ausschlusses.

Daß sich nach der Entwicklung der amerikanischen Verhältnisse kein *Unionman* dieser Vergewaltigung entziehen kann, sog. Strikebrecher also kaum zu finden sind, darin liegt die ganz außerordentliche Macht der *Unions*. Von der Heranziehung auswärtiger Hilfskräfte kann bei dem Zusammenschluß unter den gleichen und verwandten Berufsklassen über das ganze Land an sich schon keine Rede sein, sie kämen auch aus naheliegenden Gründen in größerem Umfange für die Eisenbahnverwaltungen kaum in Betracht.

Ähnlich liegen die Verhältnisse bei den Arbeitern, nur sind darüber unseres Wissens keine *Rules* usw. vorhanden. Die Sachlage ist wesentlich einfacher, aber nicht glücklicher für die Eisenbahnverwaltungen. Die Erfolge in Chicago sind nur vereinzelt und lassen noch keineswegs auf eine Heilung des Krebsschadens hoffen.

Gesamtzahl des beschäftigten Dienstpersonals.

Insbesondere im vierten und achten Abschnitte sind nähere Mitteilungen über die Personalbemessung bei den Dienststellen und in den Bureaus einzelner Bahnverwaltungen enthalten. Indem auf die dort gemachten Ausführungen verwiesen wird, soll nachstehend (S. 166) eine Übersicht über die Gesamtzahl des Dienstpersonals geboten werden, das von den Eisenbahnen der Vereinigten Staaten im Jahre 1902/3 durchschnittlich täglich beschäftigt worden ist. Neueres Material lag im Herbst 1904 noch nicht vor. Um einen Maßstab für die Beurteilung der Inanspruchnahme von Menschenkräften in den verschiedenen Dienstzweigen zu gewinnen, ist die Gesamtzahl soweit möglich nach Dienstzweigen getrennt angegeben; gleichzeitig sind unter Zugrundelegung der Bahnlängen und Betriebsleistungen Verhältniszahlen berechnet und mitgeteilt. Zum Vergleich sind auch die Verhältniszahlen, welche sich im Jahre 1902/3 bei den preußisch-hessischen Staatsbahnen ergeben haben, hinzugefügt.

Nach dieser Übersicht war das von den Eisenbahnen der Vereinigten Staaten beschäftigte Dienstpersonal — einschließlich 63000 Bediensteten der Expreßgesellschaften, jedoch ausschließlich der Pullman-Bediensteten — mit 1375537 Köpfen 3,86 mal so groß als die Zahl der Beamten und Arbeiter der preußisch-hessischen Eisenbahngemeinschaft mit 356174 Köpfen.

Betrachtet man die Personalbemessung in den einzelnen Dienstzweigen näher, so bestätigt sich zunächst die auch an anderen Stellen ausgesprochene Ansicht, daß die Zahl der Beamten der allgemeinen Verwaltung bei den ameri-

Laufende Nr.	Bezeichnung des Personals	Nordamerikanische Eisenbahnen							Preußisch-Hessische Eisenbahngemeinschaft						
		Kopfzahl insgesamt	in % des Gesamtpersonals	auf 100 km Bahnlänge	auf 100 km Gleislänge	auf 1 000 000 Zugkilometer	auf 1 000 000 Personenkilometer	auf 1 000 000 Tonnenkilometer	Kopfzahl insgesamt	in % des Gesamtpersonals	auf 100 km Bahnlänge	auf 100 km Gleislänge	auf 1 000 000 Zugkilometer	auf 1 000 000 Personenkilometer	auf 1 000 000 Tonnenkilometer
1	Höhere Beamte sowie mittlere Beamte der allgemeinen Verwaltung (*General Offices*, Eisenbahndirektion)	52 261	3,8	15,8	11,4	34,1	1,6	0,2	10 086	2,8	31,5	16,1	28,5	0,7	0,4
2	Stations-, Abfertigungs- u. Telegraphenpersonal (im weitesten Sinne) (einschl. 63000 Mann d. Expreßges.)	249 600	18,1	75,6	54,7	163,0	7,4	1,0	67 897	19,0	212,4	108,6	192,0	4,5	2,8
3	Weichen- und Bahnwärterpersonal	49 961	3,6	15,1	10,9	32,6	1,5	0,2	61 564	17,3	192,6	98,5	174,1	4,1	2,5
4	Bahnunterhaltungspersonal	337 815	24,6	102,3	74,0	220,7	10,0	1,3	65 830	18,5	205,9	105,3	186,2	4,4	2,7
5	Zugpersonal	144 626	10,5	43,8	31,7	94,5	4,3	0,6	35 843	10,1	112,1	57,3	101,4	2,4	1,4
6	Lokomotivpersonal	109 034	7,9	33,0	23,9	71,2	3,2	0,4	28 830	8,1	90,2	46,1	81,5	1,9	1,2
7	Maschinenhauspersonal	44 819	3,3	13,6	9,8	29,3	1,3	0,2	14 498	4,1	45,4	23,2	41,0	1,0	0,6
8	Werkstättenpersonal	211 042	15,3	63,9	46,2	137,9	6,3	0,8	50 541	14,2	158,1	80,8	142,9	3,3	2,1
9	Schiffsleute	7 949	0,6	2,4	1,7	5,2	0,2		88		0,3	0,1	0,2		
10	Sonstiges Personal (Auswärtige Agenten, Arbeiter der allgemeinen Verwaltung, Boten, Gepäckträger, Scheuerfrauen etc.)	168 430	12,3	50,9	36,9	110,0	5,0	0,7	20 997	5,9	65,7	33,6	59,4	1,4	0,9
	Zusammen	1 375 537	100,0	416,4	301,2	898,5	40,8	5,4	356 174	100,0	1114,2	569,6	1007,2	23,7	14,6

Bemerkungen. Zu Ziffer 1: Es müßten für Amerika noch die von den Expreßgesellschaften zur Kontrolle des Eisenbahnverkehrs beschäftigten Beamten hinzugerechnet werden. 2: Hier mußten rund 63 000 Bediensteste der amerikanischen Expreßgesellschaften eingerechnet werden. 5: Hier ist für Amerika das Pullman-Personal, für Preußen das Personal der Schlaf- und Speisewagengesellschaften nicht berücksichtigt.

kanischen Eisenbahnen verhältnismäßig hoch ist. Sie beträgt über 5mal mehr als in Preußen-Hessen, obgleich weder der Personen- noch der Güterverkehr auch nur annähernd so vielfach überwiegt, und obgleich das Gesamtpersonal aller Dienstzweige nur 3,86mal stärker ist als bei uns. Dabei ist noch zu beachten, daß offenbar in der amerikanischen Statistik unter „Sonstiges Personal" (Ziffer 10 der Übersicht) noch eine nicht geringe Zahl von Beamten einbezogen ist, die in Preußen-Hessen zum Verwaltungspersonal gerechnet werden. Man wird daher in der Annahme nicht fehl gehen, daß, alles in allem genommen, der Verwaltungsdienst bei uns weniger kostspielig ist als bei den amerikanischen Bahnen. Ohne Zweifel könnten dort durch planmäßige Regelung des Geschäftsbetriebs in den Bureaus (vergl. insbesondere auch die Bemerkungen über das Kontroll- und Abfertigungswesen im achten Abschnitt) und durch Einschränkung des Schreibwesens noch viele tausend gut bezahlte Kräfte gespart werden.

Verhältnismäßig reichlicher ist bei uns das Stationspersonal, zu dem in der Übersicht alle Beamten und Arbeiter des örtlichen Zugabfertigungs-, Verschub-, Telegraphen-, Personen- und Güterabfertigungsdienstes gerechnet sind. Augenscheinlich ist jener Umstand an erster Stelle die Folge des starken Personenverkehrs; ist doch, wie im zwölften Abschnitt gezeigt wird, die Zahl der abzufertigenden Personen bei uns fast ebenso groß als in Amerika trotz seines 10,3mal so großen Bahnnetzes. Sodann erfordert die ungleich dichtere Stationsfolge bei uns mehr Stationspersonal. In derselben Richtung wirkt bei uns auch die strengere Dienstaufsicht; mehr Personal erfordert ferner die Ausübung des Verschubdienstes, der bei uns — wegen der häufigeren Knotenpunkte und wegen des durch die geringere Tragfähigkeit der Güterwagen bedingten verhältnismäßig größeren Wagenparks — erheblich umfangreicher ist.

Daß das Weichensteller- und Bahnbewachungspersonal in Amerika ganz unverhältnismäßig geringer ist als bei uns, ist eine bekannte Tatsache. Man kennt in Amerika keine geordnete Bahnbewachung. Die Anzahl der Weichensteller und Wärter wäre noch viel geringer, wenn nicht auf den Verschubbahnhöfen in Amerika ein sehr starkes Weichenpersonal beschäftigt wäre. Der erwähnte große Unterschied beeinflußt den am Schluß der Übersicht gezogenen Vergleich ganz erheblich. Denn es ergibt sich, daß bei Berücksichtigung des Gesamtpersonals auf je 1000000 Zugkilometer die amerikanischen Eisenbahnen nur 898,5 Köpfe, die preußisch-hessischen Eisenbahnen aber 1007,2 Köpfe beschäftigen, während bei Ausscheidung des Weichensteller- und Bahnbewachungspersonals auf Amerika 865,9, auf Preußen-Hessen aber nur 833,1 Köpfe entfallen. Die Ersparnisse an persönlichen Ausgaben, welche die Eisenbahnen der Vereinigten Staaten durch verminderte Bahnbewachung erzielen, sind ganz außerordentlich. Müßten sie doch, wenn sie ihre Bahngleise und Überwege ebenso bewachten, wie dies für die deutschen Eisenbahnen aus Sicherheitsgründen vorgeschrieben ist, statt der tatsächlich nur vorhandenen 49961 Weichensteller und Wärter rund 636000 Köpfe beschäftigen, also ihr Personal um nicht weniger als rund 586000 Mann verstärken! Diese Zahl ist sehr viel größer als der gesamte Personalbestand der preußisch-hessischen Eisenbahngemeinschaft mit 356174 Mann.

Nicht unerheblich geringer ist in Amerika auch das Personal der Bahnunterhaltung. Zieht man hier aber neben der Gleislänge besonders auch die größere Zugdichtigkeit auf den preußisch-hessischen Bahnen in Betracht, so erscheint der Unterschied (Amerika 74,0, Preußen-Hessen 105,3 Köpfe für 100 km Gleislänge) nicht besonders auffällig.

Bei dem Lokomotiv- und Zugpersonal seigen sich ebenfalls keine bemerkenswerten Auffälligkeiten. Es scheint sich insbesondere die oft ausgesprochene Behauptung nicht zu bestätigen, daß die amerikanischen Bahnen durch eine eigenartige Diensteinteilung verhältnismäßig beträchtlich weniger Lokomotivpersonal als wir beschäftigen; berücksichtigt man, daß die tägliche Dienstdauer des Personals in Amerika wahrscheinlich nicht unerheblich größer ist als bei uns, so fehlt jeglicher Grund für die Annahme, daß der

Zugbetrieb in Amerika in bezug auf die Personalbemessung wirtschaftlicher sei als bei uns.

Verhältnismäßig geringer ist in Amerika das Werkstättenpersonal, vor allem auch in Anbetracht der Stärke des amerikanischen Fuhrparks. Es ist bekannt, daß die amerikanischen Bahnen besonders die Lokomotiven stark ausmustern und nicht immer so sorgfältig unterhalten, wie dies bei uns geschieht. Vielleicht ist dies auf die auch sonst auf industriellem Gebiete in die Erscheinung tretende Anschauung zurückzuführen, daß man die Kosten der Unterhaltung teilweise spart, um freiere Hand für solche Neubeschaffungen zu haben, die durch verbesserte Einrichtung größeren Nutzen versprechen. Ob daneben nicht auch bessere Werkzeugmaschinen und anders geartete Arbeitsteilungen eine Rolle spielen, ist wiederholt von deutschen Eisenbahnbeamten maschinentechnischer Fachrichtung untersucht worden, ohne daß dabei greifbare Ergebnisse gezeitigt sind. Nicht unerwähnt mag hier bleiben, daß nach den Beobachtungen über die Finanzgebarung die Unterhaltung und Erneuerung der Betriebsmittel in Amerika einen verhältnismäßig größeren Teil der Betriebseinnahmen aufzehrt als bei uns.

Das „Sonstige Personal“ ist in der amerikanischen Statistik reichlich beziffert. Anscheinend sind darunter auch die zahlreichen Agenten und *Clerks* in den Stadtbureaus der Eisenbahngesellschaften einbegriffen.

Sechster Abschnitt.

Wohlfahrtseinrichtungen für das Eisenbahnpersonal.

Sozialpolitische Anschauungen im allgemeinen und bei den Eisenbahnen im besonderen. — Unterstützungskassen. — Pensionsfonds. — Spar- und Darlehnsfonds. — Krankenhauspflege. — Bahnarztwesen. — Hospitäler. — Büchereien. — Gewinnbeteiligung der Bediensteten. — Christliche Jünglingsvereine. — Anhang. Vortrag des Geh. Sanitätsrats Dr. Schwechten über Bahnarztverhältnisse und Eisenbahnhygiene in Nordamerika, gehalten im Berliner Bahnärzte-Verein am 7. April 1905.

Sozialpolitische Anschauungen im allgemeinen und bei den Eisenbahnen im besonderen.

Im allgemeinen herrscht im amerikanischen Geschäftsleben bis auf den heutigen Tag der Grundsatz, daß der für die geleisteten Dienste gewährte Lohn den völligen Ausgleich zwischen dem Arbeitgeber und Arbeitnehmer in sich schließt. Die Anschauungen beider Teile begegnen sich darin, daß der Arbeitgeber keinerlei Verpflichtung fühlt, ein übriges zu tun, während der Arbeitnehmer aus den verschiedensten Gründen sich abgeneigt zeigt, die Entschädigung für seine Tätigkeit in anderer Form als der sofortigen baren Auszahlung zu empfangen. Hiermit sind die beiderseitigen Beziehungen als erschöpft zu betrachten.

Damit ist nun allerdings nicht gesagt, daß nicht auch in Amerika von dem wirtschaftlich Schwächeren das Bedürfnis empfunden würde, für unvorhergesehene Fälle vorzusorgen. Diesem Bedürfnis vermag der Arbeiter nach seiner Meinung unabhängig vom Arbeitgeber Rechnung zu tragen, sei es, daß er sich mit seinen Berufsgenossen zu diesem Zwecke vereinigt, sei es, daß er an einer der bestehenden allgemeinen Einrichtungen teilnimmt, die in den Vereinigten Staaten meist als mustergültig angesehen werden.*)

---

*) Das hierin liegende Urteil muß nach den Enthüllungen über die inneren Verhältnisse der *Equitable Insurance Co.* doch wohl etwas eingeschränkt werden. Man sieht, wie vorsichtig man bei Beurteilung amerikanischer Einrichtungen sein muß.

Nach den das amerikanische Geschäftsleben beherrschenden Anschauungen wird der Arbeitgeber im allgemeinen sogar eine gewisse Befriedigung empfinden, wenn der Arbeiter ohne sein Zutun eine Versicherung eingeht. Die Erscheinung, daß er dieses Bestreben des Arbeiters wirksam unterstützt, tritt nur ganz vereinzelt zutage. Zu dieser die Arbeiterfürsorge pflegenden Minderheit gehören jedenfalls die Eisenbahnverwaltungen. Die Eisenbahnen sind ein unentbehrliches Verkehrsmittel der Allgemeinheit des Volkes geworden; das verleiht dem Eisenbahnbetriebe einen besonderen, gewissermaßen öffentlich rechtlichen Charakter und läßt die Beziehungen der Eisenbahnverwaltungen zu ihrem Personal in einem anderen Lichte erscheinen, als es sonst bei dem Verhältnis zwischen Arbeitgeber und Arbeitnehmer der Fall ist. Die Eisenbahnverwaltungen müssen geradezu im öffentlichen Interesse bestrebt sein, gutes Personal an sich zu fesseln und, soweit es nach amerikanischer Anschauung möglich ist, größeren Personalwechsel zu vermeiden; das in Verbindung mit der besonderen Gefährlichkeit des Eisenbahnbetriebes muß folgerichtig in einer erhöhten Fürsorge der Eisenbahnverwaltungen für das Personal zum Ausdruck kommen.

Dies ist freilich nicht der einzige Beweggrund gewesen, der die amerikanischen Eisenbahnverwaltungen bestimmt hat, so vorzugehen, wie sie es getan haben und noch tun. Es sind, wie sich das bei der amerikanischen Freigebigkeit besonders für die Zwecke des öffentlichen Wohles ganz von selbst versteht, auch rein menschliche Erwägungen, bisweilen auch hochherzige Entschlüsse einzelner mit dem Eisenbahnwesen in Verbindung stehender Persönlichkeiten mitbestimmend gewesen. Erfreulicherweise hat dies Bestreben auch bei den Arbeitnehmern eine verständnisvollere Aufnahme gefunden als in anderen Betrieben, obgleich die Eisenbahnverwaltungen von Enttäuschungen auf dem Gebiete der Fürsorge für das Personal nicht verschont geblieben sind. Zur Zeit tritt dieses Wirken der Verwaltungen in zweierlei Form zutage, indem sie

1. den entweder zur allgemeinen Beteiligung oder nur

für ihre Beamten oder für alle ihre Angestellten überhaupt geschaffenen Einrichtungen Zuwendungen machen, oder aber

2. selbst derartige Einrichtungen geschaffen haben und unterhalten.

Für die eine wie die andere Einrichtung gilt als Grundsatz, daß ein Zwang zum Eintritt für den Arbeitnehmer nicht vorhanden ist.

Der diesen Zwang für beide Teile in sich schließende sozialpolitische Gedanke, der von allen Staaten der Welt im Deutschen Reiche am vollkommensten verwirklicht worden ist, wird in Amerika bei den dort geltenden Anschauungen in absehbarer Zeit wohl keinen Eingang finden.

Nach den von Mr. Max Riebenack,*) *Comptroller* der Pennsylvania-Eisenbahn, angestellten Erhebungen hatten von mehr als 24 Eisenbahnverwaltungen, die sich im Jahre 1903 an Veranstaltungen für Versicherungszwecke im allgemeinen oder im reinen Interesse von Eisenbahnangestellten in irgend einer Weise beteiligten, nur 9 einen Unterstützungsfond unter eigener Verwaltung *(Relief Fund Department)*.

Unterstützungskassen.

Sie umfassen eine Gesamtstreckenlänge von 49951 km oder ungefähr 15% der gesamten amerikanischen Eisenbahnen, mit 319577 oder etwa 1/4 aller Angestellten, und eine Mitgliederzahl von 206355 oder 65% der bei den beteiligten Eisenbahnen beschäftigten Bediensteten. Die Aufnahmebedingungen schließen den Eintritt von Kranken und alten Personen aus.

Die *Relief Departments* aller hier in Betracht kommenden Eisenbahnen gaben im Jahre 1903 gegen 10 Millionen Mark aus, die Gesamtausgaben seit der Begründung beliefen sich auf 155000000 M. Davon entfallen auf die im Jahre 1886 gegründete Unterstützungskasse der Pennsylvania-Eisenbahn

*) Herr Riebenack hat nicht bloß eine Reihe von Vorträgen über die Wohlfahrts-Einrichtungen der amerikanischen Eisenbahnen gehalten, sondern auch jüngst (1905) ein vortreffliches Werk: „*Railway Provident Institutions in English speaking Countries*“ herausgegeben. Wir verdanken diesem Herrn auch sonst manche Mitteilung.

(*east of* Pittsburg) 56200000 M. Von allen bis dahin für den Pennsylvania-*Relief Fund* aufgekommenen Mitteln sind von den Mitgliedern durch Gehalts- und Lohnabzüge beigetragen ungefähr 48500000 M., von der Verwaltung etwas mehr als 10500000 M.; 1750000 M. rühren aus Zuwendungen her.

Von den bezeichneten Gesamtausgaben der Pennsylvania-Eisenbahn entfallen auf Verwaltungkosten allein rund 13,5%. Diese Ausgaben kann man als durch die Eisenbahnverwaltung gedeckt ansehen, da diese jetzt für die Kasse bei unentgeltlicher Hergabe der Bureauräume die Aufwendungen für 2 höhere Beamte, 89 Ärzte und 96 andere, nur mit den Aufgaben der Kasse beschäftigte Angestellte bestreitet.

Außerdem hat die Verwaltung für den Fall, daß innerhalb einer dreijährigen Geschäftsperiode die notwendigen Kassenleistungen durch die Mitgliederbeiträge nicht voll gedeckt werden, die Verpflichtung übernommen, den Fehlbetrag zuzuschießen.

Die ebenfalls innerhalb eines Zeitraumes von je drei Jahren sich ergebenden Überschüsse sollten stiftungsmäßig zur Unterstützung der inzwischen ins Leben gerufenen weiteren Kassen für die Gewährung von Altersrenten und Pensionen angesammelt werden.

Aus den Aufzeichnungen ist nicht ersichtlich, wie nach beiden Richtungen die tatsächlichen Verhältnisse sich gestaltet haben, insbesondere, ob die Verwaltung — abgesehen vom Jahre 1903 — in bezug auf ihre Garantie bisher in Anspruch genommen worden ist.

Die eigentlichen Kassenleistungen haben seit der Begründung des Pennsylvania-*Relief Fund* betragen:

für Altersrenten	600000	M.
in Krankheitsfällen . . .	17900000	„
bei Verletzungen	8900000	„
bei natürlichen Todesfällen	14700000	„
bei Tod infolge Verletzung	5500000	„

Die Mitgliederzahl betrug am 31. Dezember 1886 19952 und belief sich am 31. Dezember 1903 auf 76507, ungefähr 69% aller Angestellten der Pennsylvania-Eisenbahn. Die unmittelbare Verwaltung der Kasse ist unter Oberleitung des *General Manager* einem Superintendenten übertragen, dem ein sog. *Advisory Committee* (Beirat) zur Seite steht. In dieses Komitee wird von der Verwaltung und den Kassenangehörigen eine gleiche Zahl von Mitgliedern entsendet. Die allen bei der Pennsylvania-Eisenbahn beschäftigten Angestellten — mit Ausschluß der Kranken und der über 45 Jahre alten Personen — zugängliche Kasse sieht je nach den Lohnverhältnissen 5 Beitragsklassen vor, in denen monatlich 3,12, 6,24, 9,36, 12,48 und 15,60 M. zu zahlen sind.

An Krankengeld wird in der untersten Klasse, überall beginnend am vierten Tage nach Eintritt der Krankheit, 1 M. 66 Pfg. für den Tag auf eine Zeit von 52 Wochen, darüber hinaus die Hälfte, bei Verletzungen für denselben Zeitraum 2,08 M. und für die Folgezeit bis zur Heilung 1,04 M. täglich gezahlt. An Sterbegeld wird in den einzelnen Klassen gezahlt: 1040, 2080, 3120, 4160 und 5200 M. Dieses Sterbegeld kann durch Zusatzbeiträge erhöht werden bis zu einem Höchstbetrage in der 5. Klasse von 10400 M. Im allgemeinen wird es zutreffen, wenn man annimmt, daß ein für 52 Wochen gewährtes Krankengeld die Beiträge von 16 Jahren, und das Sterbegeld die von 28 Jahren deckt.

Die Kasse hatte Ende 1903 einen Überschuß von rund 3120000 M. angesammelt. Gleichwohl hat die Gesellschaft im Betriebsjahr 1903 entsprechend den oben erläuterten Bestimmungen rund 200000 M. zur Deckung fehlender Kassenbeiträge gezahlt, während sie 840000 M. für Verwaltungskosten verwendet hat.

Die Gesamtausgaben der Kasse betrugen im gleichen Betriebsjahre bei Einrechnung der letztgenannten Beträge rund 6220000 M.

Der Unterstützungskasse der Pennsylvania-Eisenbahn (*west of* Pittsburg) gehörten von einem Gesamtpersonal von 40545 Köpfen am Ende des Jahres 1903 27644 oder 68% als Mitglieder an. Sie haben im Kalenderjahre 1903 an Beiträgen rund 2000000 M. aufgebracht. Die Verwaltung hat einen allgemeinen Zuschuß in bar gezahlt von rund 47000 M. (hier liegt also eine etwas andere Organisation vor, deren Bestimmungen im einzelnen nicht bekannt sind) und zur Deckung von Fehlbeträgen rund 16000 M. An Betriebs- und Verwaltungskosten stellt sie sich selbst und der Kasse rund 317000 M. in Rechnung. Da sie als Kosten des *Relief Department* in ihren eigenen Ausgaben bei den allgemeinen Verwaltungskosten der Gesellschaft rund 207000 M. (im Jahre vorher bei 24217 Mitgliedern nur rund 158000 M.) aufführt, so ist anzunehmen, daß von den obigen 317000 M. der Betrag von rund 110000 M. auf Bureauräume und sonstige Unkosten sowie auf Inrechnungstellung von Gehaltsteilen der auch für die Zwecke der Gesellschaft beschäftigten Personen entfällt. Für reine Kassenleistungen, also abzüglich der Verwaltungskosten, sind rund 2170000 M. im Betriebsjahre verausgabt worden. Der unter Berücksichtigung noch schwebender Verpflichtungen geschätzte Überschuß beläuft sich auf rund 540000 M.

Die anscheinend wiederum auf einer etwas anderen Grundlage aufgebaute, gleichen Zwecken dienende Einrichtung der Baltimore and Ohio-Bahn weist für das Betriebsjahr 1903/4 eine Mitgliederzahl von 46198 Köpfen auf, d. h. einen Zuwachs gegen das Vorjahr von 4415 Köpfen. Die Mitglieder haben im Betriebsjahre rund 3100000 M. aufgebracht, während die Verwaltung rund 220000 M. Zuschuß gezahlt hat. An Verwaltungskosten sind der Kasse rund 300000 M. in Rechnung gestellt. In welchem Umfange die Eisenbahngesellschaft hierfür aufkommt, ist aus dem Verwaltungsbericht nicht zu ersehen, es erscheint daselbst nur ein Kostenbeitrag von rund 40000 M. Der Reservefond, das Vermögen der Kasse abzüglich der diesjährigen bereits gezahlten und noch zu zahlenden Kassenleistungen, beträgt rund 2850000 M.

Ob und inwieweit andere amerikanische Eisenbahnverwaltungen derartige im allgemeinen demselben Zweck wie unsere Betriebskrankenkassen dienende Wohlfahrtseinrichtungen haben, können wir zur Zeit nicht feststellen. Es mag sein, daß sie aus den an die Spitze dieses Kapitels gestellten Gründen bei ihren Bestrebungen nicht immer das gleiche Verständnis auf seiten der Angestellten angetroffen haben. So hörten wir von einem Herrn, der an der Spitze des Straßenbahnwesens in San Francisco steht, daß die Fahrbeamten früher zu einer von der Verwaltung der Straßenbahnen geleiteten Krankenkasse monatlich je 50 Cents beigesteuert haben, während die Verwaltung jährlich 30000 Dollars Beitrag leistete. Trotzdem hätten die Beamten, aufgehetzt durch die Führer der *Union*, nicht eher geruht, als bis die Kasse aufgelöst wurde und es von da an unter Wegfall des Verwaltungsbeitrages jedem überlassen worden sei, für sich selbst zu sorgen.

Pensionsfonds. Die erste Einrichtung auf dem Gebiete des Pensionswesens entstand bei der Baltimore and Ohio-Bahn. Sie trat, zunächst als Unterabteilung der Unterstützungskasse am 1. Oktbr. 1884 ins Leben. Voraussetzung für den Eintritt war die vierjährige Mitgliedschaft bei der Unterstützungskasse. Bis zum 1. Juli 1900 betrug die jährlich von der Verwaltung für die Zwecke des Fonds bereitgestellte Summe rund 129000 M.; dazu rund 25000 M. Beitrag des *Relief Department*.

Erst vom 1. Juli 1900 ab erhöhte die Verwaltung die Dotierung des Fonds auf 312000 M. Von dieser Zeit beginnt eigentlich auch bei anderen Verwaltungen erst eine planmäßige Zuweisung von Mitteln an diesen Fond. Ihr Zweck, Vorsorge zu treffen gegen die nachteiligen Folgen eines zwangsweisen oder wenigstens unfreiwilligen Rücktritts vom Dienste im Alter von 65 Jahren (bei anderen 70 Jahre) und eines Rücktritts infolge eingetretener Dienstunfähigkeit zwischen dem 61. bis 69. Lebensjahre unter der Voraussetzung eines 10 bis 30jährigen Dienstalters je nach den Statuten, wird bei den einzelnen Eisenbahnverwaltungen auf verschiedenem Wege erreicht.

Die Pension selbst wird in der Weise festgesetzt, daß der Pensionär für jedes Dienstjahr 1% des Gehalts erhält, das er in den dem Rücktritt vorausgegangenen 10 Jahren bezogen hat. (Beispiel: Ein Beamter hat 40 Dienstjahre, sein Durchschnittsgehalt für die letzten 10 Jahre betrug monatlich 300 M.; seine Pension beträgt hiernach 40% von 300 M., also monatlich 120 M.)

Zur Zeit besitzen 18 Eisenbahnverwaltungen Pensionskassen; eine weitere Anzahl, darunter die sogenannten Vanderbilt-Bahnen, steht im Begriff, solche zu schaffen. Die 18 Verwaltungen umfassen an Bahnlänge 80450 km oder ungefähr 24% der Gesamtkilometerzahl mit ungefähr 500000 Angestellten — 38% aller bei sämtlichen Eisenbahnen angestellten Personen. Ein Rechtsanspruch auf Auszahlung der Pension scheint nirgends zugestanden worden zu sein. Die Oregon-Eisenbahn behält sich am Schlusse ihres Pensionsstatuts ausdrücklich das Recht vor, jeden Angestellten ohne Pension zu entlassen, und wiederholt als Hauptgrundsatz, daß kein Beamter einen anderen Anspruch an die Gesellschaft habe, als den auf Auszahlung des verdienten, rückständigen Gehalts.

Einzelne Bahnen sammeln tatsächlich Pensionsfonds an und weisen ihnen die aus der verzinslichen Anlegung aufgekommenen Beträge zu. Andere wieder, so z. B. das ganze Harrimansystem, führen diesen Fond, ohne ihn wirklich anzulegen, nur buchmäßig. Wieder andere übernehmen ohne weitere Verpflichtung nur die Garantie der jährlichen Zahlung der Pensionsbeträge. Beiträge werden seitens der Angestellten nicht geleistet; die Eisenbahnverwaltungen tragen auch die Verwaltungskosten.

Spar- und Darlehnsfonds.

Die zwei Pennsylvania-Gesellschaften sowie die Baltimore and Ohio-Bahn haben einen Spar- und Darlehnsfond. Die Einrichtung scheint, wie dies aus ihrer Beschränkung auf diese Bahnen geschlossen werden muß, keinen großen Anklang bei den amerikanischen Eisenbahnangestellten gefunden zu haben.

Krankenhauspflege.

Krankenhauspflege wird entweder in eigenen Krankenhäusern der Eisenbahnverwaltung oder in staatlichen, Gemeinde- oder Privatkrankenhäusern, mit denen Verträge abgeschlossen sind, gewährt. 35 Eisenbahnverwaltungen haben derartige Krankenhauseinrichtungen, die bei einer Eisenbahnlänge von 112 630 km mehr als 360 000 Angestellten zugute kommen. Die Zahl der Fälle, in denen die Wohltaten in Anspruch genommen werden, beträgt jährlich gegen 275 000.

Auch die Einrichtungen für die erste Hilfeleistung bei Unglücksfällen gehören hierher.

Bahnarztwesen.*)

Wie ganze Dienstklassen eigentlicher Eisenbahnbeamten (vgl. den dritten Abschnitt), haben sich auch die Bahnärzte zu sog. *Associations of Surgeons* zusammengetan, und zwar heißt die eine *International Association of Railway Surgeons*. Sie ist im Jahre 1888 gegründet und hat zurzeit 670 Mitglieder. Die andere heißt *American Academy of Railway Surgeons* und hat 141 Mitglieder. Sie ist im Jahre 1894 gegründet worden. Beide haben gute Erfolge gezeitigt.

Ihr Streben geht dahin, die Eisenbahnheilkunde weiter zu entwickeln und zu verbessern, und zwar durch Studium und Versuche auf klinischem und sanitärem Gebiete, sowie auf dem Gebiete der gerichtlichen Medizin.

Im allgemeinen deckt sich das Verhältnis der amerikanischen Ärzte zu den Verwaltungen mit dem bei uns bestehenden, nur hat man in Amerika als Chefärzte für größere Divisionen sog. *Chief Surgeons* ernannt und gewissermaßen aus dem Kreis ihrer Kollegen herausgehoben. Unter ihnen stehen z. B. bei der Union Pacific-Eisenbahn *Consulting Surgeons* und *Assistant Surgeons*. Anstatt des *Chief Surgeon* findet sich bei weniger großen Divisionen auch nur ein *Division Surgeon*, dem dann die *Consulting*- und *Assistant Surgeons* unterstehen.

Als Spezialärzte erscheinen, öfters in einer Person, Augen- und Ohrenärzte. *(Oculist* und *Aurist.)*

Bei der Southern Pacific-Eisenbahn *(Pacific System)* besteht ein eigenes *Hospital Department*, dem ein *Chief Surgeon* als *Manager* vorsteht. Hier liegt also ein reines Beamtenverhältnis vor, welches wir bei anderen Eisenbahnen nicht vorgefunden haben; gleichwohl mag es auch bei anderen Eisenbahnverwaltungen bestehen. Nach den herausgegebenen *Regulations of Hospital Department and Roster of Surgeons* (Liste der Ärzte) übt der *Chief Surgeon* alle Funktionen eines *Manager* auf dem Verwaltungsgebiete aus und untersteht wie die übrigen *Managers* dem *General Manager*.

---

*) Mit gütiger Erlaubnis des Herrn Geh. San.-Rats Dr. Schwechten ist am Schlusse dieses Abschnitts der von ihm am 7. April 1905 gehaltene Vortrag über „Bahnarztverhältnisse und Eisenbahnhygiene in Nordamerika“ abgedruckt.

Für den *Hospital Fund* wird von jedem Angestellten (Beamten und Arbeiter) mit Ausnahme der Chinesen für den Monat ein Beitrag von 50 Cents durch Gehaltsabzug erhoben. Die Beitragspflicht ruht während der Zeit, in der die Leistungen des Fonds in Anspruch genommen werden.

Diese Leistungen bestehen in folgendem: freie Krankenhauspflege und Behandlung, ärztliche und wundärztliche Behandlung außerhalb des Krankenhauses, ärztliche und wundärztliche Verbände usw., Beschaffung künstlicher Gliedmaßen und anderer Mittel, Ermäßigung der Kosten für die Krankenhausbehandlung der Familienangehörigen.

Die Leistungen des Fonds werden nicht gewährt, wenn es sich um geschlechtliche Krankheiten, ferner um solche, die sich die Angestellten durch Unmäßigkeit, durch Schlägereien und sonstige Ausschreitungen zugezogen haben, und um chronische Krankheiten handelt, an denen ein Angestellter bereits vor dem Eintritt in den Dienst gelitten hat.

Ebenso wird die Krankenhausbehandlung bei allen ansteckenden Krankheiten, wie Masern, gelbes Fieber usw. versagt.

Ein Mißbrauch der Leistungen des Fonds sowie eine flagrante oder dauernde Übertretung der Bestimmungen wird mit dem Ausschluß bestraft.

Die Bahnärzte sind verpflichtet, auf Kosten der Eisenbahngesellschaft auch verletzten Passagieren sowie solchen Personen ihre Hilfe angedeihen zu lassen, welche durch unbefugtes Überschreiten der Gleise usw. verletzt worden sind.

Hospitäler usw.

Es sind hier auch die auf reiner Wohltätigkeit beruhenden Schöpfungen zu erwähnen, sei es, daß sie, wie das J. Edgar Thomson'sche Mädchenwaisenhaus, nur Eisenbahnbediensteten und deren Angehörigen zugute kommen (Thomson war früher Präsident der Pennsylvania-Eisenbahn), oder daß sie — wie z. B. der *Andrew Carnegie Relief Fund* und *The Moses Taylor Hospital*, welche für die Angestellten der Carnegie-Gesellschaft in sämtlichen Zweigen ihres Betriebes (Minen, Eisenbahnen usw.) geschaffen sind, sowie die der *Delaware, Lackawanna Western Rails Co.* und der *Lackawanna Iron and Steel Co.* — auch für andere Personen bestimmt sind.

Büchereien usw.

Zu erwähnen sind ferner die Büchereien und Lesehallen einer ganzen Reihe von Eisenbahnverwaltungen (mehr als 50), die zusammen 160 000 km mit nahezu 800 000 Angestellten umfassen. Im ganzen sollen den Angestellten aller in Betracht kommenden Bahnen 250 000 Bände zur Verfügung stehen.

Die Bücherei der Baltimore and Ohio-Eisenbahn umfaßt allein 15 000 Bände, die der Zentralwerkstätte der Pennsylvania-Eisenbahn in Altoona sogar 35 000 Bände.

Gewinnbeteiligung der Angestellten.

Zwei Eisenbahngesellschaften der Vereinigten Staaten lassen ihre Angestellten am Gewinn teilnehmen: die Great Northern-Eisenbahn mit 29 761 Angestellten und die Illinois Central-Eisenbahn mit 34 249 Angestellten, und zwar in der Weise, daß den Angestellten Gelegenheit geboten wird, ihre Ersparnisse zum Erwerb von Aktien *(Shares)* der Gesellschaft unter besonders günstigen Bedingungen zu verwenden. Diese Einrichtung *(Cooperative capital stock purchasing scheme)* ist bei der Great Northern-Eisenbahn seit Juni 1900 und bei der Illinois Central-Eisenbahn seit Mai 1893 in Kraft.

Und zwar hat die Great Northern-Eisenbahn ihren Beamten 10 000 Stück Aktien zu je 100 Dollars, also im Gesamtwert von 1 000 000 Dollars zur Verfügung gestellt. Die Kapitaleinzahlungen nimmt die *Great Northern Employees Investment Co.* entgegen, welche sich Aktien im obigen Betrage von der Eisenbahngesellschaft aus deren Betriebsvermögen hat überweisen lassen. Nur derjenige Angestellte hat das Recht auf diese Vergünstigung, der drei Jahre im Dienst steht und dessen Gehalt 3000 Dollars nicht übersteigt; Tagelohnarbeiter sind ausgeschlossen.

Auf die Einzahlungen hin, deren Höchstgrenze auf 5000 Dollars festgesetzt ist, werden den Angestellten Zertifikate ausgehändigt, die auf einen Betrag von 10 Dollars an aufwärts, jedoch nur auf ein Vielfaches dieser Summe lauten. Die Aktienscheine selbst behält die *Investment Co.*, um die Einziehung der Dividende bei der Eisenbahngesellschaft bewirken zu können, die dann von ihr an die Inhaber der Zertifikate ausgezahlt wird. Diese Zertifikate sind unübertragbar; ihre Ausgabe wird mit Angabe des Inhabers, seines Wohnortes, der Nummer und der Kapitalsumme eingetragen. Eingelöst werden sie gegen Vorzeigung bei der Verwaltung in St. Paul, oder auch durch Übersendung eines Schecks. Den einzahlenden Beamten wird als Gewinnanteil ihrer Zertifikate dieselbe Dividende gewährt, welche die Eisenbahngesellschaft ihren Aktionären zahlt; die Gewinne gelangen vierteljährlich zur Verteilung. Geschieht die Einzahlung nicht an einem Dividendentermin, so verzinst sich die Kapitaleinlage bis zu dem nächsten Termin mit 6%; eine entsprechende Verzinsung findet bei unzeitgemäßer Kündigung von dem letzten vorhergehenden Termin ab statt. Die Kündigung ist zu jeder Zeit gestattet und hat die Auszahlung des Kapitals mit den angewachsenen Dividenden und Zinsen zur Folge.

Der Inhaber des Zertifikats braucht nicht für die Kosten oder Auslagen aufzukommen, welche die Verwaltung der Aktie der *Investment Co.* verursacht. Dagegen kann diese ohne weiteres die Rückgabe des Zertifikats gegen Zahlung der fälligen Summe fordern. Nach fruchtlosem Ablauf der hierfür festgesetzten 15 Tage verfällt diese zwar nicht, die Gewinnbeteiligung hört aber auf. Geht ein Zertifikat verloren und wird der Verlust genügend nachgewiesen, so wird die Summe ausgezahlt, die sich aus den eingetragenen Tatsachen bis zum Tage des Verlustes ergibt.

Die *Investment Co.* versichert in den Statuten treue Pflichterfüllung; eine Veräußerung oder Abtretung der Aktien, die sie im Besitz hat, soll nicht vorgenommen werden.

Der Erwerb der Aktien der Illinois Central-Eisenbahn geschieht durch ratenweise Einzahlungen, die in Höhe von 5 Dollars oder in einem Vielfachen hiervon zu leisten sind. Unterbleibt innerhalb 12 Monaten jede Einzahlung, so wird die Verzinsung, die für noch nicht voll eingezahlte Aktien 4% beträgt, unterbrochen. Der Einkaufspreis der Aktien wird am ersten Tage jeden Monats von der Gesellschaftsleitung bekannt gemacht und bleibt für den ganzen Monat derselbe. Nach vollständiger Erlegung der Summe wird dem Beamten *(Officers* und *Employees)* ebenfalls ein Zertifikat ausgestellt, das in die Bücher der Gesellschaft eingetragen wird.

Mit der Gewinnbeteiligung wird zugleich das Recht zur Beteiligung an der Wahl des Verwaltungsrats erworben. Gleichzeitiger Erwerb mehrerer Aktien ist nicht erlaubt, dagegen steht es den Angestellten frei, mehrere Aktien nacheinander auf diese Weise zu kaufen. Die ratenweisen Zahlungen sind insofern erleichtert worden, als eine ihnen entsprechende Summe auf Verlangen vom Lohne des Angestellten zurückbehalten werden kann, die ihm dann für den Erwerb der Aktie gutgeschrieben wird. Eine Rückforderung der Kapitaleinlage ist stets erlaubt. Beim Dienstaustritt eines Angestellten findet entweder eine Rückzahlung samt den angewachsenen Anteilen statt, oder aber der Käufer hat das Recht weiterer Beteiligung, sofern er den Betrag der Aktie voll eingezahlt hat.

Auch die Illinois Central-Eisenbahn sichert Pflichttreue und vollständige Kostenlosigkeit allen denen zu, welche diese Einrichtung benutzen. Sie verspricht sich von der Einrichtung einen engeren Verkehr der Angestellten untereinander, eine Anregung zur Sparsamkeit und die Erweckung eines größeren Interesses für den Dienst.

Die Gesamtzahl der Angestellten beträgt für beide Eisenbahngesellschaften 64010. Von diesen sind Einzahlungen in Höhe von 1288022,29 Dollars geleistet worden, die sich auf die Great Northern-Eisenbahn mit 710000,00 Dollars und auf die Illinois Central-Eisenbahn mit 578022,29 Dollars verteilen.

Nachrichtlich mag noch erwähnt werden, daß von anderen Erwerbsgesellschaften namentlich der Stahltrust der Vereinigten Staaten *(U. St. St. T. Co.)*, seit dem 1. Januar 1903 eine Gewinnbeteiligung seiner Angestellten und Arbeiter in der Weise zugelassen hat, daß ihnen 25000 7%ige Vorzugsaktien der Gesellschaft zu ermäßigten Preisen zur Verfügung gestellt wurden. Später soll diese Aktienzahl noch erhöht sein. Außer der festen Dividende erhält der Inhaber eine Sonderdividende, so lange er ununterbrochen bei der Gesellschaft bleibt. Außerdem sollte je nach der Höhe der jährlichen Reineinnahmen ein Fond zur Gewinnbeteiligung der mindestens fünf Jahre im Dienste der Gesellschaft stehenden höheren Beamten bereitgestellt werden. Wie sich diese Einrichtung inzwischen weiter entwickelt hat, konnten wir nicht feststellen; ebensowenig wird schon jetzt übersehen werden können, ob die hauptsächlichste Absicht des Planes, die Arbeiter an das Unternehmen zu fesseln und Arbeiterausstände zu verhüten, erreicht werden wird.*)

Endlich dürfen an dieser Stelle die Bestrebungen und Leistungen der Eisenbahnerabteilung der christlichen Vereinigung junger Männer *(Young men Christian Association)* nicht übergangen werden. Christliche Jünglingsvereine.

Die christlichen Jünglingsvereine sind eine über ganz Amerika verbreitete Einrichtung**), deren Bestreben darauf gerichtet ist, für ihre Mitglieder einen geselligen Mittelpunkt zur Unterhaltung zu schaffen, von dem aus sie gleichzeitig Gelegenheit zur Erbauung und Belehrung finden. Wo irgend angängig, ist das Klubhaus so eingerichtet, daß es den Mitgliedern eine gute und billige Küche und einer beschränkten Anzahl auch vorübergehend Unterkommen bieten kann. Diesen Vereinen haben sich solche besonders für Eisenbahnbedienstete bestimmte in ihren allgemeinen Zwecken angeschlossen. Daneben sehen diese Eisenbahnerabteilungen es als eine ihrer Hauptaufgaben an, gute Beziehungen zwischen den Bediensteten unter sich auf der einen Seite und mit den Eisenbahngesellschaften auf der anderen Seite herbeizuführen und zu unterhalten. Bei der New Yorker Abteilung kommt dieses Bestreben darin zum Ausdruck, daß in dem sog. *Committee of Management* der Vereinigung die Eisenbahnverwaltungen nicht nur durch die Herren vom *Board of Directors*, sondern auch durch andere höhere Beamte der einzelnen Dienstzweige vertreten sind. Beachtenswert und bezeichnend für das Vertrauen, das die Verwaltung den Vereinigungen entgegenbringt, sind verschiedene bekannt gewordene Aussprüche der höchsten

*) Vgl. Sombart: „Studien zur Entwicklung des nordamerikanischen Proletariats" im Archiv für Sozialwissenschaft und Sozialpolitik. Tübingen 1905. Seite 556.

**) Vgl. Franke, Aufsatz in der Zeitung des Vereins Deutscher Eisenbahnverwaltungen 1903, No. 74.

Beamten der Pennsylvania-Eisenbahn. So äußerte sich der verstorbene Präsident George B. Roberts bei der Grundsteinlegung des Vereinshauses in Philadelphia:

„Wenn wir Männer suchen für Stellungen mit einer großen Verantwortlichkeit, so richten wir unser Augenmerk in erster Linie auf solche, die auf dem Boden der Bestrebungen dieses Vereins stehen.“

Auch ist man darauf bedacht, die Wohltaten der Vereinigung nicht nur den Mitgliedern selbst, sondern auch ihren Familien zugänglich zu machen; so erhalten die Mitglieder für alle vom Verein veranstalteten Aufführungen, Vorträge usw. außer für sich noch zwei Eintrittskarten für ihre Familienmitglieder.

Im ganzen gibt es in den Vereinigten Staaten und in Britisch-Amerika 151 Eisenbahnvereine der *Y. M. C. A.*

Ihre Gesamtausgaben für Vereinszwecke belaufen sich auf ungefähr 2000000 M., von denen allerdings die Eisenbahnverwaltungen den Hauptteil tragen sollen. Ihre Mitgliederzahl beläuft sich auf 55000 Köpfe; der jährliche Beitrag ist auf einen Mindestbetrag von 3 Dollars bemessen. Tatsächlich schwankt er zwischen 3 und 5 Dollars.

Auf die beiden Pennsylvania-Eisenbahngesellschaften entfielen hiervon im Jahre 1903 31 besondere Vereinigungen mit 12732 Mitgliedern, für deren Zwecke diese beiden Eisenbahnen jährlich ungefähr 250000 M. ausgegeben haben.

Ein Teil dieser Zweigvereine hat eigene Vereinshäuser, die meisten aber sind in den Häusern der Eisenbahnverwaltungen untergebracht. Das erste Vereinshaus baute sich der Zweigverein in West-Philadelphia unter Aufwendung von mehr als 500000 M., wovon allerdings die beteiligten 6000 Mitglieder nur einen Teil aufgebracht haben; die Verwaltung hat einen sehr ansehnlichen Beitrag geleistet.

New York City weist fünf besondere Vereinseinrichtungen auf:

1. Das Hauptgebäude in der *Madison Avenue* ist bestimmt für die Bediensteten aller Eisenbahngesellschaften; es wird täglich von 800 Angestellten besucht, was erklärlich erscheint, da es unmittelbar an der *Grand Central Station*

liegt, wo allein 1553 den Zweigvereinen angehörige Mitglieder angestellt sind. In ganz New York hat der Zweigverein 2186 Mitglieder. Den Grund und Boden haben die Eisenbahnverwaltungen unentgeltlich hergegeben, das Gebäude ist eine Vanderbilt'sche Stiftung.

2. *West seventy-second Street.* Dies Gebäude ist eine Stiftung der New York Central-Eisenbahn und wird hauptsächlich von Beamten des Güterdienstes benutzt. Es sind auf dieser Station 355 Mitglieder in Tätigkeit.

3. Auf Mott Haven sind 157 Mitglieder angestellt. Hier hilft man sich zur Zeit noch mit vier Eisenbahnwagen, von denen der eine als Leseraum, der andere als Schlafraum, der dritte als Speiseraum und der vierte als Kapelle eingerichtet ist.

4. Weehawken, New Yersey. Dort auf der Gemeinschaftsstation der West Shore- und der New York, Ontario and Western-Eisenbahn sind Lese-, Wasch-, Bade- und Ankleideräume eingerichtet.

5. New Durham N. 7. Das Gebäude dient in der Hauptsache dem Lokomotivpersonal.

In den beiden letztgedachten Vereinslokalen verkehren 121 Mitglieder.

Zum Schluß sei hier erwähnt, daß nach Angabe von Mr. Riebenack die beiden Pennsylvania - Eisenbahngesellschaften im Jahre 1903 zur Förderung der Wohlfahrtspflege unter ihren Angestellten den Betrag von rund 3800000 M. (einschließlich Verwaltungskosten) ausgegeben haben, wovon auf die Pennsylvania (*east of* Pittsburg), als die größere, ungefähr drei Viertel entfallen.

Es leuchtet nach diesen Ausführungen ein, daß die amerikanischen Eisenbahnverwaltungen noch weit von einer umfassenden Fürsorge für ihr Personal entfernt sind. Es wird das besonders klar, wenn man bedenkt, welche großen Aufwendungen bei den deutschen Eisenbahnen für Pensionen, Hinterbliebenenbezüge, Gnadenbewilligungen, Unterstützungen, bahnärztliche Behandlung, Unfallentschädigungen, an Zuschüssen zu den Arbeiter-Pensions- und -Krankenkassen und für Wohnungszwecke gemacht werden. Demgegenüber erscheinen selbst die Aufwendungen der hiermit am weitesten vorgeschrittenen Pennsylvania - Eisenbahngesellschaften gering; und doch dürfte das, was diese Verwaltung hierin leistet, einer der Hauptstützpunkte ihrer scharfen Stellungnahme gegen die *Unions* sein. Wollte man auf diesem Gebiete weiter gehen — allerdings unter Geldopfern —, so wäre vielleicht ein noch festeres und nachdrücklicheres Auftreten gegen den Terrorismus der *Unions* möglich.

Anhang.

Bahnarztverhältnisse und Eisenbahnhygiene in Nordamerika.

Vortrag, gehalten im Berliner Bahnärzte-Verein von Geh. Sanitätsrat Dr. **Schwechten** am 7. April 1905.

Meine Herren! Das Material zu meinem heutigen Vortrage verdanke ich der großen Liebenswürdigkeit der Herren Geh. Ober-Reg.-Rat Hoff und Geh. Reg.-Rat Schwabach, welche auf einer mehrmonatigen Studienreise das Eisenbahnwesen Nordamerikas kennen gelernt haben; es ist mir eine Ehrenpflicht, beiden Herren auch an dieser Stelle meinen verbindlichsten Dank dafür auszusprechen; als gedrucktes Material lagen mir vor die *Regulations of Hospital Department and Roster of Surgeons* der Southern Pacific Co. und *List of Officers, Agents and Stations* der Union Pacif. Railroad Co.; beide aus dem Jahre 1904. Beide Gesellschaften unterstehen einem gemeinschaftlichen Präsidenten. Die Bahnen haben ein *Department of Health, Southern Dpt. 6, Union 4 Divisions* (Direktionen).

Das gesamte Sanitätswesen, sowie alle in das Fach der Eisenbahnhygiene gehörigen Angelegenheiten unterstehen bei dieser Verwaltung und bei vielen anderen nordamerikanischen Eisenbahnbetrieben einem *Manager and Chief Surgeon,* also nach unserer Ausdrucksweise: einem Chefarzt in der Stellung eines Direktors; er hat in allen einschlägigen Fragen völlig selbständige Entscheidung, gegen die es nur noch Berufung an den *General Manager* (den Generaldirektor des Gesamtunternehmens) gibt, dessen Entscheidung endgültige Kraft besitzt. Alle schriftlichen Eingänge kommen direkt an den Chefarzt; seine Stellung dürfte in Europa annähernd diejenige der Chefärzte der ungarischen Staatsbahnen und vielleicht auch der serbischen Bahnen sein, während diejenige der preußischen, bayerischen und französischen Bahnen nicht so weittragende Machtbefugnisse umfaßt. Der Chefarzt ist festangestellter Beamter mit Gehalt und darf und kann auch nebenamtlich keine Praxis ausüben.

Diesem Chefarzt unterstehen drei weitere Arten von Ärzten:

1. Die Divisionsärzte (*Division Surgeons*); sie haben die allgemeine Oberaufsicht über die Aufgaben ihres Departements in den ihnen unterstehenden Divisionen und gleichzeitig die ärztliche Tätigkeit in dem ihrer unmittelbaren Aufsicht unterstehenden Distrikte. Sie dürften annähernd unseren Vertrauensärzten der Direktionsbezirke entsprechen, da *Division* — annähernd unserem Direktionsbezirk, *District* — unserem Bahnarztbezirke entspricht; auch sie sind fest angestellte, voll-

besoldete Beamte, welchen keine Möglichkeit zu weiterer ärztlicher Tätigkeit bleibt.

2. Das gleiche gilt von den Distriktsärzten, welche den ärztlichen Dienst in den ihnen zugeteilten Bahnbezirken ebenfalls ohne Nebenbeschäftigung versehen. Sie entsprechen, abgesehen von dieser ausschließlichen Stellung bezüglich der ihnen zugewiesenen Tätigkeit, völlig unseren Bahnärzten, sie leisten medizinische und chirurgische Hilfe, sowohl in ihrer Wohnung, als auch in der Wohnung der Patienten innerhalb ihrer Bezirke.

3. Eine dritte Kategorie von Ärzten bilden die *Emergency Surgeons*, Hilfsärzte, in Notfällen; sie können zu vorübergehenden Dienstleistungen gerufen werden, wenn Gefahr im Verzuge und der zuständige Distriktsarzt aus irgend welchem Grunde nicht sofort zu haben ist; hierzu gehören auch Augen- und Ohrenärzte; ist weitere Behandlung notwendig, so ist unverzüglich der Distriktsarzt zu benachrichtigen. Wenn dieser den Fall nicht sofort übernehmen kann, ist telegraphisch von demjenigen Oberbeamten, welchem die Fürsorge für die ärztliche Hilfe untersteht, weitere Instruktion einzuholen. Rechnungen über ärztliche oder wundärztliche Hilfe werden nur für einmalige Hilfeleistung seitens der Hilfsärzte bezahlt und nur nach dem mit diesen vereinbarten, festgesetzten Tarif. So werden beispielsweise gezahlt für eine Konsultation in der Sprechstunde 2 Dollars, für einen Besuch 2,50 Dollars, für einen Nachtbesuch 3,50 Dollars, für eine Konsultation mit einem anderen Arzte 5 Dollars. Nur zu letzterer Leistung können Meilengelder hinzugerechnet werden und zwar für einen Weg mit der Bahn 35 Cents, für einen Weg, der nicht auf der Bahn zurückgelegt wird, 75 Cents. Eine besondere Taxe besteht für chirurgische Leistungen, die ich hier nicht alle einzeln aufführen will; erwähnen will ich nur, daß am höchsten bewertet wird die Amputation des Oberschenkels im Hüftgelenk mit 125 Dollars, und daß eine höhere Liquidation als diese überhaupt nicht honoriert werden darf. Ausdrücklich ist ferner durch Verwaltungsanordnung bestimmt, daß Hilfsärzte Operationen nur im dringenden Notfalle ohne Zuziehung des Distrikts- oder Divisionsarztes ausführen, auch keine Überführung von Kranken und Verletzten in Krankenhäuser ohne Erlaubnis des Distriktsarztes vornehmen dürfen. Daß diese Vorschriften den Hilfsärzten bekannt und vollkommen geläufig sind, ist Sache des Oberbeamten, zu dessen Ressort die Versorgung mit ärztlicher Hilfe gehört. Eine Anweisung zur ärztlichen Behandlung nach einem bestimmten Muster, also ein Krankenschein würden wir sagen, muß dem Arzt bei der Forderung der ersten Behandlung vorgelegt und jeden Monat erneuert werden, es sei denn, daß der Patient im Krankenhause liegt. Ein solcher neuer Schein ist auch bei einer Neuerkrankung innerhalb eines Monats auszustellen. Im Falle weiterer Erkrankung oder in dringenden Fällen können statt dessen telegraphische Anweisungen ausgestellt werden. Ist das vorgeschriebene Formular bei der ersten Aufforderung zur ärztlichen Hilfeleistung nicht dem Arzte übersandt worden,

so muß dies sobald als möglich nachgeholt werden. Berechtigt zur Ausstellung dieser Formulare für die Hilfsärzte sind nur die Departementschefs, die „*Superintendents*", welche ungefähr unseren Betriebs-Inspektoren entsprechen, der zuständige erste Ingenieur, Maschinenmeister, Zugführer, Bremsmeister und Bahnmeister; nur in dringenden Fällen kann hiervon eine Ausnahme gemacht werden, und ein höherer Beamter anderer Art darf den Hilfsarzt herbeirufen, muß aber sofort den zuständigen höheren Beamten benachrichtigen und sich eines bestimmten anderen Formulars für den Arzt bedienen. Dagegen können für die Divisions- und Distriktsärzte Anweisungen zur Dienstleistung von jedem Beamten für seine Untergebenen ausgestellt werden, sie dürfen aber nur auf den zuständigen Distriktsarzt lauten. Im Behinderungsfalle des zuständigen Distriktsarztes muß jeder andere am Orte wohnende Distriktsarzt die erste Behandlung übernehmen, bis der zuständige Distriktsarzt wieder zu haben ist.

Überweisungen in Hospitäler dürfen nur Divisions- und Distriktsärzte ausführen.

Konsultationen anderer angestellter Ärzte mit dem behandelnden Arzte sind in unklaren oder langwierigen Fällen gestattet. In den Verordnungen heißt es darüber, der Kranke darf diese Konsultation von seinem zuständigen Distriktsarzt erbitten, „*who will willingly arrange for such consultation as often, as may be required*" (und dieser wird sie gern, so oft als gewünscht wird, veranstalten).

Beim Wohnungswechsel der Patienten ist der Distriktsarzt berechtigt, die Überweisung allein vorzunehmen; ein neuer Krankenschein eines höheren Beamten ist dazu nicht erforderlich.

Bei größeren Unglücksfällen und zahlreichen Verletzungen müssen die Distrikts- und Divisionsärzte ebenso wie die Verwaltung sofort telegraphisch benachrichtigt werden mit möglichst genauer Angabe der Zahl der Verletzten und der Art der Verletzungen. Es entspricht dies genau unserer Alarmvorschrift. Die Distrikts- und Divisionsärzte sind verpflichtet, sofort auf die Unfallstelle zu eilen. Stellt sich dann noch etwa Mangel heraus an Ärzten, so sollen die Hilfsärzte und jeder erreichbare Arzt hinzugezogen werden. Von den Divisionsärzten wird erwartet, daß sie sofort nach ihrer Ankunft die Behandlung übernehmen und Hilfe leisten bei allen der Gesellschaft zur Last fallenden Kranken und Verletzten; auch ist es Aufgabe der Divisionsärzte, allen anderen bereits anwesenden Ärzten mitzuteilen, daß die Gesellschaft für weitere Dienste nicht aufkommt, es sei denn, daß diese von den Divisionsärzten verlangt werden.

Für den Transport der Kranken und Verletzten bestehen folgende Einrichtungen und Vorschriften: Tragbahren mit voller Ausrüstung sind an großen Stationen vorhanden, Notverbände und alle Arten Hilfsvorrichtungen an geeigneten Orten. Bei Beförderung ins Krankenhaus ist tunlichste Eile erforderlich. Die Distriktsärzte haben für die Begleitung zu sorgen oder sie selbst zu übernehmen. Sind Krankenträger nötig, so sind sie telegraphisch vom Krankenhause zu verlangen unter Angabe aller notwendigen Einzelheiten. Ich will hier gleich bemerken, daß die erwähnten Gesellschaften zum Teil eigene Hospitäler besitzen, zum Teil mit Hospitälern Kontrakte abgeschlossen haben, welche es ihnen ermöglichen, jederzeit die Aufnahme der Bediensteten und Verletzten ins Krankenhaus zu erlangen. Die Verwaltung kann alle ihre Kranken und Angestellten, welche besondere ärztliche Behandlung oder besondere Ernährung erfordern, oder zu Hause keine genügende Pflege erhalten können, in diese Krankenhäuser überweisen; Kost und Pflege außerhalb des Krankenhauses wird nicht gewährt. Die Gesellschaft besitzt ein eigenes *General Hospital* in San Francisco und sechs *Division Hospitals* und acht zum Teil im Bau befindliche *Emergency Hospitals.* Wenn möglich, sind die der Hospitalpflege Bedürftigen in das General-Hospital zu überweisen, wenn das nicht angeht, zunächst in die Divisions-Hospitäler, von wo sie später, sobald es angängig ist, in das General-Hospital verlegt werden können. Die Entlassung aus dem Krankenhause erfolgt auf die Entscheidung des Krankenhausarztes; wollen Patienten gegen die Anordnung des Hospitalarztes noch länger im Krankenhause verbleiben, so ist darüber unter Angabe aller Einzelheiten an das *Department,* also an die Zentralabteilung zu berichten.

Divisions- und Distriktsärzte haben Vordrucke zur Berichterstattung; wenn Hilfsärzte Dienst tun, erhalten sie vom diensthabenden Beamten ein besonderes Formular, welches sie genau ausgefüllt zugleich mit ihrer Rechnung an die oberste Dienststelle zu senden haben.

Für die neu anzustellenden Beamten gelten folgende Aufnahmebedingungen:

Alle Bewerber um eine Dienststelle im Zug- und Stationsdienst sind einer körperlichen Untersuchung zu unterziehen, und alle, welche nicht völlig tauglich sind, müssen, wie bei uns, abgelehnt werden; doch vermisse ich bestimmte Vorschriften über die Tauglichkeit. Bestehen Zweifel an der Tauglichkeit, so sind die Betreffenden zum nächsten Vertrauens- oder Bahnarzt zu senden. Unausgebildete Eisenbahner dürfen bei der Einstellung nicht über 35, ausgebildete nicht über 45 Jahr alt sein, doch können die Präsidial-Assistenten Leute bis zur Dauer von sechs Monaten ohne Rücksicht auf ihr Alter einstellen; diese Anstellung kann noch ausgedehnt werden bis zur Beendigung der ihnen übertragenen Arbeit, für welche sie besonders angestellt werden, und ferner können Leute mit besonderen professionellen Kenntnissen ohne Altersgrenze angestellt werden. Die Divisions- und Distriktsärzte haben alle Gesundheitsverhältnisse auf ihrer Strecke zu beachten und über alles zu berichten, was die Gesundheit der Beamten und Reisenden gefährden kann.

Jeder höhere und niedere Beamte, mit Ausnahme der Chinesen, hat für einen monatlichen Beitrag von 50 Cents oder bei einer geringeren Dienstdauer als sieben Tage für 25 Cents das Recht auf

1. freie Behandlung im Krankenhause,
2. eine ärztliche und chirurgische Behandlung bei den zuständigen, angestellten Ärzten.

3. freie Medizin und Verbände.
4. Anspruch auf künstliche Glieder und Unterweisung in ihrem Gebrauch.
5. Vorschüsse auf Kosten in den Eisenbahn- und kontraktlich diesen gleichgestellten Hospitälern für von ihnen abhängige Familienmitglieder.

Medizin und Verbände werden in den zuständigen Hospitälern und an den Dienststellen der Divisions- und Distriktsärzte vorrätig gehalten und geliefert. Auch sind Rechnungen für Drogen und Medizin seitens der Hilfsärzte in billigen Grenzen zulässig. Auf Erfordern werden Verbände an die Distriktsärzte vom *Department* geliefert, weitere Verbände können von den angestellten Drogisten übernommen werden. Die Apotheker dürfen nur auf geschriebene Rezepte hin Arzeneien verabfolgen und müssen alle Rechnungen in duplo einsenden.

Künstliche Glieder und künstliche Augen werden allen Beamten während der Dauer ihrer Zugehörigkeit zum Verbande auf Verordnung des zuständigen Arztes geliefert, doch findet keine Erneuerung dieser Gegenstände statt. Krücken, Bruchbänder, Suspensorien, Inhalationsapparate, elastische Bandagen werden, soweit nötig, an die Ärzte ausgeliefert.

Für zeitweilig an Patienten ausgeliehene derartige Gegenstände müssen diese auf bestimmten Vordrucken Quittung leisten. Brillen werden nicht geliefert.

Familienangehörige finden Aufnahme in den zuständigen Krankenhäusern, soweit nach Aufnahme der berechtigten Beamten noch Platz vorhanden ist.

Alle Beamten haben Anspruch auf diese Leistungen, doch sind davon ausgeschlossen:

1. Geschlechtskranke, Trunksüchtige, Leute mit lasterhaften Gewohnheiten, Verletzungen, welche in Raufereien oder bei ungesetzlichen Handlungen entstanden sind oder chronisch Kranke, welche die Krankheit vor dem Eintritt in den Bahndienst erworben haben.

Für unsere Begriffe wunderbar sind folgende Vorschriften:

2. Ausgeschlossen sind nämlich auch Kranke, welche an Pocken, Gelbfieber, Bubonenpest oder anderen ansteckenden Krankheiten leiden, welche der Quarantäne unterliegen; von der Hospitalbehandlung sind auch ausgeschlossen: Diphtherie, Masern, Scharlach, Mumps, doch wird in diesen letzteren Fällen häusliche Behandlung und Medizin gewährt, dasselbe gilt für die Tuberkulösen. Geisteskranke haben keinerlei Anspruch an die Verwaltung; freie Impfung wird gewährt.

Sie sehen, meine Herren, daß das freie Amerika in bezug auf Geschlechts- und Infektionskrankheiten einschließlich Tuberkulose, sowie auf Geisteskranke weit weniger gewährt, als unsere Preußische Eisenbahnverwaltung, auch wird die Behandlung im Hospital auch in Amerika nur bis zur Dauer eines Jahres, im Hause nicht über 2 Jahre gewährt.

Mißbrauch oder hartnäckige Verletzung der Bestimmungen bedingt Ausschluß von den Leistungen. Eintritt der Krankheit nach Aufhören der Zahlung der Beiträge oder nach Verlassen des Dienstes schließt die Leistungen seitens der Gesellschaft aus, doch kann rechtzeitige Berufung an den Chefarzt, d. h. am Tage der Beendigung der Tätigkeit, die Weitergewährung der Leistungen bis zum Ende der Krankheit ermöglichen. Beamte verlieren das Anrecht auf Leistungen der Gesellschaft, wenn sie entlassen oder geheilt sind, oder wenn der Ausschluß aus den oben angegebenen Gründen erfolgte.

Verletzte Reisende, welche die Verletzung auf den Linien der Gesellschaft erhielten, bekommen freie ärztliche Behandlung durch die Gesellschaftsärzte, bis anderweitig darüber entschieden wird.

Verletzte Wanderer sollen zu ihren Freunden oder in die städtischen oder Gemeindeanstalten gebracht werden: bis dahin ist der Departementsarzt zur Behandlung verpflichtet; es ist notwendig hierzu zu bemerken, daß in Amerika Schranken, Sperren u. a. unbekannt sind. Jede ärztliche Behandlung, welche anderen Verletzten als Beamten zuteil wird, wird besonders auf Kosten der Gesellschaft vergütet; doch dürfen solche Patienten nur auf Anordnung des Betriebsdirektors (*Superintendent*) oder des Generaldirektors (*General Manager*) auf Kosten der Gesellschaft in ein Krankenhaus geschickt werden.

Die Pensionsverhältnisse bei der Southern Pacific Co. verlangen, daß alle Ober- und Unterbeamten mit dem 70. Lebensjahre aus dem Dienst zurückzuziehen sind. Lokomotivführer und Heizer, Zugführer und Bahnwärter, Bremser, Gepäckträger, Güterbodenaufseher, Weichensteller, Brückenwärter, Aufseher und Bahnmeister können mit 65 Jahren außer Dienst gestellt werden; diese erhalten nach 20jähriger Dienstzeit Pension. 61 bis 70jährige Beamte mit 20jähriger Dienstzeit können pensioniert werden. Höhere und niedere Beamte zwischen 61 und 70 Jahren, welche sich selbst dienstunfähig fühlen oder dies nach Ansicht ihres Vorgesetzten sind, können ihre Außerdienststellung beantragen, die Entscheidung darüber untersteht dem *Board of Pensions.* Ärztliche Untersuchung ist notwendig bei Leuten, welche unter 70 Jahren Pension beantragen, ein Bericht hierüber, der vom Chefarzt befürwortet sein muß, unterliegt ebenfalls der Entscheidung des *Board of Pensions.* Die Pensionierung erfolgt am 1. des Monats, in welchem das gesetzmäßige Alter erreicht wird, oder am 1. eines vom *Board of Pensions* bestimmten Monats.

Meine Herren! In ganz kurzen Zügen habe ich versucht, Ihnen ein Bild zu entwerfen von den bahnärztlichen Verhältnissen bei zwei der größten Bahnen Nordamerikas, welche sich ergänzend den Kontinent vom Atlantischen bis zum Stillen Ozean durchqueren, welche nicht ein staatlich geleitetes Institut darstellen, sondern von großen Privatgesellschaften geleitet werden; ich konnte Ihnen außer den ärztlichen Verhältnissen auch einen Teil der dort geübten Eisenbahn-Hygiene vorführen, nämlich die Bedingungen für die Anstellung, die Überwachung und die Pensionierung der Beamten, die Hilfeleistung bei Unglücksfällen und die Gewährung besonderer Leistungen in Erkrankungsfällen der Beamten. Sie können daraus ersehen, daß auch im freien Amerika es für notwendig für die Betriebssicherheit gehalten wird, ein geschlossenes Korps von Ärzten zur Verfügung zu haben, welches allein der Verwaltung verantwortlich ist, welches allein von der Verwaltung Vorschriften erhält. Auch jenseits des Ozeans können und wollen die Verwaltungen die Anstellung, Begutachtung und Pensionierung nicht von der Behandlung trennen. Auch im freien Amerika ist der freien Ärztewahl des freien Amerikaners eine Grenze gezogen durch die Schienenstränge, welche die Ozeane verbinden, ebenso wie dies bei uns und in unseren europäischen Nachbarländern der Fall ist.

Manches mag Sie in den Vorschriften seltsam berühren, doch ziemt es m. Erachtens nicht, da Kritik zu üben, wo die Gründe für die einzelnen Maßnahmen für uns nicht völlig klar ersichtlich sind.

Siebenter Abschnitt.

Personen- und Gepäckverkehr.

Personenfahrpreise. — Privathandel mit Fahrkarten. — Abfertigungsverfahren im Personenverkehr. Form der Fahrkarten. Fahrplanbücher. Kursbücher. Fahrkartenverkauf. — Buchführung und Abrechnung. — Abfertigungsverfahren im Gepäckverkehr (Scheckverfahren).

Personenfahrpreise.

Einen festen Satz der Personenfahrpreise, wie er bei uns für die verschiedenen Wagenklassen besteht, haben wir in Nordamerika nicht ermitteln können. E. R. Johnson, *Assistant Professor of Transportation and Commerce* an der Universität von Pennsylvania, sagt in seinem Buche „*American Railway Transportation*“ (New York 1903), in dem übrigens die Schwierigkeit eines Vergleiches der Eisenbahnfahrpreise in den verschiedenen Ländern mit Nachdruck hervorgehoben wird, die Personenfahrpreise in den Vereinigten Staaten betrügen *(range)* von etwa 1 Cent (4,16 Pf.) für die englische Personenmeile *(Passengermile)* aufwärts bis 4 und 5 Cents (16,6 und 20,8 Pf.) in den dünn bevölkerten und gebirgigen Gegenden. Den Durchschnittspreis für eine Personenmeile auf allen Bahnen der Vereinigten Staaten gibt die amerikanische Eisenbahnstatistik für das Jahr Juni 1900—1901 auf 2,013 Cents (8,37 Pf.), 1901—1902 auf 1,986 Cents (8,26 Pf.), 1902—1903 auf 2,006 Cents (8,34 Pf.) an.

Wir haben aus „*Traveller's Railway Guide*“ für November 1904 folgende Sätze für eine Anzahl von kürzeren und längeren Reisen zusammengestellt und dazu die Entfernungen in Kilometern, sowie den auf 1 km entfallenden Satz in deutscher Währung angegeben:

Von	Nach	Entfernung km	Fahrpreis M.	Für 1 km in Pf.
New York . . .	Philadelphia . . .	147	10,50	7,1
„ . . .	Washington . . .	365	27,30	7,5
Chicago	St. Louis	471	31,50	6,7
St. Louis	Kansas City . . .	557	31,50	5,7
New York . . .	Buffalo	662	33,60—38,90	5,5
Chicago	St. Paul	693	48,30	6,9
New York . . .	Pittsburg	705	44,10	6,3
Chicago	Minneapolis . . .	711	48,30	6,8
„	Pittsburg	753	44,10—50,40	6,3
„	Kansas City . . .	787	52,50	6,7
„	Omaha	803	53,60	6,7
St. Louis	St. Paul	955	67,20	7,0
New York . . .	Chicago	1468—1681	75,60—84,00	5,1
St. Louis	Denver	1632	102,90	6,3
Chicago	„	1675	123,90	7,4
New York . . .	St. Louis	1710	89,30—101,90	5,6
Chicago	San Francisco . .	3757	262,50	7,0
New York . . .	„ . .	5225	330,80	6,3

Die in dieser Tafel angegebenen Sätze betreffen natürlich die Hauptklasse *(First class)*; sie stellen sich auf 5,1 bis 7,5 Pf. für das Kilometer. Welche Sätze für die wenig vorkommende zweite Klasse erhoben und welche Ermäßigungen für gewisse Rund- und andere Reisen — regelmäßig verbilligte Rückfahrkarten gibt es in Amerika nicht — gewährt werden, ließ sich nicht feststellen. Auch konnten wir nicht ermitteln, ob in den angegebenen Sätzen etwa den Agenten oder sonstigen Verkäufern zufließende Vergütungen enthalten sind. Unter allen Umständen ist der Durchschnittsertrag der amerikanischen Bahnen aus dem Personenverkehr infolge der höheren Fahrpreise sehr viel größer als bei uns; er betrug im Jahre 1902/3 für ein Personenkilometer bei allen Eisenbahnen der Vereinigten Staaten 5,186 Pf., dagegen bei den preußisch-hessischen Staatsbahnen 2,52 Pf. im Jahre 1902 und 2,51 Pf. im Jahre 1903, also noch nicht ganz die Hälfte jenes Satzes.

Bei einer Vergleichung dieser Erträge ist natürlich zu berücksichtigen, daß der Durchschnittssatz für die niederen Fahrklassen in Deutschland sich noch erheblich geringer stellt, als der angegebene Gesamtdurchschnitt, während die weniger bemittelten Bevölkerungsklassen in den Vereinigten

Staaten einer solchen Ermäßigung der Fahrpreise nicht teilhaftig werden. Dabei ist der gewöhnliche amerikanische Personenwagen, wie bereits an anderer Stelle bemerkt ist, namentlich für längere Fahrten nicht besser als unser Wagen dritter Klasse; jedenfalls verursacht er den Eisenbahnverwaltungen nicht mehr Ausgaben; er ist vielmehr auf die größtmögliche Ausnutzung eingerichtet.

Ferner ist bei einer Vergleichung des amerikanischen Durchschnittssatzes mit dem unsrigen zu berücksichtigen, daß in den Vereinigten Staaten eine ungleich größere Anzahl von Reisenden in den Pullmanwagen, also gegen Zahlung von Zuschlägen, fährt, als bei uns die Schlafwagen und die Wagen der Expreßzüge zu benutzen pflegt. Würde man die Erträgnisse aus den von diesen Reisenden zu zahlenden Zuschlägen mitberücksichtigen, so würde sich der Unterschied zwischen dem amerikanischen und dem deutschen Durchschnittssatze ohne allen Zweifel noch erheblich erhöhen. Die Erträgnisse sind aber nicht hinlänglich bekannt. Eine Zusammenstellung einiger Sätze von Zuschlägen für die Benutzung der Pullmanwagen ist in dem neunten Abschnitt (S. 284) enthalten.

Privathandel mit Fahrkarten *(Ticket brokerage)*.

Während eine nähere Beschreibung des eisenbahnamtlichen Fahrkartenverkaufs weiter unten gegeben wird, mag an dieser Stelle auf den Handel hingewiesen werden, der in den Vereinigten Staaten von Privatpersonen, deren Geschäftsräume *(Shops)* sich in großer Zahl namentlich an den zu den Bahnhöfen führenden Straßen befinden, gewerbsmäßig betrieben wird. Dieser Handel *(Ticket brokerage)* spielt in den Vereinigten Staaten eine ebenso große, wie wenig erfreuliche Rolle. Er bildet für zahlreiche Personen einen Erwerbszweig, der nach seiner ganzen Art und Weise unserem Anstandsgefühl widerspricht und unsere Rechtsanschauungen verletzt. In den großen Verkehrsmittelpunkten, den großen Übergangsstationen und den Eisenbahnknotenpunkten macht er sich zudem unangenehm bemerkbar, indem er in marktschreierischer Weise ganze Straßenzüge für sich in Anspruch nimmt. Aber selbst bis in den weitesten Westen entbehrt auch die kleinste Station nicht ihres *Ticket*

Broker, der — wenigstens als Nebengeschäft — den privaten Fahrkartenhandel betreibt. Zum Teil ist die Entstehung dieses für die amerikanischen Eisenbahnverhältnisse charakteristischen Geschäfts auf die Abneigung des Amerikaners zurückzuführen, sich seine Fahrkarte besonders für weitere Fahrten erst bei der Abreise am Schalter der Station zu lösen. Trugen die Eisenbahnverwaltungen dieser Abneigung von jeher dadurch Rechnung, daß sie überall, wo nur einigermaßen Erfolg zu erwarten war, Stadtbureaus einrichteten, so gab die aus der Verschiedenheit in der Preisbemessung der Fahrkarten für den Durchgangs- und gebrochenen Verkehr entstehende Möglichkeit, sich billigere Fahrkarten zu verschaffen, nach amerikanischen Anschauungen von selbst den Antrieb, dies in gewerbsmäßiger Weise auszunutzen.

Ob aber diesem Geschäftszweig jemals die Blüte, die er besonders in den achtziger und neunziger Jahren des vergangenen Jahrhunderts erreicht hatte, beschieden gewesen wäre, wenn nicht die Eisenbahnverwaltungen selbst hierzu beigetragen hätten, ist immerhin recht zweifelhaft. Wie im Güterverkehr spielte auch auf diesem Gebiete der wildeste Wettkampf eine für das Wirtschaftsleben der Vereinigten Staaten nichts weniger als vorteilhafte Rolle, die wohl auch heute noch nicht ganz ausgespielt ist, wenn das jetzt auch weniger in die Erscheinung tritt. Gaben vormals die mit geradezu tötlicher Sicherheit periodisch wiederkehrenden wilden Tarif-*(Rate-)*Kriege auch den größten Verwaltungen den Anlaß, den Gegner durch eine massenweise Verschleuderung von Fahrkarten zu Spottpreisen zu unterbieten und so vom Verkehr mehr oder weniger auszuschließen, so suchen die großen Verwaltungen dies heute durch die Art, wie sie den Verkehr bedienen, zu erreichen. Die kleinen, weniger leistungsfähigen Eisenbahnverwaltungen glauben sich nach wie vor nur dadurch am Leben erhalten zu können, daß sie dem Fahrkartenhändler durch zum Teil übergroße Provisionen einen besonderen Anreiz geben, ihre Linien zu bevorzugen. Vielleicht gehen sie hierbei auch von der Voraussetzung aus, daß die Teile der Bevölkerung, die unter allen Umständen zu einem ermäßigten Fahrpreise reisen wollen, hierzu auch in anderer Weise die Gelegenheit finden würden. Hier setzt derjenige Teil des Fahrkartenhandels ein, der dem Ganzen den Stempel der unlauteren, wenn nicht betrügerischen Gebarung aufdrückt, nämlich der Ein- und Verkauf solcher Fahrkarten und Fahrkartenteile, die nur unter Täuschung der Eisenbahnverwaltung benutzt werden können, wie 1000 Meilen- und Rückfahrkarten und alle solche mit Preisermäßigung verbundenen Fahrkarten usw., die auf den Namen ausgestellt werden.

Ob sich hierauf der Schwindel, mit dem die Händler *(Scalpers)* ihr Geschäft betreiben, beschränkt, ist schwer zu sagen. Fachleute, die wir hierüber hörten, sagten uns, daß es Händler gebe, die nicht nur nicht unter dem wirklichen Preise verkaufen, sondern es auf das Gegenteil absehen, indem sie, wo sie glauben damit durchzukommen, sogar höhere Preise nehmen. Auch nach dieser Richtung hin sind die Eisenbahnverwaltungen nicht von aller Schuld freizusprechen, weil sie den Fahrkarten den Preis nicht aufdrucken, wie dies — bei uns und auch anderswo — üblich ist. Ob die Preisangabe, wie uns vielfach gesagt wurde, lediglich wegen der nicht zu vermeidenden Tarifänderungen unterbleibt, läßt sich schwer beurteilen. Keinesfalls dürfte es in der Absicht der Eisenbahnverwaltungen liegen, den Reisenden in Unsicherheit über den wirklichen Preis zu lassen; nur heißt es, übertriebene Anforderungen an das reisende Publikum stellen, wenn man es hiernach zwingt, sich über den Fahrpreis aus dem Tarifmaterial zu unterrichten. Der Fahrpreis selbst ist in den Eisenbahnkursbüchern nur selten zu finden; in der Regel ist er nur für die Hauptverkehrsbeziehungen angegeben. In den übrigen Fällen kann sich das Publikum den Fahrpreis allerdings aus der Vervielfältigung des ab und zu bekannt gemachten oder im Kursbuch angegebenen Einheitssatzes berechnen; nach unseren Anschauungen ist es aber unbillig, das zu verlangen. Doch darf man bei der Beurteilung amerikanischer Verhältnisse nicht ohne weiteres unseren Standpunkt einnehmen; wenigstens haben wir im Volke von einer besonderen Unzufriedenheit mit diesem Verfahren nichts wahrgenommen.

Daß jetzt, nachdem sich die amerikanischen Eisenbahnverhältnisse einigermaßen gefestigt haben, größere Eisenbahnen noch „mit den *Scalpers* arbeiten“, halten wir für ausgeschlossen. Von den Vertretern größerer Eisenbahnverwaltungen hörten wir, daß man von der früheren Gepflogenheit, aus Anlaß von Tarifkriegen die Fahrkarten in großen Mengen durch Mittelspersonen an die Fahrkartenhändler abzugeben, längst zurückgekommen sei. Bei plötzlicher Beendigung des Kampfes sei der Geldverlust zu groß gewesen, wenn es nicht gelang, sobald das Ende vorauszusehen war, die Fahrkarten zurückzukaufen, noch ehe die Händler davon Wind erhielten.

Was den Handel mit Freifahrtausweisen anlangt, so wurde uns gegenüber von zuständiger Seite die Möglichkeit hierzu bestritten. Selbst wenn man diese Erklärung nicht in vollem Umfange gelten lassen will, so scheint doch festzustehen, daß jetzt bei der Verausgabung von Freifahrtausweisen, namentlich an die Eisenbahnbeamten, eine scharfe Kontrolle geübt wird. Viel zweifelhafter in ihren Folgen gerade in bezug auf den Verkauf an die Fahrkartenhändler erscheint die Gewährung freier Fahrt an im öffentlichen Leben stehende Personen (Parlamentarier usw.), von denen man fürchtet, daß aus der Ablehnung ihrer Forderungen eine Schädigung der Interessen der Verwaltung zu erwarten sei. Dieser Unfug hatte einen solchen Umfang angenommen, daß durch das Bundesverkehrsgesetz die Vergebung von Freifahrtausweisen auf bestimmte Personen und Zwecke im zwischenstaatlichen Verkehr beschränkt wurde. Ob hiermit ein durchgreifender Wandel geschaffen ist, oder ob die Gewissenlosigkeit der öffentlichen Kreise so weit geht, daß sie die ihnen zur persönlichen Benutzung gewährten Freikarten veräußern, ist eine für uns offene Frage. Dies gehört indessen in das Kapitel der öffentlichen Moral, es handelt sich hier überhaupt nur um eine in anderer Form auch sonst im amerikanischen Leben wiederkehrende Erscheinung.

Über den Schwindel mit falschen Fahrkarten haben wir besondere Klagen nicht gehört. Soweit es sich dabei lediglich um Fahrkarten in unserem Sinne, nämlich Edmonson’sche dreht, wäre die Möglichkeit des Nachdruckes denkbar, kaum aber bei den in sehr umständlicher Weise hergestellten Durchgangsfahrkarten und allen den Fahrkartensorten, die nicht nach Edmonson'scher Art gestaltet sind. Edmonson'sche Fahrkarten haben wir aber eigentlich nur auf Strecken rein örtlicher Bedeutung vorgefunden.

Im allgemeinen muß gesagt werden, daß auf dem Gebiete des Fahrkartenhandels in früherer Zeit sicher schwere und beklagenswerte Mißstände vorhanden waren, auch mag zugegeben werden, daß sie selbst jetzt noch nicht ganz beseitigt sind. Immerhin muß man bei der Neigung zur Übertreibung amerikanischer Verhältnisse den hierüber verbreiteten Anschauungen gegenüber eine gewisse Vorsicht im Urteil walten lassen.

Das, was dem Deutschen, und namentlich dem deutschen Eisenbahnfachmann, in Amerika besonders auffällt, ist der öffentliche Handel mit Fahrkarten zu geringeren Preisen *(Cut rates)*. Das ist aber echt amerikanisch. Der Hotelportier bei uns, der mindestens bis zur allgemeinen Verlängerung der Gültigkeitsdauer der Rückfahrkarten im stillen einen schwungvollen Handel mit solchen betrieb und auch jetzt wohl noch betreibt, ist wie seine Helfershelfer und Abnehmer moralisch nicht höher zu bewerten, als der *Scalper* und seine Geschäftskundschaft. Im Gegenteil; in Amerika ist sogar infolge der Zurückweisung der auf die Unterdrückung dieses Handels gerichteten Gesetzentwürfe durch verschiedene einzelstaatliche Parlamente wenigstens ein Schein von Berechtigung für diese Art Geschäft vorhanden.

Die amerikanischen Eisenbahnverwaltungen müssen deshalb zur Selbsthilfe schreiten. Der Anfang ist damit gemacht, daß sich 19 der vornehmsten Eisenbahnen zu gemeinsamem Vorgehen gegen diesen Unfug zusammengeschlossen haben. Sie veröffentlichen jetzt durch das sog. *Railway Ticket Protestive Bureau* die Namen der als *Ticket Scalpers* erkannten Personen, welche in Chicago ihr Geschäft betreiben. Ob davon ein wesentlicher Erfolg zu erwarten steht, ist immerhin zweifelhaft; die Gemeinsamkeit des Vorgehens ist jedenfalls sofort wieder in Frage gestellt, wenn bei einem Rückgang in den Geschäften der Eisenbahnen der jetzt durch Abmachungen eingeschränkte Tarifkampf in früherer Stärke auch nur zeitweise wieder aufleben sollte.

Abfertigungsverfahren im Personenverkehr: Form der Fahrkarten.

Eisenbahnfahrkarten nach Edmonson'schem Muster sind in Amerika, wie schon erwähnt, wenig im Gebrauch; sie kommen, anscheinend um die bei der Einfachheit ihrer Herstellung leicht möglichen Fälschungen zu vermeiden, meist nur bei kleineren Fahrten vor. Auch die Fahrkarten in Buchform sind unbekannt, man hat statt ihrer einen bisweilen fast meterlangen Streifen, dessen einzelne, übrigens nicht durchbrochene Abschnitte für je eine der beteiligten Verwaltungen bestimmt sind und abgetrennt werden. Dabei muß, wenn mit der Fahrkarte irgend eine Vergünstigung verbunden und sie deshalb nicht übertragbar ist, auf jeden Abschnitt die Unterschrift des Inhabers und des Fahrkartenausgebers mit Beifügung des Datums gesetzt werden.

Auch die bei uns gebräuchlichen Monatskarten haben wir nicht angetroffen; man hat dafür die Möglichkeit, sich eine für eine größere Anzahl von Fahrten gültige Fahrkarte zu kaufen, die bei jeder einzelnen Fahrt an einer dazu bestimmten Stelle durchlocht wird.

Die Einrichtung der zusammenstellbaren Reisekarten ist wenig im Gebrauch, desto mehr bürgern sich die sog. Meilen-(Kilometer-)Hefte ein. Ursprünglich nur für die ausgebende Verwaltung gültig, ist ihr Geltungsbereich durch Vereinbarung verschiedener meist in der einen oder anderen Weise zusammenhängender Verwaltungen erweitert worden, indes nicht in dem Umfange wie bei unserem Rundreiseverkehr. Diesem ähnlicher ist das sog. *Excursion ticket*, meist zwar mit sehr ermäßigtem Preise, aber ohne jede Möglichkeit einer freieren Bewegung. Mehrfach wurde darüber geklagt, daß sehr oft durchgehende Fahrkarten über an sich zweckmäßige Wege von den Eisenbahngesellschaften nur aus Wettbewerbsrücksichten nicht geführt würden.

Jede Abweichung von der gewöhnlichen Einzelreise im Binnenverkehr der Verwaltung zeitigt eine Schwerfälligkeit in der Abfertigung, die den Reisenden viel mehr Zeit kostet, als die Aufgabe des Gepäcks selbst nach unserem alten Abfertigungsverfahren auf Gepäckschein (vgl. auch den Schluß dieses Abschnittes). Es kommt dem Reisenden nur nicht zum vollen Bewußtsein, weil dieser Vorgang im allgemeinen nicht — wie bei uns — im Augenblick der Abreise, sondern am Tage oder wenigstens einige Stunden vorher, und nicht am Schalter, sondern in einem der Stadtbureaus der Gesellschaft sich abspielt. In der Einrichtung einer größeren Zahl solcher Bureaus, die es dem Publikum jederzeit leicht ermöglichen, eine Fahrkarte zu lösen, ist in Amerika sehr viel geschehen und geschieht aus Wettbewerbsrücksichten immer mehr. Dies hat auch darin seinen Grund, daß der Amerikaner nicht gewöhnt ist, sich seine größeren Reisen selbst zusammenzustellen. Er überläßt dies Geschäft, wenn nicht besondere Gründe vorliegen, dem Beamten im Verkaufsbureau, der es um so lieber besorgt, als er dabei in der Lage ist, die Reise in der seiner Verwaltung günstigsten Weise zu gestalten.

Fahrplanbücher.

Die Zusammenstellung einer über mehrere Eisenbahnverwaltungen sich erstreckenden Reise bietet erhebliche Schwierigkeiten, weil das in den Händen des Publikums befindliche Fahrplanmaterial meist wenig übersichtlich, ja geradezu dürftig ist; da aber, wo letzteres nicht der Fall ist, liegt recht oft die Gefahr vor, daß die Reise ohne Rücksicht auf den Reisenden zugunsten der herausgebenden Verwaltung zusammengestellt ist. Dabei macht der sachkundige Reisende oft genug die Erfahrung, daß man selbst vor einer Entstellung der tatsächlichen Verhältnisse nicht zurückschreckt. Jedenfalls muß man sich hüten, die auf einem Fahrplan *(Time table)* angegebene Linienführung ohne weiteres als zutreffend anzunehmen. Gewöhnlich stellt eine Eisenbahnverwaltung ihre eigene Linie als die allein in Frage kommende dar; unter allen Umständen aber bezeichnet sie auf dem eigenen Fahrplan ihre Linie als den kürzesten, meist schnurgerade verlaufenden Weg, während die Wettbewerbslinie als das Gegenteil erscheint. Was nach dieser Richtung auch bei einer sozusagen offiziellen Bekanntmachung durch die *General Passenger Agents* geleistet wird, ist für den europäischen Reisenden kaum verständlich. Gibt es doch zwischen zwei großen Städten nach den Fahrplänen der verschiedenen Verwaltungen nicht selten ein halbes Dutzend von schnurgeraden Linien, während in Wirklichkeit vielleicht fünf davon große Umwege machen. Der Amerikaner fügt sich in das Unvermeidliche; für ihn handelt es sich hier um eine Reklame wie jede andere, auf die nur der Uneingeweihte ohne Prüfung hereinfällt.

Die zur Verteilung an das Publikum bestimmten Fahrpläne (Bücher oder Blätter) sind in bezug auf ihre Angaben, soweit es sich nicht um zusammenhängende Bahnsysteme oder solche für einzelne gemeinschaftlich vereinbarte Züge handelt, streng nach Eisenbahngesellschaften geschieden. Ihre Form ist fast immer gefällig, zum Teil sind sie künstlerisch und farbenprächtig ausgestattet, vielfach mit sehr guten Abbildungen der auf der Strecke vorhandenen Sehenswürdigkeiten, meist natürlich in übertriebener Anpreisung der Vorzüge ihrer Linien und Einrichtungen. Sie werden unentgeltlich verteilt und sind nicht nur auf den Bahnhöfen, in den Zügen, sondern auch in den Hotels und Restaurants, sowie bei den Agenturen massenhaft zu haben.

Es wurde uns gesagt, daß die in den Händen des Fahrpersonals befindlichen, zum Dienstgebrauche bestimmten Fahrpläne oftmals von den für das Publikum gemachten Angaben abweichen sollen, sodaß auf letztere überhaupt kein Verlaß sei. Wir haben uns von der Wahrheit dieser Behauptung nicht überzeugen können; es mag aber insofern zutreffen, als erfahrungsmäßige Zugverspätungen, die den Gang eines Zuges in bestimmter Weise beeinflussen, aus Wettbewerbsrücksichten der Kenntnis des Publikums vorenthalten werden. Jedenfalls macht sich für den europäischen Reisenden der Mangel eines tatsächlich richtigen, von unbeeinflußter Seite herausgegebenen Kursbuches, das auch die Anschlüsse an andere Bahnen enthält und vor allem mit einer geographisch richtigen Übersichtskarte versehen ist, recht unangenehm bemerkbar.

Kursbücher. Das umfassendste Kursbuch ist das von der *National Railway Publication Co.* herausgegebene Buch „*The Official Guide*“, welches auch die *National Ticket Agent's Association* als ihr Organ anerkannt hat. Es ist 5 cm dick, 25 3/4 cm hoch und 18 cm breit, während unser Reichskursbuch 3 cm dick, 23 1/2 cm hoch und 14 1/2 cm breit ist. Schon dieser Umfang macht das Buch, welches sich nicht, wie das unsrige, in einzelne Abschnitte auseinandernehmen läßt, zum Mitnehmen auf die Reise wenig geeignet. Außerdem fehlt ihm die für eine planmäßige Benutzung unumgänglich notwendige Gesamtkarte. Es enthält vielmehr über Nord-Amerika, Mexiko und Mittel-Amerika 30 Einzelkarten, die je eine Seite des Buches umfassen und keine Übersicht gestatten, und außerdem die auch den Fahrplanheften der Eisenbahngesellschaften vorgedruckten Einzelkarten. Zahlenmäßige Hinweise auf die entsprechenden Fahrpläne und Reisewege fehlen gänzlich. Dazu kommt, daß auch das Register am Schluß des Buches sehr viel zu wünschen übrig läßt, da es nur die Zugehörigkeit einer jeden Station zu einer bestimmten Eisenbahnverwaltung, nicht aber die Seitenzahl der Fahrpläne wiedergibt, was gerade in unseren Kursbüchern das Zurechtfinden außerordentlich erleichtert.

Am Anfang des Buches befindet sich ein Verzeichnis der Eisenbahngesellschaften *(General Index of Railroad and Steamship Lines)*, das aber nur die Seitenzahl angibt, auf denen die einzelnen Angaben über jede Eisenbahn, u. a. auch über die Längenverhältnisse und die Spurweite, zu finden sind. Schon aus diesen Angaben ersieht man, daß der Inhalt des Buches zum Teil ein anderer ist, als der des von unserer Postverwaltung herausgegebenen Reichskursbuches. Noch mehr tritt dies in den dem Fahrplanmaterial voraufgehenden Angaben über das Eisenbahnwesen des Landes hervor. Man merkt alsbald, daß es nicht nur für das reisende Publikum, sondern auch für den sonst mit dem Eisenbahnwesen in Verbindung stehenden Privat- und Geschäftsmann, sowie für den eigentlichen Eisenbahnfachmann bestimmt ist. Das Kursbuch enthält nämlich Mitteilungen über Eisenbahnklubs und amtliche Zusammenkünfte, über Veränderungen persönlicher Natur, die in den leitenden und wichtigen Eisenbahnkreisen eingetreten sind, und eine Liste der Leiter der einzelnen Geschäftszweige sämtlicher Eisenbahnen. Für den Privatmann ist dies deshalb von Bedeutung, weil er sich bei dienstlichen und geschäftlichen Anlässen nicht wie bei uns an das Amt, sondern an die Person des leitenden Beamten wendet. Sodann folgt in alphabetischer Ordnung die Nennung der fast unzählbaren Eisenbahn-*Associations*, und endlich die Angabe der Meilenzahl jeder Verwaltung mit Hinzufügung der mit ihnen verbundenen Schlafwagen- und Expreßgesellschaften.

Die letzteren Angaben kehren im Buche vor den Fahrplänen jeder Eisenbahngesellschaft unter gleichzeitiger Angabe der Präsidenten und sonstigen höheren Beamten der Eisenbahn im einzelnen wieder, außerdem werden daselbst noch die sämtlichen staatlichen Aufsichtskommissare aufgeführt. An dieser Stelle finden sich auch die Angaben über durchgehende Züge, Schlafwagen und sonstige besondere Bequemlichkeitseinrichtungen — meist im Reklamestil — vor, nicht aber die sonstigen Anschlüsse an fremde Bahnen. Über die an der Spitze der Fahrpläne der einzelnen Eisenbahnverwaltungen wiedergegebenen Eisenbahnkarten ist unter dem vorangehenden Teil „Fahrplanbücher" bereits das Nötige gesagt. Eine bestimmte Ordnung in der Aufzählung der einzelnen Eisenbahnverwaltungen mit ihren verschiedenen Linien ist nicht erkennbar. Auch das ist ein Mangel, weil man unter diesen Umständen regelmäßig wieder das Register zu Hilfe nehmen muß. Gerade die außerordentlich große Zahl der selbständigen Bahnen müßte es angezeigt erscheinen lassen, die alphabetische Ordnung zu wählen.

Jeder, der mit unserem Reichskursbuch — die verschiedenen amtlichen Eisenbahnkursbücher kommen hier nicht in Betracht — vertraut ist, wird aus dieser kurzen Darstellung entnommen haben, wo die Schattenseiten des amerikanischen Kursbuches liegen. Es wäre aber Unrecht, wollte man deshalb das Buch im ganzen verurteilen. Es kommt beim Eisenbahnkursbuch auf die Gewohnheit an. Gewiß ist das amerikanische Buch, welches monatlich erscheint und etwa

3 M. (im Abonnement 2 M.) kostet, nicht so im Gebrauch, wie unser Reichskursbuch. Dies liegt einmal daran, daß das reisende Publikum, wie erwähnt, mit den von den einzelnen Bahnen herausgegebenen Fahrplänen (*Time tables*) geradezu überschwemmt wird, andererseits hängt es mit der ebenfalls erwähnten Neigung der Amerikaner zusammen, sich ihre Reisen in den Stadtbureaus der Eisenbahnen zurechtlegen zu lassen. Die Möglichkeit, sich aus dem amerikanischen Kursbuch vollkommen zu unterrichten, liegt bei entsprechender Übung vor, ist aber nicht so leicht, wie bei uns.

Wir hatten Gelegenheit, mit dem Herausgeber des Buches, Mr. W. T. Allen in New York, über die hier berührten Schattenseiten, namentlich den mangelnden Seitenhinweis, zu sprechen. Mr. Allen gab an, es liege dies hauptsächlich in dem häufigen Wechsel der Fahrpläne, in dem großen Umfang des Materials und allerdings auch noch in anderen Gründen. Unter allen Umständen gab er rückhaltlos zu, daß sich unser Reichskursbuch nach Form und Inhalt in ganz hervorragender Weise zum Reisegebrauch eigne. Welcher Art die „anderen" Gründe sind, darüber ließ er sich nicht klar aus, unverkennbar aber sind es Wettbewerbsrücksichten und Eifersüchteleien zwischen den einzelnen Bahnen.

Ungleich besser für den Handgebrauch ist der von demselben Verlage herausgegebene „*Traveller's Railway Guide*", sowohl wegen seines viel geringeren Umfangs, als auch wegen seines sehr guten mit Seitenangaben versehenen Stationsregisters. Im übrigen leidet der „Führer" zwar an denselben Fehlern, wie das große Buch, bietet aber für den geringen Preis von 25 Cents (1 Mark) ein ganz außerordentlich reichhaltiges Fahrplanmaterial.

Der Druck ist in beiden Büchern sehr gut, ebenso ist an ihrer Zuverlässigkeit nicht zu zweifeln. Wenigstens geben sie den zur Zeit ihres Erscheinens gültigen Fahrplan und alle sonstigen Mitteilungen richtig wieder; für eine hin und wieder auch heute noch vorkommende willkürliche und plötzliche Änderung können die Kursbücher nicht verantwortlich gemacht werden.

Fahrkartenverkauf.

Dem Personenverkehr dienende Agenturen finden sich

nicht nur da, wo die einzelnen Gesellschaften eine Station haben, sondern an allen Orten, wo Verkehr zu erwarten ist, oder wo die Wettbewerbsbahn eine Station oder eine Agentur besitzt. (In gewisser, dem Umfang nach aber garnicht vergleichbarer Weise versuchen unsere großen deutschen Schiffahrtslinien das amerikanische Beispiel nachzuahmen.) Besonders im Westen fiel es uns auf, wie sozusagen alle, auch die kleinsten östlichen Eisenbahnverwaltungen durch Reklame treibende Agenturen die Reisenden auf ihre Linien zu locken suchen. Die Agenturen halten, um die gewonnenen Reisenden nicht zu anderen Linien gelangen zu lassen, einen Vorrat von Karten für die Vorbahnen bis zu der von ihnen vertretenen Linie und, wenn es sein muß, auch für die Anschlußlinien bis zur Zielstation.

Im Bereich der eigenen Verwaltung befinden sich — wie erwähnt — in allen Städten sog. Stadtbureaus. So hat allein die Pennsylvania-Eisenbahn in New York City gegen 20 Stadtbureaus mit zahlreichen *Clerks*. Mit jedem Stadtbureau ist ein solches von Pullman und der Expressgesellschaft örtlich verbunden, sodaß der Reisende auf dem Bahnhof selbst nichts mehr zu erledigen hat. Die Fahrkartenschalter auf den Bahnhöfen sind infolgedessen nicht in dem Maße besetzt, wie bei uns, wenigstens hält sich das bessere Publikum, abgesehen von kleinen Fahrten, möglichst fern. Gleichwohl kommt es vor, daß der Reisende lange Zeit am Schalter warten muß, wenn er das Pech hat, hinter einem Reisenden zu sein, der einen meterlangen Fahrschein erhält; sind es unglücklicherweise mehrere Reisende, so kann er seinen Zug verpassen. Doch das ist seine Schuld; er hätte längst vorher zum Stadtbureau gehen sollen. Für den Nahverkehr sind in den großen Städten in der Regel besondere Schalter vorhanden.

Der Tagesstempel wird — das Datum wird bisweilen schriftlich zugesetzt — nur den mit bestimmter Geltungsdauer ausgegebenen Rück- und Rundreisekarten aufgedruckt, und zwar mit der Hand; eine Stempelpresse, wie sie bei uns üblich ist, haben wir nirgends gesehen. Dagegen bemerkten wir auf mehreren Bahnhöfen, daß die Fahrkartenverkäufer, wenn mehrere an einem Schalter arbeiten, jeder für sich einen besonderen Stempel gebrauchen. Auf denjenigen Fahrkarten, bei denen (wie vielfach bei Abonnementskarten) die Zahl und die Tage der Fahrten kontrolliert werden sollen, sind Tages- und Monatszeit sowie die zulässige Zahl der Fahrten auf der Karte aufgedruckt, sodaß unter Umständen eine mindestens dreimalige Entwertung mit der Lochzange des Zugführers nötig ist.

Sehr umständlich ist auch das Kontrollverfahren bei den Tausendmeilenbüchern, bei deren Gebrauch die Gegenschrift des Inhabers vom Zugführer gefordert werden kann und vielfach gefordert wird.

Fahrkartenkontrolle.

Eine Bahnsteigkontrolle, wie sie bei uns eingeführt ist, kennt man nirgends. Zum Teil, besonders auf den großen Stationen, findet eine flüchtige Vorkontrolle beim Betreten der vielfach durch Gittertüren abgeschlossenen verschiedenen Bahnsteige statt. Die eigentliche Kontrolle erfolgt ausschließlich im Zuge. Aus diesem Grunde wird die Sperrung der Bahnsteige nicht streng durchgeführt; das ist auch nicht erforderlich, weil die Wagen in allen Zügen untereinander verbunden sind, sodaß die Fahrkartenkontrolle im Zuge unbehindert ausgeübt werden kann. Bahnsteigkarten werden deshalb auch nicht ausgegeben, wenigstens sind uns solche nirgends zu Gesicht gekommen.

Zu erwähnen sind noch die sog. *Headtickets*, die der Zugführer bei seinen Revisionen benutzt; es sind dies schmale farbige Pappdeckelstreifen. Der Zugführer steckt sie dem Reisenden, nachdem er seine Fahrkarte geprüft und festgestellt hat, wo er um- oder aussteigen muß, an den Hut, so daß er im Vorbeigehen stets sieht, wo der Reisende den Zug verlassen muß. Bei einigen Eisenbahnen sind für das Anstecken dieser *Headtickets* in den Wagen schmale Holzplättchen angebracht.

Als eine große Bequemlichkeit für die Reisenden muß es bezeichnet werden, daß fast in allen durchgehenden Zügen abends die Fahrkarten vom Zugführer gegen eine Quittung abgenommen und am anderen Morgen, soweit sie nicht inzwischen abgefahren sind, wieder zurückgegeben werden.

Die Buchführung der Fahrkartenausgabestellen ist in Amerika ebenso wie bei uns der Natur der Sache nach verhältnismäßig einfach. Wir fanden aber auch Stellen, bei denen Stämme von den verkauften Fahrscheinen zurückbehalten und als Grundlage für die Buchführung benutzt wurden. Anscheinend ist auf fast allen Stationen von einiger Bedeutung der Dienst so geordnet, daß nicht der Beamte am Schalter, sondern ein zweiter Beamter den Verkauf bucht, also gleichsam eine Kontrolle ausübt. Auch in den Stadtbureaus sind fast durchweg die Bedienung des Publikums und die Vereinnahmung des Geldes getrennt.

Buchführung und Abrechnung.

Fast nirgends benutzt man die Fahrkartenausgabestellen auf den Bahnhöfen oder in den Städten — wie bei uns — als Stationskassen, d. h. also zur Leistung von Ausgaben. Offenbar hält man diese Zahlungsweise nicht für sicher genug, was bei den dortigen Verhältnissen auch wohl erklärlich erscheint, da eine Kasse, die nicht bloß Geld einnimmt und bar abliefert, sondern auch zahlt und statt des baren Geldes also Beläge abliefert, ungleich schwerer zu kontrollieren ist, als eine reine Einnahmestelle. Selbstverständlich ist das amerikanische Verfahren sehr viel kostspieliger als das unsrige.

Der Verkauf der Fahrkarten durch die Zugführer ist in Amerika weiter verbreitet als bei uns. Dies hängt wohl damit zusammen, daß auf manchen Bahnhöfen Fahrkarten für Anschlußzüge usw. nicht zu haben sind. Es wurde uns von Eisenbahnfachleuten, die es wissen konnten, sehr darüber geklagt, daß bei diesem Verkauf viele Unterschleife vorkämen.

Recht umständlich ist bei den meisten Bahnen der Nachweis der verkauften Fahrkarten und der vereinnahmten Beträge. Während auf den preußisch-hessischen Staatsbahnen im Personenverkehr nur alle drei Monate Rechnung gelegt wird, muß der Fahrkartenagent bei fast allen amerikanischen Bahnen tägliche und monatliche Nachweise der verkauften Fahrkarten und außerdem noch monatliche Kassenauszüge aufstellen und dem *Auditor of Passenger Receipts* übersenden. Ebenso müssen die mit dem Verkauf von Fahrkarten betrauten Zugführer tägliche Kassen- und Meilenberichte anfertigen, sowie monatlich einen Geldablieferungsnachweis führen. Auch diese Berichte usw. gehen an den *Auditor*, auf großen Stationen aber auch wohl erst an Mittelspersonen, die *Ticket Receivers*, die das Material dann zusammengestellt dem *Auditor* übersenden.

Die Fahrkarten sollen den Reisenden im Zuge wieder abgenommen und dem *Auditor* zur Verwendung bei der Prüfung der Nachweise geordnet übersandt werden. Das Verfahren wird, soweit wir beobachten konnten, in seinem ersten Teile jedenfalls nicht vollkommen durchgeführt.

Aus einem solchen Rapportierungsverfahren entspringt natürlich auch für die Kontrollstellen eine erhebliche Arbeit. Wie außerordentlich umfangreich das Schreibwesen im Personenverkehr ist, geht wohl am besten daraus hervor, daß allein bei der Pennsylvania-Eisenbahn (*east of* Pittsburg) im Jahre 1896 — spätere Zahlen sind nicht bekannt, das Verfahren ist aber seitdem nicht geändert — 268 058 Nachweise und Übersichten verschickt sind, d. h. auf den Werktag berechnet, täglich rund 900! Da diese Schriftstücke fast ausschließlich im Bureau des *Auditor* zu prüfen, festzustellen und zu buchen sind, so kann man wohl verstehen, wenn das in diesem Bureau beschäftigte Personal im Verhältnis zu der Nutzwirkung recht hoch ist. So waren z. B. in dem Bureau dieser Verwaltung bei einer Streckenlänge von 9417 km (einschließlich der Pachtstrecken) 300 Beamte tätig, während zu gleicher Zeit die preußisch-hessischen Staatsbahnen bei einer Ausdehnung von rund 32 000 km 335 Kontrollbeamte für den Personenverkehr beschäftigten, bei der $3^1/_2$fachen Länge und der 4fachen Jahreseinnahme also nur $10^0/_0$ Beamte mehr.

Dabei ist zu berücksichtigen, daß bei den Eisenbahnfahrkartenausgabestellen im allgemeinen nur für eine einzige Wagenklasse Karten aufliegen. Nur ganz vereinzelt kennt man, wie an anderer Stelle erwähnt ist, eine eigentliche II. Wagenklasse. Dagegen wirken andererseits in Amerika wieder zwei Umstände erschwerend, nämlich der Mangel an einer Einheitlichkeit in der Form und noch mehr der Mangel der Preisangabe auf den Fahrkarten.

Nimmt man zu alledem noch die bisweilen von den

Eisenbahnbeamten mit zu versehende Verausgabung der besonderen Pullman-Fahrscheine hinzu, für welche natürlich ein besonderes Verrechnungs- und Kontrollverfahren besteht, so ist es klar, daß das Personen-Abfertigungsverfahren auf den amerikanischen Bahnen — auch unter voller Würdigung der von den unseren verschiedenen Verhältnisse — außerordentlich umständlich und kostspielig ist. Bei einer verständigen Vereinfachung könnten auf diesem Gebiete ohne Schaden, ja unter erhöhter Sicherung der Einnahmen, große Ersparnisse erzielt werden.

Abfertigungsverfahren im Gepäckverkehr. (Scheckverfahren.)

Die Eisenbahnen der Vereinigten Staaten gewähren fast durchgängig frachtfreie Beförderung des Gepäcks bis zu etwa 68 kg, was bei den sehr hohen Personenfahrpreisen nicht auffallend erscheint. Dieser Umstand bietet für das Abfertigungsverfahren große Erleichterungen; die überwiegende Zahl der Gepäckstücke bedarf keiner Verwiegung, da der Augenschein die Frachtfreiheit ohne weiteres dartut. Das frachtfreie Gepäckstück wird durch eine mittels Lederriemens befestigte Nummermarke gekennzeichnet; der Reisende erhält als Ausweis eine gleichgezeichnete Marke, den sogenannten Scheck, von dem das ganze Verfahren den Namen erhalten hat. Hiernach wird weder das Gepäckstück beklebt, noch erhält der Reisende einen Gepäckschein, wie denn überhaupt jedes Schreibwerk unterbleibt.

Die früher ausschließlich gebrauchten Metallschecks sind inzwischen bei den meisten Verwaltungen durch solche von stärkerem Papier oder von Pappe ersetzt worden. Einige Linien haben die Metallschecks noch in Gebrauch; da aber gerade die Verwendung verschiedener Schecksorten den Dienst, besonders im durchgehenden Gepäckverkehr unnütz erschwert, wird, wie uns gesagt wurde, die zur Zeit an dem alten System noch hängende Minderheit der Linien durch die Verhältnisse gezwungen, ebenfalls die Metallschecks abzuschaffen, sodaß diese dann voraussichtlich auf den Dienst zwischen einzelnen großen Binnenstationen beschränkt sein werden. Für die Abschaffung der Metallschecks war, wie uns von Gepäckexpedienten mitgeteilt wurde, der Umstand bestimmend, daß das fortwährende Ordnen der angekommenen Blechmarken und ihre Rücksendung an die Ausgangsstation — die auf dem Scheck angeordnete sofortige Rücksendung hat sich bei den größeren Abfertigungsstellen niemals bewerkstelligen lassen — zuviel Arbeit und das massenhafte Verschwinden der Marken sowohl wie der Lederriemen zu hohe Kosten verursachte. Immerhin ist die eisenbahnseitige Abfertigung des frachtfreien Gepäcks auch in dieser Form sehr einfach.

Recht umständlich ist hingegen die Abfertigung, wenn es sich um die Zahlung für Übergewicht handelt. Nach unseren Beobachtungen, die sich auf die Einsichtnahme aller Abfertigungs- und Abrechnungsvordrucke erstreckten, wird nicht bloß über das frachtpflichtige Gepäck bei den Gepäckabfertigungsstellen Buch geführt (im Versand und Empfang), sondern es werden auch Begleitpapiere ausgefertigt, die erhebliche Arbeit verursachen.

Dieses umständliche Abfertigungsverfahren für frachtpflichtige Gepäckstücke spielt aber im allgemeinen keine große Rolle, weil die Zahl dieser Gepäckstücke verhältnismäßig gering ist. Das hat seinen Grund darin, daß, wie erwähnt, Freigepäck bis zu etwa 68 kg gewährt wird. Außerdem tritt der günstige Umstand hinzu, daß der Amerikaner sein Gepäck nur in den seltensten Fällen am Schalter aufgibt. Wie er beim Reisen auf der Eisenbahn die Gesellschaft liebt und deshalb dem *Car*-System vor dem Abteilsystem den Vorzug gibt, so ist zweifellos auch beim Stadtverkehr überhaupt und bei der Fahrt zu und von den Bahnhöfen die Benutzung der Straßen- und Hochbahnen für den Amerikaner eigentlich die allein in Frage kommende Beförderungsart. Die Droschke, mit der man auch schwereres Gepäck befördern kann, bildet die nur in verschwindender Zahl vorkommende Ausnahme; der Droschkenfahrpreis ist selbst für den bessergestellten Mittelstand kaum erschwinglich.

Ist dieser hohe Preis die Ursache ihrer Nichtbenutzung oder sind die Droschken so teuer, weil sie so wenig benutzt werden, und deshalb ohne den hohen Preis nicht rentabel wären? Die Wahrheit liegt wohl in der Mitte; beide Umstände haben eine Rolle gespielt, und die hohe Bewertung der menschlichen Arbeitskraft hat den Ausschlag gegeben. Dies ist schon aus der kaum vorkommenden Gepäckbeförderung mittels Karren zu entnehmen. Hotelwagen, die das Gepäck mitbesorgen, gibt es nur ganz vereinzelt in kleineren Orten, namentlich im Westen.

Ist hiernach der Amerikaner für seine Fahrt nach und von dem Bahnhofe auf die Straßenbahnen, Hochbahnen usw. angewiesen, so ist für ihn die Trennung von größerem als Handgepäck ein Gebot der Notwendigkeit. Daraus erklärt sich die Entstehung von Transportunternehmen (Expreßgesellschaften) lediglich für diese Zwecke von selbst; ihre gute Rentabilität aber entspringt aus dem starken Reisebedürfnis des Amerikaners und den nach unseren Anschauungen immerhin recht hohen Preisen dieser Gesellschaften.

Daß man in Amerika zu ihrer Inanspruchnahme gezwungen ist, hat seine guten und seine üblen Seiten. Ist die Beförderungsgebühr auch hoch, so erreicht sie doch bei weitem nicht den Preis der Droschke. Muß ferner das Gepäck viel frühzeitiger vor der Abfahrt fertiggestellt sein, und muß man nicht selten sehr viel länger nach der Ankunft auf das Gepäck warten — wir haben viele Stunden warten müssen, und von anderen Deutschen wurde noch mehr geklagt —, so ist es doch andererseits bequem, der Sorge um die Beförderung enthoben zu sein. Man erhält vor der Abfahrt von der Expreßgesellschaft eine Marke, die man am Bahnhof gegen die Eisenbahnmarke umtauscht, und übergibt bei der Ankunft die Eisenbahnmarke gegen die Marke der Expreßgesellschaft. So haben sich diese Gesellschaften, man möchte sagen, ein Monopol auf die Beförderung des Gepäcks verschafft; das geht soweit, daß selbst Wagen besitzende Herrschaften sich der Expreßgesellschaften zur Beförderung und Abholung des Gepäcks bedienen. Jedenfalls haben auch wir die Erfahrung gemacht, daß bei eigener Abnahme des Gepäcks auf der Ankunftsstation mindestens eine Stunde bis zur Aufladung auf die Droschke oder einen Gepäckwagen zu vergehen pflegt; natürlich hängt dieser Umstand gleichfalls mit dem ganzen Verfahren zusammen und bestimmte uns schließlich, uns dem allgemeinen Brauche anzuschließen.

Für die Eisenbahnverwaltungen hat das Verfahren den großen Vorteil, daß ihnen das Gepäck — die geringe Zahl der Selbstaufgeber kommt nicht in Frage — mit einem Male und sehr frühzeitig angebracht wird; sie haben nicht nötig — und das ist wiederum mit Rücksicht auf die hohe Bewertung menschlicher Arbeitskraft sehr wichtig —, das im anderen Falle nur zeitweise beschäftigte Personal zu vermehren. Dasselbe gilt von der Ausgabe des Gepäcks, bei der nach unseren Erfahrungen auf die Selbstempfänger recht wenig Rücksicht genommen wird.

Die amerikanischen Eisenbahngesellschaften halten bisher an ihrem Abfertigungsverfahren fest. Wenn sie den Metallscheck durch den Pappscheck ersetzten, statt des Riemens (wie es scheint) mehr und mehr einen Bindfaden zur Befestigung des Schecks am Gepäck verwenden und hierbei schließlich die zum Schutze des Pappschecks bisher übliche, durch den Riemen mit letzterem verbundene Metallmarke beseitigen, so werden die persönlichen und sachlichen Abfertigungs- und Verwaltungskosten hierdurch wesentlich verringert.

Ob es mit dieser Weiterentwicklung zusammenhängt, daß über Verschleppungen des Gepäcks gerade seitens unserer aus Amerika zurückgekommenen Landsleute geklagt wird? Zu verwundern wäre es nicht. Wenn man sieht, wie bei den amerikanischen Eisenbahnen das Gepäck behandelt wird, so erscheint es geradezu als ein Glücksfall, daß wir — abgesehen von einigen Beschädigungen unserer Koffer — nicht zu klagen haben. Das Gepäck haben wir nur einmal nicht nach der Ankunft unseres Zuges erhalten können; es war dies in Kansas City, wo offenbar die ganz unzulänglichen Bahnhofsanlagen die Ursache der Verzögerung waren.

Die Frage, was die deutschen Eisenbahnverwaltungen von dem amerikanischen Abfertigungsverfahren übernehmen könnten, ist schon so oft erörtert, daß es nur einer kurzen Bemerkung hierüber bedürfen wird.*) Zunächst sind, wie

---

*) Vergl. insbesondere: Dr. v. d. Leyen, Aufsatz in der Zeitung des Vereins Deutscher Eisenbahnverwaltungen 1893, No. 97.

unsere Darlegungen ohne weiteres erkennen lassen, die Verhältnisse hüben und drüben durchaus verschieden. Das Freigepäck ist bei uns gegenüber den amerikanischen Bahnen wesentlich eingeschränkt; Süddeutschland gewährt es überhaupt nicht, und Norddeutschland bewilligt es bis 25 kg. Infolgedessen ist die Zahl der frachtfreien Gepäckstücke bei uns ungleich geringer, die der frachtpflichtigen aber umso größer. Nur in den stärkeren Verkehrsbeziehungen lohnt sich daher, wie es ja auch bereits tatsächlich besteht, ein verschiedenartiges Verfahren für frachtfreies und frachtpflichtiges Gepäck; die Hauptsache ist bei uns, daß auch für das frachtpflichtige Gepäck ein möglichst einfaches Verfahren besteht, das eine schnelle Abfertigung des Reisenden gewährleistet und den Eisenbahnverwaltungen möglichst wenig Kosten verursacht. Daß sich der Reisende von seinem Gepäck trennt, wird bei uns so lange nicht zur Regel werden, als die Benutzung der Droschke und anderer Fahrzeuge für Menschen und Gepäck zu angemessenen Preisen möglich ist.

Schließlich sei noch bemerkt, daß die hier erwähnten Expreßgesellschaften sich nicht notwendigerweise mit den gleichnamigen Gesellschaften decken, die den Stückgutverkehr auf den Eisenbahnen besorgen. (Vgl. auch S. 285.)

Achter Abschnitt.

Güterverkehr.

Frachtsätze. — Statistischer Durchschnittssatz. — Frachtbevorzugungen; Frachtberechnung bei Benutzung von Privatgüterwagen. — Abfertigungsverfahren: Begleitpapiere. Buchführung und Abrechnung. — Beförderungswesen: Wagenladungen; Stückgut. — Wagendienst: Anforderung und Gestellung; Benutzung fremder Wagen. — Tragfähigkeit der Wagen. — Anhang: Erz-, Baumwolle- und Milchbeförderung.

Frachtsätze.

Für den Fremden ist die Bildung der amerikanischen Güterfrachtsätze schwer zu ergründen. Die Frachttafeln und andere Drucksachen sind im allgemeinen wenig durchsichtig. Es ist infolgedessen nur mit besonderen Schwierigkeiten möglich und mit unverhältnismäßigem Zeitaufwande verknüpft, in die Geheimnisse der amerikanischen Tarife einzudringen. Beobachtungen und Besprechungen auf der Reise und späteres Studium des Materials haben es uns indessen ermöglicht, einen Einblick und einige Erkenntnis zu gewinnen.*)

Der Unterschied in der Frachtbemessung der Bahnen in den Vereinigten Staaten und der staatlichen deutschen Bahnen ist hauptsächlich in der Verschiedenartigkeit der Gesichtspunkte begründet, von denen man hüben und drüben bei der Herstellung von Frachtsätzen ausgeht. Auf amerikanischer Seite der bei reinen Privaterwerbsgesellschaften nur zu

---

*) Vgl. insbesondere Dr. v. d. Leyen „Die nordamerikanischen Eisenbahnen“ (Leipzig 1885 bei Veit & Co.) und „Die Finanz- und Verkehrspolitik der nordamerikanischen Eisenbahnen“ (Berlin 1895 bei Julius Springer) und Franke „Archiv für Eisenbahnwesen 1904“ (Heft 2, S. 267 ff.).

natürliche Hauptgrundsatz der Gewinnerzielung für das in den Eisenbahnen angelegte Privatkapital; auf deutscher Seite dagegen in besonderem Maße das Bestreben, allgemein volkswirtschaftliche Gesichtspunkte zur Geltung zu bringen, ohne selbst vor etwaigen Einnahmeausfällen zurückzuschrecken. Die amerikanischen Frachttafeln zeigen daher auch einen roheren Aufbau. Ein und derselbe Satz gilt häufig für eine große Gruppe von Stationen, die auf weite Entfernungen auseinander liegen, wie denn überhaupt die Entfernung an und für sich bei weitem keinen solchen Maßstab für die Tarifgestaltung bildet, wie bei uns. Es ist vielmehr eine Tatsache, daß die Nahfrachten im Verhältnis zu den Fernfrachten in Amerika in der Regel sehr hoch gehalten sind. Den Vorzug der geographischen Lage, also des natürlichen Absatzgebietes, erkennt man in Amerika nicht an, sondern erleichtert durch die Tarifgestaltung dem entfernteren Versender den Wettbewerb mit dem näher wohnenden in weitestem Umfange. Doch liegt der Grund nicht etwa in volkswirtschaftlichen Rücksichten, sondern vielmehr darin, daß die Eisenbahnen sich des Nahverkehrs auch bei verhältnismäßig hohen Frachten sicher wissen, den großen amerikanischen Fernverkehr aber durch Herabgehen bis zu den äußersten Frachtgrenzen heranzuziehen bestrebt sind. Natürlich spielen dabei die Wettbewerbsverhältnisse eine ausschlaggebende Rolle.

Die Frachtsätze sind nicht fest, sondern mehr oder weniger schwankend, d. h. es werden Frachterhöhungen, also Belastungen der Verkehrstreibenden wieder vorgenommen, sobald sich den Eisenbahnen die Möglichkeit hierzu bietet.

Indes bestehen auch in Amerika Güterklassifikationen (besonders die *official*, *western* und *southern Classification*). Sie haben sechs, die *western classification* fünf Haupt- und einige Nebenklassen (vgl. auch den dritten Abschnitt) und weisen mehr oder weniger Verschiedenheiten gegen einander auf. Trotz aller sonstigen Willkür tritt in diesen Klassifikationen doch das Wertsystem in Erscheinung. Die verschiedenen Frachtklassen gelten sowohl für Stückgut, wie für Wagenladungen. Das Stückgut tarifiert im allgemeinen nach den drei höheren, das Wagenladungsgut nach den drei niederen Klassen, doch läßt sich hierfür keine Regel aufstellen. Die Frachtsätze der Normalklassen sind hoch und übersteigen auf nahe Entfernungen unsere Normalfrachtsätze ganz wesentlich. Dazu kommt, daß der Mindestfrachtsatz für Stückgut etwa 1 M., für Wagenladungen etwa 25 M. beträgt, gegenüber 30 Pf. und 6 M. bei den preußisch-hessischen und den meisten übrigen deutschen Bahnen.*) Die amerikanischen Frachtsätze sind stark gestaffelt; so kommt es, daß sie auf weite Entfernungen, d. h. auf Entfernungen, die bei uns für die große Menge des Verkehrs überhaupt nicht mehr in Frage kommen, die deutschen Normalfrachten erreichen und zum Teil unterbieten. Da aber der Schwerpunkt der Frachtenbewegung bei uns, wie das die geographischen und wirtschaftlichen Verhältnisse mit sich bringen, in den, nach amerikanischen Begriffen kleineren Entfernungen liegt (die durchschnittliche Beförderungslänge aller Güter beträgt bei uns 115, in Amerika 390 km), so darf man sagen, daß das nach den Normalklassen gefahrene Gut, welches bei uns etwa 35 % des gesamten Frachtgutes ausmacht, in Preußen-Hessen und auch sonst fast durchweg in Deutschland sich einer niedrigeren Fracht erfreut, als das in Amerika nach den dort geltenden Normalklassen abgefertigte Gut.

Die uns mitgeteilten Lokalfrachtsätze des Pennsylvania-Bahnsystems sind bereits bekannt.**) Hierunter sei deshalb für die Great Northern- und die Duluth, Watertown and Pacific-Eisenbahn ein Frachtvergleich für einzelne wichtige Artikel der Normalklassen und für Kartoffeln (diese sind in Deutschland Artikel des Ausnahmetarifs 2 — Rohstofftarif —) wiedergegeben, der die oben gemachten Ausführungen bestätigt.

---

*) Der Unterschied in der Mindestfracht für Stückgut auf den nordamerikanischen und den deutschen Bahnen ist auch deshalb besonders bemerkenswert, weil in Deutschland fast 50 % aller Stückgutsendungen nur Frachtbeträge von 30 Pf. bis zu 1 M. einbringen.

**) Vgl. Franke, Archiv für Eisenbahnwesen 1904 (Heft 2, S. 267 ff.).

Frachtsätze für Getreide, Mehl, Ölkuchen, Ölkuchenmehl und Kartoffeln.

Entfernung	Amerika		Preußisch-hessische Staatsbahnen					
			Getreide und Mehl Spezial-Tarif I.		Ölkuchen und Ölkuchenmehl Spezial-Tarif III.		Kartoffeln Ausnahme-Tarif II. (Rohstoffe.)	
	Fracht für 100 kg	Streckensatz nach Abzug der regelmäßigen preuß. Abfertigungsgebühr für 1 tkm	Fracht für 100 kg	Streckensatz nach Abzug der regelmäßigen preuß. Abfertigungsgebühr für 1 tkm	Fracht für 100 kg	Streckensatz nach Abzug der regelmäßigen preuß. Abfertigungsgebühr für 1 tkm	Fracht für 100 kg	Streckensatz nach Abzug der regelmäßigen preuß. Abfertigungsgebühr für 1 tkm
km	Pf.	Pf.	Pf.	Pf.	Pf.	Pf.	Pf.	Pf.
8	28	27,5	10	4,5	8	2,6	8	2,6
16	37	19,4	13	4,5	10	2,6	10	2,6
24	41	14,6	17	4,5	12	2,6	12	2,6
32	46	12,5	20	4,5	14	2,6	14	2,6
40	50	11,0	24	4,5	16	2,6	16	2,6
48	55	10,2	28	4,5	18	2,6	18	2,6
56	60	9,1	34	4,5	24	2,6	19	1,8
64	64	8,6	38	4,5	26	2,6	21	1,9
72	69	8,3	41	4,5	28	2,6	23	1,9
80	73	8,0	45	4,5	30	2,6	25	2,0
88	78	7,8	49	4,5	32	2,6	26	1,9
97	83	7,6	53	4,5	34	2,6	28	2,0
153	105	6,1	81	4,5	46	2,2	41	1,9
209	124	5,4	106	4,5	58	2,2	53	2,0
257	138	4,9	128	4,5	69	2,2	64	2,0
306	151	4,5	150	4,5	79	2,2	74	2,0
354	165	4,4	171	4,5	90	2,2	85	2,1
402	179	4,2	193	4,5	100	2,2	91	2,0
499	202	3,8	237	4,5	122	2,2	105	1,9
595	225	3,6	280	4,5	143	2,2	118	1,8
708	252	3,4	331	4,5	168	2,2	134	1,7
805	275	3,3	374	4,5	189	2,2	148	1,7
901	294	3,1	417	4,5	210	2,2	161	1,7
998	349	3,4	461	4,5	232	2,2	175	1,6
1 110	413	3,6	512	4,5	256	2,2	190	1,6
1 207	468	3,8	555	4,5	278	2,2	204	1,6
1 288	505	3,8	592	4,5	295	2,2	215	1,6

Regelmäßige Abfertigungsgebühr für 100 kg in Pf.: 1— 50 km 6 Pf.
51—100 „ 9 „
darüber 12 „

Die eingerahmten preußischen Sätze sind niedriger als die amerikanischen Sätze.

Frachtsätze für Holz.

Entfernung	Amerika		Preußisch-hessische Staatsbahnen Holz-Spezial-Tarif II.	
	Fracht für 100 kg	Streckensatz nach Abzug der preußischen Abfertigungsgebühr für 1 tkm	Fracht für 100 kg	Streckensatz nach Abzug der Abfertigungsgebühr für 1 tkm
km	Pf.	Pf.	Pf.	Pf.
8	28	27,5	8	3,0
16	32	16,3	11	3,0
24	37	12,9	13	3,0
32	41	10,9	16	3,0
40	46	10,0	18	3,0
48	50	9,2	20	3,0
56	55	8,2	26	3,0
64	55	7,2	28	3,0
72	60	7,1	31	3,0
80	64	6,9	33	3,0
88	69	6,8	35	3,0
97	73	6,6	38	3,0
153	101	5,8	58	3,0
209	119	5,1	75	3,0
257	133	4,7	89	3,0
306	147	4,4	104	3,0
354	161	4,2	118	3,0
402	174	4,0	133	3,0
499	202	3,8	162	3,0
595	229	3,7	191	3,0
708	257	3,7	224	3,0
805	330	3,9	254	3,0
901	376	4,0	282	3,0
998	404	3,9	311	3,0
1 110	440	3,9	345	3,0
1 207	468	3,8	374	3,0
1 288	505	3,8	398	3,0

Regelmäßige Abfertigungsgebühr für 100 kg in Pf.: 1— 50 km 6 Pf.
51—100 „ 9 „
darüber 12 „

Die eingerahmten preußischen Sätze sind niedriger als die amerikanischen Sätze.

Frachtsätze für Hornvieh, Schweine und Schafe.

Entfernung	Amerika	Preuß.-hessische Staatsbahnen
	Frachtsätze für einen Wagen von 33 Fuß Länge (27 qm)	Einbödiger Wagen von 27 qm
km	M.	M.
8	33,3	15,1
24	45,8	23,8
48	66,6	36,7
72	87,4	49,7
97	99,8	63,2
153	129,0	89,90
209	145,6	115,80
257	158,1	135,30
306	170,6	154,20
354	183,0	167,10
402	195,5	180,10
499	220,5	206,30
595	245,4	232,20
708	274,6	262,70
805	299,5	288,90
901	324,5	314,80
998	337,0	341,00
1 110	351,5	371,30
1 207	378,6	397,40
1 288	403,5	419,30

Die eingerahmten preußischen Sätze sind niedriger als die amerikanischen Sätze.

Soweit lassen sich die Verhältnisse leichter überblicken und vergleichen. Die Schwierigkeiten liegen aber in den Ausnahmetarifen (*Through tariffs, joint tariffs, commodity tariffs etc.*). Auf die vielen Tarifkomplikationen — daß z. B. auf längere Entfernungen über dieselbe Strecke bei demselben Artikel wesentlich geringere Frachtsätze bestehen können und bestehen, als auf nahe Entfernungen, ja, daß Tarifsätze nach näher gelegenen Stationen gebildet werden durch Anstoß von Lokalsätzen an Durchgangs- (Ausnahme-) sätze für weit (1000 engl. Meilen und mehr) hinter ihnen gelegene Stationen usw. — soll hier nicht eingegangen werden. Es darf nicht wundernehmen, daß die amerikanischen Ausnahmetarife bis zu sehr niedrigen Einheitssätzen für ein Tonnenkilometer (für Kohle bis zu 0,8 Pf.) herabgehen. Es liegt das wesentlich in den — wie erwähnt — für unsere Verhältnisse ungewohnt großen Entfernungen (bis mehr als 5000 km), die die Frachten zurücklegen. Beträgt doch die Entfernung zwischen Chicago und New York, den beiden großen und lebhaften Güteraustausch pflegenden Verkehrsmittelpunkten, allein 1500—1600 km. Es liegt ferner an den Wettbewerbsverhältnissen der verschiedenen Bahnen untereinander und mit den Wasserstraßen, sowie an den finanziellen Verbindungen zwischen den Eisenbahngesellschaften und den größten Industrie- und Handelsgesellschaften, die sich mit Kohlen, Erzen, Eisen, Getreide, Holz usw. befassen.

Im Überlandverkehr beeinflußt der Wettbewerb der Seeschiffahrt die Frachten bedeutend. Die Verhältnisse in Amerika sind von den unsrigen von Grund aus verschieden und lassen uneingeschränkte Vergleiche der Höhe der Frachten nicht ohne weiteres zu. In der Frage „Beförderung auf dem Schienenwege oder auf den Wasserstraßen“ stehen die amerikanischen Eisenbahnen im Gegensatz zu unseren staatlichen Verwaltungen auf dem Standpunkte des Kampfes bis aufs Messer; und es ist ihnen in der Tat gelungen, die inländische Flußschiffahrt aus dem Felde zu schlagen oder zu lähmen, ja selbst dem sehr leistungsfähigen Seewege große Transporte (Getreide) abzunehmen. Die amerikanische Flußschiffahrt kommt im allgemeinen nicht recht vorwärts, um nicht zu sagen sie verkommt, während die deutsche, die überdies geographisch günstige Verhältnisse aufweist, sich andauernd gut entwickelt hat und sich zum Vorteil der Bevölkerung mit den Eisenbahnen in die Bewältigung des Verkehrs teilt. Zu so niedrigen Frachten wie die Schiffahrt zu befördern, würde für die deutschen Eisenbahnen, wenn sie bei den in Frage kommenden Transporten gewinnbringend bleiben wollen, jedenfalls selten möglich sein. Es mag auch dahingestellt bleiben, ob der Verkehr zu so gedrückten Einheitssätzen, wie sie zum Teil auf den amerikanischen Bahnen auf weite Entfernungen bestehen, wirklich immer lohnend ist. Solche Unterschiede, wie sie dort in den Einheitssätzen im Nahverkehr und denen des Fern- (Durchgangs-) Verkehrs bestehen, erscheinen nicht nur volkswirtschaftlich bedenklich, sondern fordern geradezu zu der Vermutung heraus, daß der Nahverkehr, und was damit vielfach gleichbedeutend ist, der kleinere Verkehrstreibende den Verlust oder den Wenigerverdienst bei den Massenartikeln über weite Entfernungen teilweise wieder aufbringen muß.

Will man die Frachtsätze der Massenartikel mit einigem Anspruch auf Richtigkeit mit einander vergleichen, so muß man verständigerweise etwa bis auf die Entfernungen herabgehen, auf die das Gut in Deutschland tatsächlich gefahren wird, und da stellt sich das Bild für unsere Verhältnisse doch nicht ungünstig. So betragen die Frachten für 1 t Koks:

Amerika			Preußen-H.	
Vom Connelsville-Bezirk (Pennsylvania-Eisenbahn) nach	km	Fracht für 1 t M.	Rohstofftarif M.	Hochofentarif M.
Pittsburg, Pa.	109	3,67	3,10	
Newport, Pa.	179	5,96	4,60	
New Castle, Pa.	188	5,96	4,80	
Youngstown, Ohio	214	5,96	5,40	
Wheeling, W. Va.	216	5,96	5,50	
Briar Hill, Ohio	219	5,96	5,50	
Sharon, Pa.	224	5,96	5,60	
Girard, Ohio	224	5,96	5,60	
Sharpsville, Pa.	228	5,96	5,70	
Niles, Ohio	232	5,96	5,80	
Warren, Ohio	238	6,65	5,90	
Shenango, Pa.	243	6,65	6,00	
Greenville, Pa.	248	6,65	6,20	*) 5,18
Cleveland, Ohio	351	7,34	8,40	**) 7,60
Columbus, Ohio	420	7,57	9,40	**) 7,70
Toledo, Ohio	529	10,32	10,90	
Cincinnati, Ohio	613	9,63	12,10	
Indianopolis, Ind.	722	10,78	13,60	
Chicago, Ill.	862	12,16	15,60	
East. St. Louis, Ill.	1 105	12,84	19,00	

*) Glückhilfgrube-Königshütte 250 km 5,18 M.

**) Essen-Burbach 335 km 7,60 M. Essen-Rombach 341 km 7,70 M.

Für Kohle stehen uns Frachttafeln für Entfernungen von 230 km an zur Verfügung. Danach sind die amerikanischen Frachten niedriger als die deutschen Frachten des Rohstofftarifs und werden nur vereinzelt von Sätzen anderer deutscher Kohlenausnahmetarife erreicht oder unterboten. Man kann aber aus der Art der Staffelung herauslesen, daß die amerikanischen Kohlenfrachten in den unter 230 km liegenden Entfernungen deutscherseits vom Rohstofftarif erreicht und, wie mit Sicherheit anzunehmen ist, unterboten werden.

Fracht der Pennsylvania-Eisenbahn für bituminöse Kohle:

Nach	Vom Clearfield-Bezirk		Preußen-H.	Vom Greensburg-Bezirk		Preußen-H.	Vom Westmoreland-Bezirk		Preußen-H.
	km	Fracht für 1 t M.	Rohstofftarif M.	km	Fracht für 1 t M.	Rohstofftarif M.	km	Fracht für 1 t M.	Rohstofftarif M.
Harrisburg, Pa.	230	5,12	5,80	349	5,53	8,40*	367	6,14	8,60
Steelton, Pa.	235	5,20	5,90	355	5,61	8,50	372	6,22	8,70
Middletown, Pa.	246	5,40	6,10	365	5,81	8,60	383	6,43	8,90
York, Pa.	274	5,94	6,70	393	6,35	9,00	410	6,96	9,20
Columbia, Pa.	277	5,94	6,80	396	6,35	9,00	414	6,96	9,30
Coatesville, Pa.	346	5,94	8,30*	465	6,35	10,00	483	6,96	10,30
Baltimore, Md.	365	6,35	8,60	484	6,76	10,30	502	7,37	10,50**
Phoenixville, Pa.	386	6,14	8,90	505	6,55	10,60	523	7,17	10,80**
Pottstown, Pa.	405	5,94	9,20	525	6,35	10,90**	542	6,96	11,10
Pencoyd, Pa.	409	6,14	9,20	528	6,55	10,90	545	7,17	11,10
Philadelphia, Pa.	410	6,35	9,20	529	6,76	10,90	547	7,37	11,20
Trenton, N. J.	442	6,96	9,70	562	7,37	11,40	579	7,98	11,60
Jersey City, N. J.	533	7,37	11,00**	652	7,78	12,60	669	8,39	12,90

Die Fracht für Erze von dem Eriehafen Cleveland nach Pittsburg (214 km) beträgt nach einer Angabe 4,95 M., nach einer anderen, gleichwie für die etwas kürzere Verkehrsbeziehung Ashtabula—Pittsburg 4,05 M.***) für die Tonne; nach dem preußischen Hochofen-Erztarif würde sie 4,10 M. betragen. Die *United Steel Corporation* berechnet auf ihrer den eigenen Erzverkehr nach Pittsburg vermittelnden Bessemer and Lake Erie-Bahn den für 205 km ungewöhnlich niedrigen Satz von

*) Hörde—Hamburg 340 km 5,50 M.

**) Königshütte—Stettin 511 km 7,53 M.

***) Vgl. Macco, Aufsatz in „Stahl und Eisen" 1904, No. 2 u. 3.

2,44 M. Die Fracht nach dem preußischen Hochofen-Erztarif würde 4 M. betragen.

Hoch ist dagegen der Frachtsatz für die gewaltige Menge Eisenerze aus dem Mesabibezirk nach dem Lake Superior. Sie beträgt für 118 km 3,36 M. Allerdings sind hier die der Höhe nach unbekannten Überladekosten in das Schiff eingerechnet. Die preußische Fracht für 118 km stellt sich nach dem mehrerwähnten Erztarif auf 2,80 M.

Von Stationen der Cornwall and Lebanon-Eisenbahn

nach	km	beträgt die Fracht nach Angabe der Pennsylvania-Eisenbahn für 1 t M.
Sparrows Point (Md.) .	183	8,19
Steelton (Pa.)	19	1,63
Pittsburg (Pa.) . . .	427	10,65
Buffalo (N. Y.) . . .	580	10,65
Johnstown (Pa.) . . .	301	9,82

Ob der Verkehr von hier erheblich ist, sodaß diese Frachtangaben einen allgemeineren Wert haben, ist uns nicht bekannt. Nach dem preußischen Erztarif würde die Fracht betragen:

nach	Sparrows Point	3,70	M.
„	Steelton	1,00	„
„	Pittsburg	6,20	„
„	Buffalo	7,80	„
„	Johnstown	5,00	„

Bei dem Einfluß, den die Frachten auf die Höhe der Bezugskosten der Erze ausüben, und bei der Bedeutung, die die Höhe dieser Bezugskosten für weite Kreise der Bevölkerung in Amerika und Deutschland hat, schienen uns ausführlichere Mitteilungen hierüber angebracht zu sein. Um jedoch den Zusammenhang in der Darstellung der Tarifbildung für eine Reihe von Massengütern nicht zu stören, haben wir diese Mitteilungen in einen Anhang zu dem gegenwärtigen Abschnitt verwiesen. Dort werden auch einige Ausführungen über die ebenfalls wichtige Frage der Baumwollebeförderung und zum Schlusse noch nähere Mitteilungen über die in Amerika und auf den preußisch-hessischen

Bahnen geltenden Milchfrachten gemacht. Obwohl der Milchverkehr nicht so große Bedeutung besitzt, haben wir doch eine eingehende Erörterung über die Milchbeförderung und die Milchfrachten in den beiden Ländern für zweckmäßig erachtet, weil im Februar d. Js. der amerikanische Professor Dr. Meyer (Chicago) zu ungunsten unserer Beförderungsart und unserer Tarife Angaben gemacht hat, die der Wirklichkeit nicht entsprechen.

Bekannt ist, daß Weizen in den Verkehrsbeziehungen Chicago—Boston und —New York von den Eisenbahnen sehr billig gefahren wird.

Die Baltimore and Ohio-Eisenbahn gab uns folgende Frachtsätze für die deutsche Tonne an:

		Lokalsatz	Ausfuhrsatz
Chicago—New York	(1468 km)	13,80 M.	11,50 M.,
Chicago—Boston	(1641 km)	15,60 M.	11,50 M.,

was einem Streckensatze für 1 tkm entspricht von

	Lokalsatz	Ausfuhrsatz
Chicago—New York	0,94 Pf.	0,783 Pf.,
Chicago—Boston	0,95 Pf.	0,7 Pf.

Diese Frachtsätze sind gewiß erstaunlich niedrig. Sie sind das Ergebnis eines jahrzehntelangen Wettkampfes zwischen dem Schiffs- und Eisenbahnwege, wobei der Schiffsweg so gut wie aus dem Felde geschlagen ist. Auch hier darf man aber wohl fragen: „Lohnen solche Frachten — wenigstens die Ausfuhrfrachten — tatsächlich? Sind es nicht vielmehr andere Gründe, derentwegen die Eisenbahnen das Getreide um jeden Preis fahren wollen?“ Bei uns bewegt sich Getreide über solche Entfernungen nicht, es spielt auch nicht eine solche Rolle wie auf dem Frachtenmarkte Amerikas, da es dort auch im Verhältnis in viel größeren Massen erzeugt wird und einen der wesentlichsten Ausfuhrartikel bildet. Die regelrechten Getreidefrachten sind bei uns erheblich höher, sie betragen abgesehen von der Abfertigungsgebühr 4,5 Pf. für 1 tkm. Die für einen großen Teil des Verkehrs im Osten der preußischen Monarchie geltenden Ausnahmesätze gehen bis zu 3,2 Pf. für 1 tkm herunter.

Was von den bisher genannten Massenartikeln in bezug auf die Höhe der Frachten gesagt ist — niedrig im Fernverkehr, hoch in der Regel im Nahverkehr — gilt mehr oder weniger auch von anderen Massenartikeln. Für Holz bestehen schon deshalb niedrige Sätze für 1 tkm, bis auf etwa 1 Pf. herab, weil bei der ungleichen Verteilung der Bestände im Lande — der Osten ist holzarm, andere Gebiete, namentlich im Westen, sind holzreich — der Absatz im großen sich auf besonders weite Entfernungen vollzieht.

Für Düngemittel, die bei uns in großen Massen zu sehr niedrigen Frachtsätzen gefahren werden, scheinen in Amerika besondere Ausnahmetarife nicht zu bestehen, wenigstens sind uns keine bekannt geworden. Dies wird daran liegen, daß der Boden in Amerika — weil nicht so ausgesogen und an sich ertragreicher — ihrer Zuführung noch wenig bedarf und ein Massenversand von Düngemitteln sich daher noch nicht entwickelt hat.

Bezüglich der Milchfrachten ergibt ein Blick in die Frachttafeln, die in dem Anhang dieses Abschnittes mitgeteilt werden, daß unsere Milchfrachten erheblich, auf nahe Entfernungen zum Teil 5mal niedriger sind, als die amerikanischen. Haben nun zwar die Frachten für Milch keine irgendwie ausschlaggebende Bedeutung für die Beurteilung der Frachtverhältnisse im großen, so glauben wir sie doch an dieser Stelle der besonderen Umstände halber kurz erwähnen zu sollen.

Aus diesen Ausführungen folgt, daß man nicht alle Veröffentlichungen über Frachten in Amerika und Deutschland ohne weiteres als bare Münze hinnehmen kann, selbst wenn sie von einem Manne ausgehen, der wie Professor Meyer Anspruch darauf macht, auch von den amtlichen Kreisen Amerikas ernst genommen zu werden. Man braucht darum den amerikanischen Eisenbahnen die Anerkennung nicht zu versagen, daß sie ihren Massen-Fernverkehr billig bedienen.

Statistischer Durchschnittsfrachtsatz.

Die vorstehenden Darlegungen zeigen, wie schwierig es ist, die amerikanischen und unsere Frachtsätze mit einander zu vergleichen. Dessenungeachtet kehren in Deutschland die Versuche immer wieder, den deutschen Eisenbahnen die amerikanischen Gütertarife ohne weiteres als nachahmenswerte Muster vorzuhalten. Dabei wird insbesondere auch der statistische Durchschnittssatz ins Feld geführt, also der Betrag, der an roher Frachteinnahme durchschnittlich auf ein Tonnenkilometer entfällt.

Dr. von der Leyen und Franke*) haben die Gründe, aus welchen derartige Vergleiche der tarifmäßigen Frachtsätze kein zutreffendes Bild gewähren können, überzeugend dargetan, zugleich aber auch die Verhältnisse angeführt, die den amerikanischen Bahnen uns gegenüber bei Beförderung der Massengüter zugute kommen. Vor allem werden die Selbstkosten wesentlich herabgedrückt durch die viel größeren Entfernungen, auf die das Gut gefahren wird, woraus sich allein schon für Amerika ein verhältnismäßig niedriger statistischer Durchschnittsfrachtsatz ergeben muß. Wie im einzelnen hierdurch die beiderseitigen Durchschnittssätze beeinflußt werden, wird kaum festzustellen sein. Keinesfalls ist der sich daraus ergebende Unterschied gering; mangels auch nur einigermaßen zuverlässiger Unterlagen hat aber davon abgesehen werden müssen, ihn ziffernmäßig zu ermitteln.

Dagegen soll auf Grund des von uns in Amerika gesammelten Materials über die Ergebnisse des Jahres 1902/03 der Versuch gemacht werden, einige Berechnungen anzustellen, die teils ein gleichmäßiges Ermittelungsverfahren hüben und drüben bezwecken, teils davon ausgehen, daß man den Güterverkehr nicht für sich allein betrachten darf, sondern daß man den Personenverkehr mit in Betracht ziehen muß. Wir sind der Meinung, daß beide Verkehre in engster Wechselwirkung zu einander stehen; der eine Verkehr fördert den anderen, und beide Verkehre sind die sich ergänzenden Haupteinnahmequellen der Eisenbahnen. Wenn eine Eisenbahn hohe Einnahmen aus dem Personenverkehr erzielt, so kann sie sich im Güterverkehr mit geringeren Sätzen begnügen, als im umgekehrten Falle; und wenn eine Eisenbahn auch noch auf sonstigen Gebieten über Einnahmequellen

*) Dr. v. d. Leyen „Die Finanz- und Verkehrspolitik der nordamerikanischen Eisenbahnen“ und Franke „Archiv für Eisenbahnwesen 1904“ (Heft 2, S. 267 ff.).

von Bedeutung verfügt, die anderen Eisenbahnen fehlen, so muß auch dieser Umstand bei der Vergleichung mit in Betracht gezogen werden.

Nach dem Ergebnis unserer Berechnungen gestaltet sich, wie die nachstehenden Ausführungen dartun, der Vergleich für die deutschen Eisenbahnen keineswegs ungünstig.

Der statistische Durchschnittsfrachtsatz für das Tonnenkilometer betrug für die amerikanischen Eisenbahnen nach der amerikanischen Eisenbahnstatistik 2,18 Pf., für die preußisch-hessischen Bahnen im Jahre 1902/03 = 3,54 Pf., oder bei Mitberücksichtigung der Tonnenkilometer des frachtfreien Dienstguts, das auch in Amerika berücksichtigt, im preußischen Satze aber außer Betracht geblieben ist, 3,28 Pf., sodaß der statistische Durchschnittsfrachtsatz in Amerika 1,10 Pf. geringer war als bei uns.

Der Unterschied wäre erheblich kleiner, wenn der amerikanische Expreßgutverkehr nicht ganz ausgeschieden wäre. Dieser, bekanntlich durch selbständige Gesellschaften bediente Verkehr umfaßt einen großen Teil der bei uns als Stückgut und Eilgut beförderten Sendungen. Es würde daher richtig sein, um einen zutreffenden Vergleich zu erhalten, Tonnenkilometer und Fracht des Expreßgutes dem Eisenbahnverkehr zuzurechnen; alsdann würde sich der amerikanische Durchschnittssatz erhöhen. Da aber die Tonnenkilometer nicht bekannt sind, erübrigt nur, die Reineinnahme der Eisenbahnen aus diesem Verkehr der Einnahme aus dem Güterverkehr zuzurechnen. Der Expreßgutverkehr brachte den amerikanischen Eisenbahnen im ganzen eine Einnahme von 38331964 Dollars = rund 159450000 M. Dabei ist zu berücksichtigen, daß die Expreßgesellschaften das Gut selbst annehmen, verladen und ausliefern; die Eisenbahnen sparen also das Personal, das sie bei eigener Bewältigung dieses Verkehrs haben müßten. Die Expreßgesellschaften beschäftigen 63000 Leute und zahlen im Durchschnitt für die Person rund 700 Dollars Lohn. Wird weiter berücksichtigt, daß der weitaus größte Teil dieses Personals auf Annahme, Verladen und Ausgabe des Gutes entfällt, so darf angenommen werden, daß die Eisenbahnen mindestens die Hälfte dieser Leute = 31500 mit einem Lohn von 22 050 000 Dollars = 91 728 000 M. für die gleiche Arbeit nötig haben würden. Dieser Betrag muß als erspart gelten. Danach ist als Reinertrag der Eisenbahnen aus dem amerikanischen Expreßgutverkehr die Summe von mindestens 159450000 + 91728000 M. = rund 251200000 M. zu betrachten.

Trägt diese Berechnung schon zur Erhöhung des amerikanischen Durchschnittssatzes bei, so ist die Steigerung noch erheblicher, die einträte, wenn die amerikanischen Eisenbahnen im Personenverkehr nur den preußisch-hessischen Durchschnittspreis erhöben, den Ausfall aber im Güterverkehr wieder einbringen müßten.

In Preußen-Hessen brachte der Personenverkehr eine Einnahme für das Personenkilometer von 2,517 Pf.,
in Amerika „ 5,186 „
Unterschied 2,669 Pf. = 106 %.

Die durch die höheren Fahrpreise in Amerika erzielte Mehreinnahme im Personenverkehr beträgt danach nicht weniger als rund 902 900 000 M., die als Ausfall im Personenverkehr durch den Güterverkehr zu decken wären.

Als dritter Umstand kommt in Betracht, daß die amerikanische Postverwaltung den Eisenbahnen bedeutend höhere Vergütungssätze als die deutsche Postverwaltung zu zahlen hat. Geht man davon aus, daß die amerikanischen Eisenbahnen diesen Vorteil nicht hätten, vielmehr den Ausfall, den sie bei Anwendung unserer Postvergütungssätze erleiden würden, ebenfalls durch den Güterverkehr decken müssten, so würde sich folgende Rechnung ergeben: Die Eisenbahnen der Vereinigten Staaten haben für die Beförderung des Postgutes 36 195 116 Dollars = 150 572 000 M. erhalten. Der Anteil dieser Summe an dem Gesamtaufkommen im Güterverkehr der amerikanischen Eisenbahnen beträgt 2,55 %, der preußisch-hessischen nur 0,52 %, obwohl bekanntlich die amerikanische Post bei weitem nicht so viel Paketverkehr hat, als die deutsche. Die Mehreinnahme Amerikas im Verhältnis zu Preußen-Hessen wird danach mindestens

$$150\,572\,000 - \frac{52 \cdot 150\,572\,000}{255} = \text{rund } 119\,867\,000 \text{ M. betragen.}$$

Die Eisenbahnen erhalten ferner eine Entschädigung für die Vorhaltung des Postwagenparks in Höhe von 5 033 664 Dollars = 20 939 000 M. Die 2090 Postwagen (1116 ganze Wagen und 2923 Abteile, von denen je drei als ein ganzer Wagen gezählt sind) verursachen, bei einer sehr reichlich (auf 13 %) angenommenen Verzinsung und Tilgung der Beschaffungskosten (je 3500 Dollars = 7 315 000 Dollars) und bei Einrechnung eines reichlich bemessenen Durchschnittsbetrages für Unterhaltung, Reinigung und Beleuchtung der Wagen (700 Dollars), den Eisenbahnen einen wirklichen Aufwand von höchstens 2 410 000 Dollars oder 10 025 000 M. Es verbleiben den amerikanischen Eisenbahnen also als Reineinnahme aus diesem Geschäft 20 939 000 — 10 025 000 = 10 914 000 M., zusammen mit den eben berechneten 119 867 000 M. also rund 130 800 000 M., die als verhältnismäßige Mehreinnahme der amerikanischen Eisenbahnen für den Postverkehr anzunehmen sind.

Faßt man diese drei Summen zusammen, so hätte bei gleichen Verhältnissen hüben und drüben der amerikanische Güterverkehr 251 200 000 M. + 902 900 000 M. + 130 800 000 M. = 1 284 900 000 M. mehr einbringen müssen; es hätte alsdann der statistische Durchschnittssatz für Amerika nicht mehr 2,18 Pf., sondern 2,68 Pf. betragen gegen 3,28 Pf. in der preußisch-hessischen Eisenbahngemeinschaft.

Es würde sodann immer noch der sehr beträchtliche Unterschied von 0,60 Pf. für das Tonnenkilometer zu ungunsten der preußisch-hessischen Eisenbahnen verbleiben; und man könnte versucht sein zu vermuten, daß die Betriebs- und Verkehrseinrichtungen unserer Eisenbahnen doch nicht auf der Höhe seien, um die Selbstkosten des Transports so zu gestalten, daß ein befriedigendes Wirtschaftsergebnis erzielt wird. Eine solche Schlußfolgerung wäre unzutreffend; es kommt vielmehr für den Vergleich noch ein Umstand in Betracht, der bisher bei den Gegenüberstellungen der Erträgnisse der Eisenbahnen ziffernmäßig nicht genügend klar gestellt worden ist. Er betrifft das Anlagekapital. Die amerikanische Eisenbahnstatistik für 1902/03 verzeichnet:

ein Stammkapital *(Stocks)* von 6 155 559 032 Dollars,
eine Obligationsschuld *(Funded debt)*
von 6 444 431 226 „

also ein Anlagekapital von 12 599 990 258 Dollars = 52 415 959 473 M., d. h. für 1 km 157 232 M.

Demgegenüber betrug das Anlagekapital der preußisch-hessischen Eisenbahngemeinschaft am 31. März 1903 = 8 359 767 174 M., d. h. für 1 km 261 510 M.

Es ergibt sich also auf das Kilometer ein ganz bedeutender Unterschied zugunsten der amerikanischen Bahnen, denen bekanntlich vielfach Grund und Boden in einem für unsere Verhältnisse garnicht denkbaren Umfange von den Vereinigten Staaten unentgeltlich überwiesen ist.*) Das Anlagekapital der Eisenbahnen der Vereinigten Staaten beträgt, obwohl die Eisenbahnen sogar noch mehrfach Mitbesitzer von Bergwerken und anderen industriellen Anlagen sind und daraus jährlich gegen 50 000 000 Dollars Reineinnahme erzielen, nur durchschnittlich 60,1 % des für die preußisch-hessischen Staatsbahnen für das Kilometer durchschnittlich aufgewendeten und alljährlich zu verzinsenden Kapitals; dieses ist also um 39,9 % höher. Hätten unsere Staatseisenbahnen aber ein um 39,9 % geringeres Anlagekapital zu verzinsen gehabt, als sie tatsächlich verzinst haben (mit 6,54 %), so hätten sie 215 965 000 M. Einnahmen entbehren können. Wäre diese Summe dem Güterverkehr zugute gekommen, so hätte der Durchschnittsertrag für das Tonnenkilometer nicht mehr 3,28 Pf., sondern nur noch 2,46 Pf. betragen.

Nach diesen Berechnungen ständen mithin bei Gleichmachung der Personenfahrpreise, bei Einbeziehung des Expressgutverkehrs in die Statistik, bei gleichen Vergütungssätzen für den Postverkehr und endlich bei gleich hohem verzinslichen Anlagekapital der Eisenbahnen als statistische Durchschnittsfracht

---

*) Nach Dr. v. d. Leyen handelt es sich um die Überweisung von Staatsländereien im Umfange von 757 000 qkm, d. h. nicht viel unter dem anderthalbfachen Umfange des Deutschen Reiches; auch Geldunterstützungen sind in namhafter Höhe gewährt.

im Güterverkehr sich die Sätze von 2,68 Pf. für Amerika und von 2,46 Pf. für Preußen-Hessen gegenüber. Der preußisch-hessische Satz wäre also um fast $^1/_4$ Pfennig **niedriger** als der amerikanische.

In dieser Weise könnte die schätzungsweise Gleichmachung oder Gleichbewertung der Durchschnittspreise für die Benutzung der Eisenbahnen noch fortgesetzt werden. Sie würde im Endergebnis voraussichtlich den Vergleich für Amerika keineswegs günstiger gestalten.

Für Amerika wäre zwar in Betracht zu ziehen, daß die Durchschnittsbesoldung, die dort den Beamten und Arbeitern gezahlt wird, wesentlich höher ist als bei uns, und daß die Eisenbahnen verhältnismäßig höhere Steuern (*Taxes*) zahlen als unsere Eisenbahnen. Auf der anderen Seite wäre aber zu beachten, daß die unverhältnismäßig geringere Streckenbewachung in Amerika die Beschäftigung einer weit niedrigeren Beamtenzahl zuläßt, und daß vor allen Dingen das Feuerungsmaterial für die Lokomotiven in Amerika billiger ist als bei uns.

Für Preußen-Hessen wäre namentlich zu berücksichtigen, daß die Eisenbahnverwaltungen bedeutend höhere Aufwendungen sozialpolitischer Art als die amerikanischen Eisenbahnen zu machen haben, und daß unsere Sicherheitsvorschriften unverhältnismäßig höhere Aufwendungen für bauliche Anlagen, für Sicherheitseinrichtungen und für die Bahnbewachung erfordern. Vor allem wäre aber auch noch darauf hinzuweisen, daß die preußisch-hessischen Staatseisenbahnen über die Verzinsung und Tilgung ihres Anlagekapitals hinaus und nach Bestreitung der Kosten für ganz bedeutende Ergänzungs- und Erweiterungsbauten der Bahnanlagen aus ihren Betriebsergebnissen alljährlich hunderte von Millionen Mark zur Bestreitung der allgemeinen Staatsausgaben beitragen, zu deren Deckung im anderen Falle die steuerzahlenden Staatsbürger in Anspruch genommen werden müßten. Das ist ein wesentlicher Unterschied zwischen der Tarifpolitik der Staatsbahnen und der Privatbahnen, daß die Überschüsse jener nicht dem Dividendeninteresse von Eisenbahngesellschaften, sondern der Gesamtheit der Steuerzahler des

Landes zugute kommen, soweit sie nicht zur weiteren und besseren Ausgestaltung des Eisenbahnwesens sowie zu Tarifermäßigungen verwendet werden.

Die vorstehenden ziffernmäßigen Darstellungen beruhen allerdings teilweise auf Schätzungen, sie kommen aber überall ohne jeden Zweifel der Wirklichkeit nahe und sind daher in Anbetracht des an sich rohen Durchschnittssatzes genügend zuverlässig. Sie lassen deutlich erkennen, daß mit einem bloßen Vergleich der nackten Zahlen nichts anzufangen ist, daß ein solcher vielmehr zu falschen Schlüssen führen würde. Denn es spielen dabei, abgesehen von einer ganzen Reihe unbedeutender Berechnungsabweichungen, wichtige, tiefgreifende Umstände eine Rolle, die nicht in den Betriebs- und Geschäftseinrichtungen der Eisenbahnen, sondern in den allgemeinen Staatseinrichtungen und in den Volksgewohnheiten begründet sind.

Es mag schließlich noch in kurzen Worten der Geschichte des statistischen Durchschnittsfrachtsatzes gedacht werden.

In Nordamerika haben bekanntlich wilde und ungesunde Wettbewerbe besonders in früherer Zeit bedeutende Schwankungen der Frachteinnahmen verursacht. Es haben zuweilen so starke Preisermäßigungen stattgefunden, daß Konkurse und Zwangsverkäufe von Eisenbahnen keine Seltenheit mehr waren. Bis zum Ende des Jahres 1898/99 zeigte der statistische Durchschnittsfrachtsatz (in Cent für 1 *tonmile,* in Pfennigen für 1 tkm) eine stete Abnahme und betrug in diesem Jahre 0,724 Cents (2,06 Pf.). Von da ab setzt aber, wie auch die *Interstate Commerce Commission* wiederholt betont hat, die steigende Tendenz ein, sodaß der Durchschnittssatz für das Jahr 1902/03 bereits wieder 0,763 Cents (2,18 Pf.) betrug. Nach den neuesten Veröffentlichungen für das Jahr 1903/04 ist abermals eine Erhöhung auf 0,780 Cents (2,22 Pf.) eingetreten. Allem Anschein nach ist man übrigens in Amerika in bezug auf die Erhöhung der Frachten noch längst nicht am Ende; bei unserer Anwesenheit in Amerika wurde vielfach die Befürchtung geäußert, die Eisenbahnverwaltungen wollten die Frachtsätze durchweg um 20 % erhöhen; natürlich hat dieser Versuch einen Sturm der Entrüstung in den Kreisen der amerikanischen Verkehrsinteressenten hervorgerufen.*) Namentlich beklagt man immer und immer wieder den Mangel an jeglicher Stetigkeit, während gerade diese für Handel und Industrie so wertvoll ist.

Die umgekehrte Erscheinung zeigt sich bei den deutschen Staatseisenbahnen. Wie in der im deutschen Reichs- und preußischen Staatsanzeiger veröffentlichten Abhandlung: „Die Entwicklung der Gütertarife der preußisch-hessischen Staatseisenbahnen. Berlin 1904"**) an der Hand der Tatsachen im einzelnen nachgewiesen ist, sind bei diesen Eisenbahnen seit Jahren nur Ermäßigungen der Frachten, teils durch Ermäßigung der Sätze, teils durch Versetzung der Güter in niedrigere Frachtklassen, vorgenommen; der statistische Durchschnittssatz ist seit 1896/97 um etwa 0,20 Pf. gesunken. Vor allen Dingen sind aber bei uns die Verschiedenheiten, die unter der Herrschaft der Privatbahnen teils offen, teils geheim bestanden, aus der Welt geschafft; auch sind einseitige Tarifbildungen unmöglich, weil über alle Fragen von Bedeutung erst entschieden wird, nachdem von einem Beirat sachverständiger Männer aller beteiligten Kreise das Für und Wider reiflich erwogen worden ist.

Frachtbevorzugungen.

Zweifellos haben die gegen unlautere Frachtberechnungen in Amerika getroffenen gesetzgeberischen Maßnahmen zur Folge gehabt, daß die beiden in Betracht kommenden Parteien — Eisenbahn und Verfrachter — das größtmögliche Stillschweigen über etwaige Frachtbevorzugungen bewahren. Obwohl wir fast überall, wohin wir kamen, bei den Eisenbahnverwaltungen großes Entgegenkommen fanden, so schien man nach dieser Richtung doch eine offene Aussprache zu scheuen, wenigstens versuchte man in der Regel das nähere Eingehen auf diese

*) Würde die behauptete Erhöhung, die einer Mehreinnahme von etwa 250 Millionen Dollars gleichkäme, dem amerikanischen Durchschnittsfrachtsatz hinzugefügt werden, so würde sich dieser um etwa 0,41 Pf. erhöhen. Vgl. übrigens hierzu S. 240.

**) Ihr Verfasser ist nach einer vom Staatsminister von Budde im preußischen Herrenhause gemachten Mitteilung der Unterstaatssekretär, Wirkliche Geheime Rat Fleck.

Fragen mit der Bemerkung abzuwehren, daß seit Erlaß der neuen Verbotsgesetze lediglich die veröffentlichten Tarife ohne jede Einschränkung und Ausnahme zur Anwendung kämen.

Unter allen Umständen kann man annehmen, daß von den maßgebenden Beamten Refaktien durch Zulassung zu niedriger Gewichts- oder falscher Inhaltsangabe nicht mehr gewährt werden. Nur da, wo bei starkem Wettbewerb der Eisenbahn-Frachtagent sich berufen fühlt, auf jede nur mögliche Art seiner Verwaltung den Verkehr zuzuführen, kommt es, wie uns gesagt wurde, noch vor, daß der nicht erfahrene Verfrachter durch die Zusage gewonnen wird, man werde gegenüber seinen falschen Angaben ein Auge zudrücken. Das schließt natürlich nicht aus, daß, wenn bei einer Nachprüfung — und solche finden in großem Umfange durch hierfür eingesetzte Kommissionen statt (vgl. auch S. 101 „*Central Freight Association*") — Entdeckung eintritt, die Fracht nacherhoben wird und zwar ohne Zuschlag, da man, wie schon bemerkt, in den Vereinigten Staaten keinerlei Strafen für falsche Gewichts- und Inhaltsangabe kennt.

Früher gehörte es zu den Gepflogenheiten der für ihre Gesellschaft werbenden Frachtagenten, da, wo aus irgend welchen Gründen ein offener Frachtnachlaß nicht angebracht erschien, das Geschäft aber ohne Nachlaß nicht zu machen war, ihm einen Deckmantel umzuhängen, m. a. W. neben dem Frachtgeschäft ein Scheingeschäft abzuschließen. So erzählte uns ein seit 30 Jahren im praktischen Eisenbahndienst stehender Herr, man habe z. B., um einen Erntetransport zu gewinnen, gar kein Bedenken getragen, dem Farmer einen Teil seines Viehbestandes zu übertrieben hohen Preisen abzukaufen, nur um den Frachtsatz selbst unberührt zu lassen.

Um den Eisenbahnen große Transporte zuzuführen, sollen Nachlässe auch in der Form gewährt worden sein, mitunter auch jetzt noch gewährt werden, daß man z. B. bei aus dem Auslande bezogenem Reis den Transport bis zur amerikanischen Küste ganz oder teilweise übernommen habe. Derartige, die Frachtnachlässe verschleiernde Formen könnten noch weiter angeführt werden, denn die Findigkeit der Amerikaner ist auch auf diesem Gebiete groß. Das alles beruht aber mehr oder weniger auf Äußerungen von Leuten, die in der Regel aus irgend einem Grunde gegen die Eisenbahnen eingenommenen sind; und es ist schwer zu sagen, wie weit die Tatsachen reichen, und wo die auch auf diesem Gebiete üppig sprießenden Gerüchte beginnen.

Um auf die Wirklichkeit zu kommen, so wurde uns allerdings von durchaus zuständiger Seite zugegeben, daß man es tatsächlich auch heute noch nicht ablehne, mit größeren Verfrachtern den Tarifsatz je nach der Lage des Einzelfalles vertraglich zu vereinbaren, wenn anders die Sendung nicht zu haben sei; nur müsse man dabei sehr vorsichtig sein. Bei der durch den Wettkampf gebotenen scharfen Kalkulation der großen Verkehrstreibenden verbiete sich eine häufigere Wiederholung solcher Zugeständnisse ganz von selbst, wenn man nicht den Boden unter den Füßen verlieren und dazu noch mit der *Interstate Commerce Commission* in Konflikt kommen wolle.

Gewiß hat unser Gewährsmann Recht, nur scheint man den Grundsatz „*Principiis obsta*" nicht genügend zu würdigen. Gerade darin liegt der Verderb für die Eisenbahnen gegenüber ihren Kunden. Das berüchtigste Beispiel hat die *Standard Oil Co.* gegeben. Es ist bekannt, wie diese Gesellschaft die Schwäche der einen Eisenbahnverwaltung, die ihr einmal nachgegeben, benutzt hat, eine Eisenbahn gegen die andere auszuspielen, um sie schließlich alle zu beherrschen. So haben die Mißstände fast immer angefangen; am Ende waren nicht mehr die Eisenbahnen, sondern die großen Verfrachter Herren der Lage. Dies zeigt sich in deutlichster Weise auch noch gegenüber den großen Fleischfirmen in Chicago.

Die kürzlich von dem Präsidenten der Southern-Eisenbahn vor dem Handelsausschuß des Repräsentantenhauses abgegebene Erklärung, daß ein Gesetz, welches in durchgreifender Weise den Rabatt verbiete — es könne dies übrigens gar nicht streng genug tun — von 75% aller Eisenbahnen mit Freuden begrüßt werden würde, erscheint darum durchaus glaubhaft. Er hat offenbar damit sagen wollen, daß von etwa dem vierten Teil der Eisenbahnverwaltungen in unwirtschaftlicher Weise Rabatt gewährt wird, und daß die übrigen Eisenbahnen nur aus Wettbewerbsrücksichten dasselbe tun. Zu den nicht gerade günstig beurteilten Eisenbahnen gehört anscheinend auch die Atchison Topeka and Santa Fé-Eisenbahn, gegen die der Beweis erbracht worden ist, daß sie das Refaktienwesen in großem Umfange und in einer Weise betrieben hat, welche die *Interstate Commerce Commission* veranlaßte, die Staatsanwaltschaft anzurufen. Näheres ist noch nicht bekannt geworden, es liegen aber hier offenbar Verfehlungen schlimmster Art vor. Immerhin scheint die Furcht, die unser Gewährsmann vor dem Eingreifen der genannten Behörde äußerte, nicht allgemein geteilt zu werden.

So wurde uns von einem Generalfrachtagenten im fernen Westen ganz vertraulich — nähere Angaben verbieten sich deshalb — zugegeben, daß er noch häufiger in die Lage komme, in den verschiedensten Formen Rabatt zu gewähren. Soweit nötig, verrechne er die zurückzuzahlende Summe mit Umgehung aller weiteren Instanzen unmittelbar mit dem Schatzmeister der Gesellschaft. Er gab uns Kenntnis von einem Falle aus jüngster Zeit, bei dem um den wirklich zu zahlenden Tarifsatz geradezu gefeilscht worden war, da der Verfrachter immer von neuem geltend machte, daß die Wettbewerbsbahn jedesmal den ihm zugestandenen Satz unterbiete. Der ganze Fall war übrigens um so auffallender, als die sich unterbietenden Eisenbahnen, die hier in Frage kommen, in finanzieller Beziehung zu einem System gehören. Man fragt sich danach unwillkürlich: Wozu der ganze Aufwand und weshalb die eigene Schädigung? Dem Gesetze wurde in dem erwähnten Falle äußerlich dadurch Genüge geleistet, daß der tatsächlich gewährte Frachtsatz für einen bestimmten zurückliegenden Tag als allgemeiner veröffentlicht, aber sofort wieder aufgehoben wurde, bevor auch andere Verfrachter Nutzen daraus ziehen konnten.

Es gewinnt fast den Anschein, als ob gerade die Frachtagenten auf diesem Gebiete von Schuld nicht freizusprechen sind. Hatten sie früher, als die große Menge der einzelnen Eisenbahnen sich feindlich gegenüberstand, als ein Krieg Aller gegen Alle vorlag, ihre Hauptaufgabe darin zu erblicken, den Wettbewerbslinien zugunsten der eigenen Bahn soviel Sendungen als möglich zu entziehen, so mögen sie jetzt, wo die Verhältnisse sich zum Teil wesentlich geändert haben, nicht entbehrlich erscheinen wollen und helfen sich so gut es geht, um ihre Daseinsberechtigung zu beweisen.

Bei den von uns besichtigten Güterabfertigungsstellen sind uns unlautere Abfertigungsarten nicht zu Gesicht gekommen. Offenbar liegt das Geschäft, soweit es nicht ganz vorschriftsmäßig vor sich geht, in den Händen der Agenten, die man neben den Abfertigungsstellen in allen Städten von einiger Bedeutung antrifft. Solche Agenten waren bekanntlich früher auch in Deutschland vorhanden, glücklicherweise dürften sie jetzt aus dem deutschen Eisenbahnwesen vollständig verschwunden sein.

Frachtberechnung bei Benutzung von Privatgüterwagen.

Neben diesen Beobachtungen hatten wir Gelegenheit, einer anderen Frage näher zu treten, die bisher in der deutschen Literatur noch nicht eingehend behandelt worden ist, und zwar die Frage der Benutzung eigener Wagen *(Private cars)* durch die Verfrachter. Hiergegen hat gerade in neuerer Zeit eine lebhafte Bewegung eingesetzt. Es handelt sich in der Hauptsache*) um

Kühlwagen *(Refrigerator cars)*,
Zisternenwagen *(Tank cars)*,
Viehwagen *(Stock cars)*.

Diese Wagengattungen befinden sich in der Hauptsache im Eigentum der großen Gesellschaften, wie Armour und Swift in Chicago usw., die für ihre eigenen Transporte Wagen mit besonderen Einrichtungen benötigen. Die Eigentümer verhandeln wegen Benutzung der Wagen für ihre Transporte entweder selbst mit den Eisenbahnen oder durch besondere Gesellschaften, die, wie die *Merchant's Dispatch & Transportation Co.*, *American Refrigerator Transit Co.*, *Santa Fé Refrigerator Dispatch Co.*, sich hierfür gebildet haben; diese Gesellschaften gehen darauf aus, die Wagen nicht nur ihrer ursprünglichen Bestimmung entsprechend, sondern je

*) Die amerikanischen Eisenbahnen zusammengenommen besitzen nur 4421 Stück Bassinwagen und 21454 Kühlwagen, während z. B. die Armour Co. allein 14000 Stück ihrem Zweck dienende Spezialwagen hat.

nach der Jahreszeit und den Gegenden, die die Wagen in der einen oder anderen Richtung zu durchlaufen haben, z. B. zum Transport von Früchten, Eis usw. zu verwenden und auch an Andere zur Verwendung zu vermieten.

So lange die Unternehmungen, für deren Zwecke diese Wagen dienen, noch in ihren Anfängen waren, berechneten ihnen die Eisenbahnen Frachten und Gebühren, wie jedem anderen Verfrachter, insbesondere mußten sie auch für die Leerläufe zahlen. Als dann aber jene große Entwicklung einsetzte, aus der Unternehmungen hervorgingen, die, wie gerade die Chicagoer Schlächtereien und ihre Zweiganstalten, einzig in der Welt dastehen, wurde das Verhältnis zwischen Eisenbahn und Verfrachtern bald in das Gegenteil verwandelt. Die Eisenbahnen mußten jetzt den Verfrachtern für die Privatwagen Gebühren zahlen, bald sogar auch für die Leerläufe. Dieser Unfug — anders ist es nach unseren Begriffen nicht zu nennen — hat schließlich unter dem Drucke des Wettbewerbs zwischen den Eisenbahnen einen solchen Umfang angenommen, daß der Transport vielfach kaum noch lohnend erscheint. Andererseits leuchtet ein, daß der gewöhnliche Verfrachter gegen derartig Begünstigte geschäftlich nicht mehr aufkommen kann, und das ist das Schlimmste an der Sache.

Nachdem die *Interstate Commerce Commission* schon früher auf diesen Übelstand hingewiesen hatte, empfiehlt sie in ihrem 17. Jahresbericht (1903) S. 22 ff. dem Kongreß von neuem, hier Abhilfe zu schaffen. Ob dies mit Erfolg möglich sein wird? Es liegt auf der Hand, daß, wenn dieser Unfug nicht unterdrückt wird, jede Maßnahme gegen ungerechte Bevorzugungen auf dem Gebiete des Tarifwesens nicht mehr als ein Schlag in die Luft ist. Hier zeigt sich wieder einmal, wie findig man in Amerika ist, die bestehenden Gesetze zu umgehen. Der Tarif selbst bleibt in seiner Höhe äußerlich unverändert, der kleine Verfrachter, der ihn ohne Abzug zahlen muß, hat also keinen Grund zur Beschwerde.

Nun wurde uns allerdings von zuständiger und zuverlässiger Seite versichert, daß der für die Hergabe von Privatwagen zu erstattende Satz überall gleich hoch bemessen sei und jedem Wageneigentümer — ob groß oder klein — berechnet werde. Fraglich bleibt indes, ob tatsächlich viele kleine Verfrachter zu finden sind, die ihre eigenen Wagen halten können.

Eins ist uns bei den Erörterungen der Frachtberechnungen mit Eisenbahnfachmännern und mit Gewerbetreibenden klar geworden: an eine völlig reinliche Frachtberechnung wird in Amerika für jetzt und absehbare Zeit nicht zu denken sein.

Abfertigungsverfahren. Güterbegleitpapiere.

Auf den Eisenbahnen der Vereinigten Staaten spielt sich der innere Abfertigungsdienst im Güterverkehr im allgemeinen so ab, daß der Versender eine *Shipping order* und einen gleichartigen Frachtbrief *(Bill of lading)* einliefert, die Abfertigungsstelle das erste Papier und auch wohl noch eine zweite Ausfertigung vollzogen zurückgibt und auf Grund des Frachtbriefes Frachtkarten *(Way bills)* anfertigt, in denen möglichst viel Sendungen für eine Station zusammengefaßt werden.

Eine einheitliche Verkehrsordnung, die zwischen der Eisenbahn einerseits und dem Versender und Empfänger andererseits Recht schafft, ist nicht vorhanden; der Frachtbrief enthält alle durch Vereinbarung zwischen den verschiedenen Eisenbahnverwaltungen übereinstimmend festgestellten Bedingungen des Frachtvertrages. Die Einheitlichkeit im Gebrauche des Frachtbriefs ist durch eine andernfalls zu zahlende 20⁰/₀ige Frachterhöhung im allgemeinen sichergestellt.

Gerade in bezug auf die in dem sog. einheitlichen Frachtbrief *(Uniform bill of lading)* von den Eisenbahnverwaltungen in Anspruch genommene Ausnahmestellung gegenüber dem für den Versender günstigeren *Common law* ist jetzt ein Streit entbrannt. Während der Versender bis jetzt, wie gesagt, durch Verwendung des einheitlichen Frachtbriefes die Frachterhöhung um 20⁰/₀ vermeiden kann, will man ihm nun, wenn die Eisenbahnverwaltung überhaupt eine Haftung für das Gut übernehmen soll, diesen Vorteil nehmen. Es würde also m. a. W., da der gewöhnliche Frachtbrief im Gegensatz zu dem einheitlichen Frachtbrief *(Uniform bill of lading) „not negotiable“*, also nicht übertragbar und deshalb nicht mehr, wie bisher, im kaufmännischen Verkehr (besonders gegenüber dem Bankier) verwendbar sein würde, eine Erhöhung des Tarifs um 20% eintreten. Das Mehreinkommen hieraus schätzt man allgemein auf 250 000 000 Dollars zugunsten der Eisenbahnverwaltungen. Die *Interstate Commerce Commission* hat auf Anrufen der verschiedenen *Shipper Associations* (Vereinigung der Verkehrtreibenden) eine Untersuchung angeordnet. Ob inzwischen eine endgültige Entscheidung ergangen ist, konnte nicht festgestellt werden.

Die von der Eisenbahn hergestellten Original-Frachtkarten werden im Wagenladungsverkehr wohl durchweg, im Stückgutverkehr meist nur bei den Ortswagen an die Bestimmungsstation vorausgesandt. Das Gut wird von einer besonderen auf der Versandstation angefertigten Begleitkarte, die nochmals alle wesentlichen Angaben für jeden einzelnen Wagen in Kürze enthält, begleitet. Diese Begleitkarte ist für den Packmeister bestimmt, der nach ihr auf den Aufenthaltsstationen seine Anordnungen trifft.

Von der Frachtkarte hat die Versandstelle eine Pause oder Abschrift dem *Auditor* der eigenen Verwaltung und jeder an der Beförderung beteiligten fremden Verwaltung (oftmals 12 und mehr) zu übersenden. Daneben sind von der Versandstelle tägliche und monatliche Nachweise (im großen und ganzen wiederum Abschriften der Frachtkarten) an den *Auditor*, getrennt nach Lokal- und Verbandsverkehr, zu schicken. Auch der Wagenmeister auf den Stationen muß an ihn über das Ergebnis des Wiegens der Ladungen täglich Übersichten einreichen.

Buchführung und Abrechnung.

Ist die Frachtkarte auf der Empfangsstation angekommen, so fertigt diese Benachrichtigungsschreiben über die Ankunft des Gutes und besondere Frachtrechnungen *(Freight bills)*, sowie einen Auszug für den Kassierer an. Dieser macht seine Eintragungen ins Kassenbuch so, daß er die Summe der von jedem Empfänger zu zahlenden Frachten ziehen kann. Diese Summe übernimmt er ins Hauptbuch. Das Hauptbuch muß in seinen Endsummen — bezahlt oder nicht bezahlt — mit der Tagesrechnung stimmen, die im Bureau aus den Frachtrechnungen angefertigt wird.

Die Empfangsstation erstattet weiter tägliche und monatliche Nachweise (erstere gewissermaßen wiederum Abschriften des Inhaltes der Frachtkarten). Daneben laufen tägliche oder auch Wochenübersichten über die Einnahmen, Ablieferungsscheine u.a.m. Hierzu kommen beim Verbandsverkehr noch besondere, den Zwecken der gegenseitigen Abrechnung dienende Arbeiten. Wie schon hervorgehoben, werden von der Frachtkarte Abschriften (Pausen) für jede beteiligte Bahn, insbesondere auch für alle Durchgangsbahnen hergestellt, zum Teil findet auch auf Übergangsstationen von und nach den einzelnen Bahnen eine besondere Anschreibung der Sendungen statt.

Aus den Frachtkarten, Frachtkartenabschriften, Nachweisen usw. stellt sich jede Bahn ihren Frachtanteil zusammen und vergleicht ihn mit den ihr von der Versand- und Empfangsbahn in besonderen Auszügen aus den Frachtkarten zugehenden Abrechnungsübersichten. Bei diesem Abrechnungsverfahren ist allerdings die Gefahr einer irrtümlichen Berechnung oder sonstigen Schädigung in bezug auf die Anrechnung des Anteils kaum vorhanden; es verursacht aber ungemein viel Schreibarbeit und Kosten und zeugt unter keinen Umständen von einem besonderen Vertrauen der Verwaltungen zu einander.

Das innere, auf eine wesentliche Geschäftsvereinfachung hinzielende Abfertigungsverfahren bei den deutschen Eisenbahnen ist bekanntlich wesentlich anders als das geschilderte amerikanische. Die Frachtkarten und Frachtbriefabschriften fehlen ganz, die Durchgangsbahnen erhalten keine besonderen Unterlagen zum Zwecke der Prüfung der berechneten Anteile; den Empfangsbahnen steht hierzu an eigenem Material nur das Empfangsbuch zur Verfügung, in dem die Gewichtsmengen, die wesentlichste Unterlage für die Frachtenprüfung und Anteilsermittelung, fehlen. Der Anteil jeder Bahn wird von einer Stelle (Kontrolle oder Abrechnungsbureau) für alle übrigen Bahnen auf Grund der Versandbücher festgestellt.

Erst in den letzten Jahren zeigen sich auch in Amerika

auf Vereinfachungen gerichtete Bestrebungen. Hierbei kommt das von der Pullman-Gesellschaft für ihre eigenen Zwecke in Chicago eingerichtete *Clearing House* nicht in Betracht, denn es bezieht sich naturgemäß nur auf den Personenverkehr, und ferner können hier die beteiligten Eisenbahngesellschaften nicht miteinander, sondern nur je für sich mit der Pullman-Gesellschaft abrechnen.

Dagegen ist in Buffalo seit ungefähr sieben Jahren ein Zentralabrechnungsbureau *(Central Railway Clearing-House)* für die sog. Vanderbilt-Bahnen eingerichtet, in dem sowohl die eigentliche Kontrollarbeit als auch die Abrechnung der Frachten, die Ausgleichung der Frachterstattungen und der Ersatzleistungen für Verluste und Beschädigungen im Verkehr dieser Bahnen untereinander stattfindet. Die Versand- und Empfangsstationen senden ihre Nachweise infolgedessen nicht erst an ihren *Auditor*, sondern unmittelbar an das Abrechnungsbureau; für alle Zwischenbahnen fallen die besonderen Nachweisungen fort, die Zahl der Frachtkartenausfertigungen und Nachweise verringert sich auf zwei. Die Abrechnung muß bestimmungsgemäß bis zum 24. des auf den Abrechnungsmonat folgenden Monats bewirkt sein, der finanzielle Ausgleich schließt sich unmittelbar an. Das Bureau hat jährlich etwa 18 000 000 Dollars abzurechnen. Die Sicherstellung der beteiligten Verwaltungen gegen unrichtige Anteilsausscheidungen soll dadurch gewährleistet sein, daß im Bureau Beamte (im ganzen 184) sämtlicher beteiligten Bahnen beschäftigt werden, und daß es nicht einer der beteiligten Verwaltungen, sondern einem *Clearing House Executive Committee* unterstellt ist, welchem der *Chief Accounting Officer* (höchster Rechnungsbeamter) jeder Bahn angehört. An der Spitze des in Gruppen (Prüfung, Abrechnung, Reklamation, Statistik usw.) eingeteilten Bureaus steht ein vom *Executive Committee* angestellter *Manager*. Die Beamten des Bureaus werden von diesem berufen. Die Kosten werden monatlich auf die Bahnen nach Verhältnis ihrer Anteile an den insgesamt abgerechneten Beträgen umgelegt. Die beteiligten Verwaltungen sind mit der Einrichtung sehr zufrieden; sie betrachten sie als einen großen Fortschritt.

Im übrigen fehlt es, wie bereits angeführt, an gemeinsamen Abrechnungsbureaus. Jede Verwaltung scheidet für die Verkehre, für welche sie die Fracht erhalten hat, die Anteile der anderen beteiligten Verwaltungen aus und bewirkt den Ausgleich mit jeder einzelnen dieser Verwaltungen besonders.

Die Arbeitsmenge ist bei den Güterabfertigungsstellen in Amerika ohne Zweifel größer als bei uns. Während beispielsweise bei den preußisch-hessischen Staatsbahnen auf den Kopf des eigentlichen Abfertigungspersonals unter Einrechnung der gesamten Buch- und Kassenführung, sowie der Rechnungslegung eine tägliche Arbeitsleistung von 60—80 Frachtbriefpositionen entfällt, ist sie in Amerika, obwohl das Personal mindestens gleichmäßig angestrengt arbeitet, erheblich geringer. Es darf nach unseren Beobachtungen als besondere Leistung gelten, wenn auf einer von uns besichtigten großen Abfertigungsstelle täglich etwa 1900 Frachtbriefe von 45 Personen bewältigt werden, was einer Arbeitsleistung von etwa 42 Frachtbriefen auf den Kopf gleichkommt. Bei alledem muß noch in Betracht gezogen werden, daß Amerika die bei uns namentlich an den größeren Plätzen ungemein zahlreichen Nachnahmen (besonders Rollgelder) nicht kennt, deren zeitraubende Behandlung in der erwähnten Arbeitsleistung bei den preußisch-hessischen Bahnen mitberücksichtigt ist. Bei einer anderen großen Abfertigungsstelle entfielen auf eine Arbeitskraft im Abfertigungsdienst durchschnittlich 40 Frachtbriefpositionen auf den Tag (9000 Frachtbriefe bei einer Kopfzahl von 225 Mann). Eine ungefähr gleiche Leistung wies auch eine große Güterabfertigungsstelle in New York auf. Sie bearbeitete nämlich im Oktober 1904 mit einem Personal von 662 Köpfen 226639 Frachtkarten von durchschnittlich drei Frachtbriefpositionen, d. h. auf den Kopf gerechnet arbeitstäglich $39^1/_2$ Frachtbriefe. Ähnliche Ergebnisse bemerkten wir noch bei weiteren Besichtigungen. Es würden danach von den amerikanischen Eisenbahnen ganz bedeutende Personalersparnisse im inneren Abfertigungsdienste gemacht werden können, wenn es die Verhältnisse zuließen, ein dem deutschen entsprechendes Verfahren einzuführen. Ob hierfür aber die

Voraussetzungen gegeben sind, entzieht sich natürlich unserer Kenntnis.

Die staatliche Post *(United States Mail)* wird im allgemeinen nur für die Voraussendung der Originalfrachtkarten in Anspruch genommen, während die Versendung der Abschriften für den *Auditor* und jede der an der Beförderung beteiligten Verwaltungen mit der Dienstpost der Eisenbahn stattfindet. Diese Beförderung kann keine kleine Last sein, wenn die Pennsylvania-Bahn beispielsweise 1896 etwa 4300000 Originalfrachtkarten behandelt hat.

Das geschilderte Abfertigungsverfahren und eine an und für sich sehr genaue Kontrolle im Bureau des *Auditor* erheischen eine sehr starke Besetzung dieses Bureaus. Beispielsweise hatte eine große amerikanische Eisenbahnverwaltung 524 Güterkontrollbeamte, während zu gleicher Zeit die preußisch-hessische Eisenbahngemeinschaft 1113 solcher Beamten, also etwas mehr als die doppelte Anzahl, beschäftigte, dabei aber die dreifache Gütermenge und fast die vierfachen Geldbeträge zu bearbeiten hatte. Das amerikanische Kontrollwesen ist danach kostspieliger als das unsere, insbesondere sind dort verhältnismäßig mehr Beamte tätig als bei uns. Dabei ist allerdings zugunsten der amerikanischen Eisenbahnen in Betracht zu ziehen:

1. daß die Zentralverwaltung für die Zwecke der finanziellen Leitung des Unternehmens möglichst oft, meist wöchentlich, über das Ergebnis des Verkehrs unterrichtet werden muß,
2. daß die Bahnen sich gegenseitig anscheinend nicht das bei uns selbstverständliche Vertrauen auf die Zuverlässigkeit der Geschäfts- und Buchführung entgegenbringen,
3. daß die große Zahl der beteiligten Verwaltungen die Arbeiten erschwert.

Andererseits ist zugunsten unserer Eisenbahnen darauf hinzuweisen, daß in Preußen-H. ungleich mehr Stationen vorhanden sind und Rechnung legen, als in Amerika; denn auf 5,7 km entfällt bei uns schon eine Station, während in Amerika die Stationen durchschnittlich um das doppelte und dreifache weiter auseinander liegen. Auch machen die deutschen Staffeltarife (besonders beim Stückgut) und die kilometrisch gebildeten Tarife im ganzen mehr Arbeit, als die amerikanischen im allgemeinen roher gebildeten Tarife. Außerordentliche Mehrarbeit verursacht in Deutschland bekanntlich auch der Verkehr mit dem Auslande wegen der zollamtlichen Behandlung der Güter. Endlich ist zu beachten, daß das Mindestgewicht für Stückgut in Amerika 45,5 kg (die kleineren Sendungen fallen meist den Expreßgesellschaften zu), in Deutschland nur 20 kg beträgt, was zur Folge hat, daß die Zahl der Sendungen in Deutschland verhältnismäßig größer ist.

Beförderungswesen. Wagenladungen.

Bei einer großen Anzahl von amerikanischen Eisenbahnen spielen die Rohprodukten-, Getreide- und sonstigen Massen-Transporte eine größere Rolle als bei uns. Es gibt Eisenbahnen, deren Verkehr fast ausschließlich in Erz- und Kohlentransporten besteht. Aber auch im allgemeinen Güterverkehr spielt die Beförderung geschlossener Wagenladungen auf den amerikanischen Eisenbahnen eine größere Rolle als bei uns. Das hat seinen Grund teils darin, daß in Amerika die Massenherstellung bestimmter Gegenstände in denkbar größtem Umfange betrieben wird, teils darin, daß der Güteraustausch unter den in steter und rascher Entwicklung begriffenen Millionenstädten an sich gewaltig ist. Die große Zahl der Wagenladungen verbunden mit dem Umstande, daß für falsche Inhalts- und Gewichtsangaben Strafbestimmungen fehlen, veranlaßt die amerikanischen Eisenbahnen, möglichst viel Wagenladungen nachwiegen zu lassen. Seit einiger Zeit sind auch automatische Wiegevorrichtungen vorhanden, die eine sozusagen allgemeine Verwiegung der Wagenladungen ermöglichen. Die Wagen werden, nachdem die Beladung beendigt ist, die, wie die Entladung, auch in Amerika den Empfängern und Versendern zur Last fällt, über die Wiegevorrichtungen bewegt, sodaß größerer Zeitverlust nicht entstehen kann.

Die gewöhnlichen Güterzüge, mit denen die Wagenladungen befördert werden, weisen im allgemeinen keine größere Grundgeschwindigkeit als 10—15 Meilen = 16—24 km in der Stunde auf. Man begründet diese langsame Beförderung mit den gegenüber dem Stückgut wesentlich niedrigeren Frachtsätzen. Die Züge werden, sobald Fracht genug vorhanden ist, abgelassen und müssen sich, meist ohne festen Fahrplan, zwischen den Personenzügen, so gut es geht, durchhelfen. Eine feste Bestimmung über die Zugfolge ist nur für die Strecken gegeben, auf denen eine elektrische Streckenblockung vorhanden ist, sonst wird die sog. Stationsfolge bei den Güterzügen nicht eingehalten*); sie müssen versuchen, unter Anpassung an die augenblicklichen Verhältnisse so schnell wie möglich die Zielstation zu erreichen.

Das Stückgut wird am Schuppen aufgeliefert und muß die vollständige Adresse des Empfängers sowie den Namen der Bestimmungsstation tragen. Eine bahnseitige Bezettelung findet nicht statt. Stückgut.

Infolge genauer Bezeichnung jedes einzelnen Gutes mit der Adresse kommen Verschleppungen nur in beschränktem Maße vor; der Ausgleich zwischen fehlenden und überzähligen Gütern vollzieht sich verhältnismäßig schnell. Soweit wir in Erfahrung haben bringen können, ist in den Kreisen der amerikanischen Handeltreibenden gegen diese Art der Bezeichnung der Versandgüter ein Widerstand nicht vorhanden. Es mag das, zum Teil wenigstens, daran liegen, daß der Amerikaner die an Kleinlichkeit grenzende Sorgfalt, mit der bei uns insbesondere der kleine Kaufmann seine Geschäftsgeheimnisse wahren zu müssen glaubt, nicht kennt, wie er überhaupt allem Kleinlichen abhold ist.

Die Verladung des Stückguts ist bei den amerikanischen Eisenbahnen im allgemeinen gut geregelt. Man kennt Orts- und Gruppen-(Kurs-)Wagen, erstere mit Gut für eine Station (Orts-, Umladegut), letztere mit Gut für mehrere aufeinanderfolgende Stationen.

Soweit irgend angängig, wird sofort vom Fuhrwerk über Wage und Schuppen in den Wagen verladen. Die Wagen werden meist während der Nacht an den Schuppen gestellt und zwar in der Gruppierung, wie sie im Zuge laufen. In Chicago (Illinois Central-Eisenbahn) können auf sieben Glei-

*) Vgl. auch im zweiten Abschnitt „Fahrplanwesen“, S. 66.

sen, zwischen denen durchgeladen wird, gleichzeitig 268 Wagen zur Behandlung gelangen.

Das Mindestgewicht für Stückgutwagen beträgt im allgemeinen etwas mehr als zwei deutsche Tonnen, doch kann, wenn ohnehin leere Wagen im Zuge laufen, auch eine geringere Menge für eine Station geschlossen verladen werden. In Chicago erreicht der Wagen im Durchschnitt $4^{1}/_{2}$ Tonnen Belastung. Die Ansammlung von Gut ist bis zu 48 Stunden gestattet.

Einen wie großen Wert man auf eine wirtschaftliche Güterbeförderung legt, zeigt der Umstand, daß, wie wir in Portland erfuhren, z. B. die Oregon-Eisenbahn hierfür ein Prämiensystem zugunsten der Güterabfertigungsleiter eingeführt hat, welches Sätze bis zu $10^{0}/_{0}$ des jeweiligen Gehalts für die beste Ausnutzung der Wagen vorsieht. Auffallend ist nur, daß wir im Westen nirgends genaue Vorschriften über die Bildung der einzelnen Kurswagen usw. vorgefunden haben. Im Osten, insbesondere bei der Pennsylvania- und der New York Central-Eisenbahn, sind solche vorhanden. Diese Bahnen geben auch ihre Stückgutzüge in übersichtlicher Weise bekannt; es tritt aber hier ebenso wie bei den Personenzugfahrplänen der Übelstand zutage, daß sie sich auf die eigene Bahn und ihren Bezirk beschränken.

In Chicago ist für je sieben Wagen ein Aufsichtsbeamter bestellt, der auf ordnungsmäßige Verladung, insbesondere auf richtige Gruppierung des Gutes in den Gruppenwagen zu halten hat. Vor jedem solchen Wagen ist eine Tafel angebracht, die die zur Gruppe gehörigen Stationen angibt und die richtige Verladung erleichtert.

Nach Ladeschluß wird jeder Wagen verbleit; die Plombe zeigt nur Bahn und Station, nicht das Datum. Man hält letzteres namentlich nach den neuesten Plombierungssystemen für entbehrlich.

Der Annahmeschluß für Stückgut liegt früher als bei uns, und wird, soweit wir zu beobachten Gelegenheit hatten, wenn irgend möglich pünktlich inne gehalten, so daß die bloße Anbringung des Gutes bis zum Ladeschluß ein Recht auf Mitnahme nicht gibt. Bei Festsetzung des Ladeschlusses geht man von dem Grundsatz aus, alles Gut noch früh am Abend fortzuschaffen; so verläßt der erste Abendzug Chicago bereits 5 Uhr 15 Min., der letzte 8 Uhr 25 Min.; es ist dies bedingt durch die verhältnismäßig größeren Entfernungen als bei uns. Für das Stückgut bestehen im Gegensatze zu den Wagenladungszügen vielfach fahrplanmäßig bestimmte Züge, die schon nach ihrer amerikanischen Bezeichnung *(Fast freight trains)* auf eine schnelle Beförderung hinweisen, und zwar meistens einer für jede Linie mit erheblicher Grundgeschwindigkeit, ähnlich wie bei unseren Eilgüter-, Fern- und Durchgangszügen. Während die gewöhnlichen Güterzüge fortschleppen müssen, was sie nur irgend ziehen können, ist bei den *Fast freight trains* die Zuglänge in der Regel auf 20 bis 30 Wagen beschränkt.

Von den großen Verkehrspunkten aus sucht man die geschlossenen Stückgutwagen bis zum anderen Morgen 7 Uhr an das im allgemeinen nicht über 500 km hinaus liegende Ziel zu bringen. Wo das erreicht wird, liegt zweifellos eine erstaunliche Leistung vor; aber es scheint tatsächlich nur vereinzelt vorzukommen (vgl. die Übersicht S. 250). Die Züge halten allerdings nur auf wenigen Stationen, auf denen sie die Ortswagen und die für die glatt zu durchfahrende nächste Strecke bestimmten Gruppenwagen absetzen. Diese Gruppenwagen werden dann mit langsameren Zügen (Ausladezügen) weiter befördert und erreichen ihre letzte Station in der Regel noch vor Abend. Nach jeder Öffnung der Gruppenwagen werden sie, was bei unseren Kurswagen nicht geschieht, neu verbleit.

Wie es mit der Versendung der Papiere gehalten wird, ist in dem Unterabschnitt „Abfertigungsverfahren“ dargetan; hier sei nur ergänzend bemerkt, daß die Papiere zu den Gruppenwagen bei diesen belassen werden. Wie Stückgut, so werden auch lebende Tiere und leicht verderbliche Gegenstände schneller befördert. Dagegen übernimmt die Eisenbahnverwaltung dem Publikum gegenüber nirgends die Verpflichtung zur Einhaltung einer bestimmten Beförderungszeit.

Nach einem Fahrplan der Pennsylvania-Eisenbahn *(east of* Pittsburg), für dessen Einhaltung dem Publikum gegenüber die Haftung allerdings ausdrücklich abgelehnt wird, ergeben sich für alle jene Züge folgende Reisezeiten:

			Beförderungsgeschwindigkeit
Chicago—New York	1467 km*)	59 Stdn.	25 km
Chicago—Jersey City	1530 „	57 „	27 „
East St. Louis—Jersey City	1714 „	73 „	$23^1/_2$ „
Washington—New York	365 „	$12^1/_3$ „	30 „
Baltimore—Buffalo	679 „	20 „	34 „
Pittsburg—Buffalo	434 „	13 „	33 „
Jersey City—Pittsburg	714 „	27 „	27 „
Jersey City—Harrisley	314 „	10 „	31 „
New York—East St. Louis	1714 „	60 „	29 „
Buffalo—Pittsburg	734 „	$14^1/_2$ „	30 „

Doch sind auch erheblich niedrigere Beförderungsgeschwindigkeiten zu verzeichnen, und zwar bis herab auf 15 km, wenn nämlich mehr Aufenthalte vorgesehen und Anschlüsse aufzunehmen sind, der Personenzugfahrplan dichter ist, usw.

Bei einer Betrachtung der Güterbeförderung auf den amerikanischen Eisenbahnen ist, wie zum Schlusse noch bemerkt sein mag, auch der Dienst der Expreßgesellschaften zu würdigen; es wird dieserhalb auf den neunten Abschnitt verwiesen.

Wagendienst. Anforderung und Gestellung der Wagen.

Der Wagendienst ist in bezug auf die Anforderung und Zuteilung der zu beladenden Güterwagen im großen und ganzen wie bei uns geordnet. Der Stationsagent meldet täglich telegraphisch dem Distrikts-Superintendenten die Zahl der am abgelaufenen Tage gestellten Wagen, die Zahl der leeren und der noch nicht entladenen Wagen, sowie den Bedarf für den nächsten Tag. Der Distrikts-Superintendent disponiert innerhalb seines Bezirks und erstattet über Bedarf und Bestand tägliche Meldungen an die Zentralstelle (in der Regel den *General Superintendent of Transportation)* zwecks Herbeiführung eines weiter erforderlichen Ausgleichs.

Die dem Publikum zugestandenen Fristen für Be- und

*) Es sind hier überall die wirklich zurückzulegenden Kilometer berücksichtigt.

Entladung betragen allgemein 48 Stunden; sie beginnen morgens 6 oder 7 Uhr nach Benachrichtigung von der Ankunft oder der Laderechtstellung. Ausnahmen werden aber nicht nur für bestimmte Güter und an bestimmten Verkehrsmittelpunkten, sondern, wie nach amerikanischen Gepflogenheiten sich eigentlich von selbst versteht, auch für besonders bevorzugte Kunden zugelassen. Daraus folgt, daß bei dem ohnehin nicht gerade reichlichen Wagenbestand der amerikanischen Eisenbahnen andere Verkehrtreibende benachteiligt werden müssen. In Prozessen vor der *Interstate Commerce Commission* ist wiederholt festgestellt und an der schuldigen Verwaltung bestraft worden, daß den Anforderungen von Verfrachtern auf Gestellung von Güterwagen in willkürlicher Weise zum Teil wochenlang nicht entsprochen wurde. Auch wegen offenkundiger Nichteinhaltung der Reihenfolge, in der die Wagen angefordert waren, ist Bestrafung eingetreten (z. B. Entscheidung vom 23. April 1902 in Sachen S. J. Hawkins c/a Wheeling & Lake Erie-Eisenbahn).

Vielfach spielen auch andere Umstände eine Rolle: z. B. das finanzielle Interesse der Eisenbahnen an den großen Grubengesellschaften. So soll, wie in dem Aufsatz „Amerikanische Kohlenbahnen und Kohlentarife“ in Nr. 7 der Berg- und Hüttenmännischen Zeitschrift „Glückauf“ vom 18. Februar 1905 dargetan ist, die Pennsylvania-Eisenbahn bei Gestellung der Kohlenwagen ihre Sonderzwecke verfolgen. Darauf lasse der für die Bestimmung der Kohlenpreise bedeutsame fortwährende Wagenmangel schließen, der sich geradezu zu einem Notstande steigere, wenn im Herbst eine stärkere Inanspruchnahme der Wagen durch Getreidesendungen hinzukomme.

Welche Zustände bei einem derartigen Verhalten der Eisenbahnen eintreten können, geht daraus hervor, daß im Herbst 1904 in dem unteren Monongahela-Tale bei Pittsburg auf einer Strecke von etwa 10 km mit Waren beladene Güterwagen standen, die angeblich aus Mangel an Maschinen nicht fortgeschafft werden konnten, während auf anderen Stationen Getreide in unendlichen Mengen lagerte, ohne verladen werden zu können.

Die wahren Gründe für solche Vorgänge sind für den Außenstehenden und erst recht für den Fremden schwer erkennbar. Jedenfalls aber beweisen sie, daß selbst die besten amerikanischen Eisenbahnen entweder auch heute noch in bezug auf die Auskömmlichkeit ihres Wagenparks und die Wagenbenutzung nicht auf der Höhe sind oder mit ihren Anordnungen über die Wagenverwendung noch Zwecke verbinden, die außerhalb der Ziele der Eisenbahn, als einer öffentlichen Verkehrsanstalt, liegen sollten.

In Chicago tritt zu der allgemeinen Entladefrist für Getreide in loser Schüttung noch eine Dispositionsfrist von 48 Stunden und für dasselbe Gut im Falle der Behandlung mit dem Elevator der Bahn eine Entladefrist von 5 Tagen. Die Dispositionsfrist von 48 Stunden gilt in Chicago auch für Heu und Stroh. Kohle und Koks dürfen auf den Strecken der *Chicago Car Service Association* sogar sieben Tage für Dispositionszwecke aufgestellt bleiben.

Selbst wenn man auch berücksichtigt, daß die Tragfähigkeit der Wagen wie ihre Ausnutzung im einzelnen wesentlich größer ist als bei uns, so sind doch diese Fristen im Verhältnis zu den unsrigen sehr groß, da unsere gewöhnliche Frist 12 Tagesstunden, bei Zustellung bis morgens 9 Uhr nur 10 bis 11 Tagesstunden, auf Anschlüssen bis herab zu 6 und weniger Stunden beträgt.

Für nicht rechtzeitige Beladung oder Entladung ist wie bei uns ein Standgeld fällig, das etwa für die ersten 5 Tage je 1 Dollar, für die ferneren Tage je 2 Dollars beträgt. Es fragt sich nur, ob es auch unterschiedslos erhoben und somit gleiches Recht für Alle geübt wird. Schon das oben angedeutete Gebaren in der Gestellung der angeforderten Wagen läßt nicht gerade darauf schließen. Früher ließen es die Eisenbahnen gewähren, wenn ihre guten Kunden die Wagen geradezu als Lagerhäuser benutzten; zum Teil hat man durch Errichtung der verschiedenen Wagenverbände *(Car Associations)* diesem Unfug zu steuern versucht, ganz ist er auch heute nicht verschwunden. Die immer und immer wiederkehrenden Notschreie der durch ungleiche Behandlung geschädigten Verfrachter lassen das deutlich erkennen.

Wie schon an anderer Stelle hervorgehoben, ist die Schaffung eines fast sämtliche Eisenbahnen (95%) der Vereinigten Staaten umfassenden Wagenübereinkommens eines der größten Verdienste der *American Railway Association*. Sie war die erste, welche dem Wagenumschlag eine ernste Aufmerksamkeit zugewendet hat. Es hat freilich lange Zeit, fast 15 Jahre gedauert, bis es ihr gelungen ist, im Jahre 1902 die *Per diem rules* als Grundgesetz für die gegenseitige Wagenbenutzung zur allgemeinen Einführung zu bringen. Sie erkannte zuerst, daß zu einer fruchtbringenden Tätigkeit auf diesem Gebiete vor allem eine genauere Kenntnis aller in Betracht kommenden Einzelvorgänge erforderlich ist. Ihren Bemühungen ist es gelungen, daß nach einer für das Jahr 1902 gegebenen Berechnung der Zeitraum, für den ein Wagen zur Be- oder Entladung durch das Publikum im Durchschnitt benutzt wird, von 6,17 Tagen auf 1,62 Tage für den Wagen zurückgegangen ist.

Benutzung fremder Wagen.

Während früher die Wagenmiete nach Meilen, beispielsweise $^{6}/_{10}$ Cents für die Meile, gerechnet wurde, hat die *American Railway Association* mit diesem Verfahren innerhalb des Verbandes gebrochen. Jetzt ist für die gegenseitige Wagenbenutzung eine Zeitmiete von täglich 20 Cents (83 Pf.) festgesetzt, ein Betrag, der in seiner tatsächlichen Wirkung ungefähr 30 bis 50% höher ist als der frühere. Eine Laufmiete, wie sie bei uns besteht, kennt man nicht. Die jetzt gültige Entschädigung nimmt keine Rücksicht auf die Größe, Art oder Tragfähigkeit des Wagens, auch nicht darauf, ob der Wagen beladen oder leer ist.

Die Entschädigung selbst ist im Vergleich zu den im Wagenübereinkommen des Vereins Deutscher Eisenbahnverwaltungen festgesetzten Beträgen (1 M. tägliche Zeitmiete und 1 Pf. Laufmiete für 1 km, was zusammen täglich etwa 1,50 bis 2 M. ausmachen dürfte) und in Berücksichtigung der doppelt so hohen durchschnittlichen Tragfähigkeit der amerikanischen Wagen außerordentlich gering, was insbesondere auch die *Interstate Commerce Commission* hervorhebt.

Anscheinend war eine Höhersetzung der Entschädigung bei den auseinandergehenden Interessen der zu vereinigenden großen und kleinen, der gut und schlecht mit Wagen ausgestatteten Verwaltungen nicht zu erreichen. Vorläufig wird die Vorhaltung eines ausreichenden Wagenparks von solchen Bahnen, die an Wagenknappheit leiden, schwer zu erreichen sein, denn sie können kein besseres Geschäft machen, als 20 Cents Miete statt 1 bis 2 oder noch mehr Dollars täglich für Tilgung und Verzinsung der Beschaffungskosten eigener Wagen auszugeben.

Ein weiterer Mangel des amerikanischen Wagenübereinkommens liegt darin, daß keine bestimmten Benutzungszeiten vorgeschrieben sind. Es ist zwar der Grundsatz aufgestellt, daß die Wagen möglichst schnell zurückzugeben sind; das ist aber nicht viel mehr als eine bloße Ermahnung, die auf Befolgung schon deshalb nicht zu rechnen hat, weil eine bestimmte Zeitdauer für den Weg nicht festgelegt worden ist, und weil für den Übergang auf andere Bahnen und die Behandlung auf großen Verschubbahnhöfen 3 bis 7 mietfreie Tage vorgesehen sind.

Den einzigen Druck bildet die Klausel, daß ein Wagen, der 20 aufeinanderfolgende Tage von einer fremden Verwaltung benutzt ist, von der Heimatbahn zurückverlangt werden kann, und daß, wenn die Rückgabe nach weiteren 10 Tagen nicht erfolgt ist, neben der Tagesmiete von 20 Cents noch ein Aufschlag von 80 Cents für den Tag, im ganzen also 1 Dollar (4,16 M.) zu zahlen ist.

Dem gegenüber setzt bekanntlich das deutsche Vereins-Wagenübereinkommen bestimmte Benutzungsfristen fest, und zwar: bis zu 75 km 1 Tag (24 Stunden), über 75 bis 200 km 2 Tage und für je weitere 200 km 1 Tag mehr. Bei Überschreitung dieser Fristen wird eine Verzögerungsgebühr von 2 M. für den Tag der Überschreitung verwirkt.

Die Verwendbarkeit der Wagen ist in Amerika ähnlich wie im Verein Deutscher Eisenbahn-Verwaltungen geregelt. Die Wagen dürfen benutzt werden:

a) beladen nach oder über Stationen der Heimatbahn hinaus;

b) beladen nach Zwischenpunkten in der Richtung der

Heimatbahn, und zwar in der Richtung der Übergangspunkte, über die sie gekommen sind.

Der Rücklauf leerer Wagen muß über den Hinweg erfolgen. Sie dürfen auch nach der der Heimat entgegengesetzten Richtung zum Zwecke der Gewinnung von Ladung für oder über die Heimatbahn abgelenkt werden. Letztere Bestimmung erscheint nicht unbedenklich, da nicht wie bei uns eine kilometrische Grenze der Ablenkung (200 km) festgelegt ist. Es kann jedoch ohne nähere Kenntnis der tatsächlichen Vorgänge nicht darüber geurteilt werden, ob das Bedenken praktische Bedeutung hat.

Die Übernahme der Wagen vollzieht sich auf dem Übergabegleis im Beisein von je einem Beamten der beiden Verwaltungen. Von den Übergangsstationen sind täglich Wagennachweise über die übergebenen und übernommenen Wagen aufzustellen, von den Beamten beider Bahnen zu unterschreiben und täglich an die Wagenabrechnungsstelle *(Car Record Office)* einzusenden. Außerdem erhält jede Wageneigentümerin von dieser Stelle täglich Berichte über ihre übernommenen oder zurückgegebenen Wagen, die sogar teilweise telegraphisch gemacht werden. Hierin liegt eine außerordentliche, nach unseren Anschauungen oder wenigstens in Berücksichtigung unserer Verhältnisse unnötige Schreibarbeit und überdies eine starke Belastung des Telegraphen.

Innerhalb 30 Tagen nach Ablauf jeden Monats erhält die Wageneigentümerin eine genaue Monatsabrechnung. Bei Berechnung der Mietetage bleibt der Tag des Überganges auf dem Hinwege außer Ansatz, dagegen wird der Tag des Rückweges berechnet. Der Geldausgleich geschieht monatlich. Einsprüche werden besonders verfolgt.

Für die Auslegung des Übereinkommens und für die Regelung von Meinungsverschiedenheiten besteht ein Schiedsrichterkomitee, dessen Entscheidungen endgültig sind.

Bei uns sind von jeder einen Schaden am Wagen entdeckenden Verwaltung die Reparaturkosten bis zum Betrage von 40 M. zu übernehmen, in Amerika ist jede eine Beschädigung entdeckende Verwaltung berechtigt und verpflichtet, die notwendige Reparatur auf Kosten der Wageneigentümerin ausführen zu lassen, woraus sich natürlich umständliche Abrechnungsarbeiten ergeben.

Tragfähigkeit der Wagen.

Nach den Veröffentlichungen der *Interstate Commerce Commission* ergibt sich bei Umrechnung in deutsche Tonnen die nachfolgende Übersicht über die Tragfähigkeit *(Capacity)* der Güterwagen der Eisenbahnen in den Vereinigten Staaten:

Güterwagenbestand der Eisenbahnen in den Vereinigten Staaten 1903 (Juli 1902—Juni 1903).

Wagenart	Im ganzen	Es waren vorhanden Wagen mit einer Tragfähigkeit von Tonnen				
		4,5	9	13,5	18	22,5
Bedeckte Wagen . .	765 820	403	5 693	24 260	168 725	90 907
Offene Wagen , . .	154 074	390	4 120	8 047	41 982	22 851
Viehwagen	61 790	92	486	2 687	18 132	13 491
Kohlenwagen . . .	595 963	2 137	1 451	4 097	73 080	92 923
Kesselwagen	4 421	2	505	148	114	141
Heiz- u. Kühlwagen	21 454	—	58	147	4 635	4 334
Andere Wagen . . .	47 093	1 329	1 672	2 020	7 091	10 589
Zusammen:	1 650 615	4 353	13 985	41 406	313 759	235 236

Wagenart	Es waren vorhanden Wagen mit einer Tragfähigkeit von Tonnen							
	27	31,5	36	40,5	45	49,5	54	67,5
Bedeckte Wagen . .	396 707	8 945	59 453	2	10 725	—	—	—
Offene Wagen . . .	45 067	7 423	18 443	—	5 734	4	11	2
Viehwagen	26 466	1	435	—	—	—	—	—
Kohlenwagen . . .	206 558	6 448	137 218	138	71 451	428	34	—
Kesselwagen	1 034	50	1 246	1	1 180	—	—	—
Heiz- u. Kühlwagen	11 555	705	—	20	—	—	—	—
Andere Wagen . . .	9 006	1 713	8 746	100	4 827	—	—	—
Zusammen:	696 393	25 285	225 541	261	93 917	432	45	2

Wie uns mitgeteilt wurde, werden in letzter Zeit die 27- und 36 t-Wagen immer mehr als Normalwagen beschafft. Hand in Hand geht damit die Beschaffung immer schwererer Güterzuglokomotiven, von denen bereits solche im Bau begriffen sind, die 7250 deutsche Tonnen in der Ebene und 2700 in der Steigung von 1:200 ziehen.

Die Tragfähigkeit der amerikanischen Güterwagen — fast ausnahmslos vierachsig — ist nach dieser Übersicht erheblich größer als bei uns. Beispielsweise hatten von dem Güterwagenpark der preußisch-hessischen Eisenbahngemeinschaft (bedeckte und offene Wagen, ausschl. 4267 Vieh- und 18 902 Arbeitswagen) am 30. September 1905 ein Ladegewicht*)

von weniger als 10 Tonnen . .	1 073	Wagen,
„ 10 Tonnen	54 796	„
„ 10 bis 12,4 Tonnen . . .	7 715	„
„ 12,5 bis 14,9 Tonnen . . .	55 267	„
„ 15 Tonnen.	162 034	„
„ 20 Tonnen und darüber . .	5 633	„ .

Unter den letzteren befinden sich 3836 vierachsige 25- und 30 t-Plattformwagen, zu denen noch einige 60 bis 80 t-Wagen neu hinzugetreten sind, und Krupp in Essen hat allein etwa 20 vierachsige Wagen von 33 bis 60 t Ladegewicht. Unter den in Bestellung gegebenen neuen Wagen der preußisch-hessischen Staatsbahnen befindet sich eine beträchtliche Anzahl zweiachsiger offener Güterwagen mit 20 t Ladegewicht.

Bei der Beurteilung der Vorzüge der Wagen mit größerer Tragfähigkeit wird man zu nicht ganz gleichen Ergebnissen kommen, je nachdem man sich vornehmlich auf den Standpunkt des Verkehrs- oder auf den des Betriebsbeamten stellt.

Von dem ersteren Standpunkte muß man anerkennen, daß die Benutzung von Wagen großer Tragfähigkeit das Ladegeschäft, namentlich in dem Kohlen- und Rohstoffverkehr, außerordentlich erleichtert. Wer den leistungsfähigen amerikanischen Güterwagen sieht, und wer an der Grube, am Hafenentladeplatze, am Freiladegleise und am Güterschuppen die ungeheuren Mengen betrachtet, die täglich zwischen denselben Orten zu bewegen sind, muß volles Verständnis dafür gewinnen, daß man mit allen Mitteln dahin strebt, diese Gütermassen mit wenig Personal zu behandeln und mit möglichst wenig Wagen zu befördern. Das Bestreben wird um so mehr verständlich, wenn man die hohen Arbeiterlöhne in Amerika in Betracht zieht. Des Eindrucks kann sich in der Tat niemand, der an den genannten Be-

*) Die Tragfähigkeit ist um 5% höher als das Ladegewicht.

triebsstellen das Be- und Entladegeschäft beobachtet hat, erwehren, daß man ohne jeden Zweifel an diesen Stellen mit verhältnismäßig geringem Aufwand an Personal- und anderen Kosten arbeitet, und daß durch die schnelle Be- und Entladung — sowohl durch örtliche Ladeeinrichtungen (Kippvorrichtungen) als auch durch die Bauart der Wagen (z. B. *Hopper cars)* — der Wagenumlauf erheblich beschleunigt wird.

Die Benutzung der Wagen großer Tragfähigkeit wird in Amerika bekanntlich dadurch besonders begünstigt, daß nicht bloß der Transport von Kohlen und Rohstoffen einen gewaltigen Umfang hat und sich in viel höherem Maße als bei uns in geschlossenen Zügen bewirken läßt, sondern daß auch dem sonstigen Verkehr zwischen den noch immer stark wachsenden Millionenstädten sehr bedeutende Gütermengen gleicher Art zufallen. Auch die größere Zentralisation der Gütererzeugung trägt dazu bei. Vom Standpunkt des Verkehrsbeamten wird daher den schweren Wagen das Wort zu reden sein.

Vom Standpunkt des Betriebsbeamten bietet die Verwendung so schwerer Wagen, namentlich bei einem Verkehre, der sich nicht so sehr auf langgestreckten, als vielmehr auf durcheinanderlaufenden Linien bewegt, mancherlei Nachteile. Es will uns nach unseren Beobachtungen scheinen, daß in Amerika die schweren Güterwagen dort, wo sie nicht auf Linien laufen, die fast ausschließlich der Güterbeförderung dienen, häufig zu Zugunregelmäßigkeiten und zu Verkehrsstörungen schwerwiegendster Art führen und daher mit zu den Ursachen der viel zahlreicheren Zugunfälle aller Art gehören, unter denen Amerika offenbar schwer leidet. Diese Auffassung wird bestätigt durch unsere bereits an anderer Stelle erwähnte Besprechung mit zwei hervorragenden Eisenbahnfachmännern über die Steigerung der Tragfähigkeit der Güterwagen. Jeder von beiden betrachtete die Sache von seinem Standpunkte: der eine berechnete lediglich die mechanische Kraft, die bei der Benutzung schwerer, ja schwerster Wagen erspart wird; mit je weniger Wagen höchster Tragfähigkeit der Verkehr bewältigt werden kann, desto geringer ist nach seiner Meinung der Gesamtaufwand; nach diesem Grundsatz müssen sich alle anderen Verhältnisse richten. Der andere verurteilte zwar diese grundsätzliche Auffassung nicht, er betrachtete aber die Frage nicht lediglich von der Seite der Fortbewegung der Güter, faßte vielmehr den Gesamtbetrieb einer Eisenbahn ins Auge und kam dabei zu dem Ergebnis, daß der Bau von Wagen großer Tragfähigkeit nicht bloß in dem Vorhandensein ausreichender Gütermassen, sondern auch in dem Umstande seine Begrenzung finden müsse, daß durch schwere Gütertransporte keine zu starke Beanspruchung der Fahrzeuge selbst und des Oberbaues und keine zu ungelenke Zughandhabung eintreten dürfe. Von diesen Gesichtspunkten ausgehend, kam er zu dem Urteil, daß man in Amerika doch wohl im allgemeinen bereits bis an die Grenze des Zweckmäßigen gelangt sei, und daß man in Deutschland, wo man offenbar noch nicht so weit sei, vorsichtig vorzugehen habe.*)

Zu der Tatsache, daß in Deutschland für die Benutzung von Wagen höchster Tragfähigkeit bei weitem nicht gleich große Gütermassen vorhanden sind als in Amerika, tritt sodann noch der Umstand, daß den Verladern und Empfängern geeignete Verladeeinrichtungen noch nicht zur Verfügung stehen. Auch daran ist zu erinnern, daß unsere Sicherheitsvorschriften mit Recht sehr hohe Anforderungen stellen, während die amerikanischen Eisenbahnen solche kaum kennen. Es wird daher der Entschluß der preußischen Staatseisenbahnverwaltung der richtige sein, wenigstens zunächst im allgemeinen an dem zweiachsigen Güterwagen festzuhalten, diesen aber so zu gestalten, daß der zulässige Raddruck voll ausgenutzt wird. Dementsprechend hat denn auch bei uns die Tragfähigkeit der Wagen bekanntlich von Jahr zu Jahr wesentlich zugenommen. Daß schon bisher mit unseren Wagen gute Leistungen erzielt wurden, beweist eine Vergleichung der gesamten Güterbewegung hüben und drüben. Danach wurden beispielsweise im Jahre 1902 auf den Eisenbahnen Nordamerikas 10,36 mal soviel Gütertonnen-

*) Vgl. auch Anmerkung auf S. 348.

kilometer als auf den Eisenbahnen der preußisch-hessischen Betriebsgemeinschaft mit einem 5,06 mal so großen Güterwagenpark und unter Aufwendung von 5,8 mal so vielen Güterzugkilometern geleistet. Auf die Güterwagenachse entfielen mithin in Amerika nur unerheblich mehr Gütertonnenkilometer als bei uns, was bei dem stärkeren amerikanischen Rohstoff- und Kohlenverkehr nicht auffällig ist. Die Zahl der durchschnittlich von einem Zuge bewegten Wagenachsen war aber bei uns noch etwas größer als in Amerika.

Nach alledem kommen auch wir zu dem Ergebnis, daß es sich hier um Verhältnisse handelt, die nach den von einander abweichenden Verkehrsbedürfnissen beider Länder beurteilt werden müssen. Ein vergleichendes oder besser ein unbedingtes Urteil in dem Sinne, welche der beiden Einrichtungen den Vorzug verdient, wäre nicht angebracht. Die schweren amerikanischen Güterwagen passen, wie auch der preußische Minister der öffentlichen Arbeiten von Budde im Abgeordnetenhause erklärt hat, für uns schon deshalb nicht, weil uns die entsprechenden Gütermassen fehlen. Wenn wir in bezug auf die Verringerung des toten Gewichts mit zwei Wagen zu 20 t dasselbe erreichen können, wie mit einem 40 t-Wagen — und das scheint der Fall zu sein —, so ist der 20 t-Wagen für uns wirtschaftlicher, weil er für weit mehr Zwecke und viel leichter verwendet werden kann.

Anhang.

1. Über die Bezugskosten der Erze.

Wie S. 224 erwähnt ist, sind uns über die Bezugskosten der Erze wegen ihrer großen Bedeutung für weite Kreise der Bevölkerung in Amerika und in Deutschland ausführlichere Mitteilungen zweckmäßig erschienen, als sie an jener Stelle ohne Störung des Zusammenhanges gemacht werden konnten. Dies umsomehr, als die allgemein verbreitete Anschauung, die amerikanische Industrie beziehe ihre hauptsächlichsten Massenartikel unter allen Umständen und zwar erheblich billiger als die deutsche, nach unseren Anschauungen doch der Einschränkung bedarf.

Die große Menge der Eisenerze in Nordamerika wird bekanntlich vorwiegend in der Umgebung des Lake Superior gewonnen; es ist richtig, daß die reinen Selbstkosten der Eisenerzgewinnung an der Grube an sich niedrig sind. Das liegt daran, daß noch zu einem recht hohen Teile (fast zur Hälfte) Tagebau unter Anwendung sehr ergiebiger Dampfschaufeln getrieben wird und daß man im übrigen heute noch nicht genötigt ist, so tief unter die Erdoberfläche zu gehen wie in Europa. Die Selbstkosten schwanken natürlich sehr, im Durchschnitt betragen sie etwa 2—3,50 M. für die Tonne. Hierzu kommt — soweit Pachtbetrieb erfolgt — eine Abgabe von durchschnittlich etwa 1,20 M. an den Eigentümer von Grund und Boden. Diesen Betrag eingerechnet, käme man auf 3,20—4,70 M. Selbstkosten an der Grube. Dazu treten aber ferner die Frachten, die wegen der weiten Entfernungen (Eriehäfen und namentlich Pittsburg) sehr erheblich sind. Die Fracht von den Mesabigruben nach dem Lake Superior einschließlich der Überladekosten ins Schiff beläuft sich auf 3,36 M.; die Seefracht nach den Eriehäfen für Mesabierze auf etwa 3,15 M., die Bahnfracht nach Pittsburg von Cleveland auf 4,95 M. (nach anderer Angabe 4,05 M.), von Ashtabula auf 4,05 M. Auf der Bahn von Couneaut und Erie, die der *United Steel Corporation*, welche das Erz auch verhüttet, gehört, ergibt sich der sehr niedrige Satz von 2,44 M. Für Pittsburg ergäben sich danach an reinen Selbstkosten ohne Berücksichtigung der unbekannten Überladekosten in den Eriehäfen im Durchschnitt 12,15 bis 16,16 M. Die tatsächlichen Verkaufspreise, die indessen erfahrungsmäßig je nach der Verkehrslage großen Schwankungen unterliegen, betrugen in Pittsburg unter Berücksichtigung der Festsetzungen der *Lake Superior Ore Association* 1902 und 1903 für Mesabierze, und zwar:

Bessemererz (63 % Fe) 18,98 M. bis 21,49 (20,59) M.,
Nicht-Bessemererz (60 % Fe) 15,69 M. „ 18,18 (17,28) M.;

für Erze anderer Herkunft:

Bessemererz (63 % Fe) 21,04 M. bis 23,55 (22,65) M.,
Nicht-Bessemererz (60 % Fe) 17,32 M. „ 19,83 (18,93) M.

Für die Hochöfen am Eriesee entfällt zwar die Bahnfracht nach Pittsburg im Betrage von 2,44—4,95 (4,05) M., indessen sind dafür die Kohlen- und Koksfrachten dorthin höher, und außerdem ist die Fracht für das Eisenprodukt nach dem Binnenlande für die Unterschiedsstrecke zuzurechnen.

Neuere Angaben waren nicht zu erhalten; selbst in den uns zugegangenen amerikanischen Fachzeitschriften des Jahres 1904 wurden von Fachmännern nur Angaben aus zurückliegenden Jahren benutzt.

Diesen Zahlen seien einige auf Ermittelungen des Jahres 1902 beruhende Bezugspreise der Werke an der Ruhr und in Oberschlesien gegenübergestellt.

Es wurden gezahlt für eine Tonne Eisenerz:

	an der Ruhr etwa	in Oberschlesien	etwa
schwedischer Herkunft	18,50 M.	(60 % Fe)	22,50 M.
von der Sieg (Rostspat)	17,90 „	(65 % „)	25,30 „
ungarischer Herkunft	—	—	17,80 „
spanischer „ (Somorrostro)	15,50 „	—	—
(Puddelschlacken)	15,70 „	—	18,50 „
russischer Herkunft	—	(68 % Fe)	23,10 „

Wenn man nun auch berücksichtigt, daß die amerikanischen Erze im Durchschnitt wohl einen etwas höheren Metallgehalt haben, als die in Deutschland zur Verhüttung kommenden, so dürfte doch nach der Gegenüberstellung anzunehmen sein, daß die deutschen Hochöfen im großen und ganzen keine höheren Bezugskosten für ihre Eisenerze aufzuwenden haben, als die amerikanischen — mindestens nicht in Pittsburg, dem Hauptindustrieplatze. Ja, man darf wohl behaupten, daß manche deutsche Eisenhütten in dieser Beziehung besser daran sind, als ein Teil der amerikanischen. Dazu kommt, daß der Metallgehalt der amerikanischen Erze allmählich nachzulassen scheint, daß man ferner bei dem sehr starken Abbau mehr und mehr vom Tagebau abgehen und in immer größere Tiefen hinabsteigen muß, und daß eine Erschöpfung der Gruben am Lake Superior schon für absehbare Zeit vorausgesagt wird. Hieraus müßte sich notwendig ein Steigen der Preise ergeben. Andererseits ist auch nicht nur nicht anzunehmen, daß die Eisenbahnfrachten ermäßigt werden, die amerikanische Industrie muß vielmehr aller Voraussicht nach mit einer allmählichen Erhöhung der Frachtsätze rechnen. Alles in allem genommen, darf es als sicher gelten, daß die deutsche Eisenindustrie, wenn sie in bezug auf den Preis des Eisenerzes schon jetzt im allgemeinen nicht schlechter steht, als die amerikanische, die zukünftige Gestaltung der Bezugsbedingungen für das Eisenerz in Amerika nicht zu fürchten braucht.

Kohle und Koks bezieht Pittsburg allerdings billiger, da es beides in nächster Nähe hat und die reinen Gewinnungskosten der Kohle aus ähnlichen Gründen wie beim Erz jedenfalls gegenwärtig noch im Durchschnitt niedriger sind, als bei uns. Entferntere Hochöfen haben dagegen mit zum Teil nicht unbeträchtlichen Frachten zu rechnen, wodurch der Vorsprung im Preise frei Zeche und Kokerei zurückgeht oder gar beseitigt wird.

Nach Angaben in der Drucksache No. 14 (1905) S. 354 des preußischen Landes-Eisenbahnrats bezifferten sich damals die Selbstkosten:

a) des Roheisens

an der Lahn	auf	56,70 M. für die Tonne,
in Westfalen	„	45,31 bis 47,53 M. für die Tonne,
„ Lothringen	„	39,40 M. für die Tonne,
„ Luxemburg	„	48,70 „ „ „ „ ;

b) der Rohstahlblöcke

im Rheinland (Thomasstahl)	auf	67,79 M. für die Tonne,
in Lothringen („)	„	58,40 „ „ „ „
an der Sieg (Martinstahl)	„	71,00 „ „ „ „ .

Nach dem statistischen Jahrbuch für das Deutsche Reich betrugen die Verkaufspreise ab Werk:

	für Gießereiroheisen in Breslau	für bestes Gießereiroheisen in Düsseldorf
1902	61,30 M.	65,20 M.
1903	60,50 „	66,70 „
1904	59,50 „	67,50 „ .

Dagegen berechnet Macco in seinem sehr beachtenswerten Aufsatz in der Zeitschrift „Stahl und Eisen" 1904, No. 2 u. 3 die Selbstkosten für Bessemerroheisen in Amerika auf 63—67 M. am Edgar Thomson-Werk, wobei allerdings zu berücksichtigen ist, daß die *United Steel Corporation* die Rohmaterialien den Werken sehr hoch anrechnen soll und daß an sich eine billigere Herstellung möglich wäre. Inwieweit die Zahlen vergleichsfähig sind, ist schwer erkennbar, indessen darf doch soviel daraus geschlossen werden, daß eine „amerikanische Gefahr" nicht vorhanden und zu fürchten ist. Tatsache ist jedenfalls, daß die Vereinigten Staaten aus Deutschland sogar noch Roheisen bezogen haben und beziehen, und zwar:

1901	für	577 000 M.,
1902	„	11 245 000 „
1903	„	14 284 000 „
1904	„	1 452 000 „ .

Soweit es den Amerikanern gelungen ist, ihre Ausfuhr von Eisenfabrikaten nach Deutschland höher zu halten als die Einfuhr aus Deutschland, so liegt das wohl in der Hauptsache an der Fabrikationsweise von Artikeln, wie landwirtschaftlichen Maschinen, Werkzeugmaschinen und Nähmaschinen, die im ganzen oder in ihren Teilen nach einem einheitlichen Typ *(Standard)* maschinell in Massen hergestellt werden können. Dort, wo die Arbeit nicht in so großem Umfange der Maschine allein überlassen werden kann und eine feinere Arbeit unter stärkerer Mithilfe geschulter Arbeitskräfte erforderlich ist, arbeitet die deutsche Industrie billiger und besser. Der Amerikaner ist darum auch gewohnt, feinere Maschinen und Waren zum Teil von auswärts, besonders auch aus Deutschland zu beziehen. Wenn die deutsche Eisenindustrie — wozu sich bereits die Anfänge zeigen — unter Beibehaltung ihrer rühmlichst bekannten Gründlichkeit dort, wo es angebracht ist, von der Arbeitsweise der Amerikaner Gebrauch macht, so wird sie nicht nur die amerikanische Einfuhr, soweit sie an sich nicht berechtigt ist, mehr und mehr zurückdrängen, sondern ihr auch weiteren gesunden Wettbewerb auf dem Weltmarkte zu machen in der Lage bleiben.

2. Über die Bezugskosten der Baumwolle.

An und für sich sind die Bedingungen für den Bezug der Rohbaumwolle für die Vereinigten Staaten günstiger, als für Deutschland, da erstere die Baumwolle im Lande haben, Deutschland dagegen seinen Bedarf von weit her, vor allem auch aus den Vereinigten Staaten selbst (1904 zu 71 %) decken muß. Von wesentlicherem Einfluß ist der Frachtvorteil indes nur für die Textilindustrie in den Südstaaten, weil sie die Baumwolle gewissermaßen vor der Tür hat und mit nur geringfügigen Frachten rechnet. Der Anteil der Südstaaten an der gesamten Verarbeitung von Baumwolle in den Vereinigten Staaten war bisher im Steigen begriffen. Er betrug 1894 etwa 30 %; 1903 etwa 50 %. Die Ansichten darüber, ob er noch weiter wachsen wird, sind geteilt. Jedenfalls wird im Süden im allgemeinen weniger gute Ware hergestellt, als in dem anderen Zentrum der Baumwollindustrie, nämlich in den Neuenglandstaaten. Diese haben aber wegen der großen Entfernung von den Südstaaten mit Frachten und Spesen zu rechnen, die von den deutscherseits für amerikanische Baumwolle zu zahlenden Beförderungskosten nicht wesentlich abweichen, bei dem Bezuge auf dem Bahnwege zum Teil sogar höher sind als letztere. Der Bezug nach den Neuenglandstaaten erfolgt teils auf dem Seewege, teils auf dem Wasser- und Bahnwege, teils auf dem direkten Bahnwege, je nach der Lage von Versand- und Bestimmungsort.

Die Seefracht von Galveston oder New Orleans nach New York, Fall River und anderen nordöstlichen Küstenplätzen, und die Lade-, Lagerungs- und Verkaufsspesen im Empfangshafen sind wenigstens zu etwa 2,80 bis 3,50 M. für 100 kg anzunehmen, wahrscheinlich aber sind sie meist höher. Für den Bezug nach den inländischen Verarbeitungsstätten treten noch die tarifmäßigen Bahnfrachten hinzu. Die Bahnfrachten aus den Baumwollstaaten nach New York betragen 4,50 bis 8,25 M., im Mittel 6,38 M. für 100 kg.

Dagegen betrugen die Frachtkosten und Spesen für Baumwolle von Galveston nach deutschen Textilwarenfabriken für 100 kg im Februar 1905

Seefracht bis Bremen . .	3,03 M.,	
Spesen in Bremen . . .	0,51 M.,	
Bahnfracht bis		
M.-Gladbach	0,80 M.	= 4,34 M.,
Aachen	0,93 M.	= 4,47 M.,
Gera	1,44 M.	= 4,98 M.,
Chemnitz, Werdau	1,51 M.	= 5,05 M.,
Zwickau	1,54 M.	= 5,08 M.,
Reichenbach (Schlesien)	1,86 M.	= 5,40 M.

Es läßt sich also auch für die Baumwollindustrie nicht sagen, daß die Neuenglandstaaten Baumwolle erheblich billiger und allgemein billiger bezögen, als die deutschen Industriellen. Aus den gegenüber dem Bezuge zur See sich ergebenden geringfügigen Unterschieden in den Frachtkosten und Spesen für die Rohbaumwolle kann jedenfalls eine Gefahr für die deutsche Baumwollindustrie im Vergleich mit den Neuenglandstaaten nicht hergeleitet werden. Die Handelsstatistik beweist überdies zur Genüge, daß die deutsche Baumwollindustrie durchaus in der Lage ist, sich erfolgreich gegen Amerika auf dem Weltmarkt wie in den Vereinigten Staaten selbst zu behaupten, trotzdem die Amerikaner meinen, sie hätten bessere Maschinen und ihre Arbeiter leisteten erheblich mehr, als die jedes anderen Textilwarenlandes.

Es führten aus an Baumwollwaren:

die Vereinigten Staaten

1894 für 60 000 000 M.,

1903 „ 135 000 000 M. = + 75 000 000 M.,

Deutschland

1894 für 157 500 000 M.,

1903 „ 320 700 000 M. = + 163 200 000 M.

Die Vereinigten Staaten setzten nach Deutschland ab:

1903 für 4 600 000 M. Baumwollwaren,

Deutschland nach den Vereinigten Staaten:

1894 für 29 300 000 M.,

1903 „ 58 400 000 M. = + rund 100%.

Will man überhaupt von einer amerikanischen Gefahr für die Baumwollindustrie Deutschlands reden, so könnte das nur in Frage kommen, wenn die Vereinigten Staaten, die bis jetzt wenigstens sozusagen das Monopol der Baumwollerzeugung haben, dazu übergingen, die Ausfuhr der Rohbaumwolle zu erschweren, ein Gedanke, dessen Verwirklichung die Amerikaner selbst nicht wünschen können.

3. Milchbeförderung.

Die Beförderung der Milch, wohl eines der wichtigsten Nahrungsmittel für alle Bevölkerungsklassen, verdient in bezug auf die Schnelligkeit und die Billigkeit die besondere Rücksichtnahme der Eisenbahnverwaltungen. Nachdem die Einrichtungen unserer Eisenbahnen, insbesondere die der preußisch-hessischen Staatsbahnen, von amerikanischer Seite als mangelhaft bezeichnet sind, haben wir es für unsere Pflicht gehalten, die Behandlung der Milchsendungen in Amerika und bei uns eingehend zu untersuchen, soweit uns einwandfreie Unterlagen hierfür zur Verfügung standen.

Professor Dr. Meyer von der Universität Chicago hat vor dem Unterausschusse des Senats, der mit der Untersuchung der Frage wegen Erweiterung der Machtbefugnisse der *Interstate Commerce Commission* beschäftigt ist, neben vielen anderen Unrichtigkeiten behauptet, daß der Milchbedarf von Berlin nicht von außen gedeckt werde, sondern aus den Molkereien der Stadt selbst, „von denen eine allein 14000 Kühe in Berlin habe, während hundert andere noch eine beträchtliche Zahl von Kühen halten.“ Die Milch sei deshalb sehr teuer. Die Volksgesundheit Berlins werde durch das Vorhandensein so vieler Kühe in den Stadtgrenzen gefährdet. Meyer wünscht deshalb den Berlinern und der Landwirtschaft Milchfrachten und eine Regelung der Beförderung der Milch, wie in Amerika.

Nun wurden aber in Berlin, einschließlich Charlottenburg, Schöneberg, Rixdorf und Wilmersdorf, 1902 im ganzen nur etwas über 11000 Kühe gezählt, und die größte Molkerei besaß davon 127*), nicht 14000. Es handelt sich hierbei hauptsächlich um die Gewinnung von Kindermilch und sonstiger Sanitätsmilch. Der Preis für diese ist allerdings aus den verschiedensten Gründen — Stall- usw. Miete, Trockenfütterung, tierärztliche und ärztliche Kontrolle — hoch, etwa 40 und 50 Pf. für das Liter. Dagegen ist der Preis für gewöhnliche Milch um die Hälfte und mehr geringer. Das liegt daran, daß diese Milch fast ausschließlich von außerhalb auf der Eisenbahn bezogen wird. Meyer befindet sich also im Irrtum.

Was sodann die Milchbeförderung und die Milchfrachten auf den Eisenbahnen Amerikas und Deutschlands anlangt, so vollzieht sich nach unseren Ermittelungen in Nordamerika die Milchbeförderung in Gepäckwagen, Heiz- und Kühlwagen und Milch-Spezialwagen. Auf kurze Entfernungen benutzt man die Gepäckwagen, die in den Lokalpersonenzügen laufen, bei längeren Entfernungen kommen Kühl- und Spezialwagen zur Anwendung. Die letzteren sind im allgemeinen eingerichtet wie die der New York, Ontario- and Western-Eisen-

---

*) Vgl. Berliner Statistik, herausgegeben vom Statistischen Amt der Stadt Berlin, Heft I, S. 2. Berlin 1903.

bahn. Diese haben doppelte Wände, Decken und Böden; die Zwischenräume zwischen den Wänden werden mit Holzkohle und Sägemehl ausgefüllt. Jeder dieser Wagen hat 2 Kühlbehälter, an jeder Stirnseite einen, die zusammen 725 kg Eis fassen. Bei besonders heißem Wetter werden auch noch Eisstücke zwischen die Kannen gestreut. Ist es sehr kalt, so können die Wagen mit Dampf geheizt werden. Die Notwendigkeit solcher Wagen ergibt sich aus den besonderen klimatischen Verhältnissen Nordamerikas. Bei der Beförderung über lange Strecken werden die Milchwagen häufig zu besonderen Milchzügen vereinigt und diese mit der Grundgeschwindigkeit der Lokalpersonenzüge gefahren. So wird Milch nach dem von Eduard G. Ward jr. — Beamter im Landwirtschaftsdepartement der Vereinigten Staaten — verfaßten Büchlein „*Milk Transportation* (Washington 1903)" von Pittsfield (Mass.) auf eine Entfernung von 259 km nach Harlem River (New York City) in 10 Stunden gebracht (Pittsfield ab 12^{25} und Harlem River an 10^{05} abends). Die stündliche Reisegeschwindigkeit beträgt etwa 27 km. Ein Milchzug, der aus Milch-Spezialwagen zusammengesetzt ist, verläßt Hornellsville (New York) 6 Uhr früh und erreicht Jersey City 10^{40} abends, durchläuft also eine Entfernung von 534 km in 16 Stunden 40 Minuten — d. i. eine Reisegeschwindigkeit von 32 km in der Stunde. Anscheinend auf die weiteste Entfernung wird Milch von Clocksville (New York) nach Jersey City (623 km) befördert. Der Zug verläßt Clocksville 8^{04} und kommt in Jersey City 10^{30} abends an, braucht also $14^1/_2$ Stunden (Reisegeschwindigkeit 43 km). Die durchschnittliche Reisegeschwindigkeit darf man wohl allgemein auf 30 km berechnen. Einige Milchzüge von Walkerton nach Chicago durchlaufen die 129 km lange Strecke mit Aufenthalt in 2 Stunden 35 Minuten, haben also eine Reisegeschwindigkeit von 50 km in der Stunde.

Auf den großen Milchversand-Stationen werden die Milchkannen unmittelbar nach ihrer Einlieferung in große Kühlgefäße eingestellt. Diese Gefäße sind mit Wasser und Eis umgeben und kühlen die Milch innerhalb 40 Minuten bis zu 40^0 Fahrenheit ($4^1/_2{}^0$ Celsius) ab. Bei der Beförderung in den Milch-Spezialwagen soll die Temperatur der in New York ankommenden Milch etwa 50° Fahrenheit (10° Celsius) betragen. Ebenso haben die Empfangsstationen Waschräume, in welche ein Dampfstrom eingeleitet wird, um das darin befindliche Wasser bis zum Siedepunkt zu erwärmen. In diesen werden die leeren Kannen gewaschen. Nachdem die Kannen kalt ausgespült und sodann ausgedämpft sind, werden sie gelüftet. Das Wasser wird von den Eisenbahnen frei zur Verfügung gestellt. Die Reinigung der Wagen erfolgt im allgemeinen mit Wasser und Soda.

Die Entfernungen, auf die in Deutschland die Milch in die Großstädte befördert wird, gehen zum Teil gleichfalls über 200 km hinaus. Um die pünktliche Durchführung des Personenzug-Fahrplans nicht zu stören, verbietet es sich meistens, größere Mengen Milch mit Personenzügen zu befördern. Trotzdem aber wird die Milch in Deutschland sehr schnell befördert. Von der auf der Eisenbahn nach Berlin gehenden Milch laufen 60 % nur bis zu 2 Stunden, 30 % zwischen 2 und 4 Stunden und nur 10 % über 4 Stunden hinaus, ganz ausnahmsweise bei ungünstiger Lage der Versandstation nur länger als 6—7 Stunden. Die Hauptbeförderung geschieht in der Nacht, und es ist daher möglich, die in den Abend- oder Nachtstunden aufgelieferte Milch rechtzeitig für den Verkauf und die Verarbeitung am anderen Morgen am Empfangsort bereit zu halten. Für die Beförderung werden doppelwandige Wagen mit Lüftungsvorrichtungen bevorzugt, auf Eisbeigabe wird von den Versendern kein Wert gelegt; im Winter werden die Lüftungsvorrichtungen geschlossen, so daß ein gewisser Kälteschutz erzielt wird. Diese Einrichtungen genügen — wie noch kürzlich angestellte Untersuchungen ergeben haben — allen billigerweise zu stellenden Anforderungen.

Die Milch genießt bei uns besondere Vergünstigungen in bezug auf Abfertigung und Frachtkosten. Die Abfertigung ist so einfach wie möglich. Sie belastet weder die Versender noch die Eisenbahn, und die Frachtkosten sind mit Rücksicht auf die Schnelligkeit der Beförderung außerordentlich mäßig (vgl. die nachfolgenden Tafeln).

In Nordamerika sind die Frachten fast durchweg nach Zonen gestaffelt. Doch befolgt eine Anzahl von Bahnen auch andere Systeme. So z. B. befördert eine Eisenbahn nach New York Milch auf jede Entfernung bis zu 259 km gleichmäßig zum Satze von 25 Cents (1,04 M.) für die Kanne von 40 Quarts (45,4 l), und zwar sowohl die Milch wie die Sahne. Viele Eisenbahnen behandeln Milch und Sahne tarifarisch verschieden, und zwar werden Mehrfrachten von 5 bis 18 Cents für die Kanne Sahne von 40 Quarts berechnet.

Hierunter werden fünf Tafeln beigefügt, die dem genannten Büchlein entnommen sind und die in deutsche Werte umgerechneten Entfernungen und Frachtsätze nach den wichtigsten Milchempfangsplätzen nachweisen. Hinzugefügt ist überall der Frachtsatz der preußisch-hessischen Staatsbahnen, und zwar für Stückgut wie für Wagenladungen (Klasse A 1). Ein Vergleich der beiderseitigen Frachten ist sehr lehrreich. Die amerikanischen Frachten sind durchweg erheblich teurer als die deutschen, weil sie auf kurze Entfernungen besonders belastend wirken; sie sind hier teilweise 5 und mehr mal so hoch wie die deutschen; ein Beweis, daß die amerikanischen Eisenbahnen sich die Beförderung dieses Volksernährungsmittels sehr gut bezahlen lassen.

Fracht für Milch und Sahne nach New York City.

Versandstationen	Entfernung	Frische Sahne		Sahne und kondensierte Milch		Fracht der preuß.-hess. Staatsbahnen 100 kg	
		Fracht für 1 Kanne = 40 Quarts = 45,4 l	demnach für 100 l = 100 kg	Fracht für 1 Kanne = 40 Quarts = 45,4 l	demnach für 100 l = 100 kg	Stückgut	Ladung
	km	Pf.	Pf.	Pf.	Pf.	Pf.	
a) Auf der New York Central and Hudson River-Eisenbahn:							
Putnam Division:							
Briar Cliff Manor . . .	42	104	229	125	275	60	42
Amawalk	61	104	229	125	275	82	57
Baldwin Place	68	104	229	125	275	89	62
Hudson Division:							
Cold Spring	84	125	275	166	366	107	74
New Hamburg	105	125	275	166	366	130	90
Staatsburg	134	125	275	166	366	159	110

Versandstationen	Entfernung	Frische Sahne		Sahne und kondensierte Milch		Fracht der preuß.-hess. Staatsbahnen 100 kg	
		Fracht für 1 Kanne = 40 Quarts = 45,4 l	demnach für 100 l = 100 kg	Fracht für 1 Kanne = 40 Quarts = 45,4 l	demnach für 100 l = 100 kg	Stückgut	Ladung
	km	Pf.	Pf.	Pf.	Pf.	Pf.	
Harlem Division:							
Pawling	103	104	229	146	322	128	89
Coleman	144	104	229	146	322	169	116
Hillsdale	176	104	229	146	322	201	138
Delaware and Hudson Division:							
Cobleskill	303	133	293	—	—	317	223
Hyndsville	311	133	293	—	—	324	228
Wells Bridge	383	133	293	—	—	381	277
Mohawk Division:							
Little Falls	348	133	293	—	—	353	253
Herkimer	360	133	293	—	—	363	261
Schuyler Junction	376	133	293	—	—	376	272
Rome Watertown, and Ogdensburg Division:							
Castorland	488	133	293	—	—	457	547
Deer River	494	133	293	—	—	461	351
Carthage	501	133	293	—	—	466	356

Versandstationen	Entfernung	Milch und Sahne		Milch und Sahne		Fracht der preuß.-hess. Staatsbahnen 100 kg	
		1 Kanne = 40 Quarts = 45,4 l	demnach für 100 l = 100 kg	1 Kanne = 40 Quarts = 45,4 l	demnach für 100 l = 100 kg	Stückgut	Ladung
	km	Pf.	Pf.	Pf.	Pf.	Pf.	
b) Auf der New York, New Haven and Hartford-Eisenbahn:							
South Norwalk	68	104	229	125	275	89	62
Brancheville	87	104	229	125	275	110	76
Bethel	100	104	229	125	275	124	86
Brookfield Junction	115	104	229	125	275	140	97
Brookfield	119	104	229	125	275	144	100
New Milford	145	104	229	125	275	170	117
Kent	150	104	229	125	275	175	121
Cornwall Bridge	164	104	229	125	275	189	130
Canaan	195	104	229	125	275	220	151
Vandeusenville	212	104	229	125	275	236	162
Lenox	238	104	229	125	275	259	179
Pittsfield	249	104	229	125	275	269	187

Fracht für Milch und Sahne nach Chicago.

Versandstationen	Entfernung km	Milch und Sahne: 1 Kanne = 40 Quarts = 45,4 l Pf.	Milch und Sahne: 100 l = 100 kg Pf.	Fracht der preuß.-hess. Staatsbahnen 100 kg: Stückgut Pf.	Fracht der preuß.-hess. Staatsbahnen 100 kg: Ladung Pf.
a) Auf der Chicago and Great Western - Eisenbahn:					
M ywood	11	79	174	23	18
Bellewood	15	79	174	28	21
Lombard	26	79	174	41	29
North Glenellyn	29	81	178	44	31
Ingalton	42	81	178	60	42
St. Charles	50	82	181	69	48
Wasco	58	83	183	78	54
Lily Lake	64	83	183	85	59
Virgil	71	83	183	93	65
Richardson	74	83	183	96	67
Sycamore	84	89	196	107	74
Clare	95	92	203	119	83
Esmond	105	96	211	130	90
Lindenwood	113	100	220	138	96
Holcomb	119	104	229	144	100
Stillman Valley	126	108	238	151	104
Byron	134	108	238	159	110
Egan	147	108	238	172	118
German Valley	155	108	238	180	124
Bolton	176	108	238	201	138
Peare City	185	108	238	210	144
Kent	192	108	238	217	149
Stockton	203	108	238	228	156
b) Auf der Baltimore and Ohio - Eisenbahn:					
Willow Creek	68	83	183	89	62
Mc Cool	71	83	183	93	65
Babcock	74	83	183	96	67
Woodville	79	83	183	101	70
Suman	84	104	229	107	74
Coburg	90	104	229	113	78
Alida	93	104	229	117	81
Rutzs	100	104	229	124	86
Wellsboro	105	104	229	130	90
Walkerton	129	125	275	154	106

Fracht für Milch und Sahne nach Philadelphia.

Versandstationen	Entfernung	Milch		Sahne		Fracht der preuß.-hess. Staatsbahnen 100 kg	
		1 Kanne = 40 Quarts = 45,4 l	100 l = 100 kg	1 Kanne = 40 Quarts = 45,4 l	100 l = 100 kg	Stückgut	Ladung
	km	Pf.	Pf.	Pf.	Pf.	Pf.	
a) Auf der Pennsylvania-Eisenbahn:							
Haddonfield	11	83	183	166	366	23	18
Chester Heyht	31	62	137	125	275	47	34
Birmingham	39	83	183	166	366	56	39
Salem	61	83	183	166	366	82	57
Hightstown	66	83	183	166	366	87	60
Plainsboro	72	83	183	166	366	94	65
Oxford	79	83	183	166	366	101	70
b) Auf der Philadelphia and Reading Eisenbahn:							
Norristown	26	62	137	125	275	41	29
Gwynedd	27	62	137	125	275	42	30
North Wales	31	83	183	166	366	47	34
Parkland	32	62	137	125	275	48	34
Port Kennedy	32	62	137	125	275	48	34
Langhorne	34	83	183	166	366	50	36
Grenoble	35	62	137	125	275	52	36
Newtown	37	62	137	125	275	54	38
Ruchland	37	83	183	166	366	54	38
Byers	61	83	183	166	366	82	57
Barto	84	83	183	166	366	107	74
Weeton	85	83	183	166	366	108	75
Bethlehem	87	83	183	166	366	110	76
Reading	93	83	183	166	366	117	81
Allentown	99	83	183	166	366	123	85

Fracht für Milch und Sahne nach St. Francisco auf der Atchison, Topeka and Santa Fé-Eisenbahn.

Versandstationen	Entfernung	Milch und Sahne		Fracht der preuß.-hess. Staatsbahnen 100 kg	
		1 Kanne = 40 Quarts = 45,4 l	100 l = 100 kg	Stückgut	Ladung
	km	Pf.	Pf.	Pf.	
Point Richmond	13	42	93	25	20
East Yard	16	42	93	29	22
San Pablo	19	42	93	32	24
Gateley	26	42	93	41	29
Pinole	29	42	93	44	31
Dupont	31	42	93	47	34

Versandstationen	Entfernung km	Milch und Sahne 1 Kanne = 40 Quarts = 45,4 l Pf.	Milch und Sahne 100 l = 100 kg Pf.	Fracht der preuß.-hess. Staatsbahnen 100 kg Stückgut Pf.	Fracht der preuß.-hess. Staatsbahnen 100 kg Ladung Pf.
Luzon	32	42	93	48	34
Fernandez	39	42	93	56	39
Portal	42	42	93	60	42
Muir	47	44	97	66	45
Vine Hall	50	44	97	69	48
Maltby	52	50	110	72	50
Bay Point	58	50	110	78	54
Ambrose	64	50	110	85	59
Diamond	71	54	119	93	65
Antioch	76	58	128	98	68
Oakley	87	58	128	110	76
Knightsen	92	62	137	116	81
Bixler	97	67	148	121	84
Old River	102	71	156	127	88
Middle River	105	71	156	130	90
Hurd	107	75	165	132	92
Holt	113	79	174	138	96
Gillis	116	79	174	141	98
San Joaquin River	121	83	183	146	101
Stockton	126	83	183	151	104
Burnham	140	87	191	165	114
Avena	150	87	191	175	121
Escalon	158	87	191	183	126
Harrold	161	92	203	186	128
Huntley	163	92	203	188	129
Riverbank	166	96	211	191	131
Clauston	172	100	220	197	135
Empire	177	104	229	202	139
Cressy	209	104	229	233	160
Merced	230	104	229	252	174

Fracht für Milch und Sahne nach Washington auf der Baltimore and Ohio-Eisenbahn.

Versandstationen	Entfernung km	Milch und Sahne 1 Kanne = 40 Quarts = 45,4 l Pf.	Milch und Sahne 100 l = 100 kg Pf.	Fracht der preuß.-hess. Staatsbahnen 100 kg Stückgut Pf.	Fracht der preuß.-hess. Staatsbahnen 100 kg Ladung Pf.
Laurel	31	83	183	47	34
Garret Park	19	83	183	32	24
Halpine	24	83	183	38	28
Rockville	26	83	183	41	29
Derwood	31	83	183	47	34
Washington Grove	32	83	183	48	34
Gaithersburg	34	83	183	50	36

Versandstationen	Entfernung km	Milch und Sahne 1 Kanne = 40 Quarts = 45,4 l Pf.	100 l = 100 kg Pf.	Fracht der preuß.-hess. Staatsbahnen 100 kg Stückgut Pf.	Ladung Pf.
Ward	35	83	183	52	36
Cloppers	39	83	183	56	39
Waring	42	83	183	60	42
Germanstown	43	83	183	61	43
Boyds	47	83	183	66	45
Buck Lodge	48	83	183	67	46
Barnesville	53	104	229	73	51
Dickerson	58	104	229	78	54
Tuscarora	63	104	229	84	58
Doubs	74	104	229	96	67
Buckeystown	79	104	229	101	70
Lime Kiln	82	104	229	105	73
Frederick Junction	85	125	275	108	75
Frederick	92	125	275	116	81
Catoctin	74	104	229	96	67
Garret Mills	82	125	275	105	73

Neunter Abschnitt.

Die Beziehungen der Eisenbahnen der Vereinigten Staaten zur Postverwaltung, zu der Pullman-Gesellschaft und zu den Expreß- und Telegraphengesellschaften.

Eisenbahnen und Postverwaltung. — Eisenbahnen und Pullman-Gesellschaft. — Eisenbahnen und Expreß- sowie Telegraphengesellschaften.

Eisenbahnen und Postverwaltung.

Während im Deutschen Reiche das Verhältnis zwischen Eisenbahn und Post durch gesetzliche Vorschrift geregelt und die Entschädigungspflicht der Postverwaltung für die Leistungen der Eisenbahnen oder vielmehr die auf dem Postregal fußende fast gänzliche Befreiung von der Entschädigungspflicht ausdrücklich ausgesprochen wurde, zeigt die Entwicklung in den Vereinigten Staaten ein wesentlich anderes Bild. Von unentgeltlichen Leistungen der Eisenbahnen für Zwecke der Postverwaltung ist dort keine Rede. Einige Zahlen mögen die postalischen Verhältnisse beider Länder namentlich in ihrer Rückwirkung auf die Eisenbahneinnahmen veranschaulichen. Sie sind in der Hauptsache dem amtlichen Bericht des amerikanischen Generalpostmeisters *) entnommen und beziehen sich auf die Rechnungsjahre 1901 und 1902.

Von der Heranziehung eines Betrages von mehr als 20 900 000 M., vgl. S. 230, den die amerikanische Postverwaltung den dortigen Eisenbahnen für die Herleihung usw. von Postwagen für das Rechnungsjahr 1902/03 gezahlt hat, ist aus dem Grunde abgesehen, weil bei uns die Postverwaltung

---

*) Vergl. auch Statistique générale du Service Postal (Bern, 1903).

ihren eigenen Wagenpark hat. Selbstverständlich mußte unter diesen Umständen auch der Betrag (1 806 921 M.) außer Ansatz bleiben, den die deutsche Postverwaltung für Unterstellen, Reinigen, Beleuchten usw. der Eisenbahnpostwagen, sowie für Mitbenutzung der Hebevorrichtungen der preußisch-hessischen Eisenbahnverwaltung gezahlt hat.

Die Gesamt-Posteinnahmen der Vereinigten Staaten betrugen im Jahre 1901 468 500 000 M. und die Gesamt-Postausgaben 478 500 000 M., sodaß ein Zuschuß von 10 000 000 M. erforderlich war. Die deutsche Post (*Germany*, wie es in dem Berichte selbst heißt) brachte im gleichen Jahre bei 470 000 000 M. Einnahmen und 445 000 000 M. Ausgaben einen Überschuß von 25 000 000 M. Die Länge der Eisenbahn-Poststrecken umfaßte in demselben Jahre in den Vereinigten Staaten 299 602 km, in Deutschland 53 148 km; die geleisteten Eisenbahn-Postkilometer betrugen in Amerika 497 000 000, in Deutschland 241 000 000. In Amerika entfiel ein Postamt auf je 77,07 qkm Flächeninhalt und auf 990 Einwohner, in Deutschland auf 8,85 qkm und 1497 Einwohner. Während aber die Postverwaltung an die preußisch-hessischen Staatsbahnen (mit einer Gesamtlänge von rund 32 000 km) für das Rechnungsjahr 1902 nur den Betrag von 4 794 103 M. für Beförderung von Postgut gezahlt hat, mußte die amerikanische Post den stattlichen Betrag von 36 195 116,18 Dollars, also gegen 150 572 000 M. den Eisenbahnen allein für die Beförderung des Postgutes bezahlen. Bei einer auf sämtliche amerikanischen Eisenbahnen entfallenden Einnahme aus dem Güterverkehr *(Freight revenue)* sowie aus dem Post- und Expreßgutverkehr von zusammen 5 899 100 000 M. machen die 150 572 000 M. für Beförderung des Postguts 2,55 % der Gesamteinnahmen des Güterverkehrs aus. Im Gebiete der preußisch-hessischen Eisenbahngemeinschaft betrugen die Einnahmen aus dem Güterverkehr insgesamt 920 541 606 M., die 4 794 103 M. Einnahmen aus dem Postverkehr also nur 0,52 % dieser Summe.

In welchem Maße im einzelnen die Einnahmen aus dem Güterverkehr der amerikanischen Eisenbahnen beeinflußt werden, zeigen folgende Zahlen:

Es erhielten für Beförderung von Postgut:

Eisenbahn:					der Einnahme a. d. Güter-, Post- u. Expreßverkehr.
Union Pacific-	bei 9 272 km	9 150 000 M.	= 5,7 %		
Pennsylvania (*east of* Pittsburg)-	„ 9 417 „	8 500 000 „	= 2,2 „		
New York C. and Hudson River-	„ 5 507 „	10 000 000 „	= 4,6 „		
Southern Pacific-	„ 14 764 „	8 150 000 „	= 3,4 „		
Baltimore and Ohio-	„ 7 148 „	5 650 000 „	= 2,7 „		
Illinois Central-	„ 6 920 „	3 300 000 „	= 2,5 „		
Pennsylvania (*west of* Pittsburg)-	„ 8 144 „	3 275 000 „	= 2,7 „		

Dies alles ungerechnet derjenigen Beträge, die die einzelnen amerikanischen Eisenbahnen aus den oben erwähnten mehr als 20 900 000 M. für die Herleihung der Eisenbahnpostwagen als Verdienst betrachten können. Da in den Vereinigten Staaten im ganzen etwa 2090 Postwagen *) verkehren, so beträgt die jährliche Entschädigung für die Vorhaltung, Reinigung und Beleuchtung des einzelnen Wagens 10 000 M. Wenn man berücksichtigt, daß ein solcher Wagen durchschnittlich rund 14 560 M. zu bauen kostet, und daß die preußisch-hessischen Eisenbahnen für das Unterstellen, Reinigen, Beleuchten usw. der gesamten Eisenbahnpostwagen 1 806 921 M. Entschädigung erhielten, so ergibt sich, wie auch im achten Abschnitt S. 229 ff. des näheren dargelegt ist, daß die Vereinigten Staaten die Eisenbahnverwaltungen nicht zu kurz halten.

Eisenbahnen u. Pullman-Gesellschaft.

Die amerikanischen Eisenbahnverwaltungen halten bekanntlich im allgemeinen nur eine einheitliche Klasse von Personenwagen vor, den sog. *Standard car;* nur im Westen sind wirkliche Wagen zweiter Klasse vorhanden, für deren Benutzung übrigens ein nicht gerade bedeutend ermäßigter Fahrpreis zu zahlen ist.

Ebenso bekannt aber ist es, daß gleichwohl die Abstufung nach Klassen auch auf den amerikanischen Eisenbahnen vorhanden ist, und daß man sich nicht einmal mit 4 Klassen begnügt; es lassen sich bei einer Reihe von Zügen 5 Klassen feststellen. Nur befassen sich im allgemeinen die Eisenbahngesellschaften nicht selbst mit der Beistellung besonderer Klassenwagen; dieser Dienstzweig einschließlich der

---

*) Im Jahre 1902/03 1116 ganze Postwagen und 2923 Wagenabteile, von denen je drei hier als ein Wagen gezählt sind.

Stellung des Begleitpersonals liegt vielmehr in der Hand besonderer Gesellschaften, von denen aber in Wirklichkeit nur die sog. Pullman-Gesellschaft Bedeutung hat. Es gibt zwar noch einzelne kleinere Schlafwagengesellschaften, sie haben aber anscheinend nur einen besonderen Namen und sind in Wahrheit lediglich Zweiganstalten der Pullman-Gesellschaft.

Von größeren Eisenbahngesellschaften, die den Sonderwagenbetrieb (in Amerika kurz ebenfalls *Pullman service* genannt) für eigene Rechnung führen, sind zu nennen:

die Chicago Milwaukee and St. Paul-Eisenbahn mit 10994 km,

die Great Northern-Eisenbahn mit 9474 km,

die New York, New Haven and Hartford-Eisenbahn mit 3278 km,

während die Pullman-Gesellschaft selbst den Dienst auf 296293 km Eisenbahn (im Jahre 1904/5) mit eigenem Personal versieht.

Die folgende Gegenüberstellung beweist den außerordentlichen Aufschwung, den der Pullman-Verkehr in den Vereinigten Staaten in den letzten Jahren genommen hat.

	1901/2	1902/3	1903/4	1904/5
Länge d. Eisenbahnstrecken mit Pullman-Betrieb km	273 255	282 799	289 676	296 293
Beförderte Reisende . . .	10 753 643	12 321 260	13 312 668	14 969 219
Geleistete Personenkilometer	580 209 000	626 310 000	656 849 000	715 982 000

Anmerkung: Das Betriebsjahr läuft vom 1. August des Vorjahres bis zum 31. Juli des Berichtsjahres.

Danach ist die Zahl der Reisenden, die irgend eine Pullman-Einrichtung benutzten, in den letzten drei Jahren (seit 1901/2) um 4215576 Personen, d. h. um fast 40 % gestiegen, während die geleisteten Personenkilometer um 135773 oder etwas mehr als 23 % höher waren. Die betriebenen Eisenbahnstrecken vermehrten sich in derselben Zeit um 23038 km oder etwas mehr als 8 %.

Angeblich hat die Pullman-Gesellschaft 2400 eigene Wagen im Betrieb. Wie groß die Zahl der Angestellten ist, läßt sich nicht sicher feststellen, da in der Gesamtzahl aller

Angestellten der Gesellschaft auch das Personal der Wagenbauwerkstatt in Chicago enthalten zu sein scheint. Wahrscheinlich beläuft sie sich für die Betriebsabteilung auf mehr als 7000, bei einem Gesamtbestande von 18901 Mann (im Jahre 1904/5). Das Durchschnittsjahreseinkommen für die Person betrug im Jahre 1904/5 ungefähr 600 bis 650 Dollars (2500 bis 2700 M.).

Die Pullman-Gesellschaft ist im Jahre 1867 gegründet worden. Über ihre Entstehung hat Dr. v. d. Leyen nähere Angaben gemacht.*) Hier sei bemerkt, daß sie ihre Gründung vornehmlich zwei Ursachen verdankt, nämlich in erster Linie der Notwendigkeit einer besseren Ausstattung der Wagen für längere Reisen und zweitens der Möglichkeit, diese Wagen über die Strecken mehrerer Eisenbahnverwaltungen laufen zu lassen — eine Möglichkeit, die nur durch ein, neben den Eisenbahngesellschaften bestehendes besonderes Unternehmen geschaffen werden konnte. Die Versuche einzelner Eisenbahnverwaltungen, so der Southern Pacific-Eisenbahn, diesen Betrieb für eigene Rechnung zu führen, sind im allgemeinen mißlungen. Nach und nach haben die Eisenbahn-Gesellschaften bis auf wenige Ausnahmen ihren sog. Luxuswagenpark an die Pullman-Gesellschaft unter gleichzeitiger Übertragung des Dienstes verkauft.

Man ist in Amerika im allgemeinen auch heute noch der Ansicht, daß nur ein über ein großes Eisenbahngebiet arbeitendes derartiges Unternehmen gewinnbringend sein kann, weil anders eine wirtschaftliche Ausnutzung des Wagenparks nicht möglich ist. Der Leiter der Great Northern-Eisenbahn war allerdings anderer Ansicht und behauptete, mit seinem Betrieb sehr zufrieden sein zu können. Zahlen hat er nicht genannt, solche sind auch aus dem Poor'schen *Manual* nicht zu entnehmen.

Über das Vertragsverhältnis der Eisenbahngesellschaften mit Pullman haben wir nur in Erfahrung bringen können, daß nach dem Vertrage mit der Northern Pacific-Eisenbahn die Reineinnahmen der Pullman-Gesellschaft, die ihre Wagen und die Bedienung zu stellen hat, während die Wagen-

*) Vgl. Preußische Jahrbücher, 81. Bd., Berlin 1895, S. 32 ff.

reinigung, Heizung usw. der Eisenbahn zur Last fällt, zur Hälfte zwischen der Eisenbahn- und der Pullman-Gesellschaft geteilt werden sollen. Man kann annehmen, daß ein ähnliches Teilungsverhältnis allgemein gebräuchlich ist; vielleicht erfolgt die Teilung indessen insbesondere in dem verkehrsreicheren Osten auf einer der Pullman-Gesellschaft günstigeren Grundlage. Leider war weder persönlich noch im schriftlichen Wege etwas näheres über die finanziellen Erfolge der Pullman-Gesellschaft (Abteilung für Eisenbahnbetrieb) zu erfahren, ebensowenig ermöglichen die Jahresberichte der Eisenbahnen einen Einblick.

Es bleiben als Anhaltspunkte nur die Ergebnisse der Pullman-Gesellschaft, wie sie aus den Jahresberichten erkennbar sind, übrig. Diese enthalten aber die Endergebnisse beider Dienstzweige — Betriebsgesellschaft und Eisenbahn-Wagenbauwerkstätten — in einer Zahl und weisen als Gesamteinnahme *(Total revenue)* den Betrag von rund 112 Millionen M. (1904/5) und nach Abzug von 57762000 M. Betriebskosten, einer Dividende von 8 % im Betrage von 24627000 M. sowie einer Summe von 12404000 M. für Abschreibungen *(Deprecations)* und „anderer" Abzüge ein „*Surplus*" von rund 17200000 M. auf. Über Bedeutung und Verwendung des „*Surplus*" war nichts zu erfahren. Dieses und die Dividende zusammen machen für 1904/5 13,58 % des Anlagekapitals aus. Jm ganzen hat die Gesellschaft ein Aktienkapital von 308000000 M. Hierbei muß aber bemerkt werden, daß das eigentliche Aktienkapital der Gesellschaft (ob eingezahlt, ist noch fraglich) nur rund 150000000 M. (36000000 Dollars) betragen hat. Sie hatte in 20 Jahren eine Barreserve von über 125000000 M. angesammelt. Im Jahre 1899 verschwand diese Summe bis auf rund 8000000 M.; es hatte Ende 1898 eine Erhöhung des Aktienkapitals um mehr als 77000000 M. stattgefunden. Ein Betrag von rund 117000000 M. ist anscheinend den Aktionären in irgend einer Form überantwortet worden, mindestens aber haben sie die neuen Aktien unentgeltlich erhalten. Seit dem Jahre 1898 ist eine neue Reserve angesammelt, die am Schlusse des Rechnungsjahres 1903/4 bereits wieder mehr als 75000000 M. betrug. In jedem der letzten

5 Jahre sind, obwohl im Jahre 1900 das Aktienkapital wiederum um 81000000 M. erhöht wurde, stets über 24000000 M. (8 %) Dividenden gezahlt worden, oder wenn man den unentgeltlichen Erwerb der 77000000 M. in Aktien berücksichtigt, noch bei weitem mehr.

Wie und wo in der Bilanz der Pullman-Gesellschaft der Anteil der Eisenbahnverwaltungen berechnet wurde, ist wie gesagt, nicht erkennbar; keinesfalls kann es der (1903/4) als *Proportion of net earnings of cars paid associated interests* bezeichnete Betrag von 2327194 M. sein, weil er im Verhältnis zu den Reineinnahmen zu gering ist. Wenn man aber gleichwohl annimmt, die obige niedrige Summe enthalte den Anteil der Eisenbahnverwaltungen, so würde das nur beweisen, daß diese mit der Pullman-Gesellschaft Verträge abgeschlossen haben, die letzterer einen übermäßig hohen Gewinn einbringen.

Daß der Gewinn der gesamten Pullman-Gesellschaft in der Hauptsache aus der Betriebs-, nicht aus der Wagenbauanstalt herrührt, läßt sich schon daraus schließen, daß jene Erhöhung des Aktienkapitals um 81000000 M. zum Erwerb der viel kleineren Schlafwagen-Betriebsgesellschaft *Wagner Palace Car Co.* diente. Daraus ergibt sich, daß man auf die Pullman-Betriebsgesellschaft von dem eigentlichen Aktienkapital der Gesamtkompagnie weit mehr als die Hälfte zu rechnen hat. Ein annäherndes Bild läßt sich vielleicht auch dadurch geben, daß man die Zahl der beförderten Personen als Grundlage nimmt. Rechnet man 1 Dollar auf jede einzelne — der Durchschnitt wird mehr betragen — so ergibt sich (1904/5) ein Einnahmebetrag für die Pullman-Betriebsgesellschaft von 14969219 × 1 Dollar = 62272000 M. bei einer Gesamteinnahme von rund 112000000 M.

Ob dies damit zusammenhängt, daß nicht nur der *Board of Directors* der Pullman-Gesellschaft sich zur Hauptsache aus den großen Eisenbahnherren (wie Vanderbilt, Morgan usw.) zusammensetzt, sondern auch, wie uns gesagt wurde, die Aktien der Gesellschaft zu einem recht beträchtlichen Teile in den Händen höherer Eisenbahnbeamten sich befinden? Jedenfalls ist garnicht daran zu denken, daß die Eisenbahnen in nennenswertem Umfange an die Übernahme des sog. Pullman-Dienstes herantreten werden. Wie uns vielmehr gesagt wurde, wollen sie sich schon deshalb hiermit nicht befassen, weil die Vereinnahmung des Pullman-Zuschlages durch die Eisenbahnen die recht beträchtliche Höhe des Gesamtfahrpreises weit mehr in den Vordergrund rücken würde, als dies jetzt bei der Zweiteilung geschieht. Es ist dieselbe Erscheinung, die auch im Verhältnis zu den Expreßgesellschaften hervortritt; sie hat wohl auch darin ihren Grund, daß, wenn die Eisenbahnverwaltung den Betrieb übernähme, sie ihn als *Common carrier* unter Aufsicht der einzel- und bundesstaatlichen (*State* und *Interstate-*) Kontrolle führen müßte. Jetzt ist, da die Pullman-Gesellschaft als selbständige Gesellschaft nicht zu den *Common carriers* zu zählen ist, die Festsetzung der Preise ganz in ihr Belieben gestellt und ein öffentlicher Tarif nicht erforderlich. Es ist uns nicht gelungen, feste Einheitssätze zu erfahren, nach denen die Zuschläge berechnet sind. Aus „*Traveller's Railway Guide*" und den eisenbahnamtlichen Fahrplanbüchern sind die nachfolgenden Zuschläge zusammengestellt, die ein ungefähres Bild über ihre Höhe gewähren:

Zuschlag in den Pullman-Wagen.

Von	Nach	Entfernung km	Ober- oder Unterbett M.	Ganzes einseitiges Abteil M.	Geschlossenes Abteil M.
Kansas City . . .	Omaha	314	8,50	17	29
Chicago	Minneapolis . . .	711			
„	Kansas City . . .	787	10,50	21	37,50
St. Louis	Omaha	871			
Kansas City . . .	Minneapolis . . .	923	12,50	25	42
St. Louis	„ . . .	973			
Omaha	Dedwood, S. D. .	1020	15	30	50
Kansas City . . .	Denver	1075			
Denver	Ogden	1134	17	34	58,50
New York	Chicago	1468—1681	20,50	41	ca. 68,00
St. Louis	Dedwood, S. D. .	1495	23	46	83,50
Chicago	Denver	1675	25	50	87,50
Kansas City . . .	Billings, Mont . .	1716	27	54	100
St. Louis	„ . .	2111	31,50	63	116,50
Chicago	„ . .	2245	33,50	67	121
St. Louis	Salt Lake City .	2375	37,50	75	141
Chicago	„	2483	39,50	79	146
Omaha	San Francisco . .	2954	48	96	183,50
Chicago	„ . .	3757	58,50	117	220,50
Pittsburg	„ . .	4773	69	138	ca. 248
New York	„ . .	5225	80	160	ca. 288

Für kürzere Touren von 3 bis 4 Stunden am Tage zahlten wir auf unseren Reisen Zuschläge von etwa 1 Dollar. Abgestufte Einheitssätze für die Benutzung der Pullmanwagen am Tage sind uns nicht bekannt geworden. Übrigens können am Tage doppelt soviel Personen als in der Nacht in dem Hauptteil des Pullmanwagens fahren, da zur Nachtzeit je 2 Sitze in der Längsrichtung des Wagens zu einem Bett vereinigt werden, sodaß etwa 16 Betten entstehen.

Eisenbahnen und Expreß- sowie Telegraphen-Gesellschaften.

Die Expreßgesellschaften sind eine rein amerikanische Einrichtung. Ihre Geschäftstätigkeit faßt einen Kreis von Geschäften einheitlich zusammen, die bei uns zum Geschäftsbetrieb einer Reihe untereinander verschiedener und völlig von einander unabhängiger Einrichtungen gehören. Sie nehmen z. B. der Post den größten Teil der Paketbeförderung ab, unterhalten einen ausgedehnten Geldwechsel- und Kreditbriefverkehr, machen auch andere Geldgeschäfte und vermitteln selbst an kleinen Orten, wo eine besondere Gesellschaft nicht lebensfähig sein würde, den Gepäckverkehr von und nach den Bahnhöfen. Ihre Hauptaufgabe aber sehen sie in der Übernahme und Bewältigung des bei uns den Eisenbahnen zufallenden Eilgutdienstes (Stückgut- und Wagenladungsverkehr). Mit Ausnahme der ganz untergeordneten oder besonderen Zwecken dienenden kleinen Linien unterhält jede Eisenbahnverwaltung für ihren ganzen Bezirk oder eine bestimmte Strecke desselben ein Vertragsverhältnis mit einer der zahlreichen Expreßgesellschaften, wenn sie nicht etwa, wie es vereinzelt vorkommt, den Dienst einer solchen für eigene Rechnung übernommen hat. Abgesehen hiervon konnten wir 22 größere, zum Teil über ein außerordentlich großes Gebiet verteilte Expreßgesellschaften zählen. Die bedeutendsten sind:

die *Adams-*, *American-*, *Pacific-*, *Southern-*, *United States-* und die *Wells Fargo*-Expreßgesellschaft.

Sie allein umfassen ein Bahngebiet von ungefähr 300 000 km und beschäftigen rund 63 000 Personen (Beamte und andere Angestellte).

Soweit wir übersehen konnten, werden sie nicht als Aktiengesellschaften, sondern in einer eigenartigen — keiner unseren verschiedenen Handels- und Erwerbs-Gesellschaften vollkommen entsprechenden — privaten Form verwaltet, die einen Einblick in die inneren Verhältnisse sehr erschwert. Die *Adams*-Expreßgesellschaft, deren Betrieb sich auf 56 000 km erstreckt, verfügt über ein Betriebskapital, welches nach dem zeitigen Marktpreis einen Wert von 58 000 000 M. darstellt und in 120 000 Anteile zerfällt. Das Betriebskapital der *American*-Expreßgesellschaft stellt einen Wert von gegen 75 000 000 M. dar. Sie hat keine Obligationen ausgegeben. Ihr Geschäftskreis erstreckt sich über 72 405 km. Die *United States*-Expreßgesellschaft hat ein Betriebskapital von ungefähr 42 000 000 M. und eine Betriebsausdehnung von 48 270 km, die *Wells Fargo*-Expreßgesellschaft ein Kapital von etwa 33 000 000 M. und eine Betriebsausdehnung von 77 232 km.

Die *United States*-Expreßgesellschaft gibt in der Regel nur 4% Dividende, während die übrigen vorstehend aufgeführten Gesellschaften meist 8% verteilen. Daß hiermit der Jahresgewinn nicht erschöpft ist, beweist am besten der Umstand, daß z. B. von der *Adams*-Gesellschaft im Jahre 1898 eine Sonderdividende von 100% verteilt wurde, angeblich um die Anteileigner, welche nach dem Gesetze des Staates New York, unter dem die Gesellschaft „inkorporiert" ist, in gewissem Sinne persönlich haften, für ihre etwaige Inanspruchnahme im voraus zu entschädigen. Wir sehen also hier eine ähnliche Erscheinung wie bei der Pullman-Gesellschaft. Hier wie dort trifft es zu, daß ein großer Teil der Anteile der Gesellschaften in den Händen der Eisenbahngesellschaften oder der diese leitenden Personen ist, die auch die Stellen der Direktoren in den *Boards of Directors* besetzen oder selbst inne haben. Umgekehrt sitzt wieder eine Anzahl leitende Personen der Expreßgesellschaften in den Verwaltungsräten der Eisenbahnen, so der Präsident der *Adams*-Expreßgesellschaft bei der Iowa Central- und der Minneapolis and St. Louis-Eisenbahn, während die *American*-Expreßgesellschaft nach Maßgabe ihres wesentlichen Anteils am Aktienkapital der Boston and Maine-Eisenbahn auf deren Verwaltung Einfluß ausübt. Obwohl die Natur der geschäftlichen Beziehungen, in denen beide Arten Gesellschaften zu einander stehen oder besser stehen sollten, eine derartige Verquickung grundsätzlich ausschließen müßte, nimmt der Amerikaner hieran keinen Anstoß, selbst daran nicht, daß sogar die Anteile einzelner Expreßgesellschaften von anderen im Wettbewerb mit ihnen stehenden Expreßgesellschaften gehalten werden.

So ist es offen bekannt, daß die *Adams*-Expreßgesellschaft die *Southern*-Expreßgesellschaft kontrolliert, obwohl beide auf den südlichen Bahnen im Wettbewerb stehen. Der Präsident der *Adams*-Expreßgesellschaft ist Direktor beim *Board* der *United States*-Expreßgesellschaft, während andererseits wieder der *Board of Directors* bei der *Adams*- und der *American*-Expreßgesellschaft zum Teil aus denselben Personen besteht. Die Harriman-Eisenbahngruppe beherrscht zum Teil die *Pacific*- und *Wells Fargo*-Expreßgesellschaft, während die Morgan-Eisenbahngruppe hinwiederum ihren Einfluß auf Grund von Anteilsbesitz bei der *Adams*- und der *United States*-Expreßgesellschaft ausübt. Derartigen Beziehungen könnte man mit der sicheren Aussicht auf Erfolg noch weiter nachgehen, aber auch das Gesagte beweist schon, wie rattenkönigartig das ganze Gebilde zusammengefügt ist. Der Leidtragende dabei ist selbstverständlich das amerikanische Volk, das für die Beförderung der Postpäckereien und des Stückgutes mit Personenzügen das Vierfache des gewöhnlichen Eisenbahnfrachtsatzes — soviel beträgt in der Regel der Satz der Expreßgesellschaft — zu zahlen hat.

Die beiderseitigen Verwaltungen (Eisenbahn und Expreßgesellschaft) schließen fast immer langfristige (meist 15jährige) Verträge miteinander ab. Ihr Inhalt ist in großen Zügen folgender:

Die Eisenbahnverwaltungen verzichten auf die Beförderung von Gütern in ihren sämtlichen Personenzügen, abgesehen natürlich vom Gepäck der Reisenden. Sie verpflichten sich überall da, wo ihre Personenzüge halten, der Expreßgesellschaft Gelegenheit zur Mitgabe ihrer Sendungen in bahneigenen Wagen zu geben. Da, wo erfahrungsgemäß weniger Verkehr ist, begnügt man sich mit einem abgeschlossenen Teil des Packwagens; dagegen hat die Eisenbahnverwaltung, wenn dies aus Wettbewerbsrücksichten der Expreßgesellschaften untereinander notwendig erscheint, die Verpflichtung, zwischen einzelnen stark umworbenen Punkten Sonderzüge für die Beförderung des Expreßgutes einzulegen. In diesem Falle hat aber die Expreßgesellschaft, wenn der Ertrag dieser Züge für die Eisenbahnen nicht die im Verhältnis der beiden Gesellschaften besonders festgesetzten Selbstkosten deckt, den Unterschied zu tragen.

Da, wo die Mitnahme des Expreßgutes nach seinem Umfange nachteilig auf den Personenverkehr einwirken würde, fährt man es in Amerika, wie bei uns, mit besonderen Zügen während der Nachtzeit, so z. B. im Verkehr der Pennsylvania-Eisenbahn zwischen New York und Philadelphia.

Die Expreßgesellschaften, welche anders als unsere Postverwaltung ohne Bedenken eine ganze Reihe von Gegenständen ohne Verpackung übernehmen, befördern sowohl zum Schutze dieser Gegenstände als zur Erleichterung des Dienstes ihr kleineres Gut nach wichtigeren Bestimmungsorten zusammengepackt in großen Körben, Koffern, Kasten usw. und haben das Recht, diese leer unentgeltlich zu befördern, ebenso wie auch ihr ganzes Personal frei befördert wird. Bei einigen Gesellschaften ist dies besonders für die dem Gepäck zum Schutze vor Räubern beigegebenen Wächter ausbedungen, was seine Begründung darin findet, daß bares Geld, Edelmetallbarren usw. ausschließlich durch die Expreßgesellschaften befördert werden.

Für die Besorgung ihrer Geschäfte soll ihnen auf den Eisenbahnstationen möglichst ein eigener Raum überwiesen werden. Uns schien es so, als ob dieser Bestimmung in Wirklichkeit, abgesehen von kleinen Stationen, nicht oft entsprochen wurde. Es mag dies aber in der beiderseitigen Absicht liegen; der Verkehr der Expreßgesellschaften hat sich so entwickelt, daß wenigstens auf den älteren Bahnhöfen ein genügender Raum von der Eisenbahnverwaltung vernünftigerweise nicht verlangt werden kann. Wo es nötig ist, bauen die Expreßgesellschaften ihre Geschäftshäuser in unmittelbarer Nähe der Stationen. Auf Übergangsstationen oder Gemeinschaftsstationen *(Terminals)* tun sich wohl auch die an demselben Orte arbeitenden verschiedenen Expreßgesellschaften zu diesem Zwecke zusammen.

Auch die Benutzung der Eisenbahntelegraphen ist für die Expreßgesellschaften unentgeltlich. Eine Beteiligung der Eisenbahnen am Privattelegrammverkehr ist — wie hier erwähnt sein mag — in Amerika überhaupt unbekannt, der ganze Telegrammverkehr liegt vielmehr in der Hand großer Telegraphengesellschaften, hauptsächlich der *Western Union*- und der *Postal*-Telegraphengesellschaft. Über die von ihnen den Eisenbahnen zufließenden gesamten Einnahmen konnten wir nähere Mitteilungen nicht erlangen. Der Jahresbericht der Southern Pacific-Eisenbahn vom Jahre 1904 weist unter „*Telegraph*" eine Einnahme von rund 400000 M., der der Baltimore and Ohio-Eisenbahn eine Jahrespauschalsumme *(Annuity)* von rund 250000 M. auf. Hieraus ist zu folgern, daß die Entschädigung für die Benutzung der Eisenbahntelegraphen nach der Länge der Bahnstrecken berechnet ist, sodaß sie sich für die übrigen Gesellschaften wenigstens annähernd ermitteln lassen würde.

Die Expreßgesellschaften haben weiter das Recht, soweit nötig und möglich, das Eisenbahnpersonal gegen besondere Entschädigung mit zu beschäftigen; sie sind aber nicht berechtigt, irgendwelchen Schaden, der ihrem Personal oder ihren Gütern zustößt, gegen die Eisenbahnverwaltungen geltend zu machen.

Es ist nicht zu verkennen, daß in all diesen Abmachungen eine gewisse Annäherung an die Bestimmungen unseres Eisenbahnpostgesetzes liegt, mit dem Unterschiede, daß die Expreßgesellschaften den Eisenbahnen einen wesentlichen Teil ihrer Reineinnahmen zahlen. Die Höhe dieser Abgaben bewegt sich zwischen 30 und 50 %. Wie bedeutend die Einnahmen hieraus für die Eisenbahnen sind, geht daraus hervor, daß die Pennsylvania-Eisenbahn *(east* und *west of* Pittsburg) mit ungefähr 17500 km Bahnlänge den Betrag von rund 13900000 M. von der *Adams*-Expreßgesellschaft erhalten hat,

die Baltimore and Ohio-Bahn bei etwa 7150 km rund 5000000 M. von der *United States*-Expreßgesellschaft,

die New York Central and Hudson River-Eisenbahn bei 5500 km von der *American*-, der *National*- und der *Adams*-Expreßgesellschaft rund 10000000 M., die Illinois Central-Eisenbahn bei etwa 6900 km von der *American*-Expreßgesellschaft rund 3200000 M.,

die Union Pacific-Eisenbahn (einschließlich der Oregon-Eisenbahn) bei etwa 9300 km rund 3200000 M. von der *Pacific*-Expreßgesellschaft und endlich

die Southern Pacific-Eisenbahn bei etwa 14800 km von der *Wells Fargo*-Expreßgesellschaft den Betrag von rund 6000000 M.

Dabei liegt ferner den Expreßgesellschaften die unentgeltliche Beförderung des gesamten Eisenbahn-Dienststückgutes und der eisenbahndienstlichen Geldsendungen unter eigener Verantwortung ob. Dagegen räumt die Eisenbahnverwaltung, abgesehen von einigen in der Natur der Sache liegenden Ausnahmen, der mit ihr verbundenen Expreßgesellschaft das ausschließliche Recht zur Beförderung des Expreßgutes auf ihren Linien ein.

Die Eisenbahn- und die Expreßgesellschaft übernehmen die Verpflichtung, sich gegenseitig in jeder Weise, insbesondere aber durch Zuführung des Verkehrs zu unterstützen und die Wettbewerbsgesellschaften soviel als möglich zu unterdrücken. Zu diesem Zwecke ist die Eisenbahnverwaltung sogar mit einer ihren Anteil vermindernden Herabsetzung der Beförderungspreise einverstanden, sonst aber ist die Expreßgesellschaft verpflichtet, ihre Frachten mindestens $1^1/_2$fach so hoch zu halten, als die entsprechenden Frachtsätze der Eisenbahnverwaltung sind. Damit sichern die Eisenbahnverwaltungen sich zugleich wenigstens einen Teil des Stückgutes, pflegen ihre Einnahmen und überlassen das Odium der hohen Preise willig der befreundeten Expreßgesellschaft, deren Frachten, wie erwähnt, tatsächlich recht hoch sind. Diese Frachten gründen sich auf das Gewicht und sind für Gegenstände geringeren Gewichts verhältnismäßig teurer als für schwere Güter. Sie unterliegen keinen staatlichen oder gesetzlichen Beschränkungen, weil die Expreßgesellschaften, wie bereits erwähnt ist, rechtlich nicht als *Common carriers*, wie die Eisenbahnen, gelten. Die Gesellschaften unterstehen deshalb, solange sie selbständig sind — und so treten sie, auch wenn sie tatsächlich von Eisenbahnverwaltungen beherrscht werden, auf — nicht einmal der Aufsicht der *Interstate Commerce Commission*; deren Rechtsprechung tritt nur ein, wenn die Expreßgesellschaft als ein Anhängsel der Eisenbahn, als Zweig deren eignen *General freight traffic*'s in die Erscheinung tritt. Sonst finden die Frachtsätze der Expreßgesellschaften eine Begrenzung nach oben lediglich durch den Wettbewerb und nach unten in den Abmachungen mit der Eisenbahngesellschaft.

Die Beziehungen der Expreßgesellschaften untereinander sind in der Weise geregelt, daß auf den Eisenbahn-Übergangsstationen die Sendungen durch die Expreßgesellschaften der Durchgangs- und Empfangsbahnen übernommen werden; vielfach ist jedoch für die durchgehenden Züge auch ein durchgehender Expreßdienst eingerichtet.

Es muß anerkannt werden, daß der Expreßdienst in bezug auf Regelmäßigkeit, Schnelligkeit und Pünktlichkeit, soweit dies bei dem Betrieb der amerikanischen Eisenbahnen denkbar ist, gut arbeitet. Auch bezüglich der Entschädigung bei Verlusten und anderen Ersatzansprüchen haben wir nichts Nachteiliges gehört. Nach einer Richtung zeigt das ganze Expreßverfahren sicher eine gute Seite insofern, als auch überall da, wo beim Mangel einer Eisenbahn überhaupt noch auf Verkehr zu rechnen ist, die Expreßgesellschaft den Beförderungsdienst selbständig eingerichtet hat, sodaß auf der Eisenbahnendstation eine Weitergabe an einen Spediteur nicht notwendig ist.

Auf einer ganzen Reihe von Stationen besorgen die Expreßgesellschaften auch die Aufbewahrung des Handgepäcks.

Zehnter Abschnitt.

Haushalt und Finanzergebnisse.

1. Haushalt: Jahresvoranschlag. — Wirtschaftskontrolle. Ausgabentrennung für Personen- und Güterverkehr. — Einzelkostenanschläge. — Materialienankauf und -Kontrolle. 2. Finanzergebnisse: Finanzgebarung im allgemeinen. — Betriebseinnahmen und -Ausgaben. Betriebskoeffizient *(Ratio)*. — Anlagekapital. Zinsen und Dividenden. Überschüsse *(Surplus)*.

---

1. Haushalt.

Jahresvoranschlag.

Es liegt in der Natur jedes selbständigen privaten Erwerbsunternehmens, daß von der förmlichen Aufstellung und möglichsten Einhaltung eines im voraus festgelegten Jahresvoranschlags (Etats), wie etwa bei unseren Staatseisenbahnen, im allgemeinen nicht die Rede sein kann. Aus diesem Grunde muß man von vornherein davon absehen, etwa die amerikanischen Eisenbahnen in bezug auf ihre Wirtschaftsführung von unserem Standpunkte aus beurteilen zu wollen. Im allgemeinen kann bei ihnen auch von einer Beständigkeit, wie sie unsere großen soliden Privatbahnunternehmungen schon früher angestrebt hatten, noch nicht die Rede sein. Dazu sind die Verhältnisse selbst bei den besten amerikanischen Eisenbahnen auch heute noch nicht angetan. Einerseits sind die Schwankungen in den Einnahmen, die immer noch wie Flutwellen unerwartet kommen und schwinden, zu groß, und andererseits sind noch Unterlassungssünden aus der Zeit des Baues der Eisenbahnen und aus der Wirtschaftsführung vergangener Jahre zu sühnen.

Aber selbst da, wo die Verhältnisse sich in beiden Beziehungen mehr gefestigt *(settled)* haben, wird man vergebens das suchen, was wir unter Etatisierung der Einnahmen und Ausgaben verstehen. Die in Amerika üblichen, meist monatlichen Bekanntmachungen der Einnahmen und Ausgaben gehören nicht hierher; sie sind das Ergebnis eines

Rückblicks, der mehr oder weniger den Ausgangspunkt für eine spekulative Börsentätigkeit bildet, durch die sie auch hauptsächlich veranlaßt sind. Je häufiger die Einnahmen, deren Höhe aus den verschiedensten Gründen gerade in kurzen Monatsabschnitten schwankend ist, sei es auch nur einer beschränkten Öffentlichkeit — und vielleicht gerade deshalb — bekannt gegeben werden, desto mehr wird die Spekulation durch Vergleiche mit den früheren Zeitabschnitten oder anderen Unternehmungen angeregt, ganz abgesehen von großen, den Markt zeitweise beherrschenden Fragen. Daß man mit den monatlichen Einnahmen auch die Ausgaben für denselben Zeitabschnitt bekannt gibt, entbehrt ebenfalls der inneren Berechtigung, weil für den Außenstehenden jeder Anhalt für die weitere Gestaltung der finanziellen Verhältnisse bis zum Abschluß des Rechnungsjahres fehlt. Dies Verfahren ist im Gegenteil geeignet, den Glauben hervorzurufen, als ob die Einnahmen und Ausgaben monatlich in tatsächlichem Verhältnis ständen. Unsere Privatbahnen machen deshalb nur die Einnahmen bekannt.

Während man, wie schon erwähnt, in Amerika kaum den Versuch macht, die Einnahmen im voraus zu schätzen, zerlegt man, wie wir bei einer der größeren Eisenbahnverwaltungen erfuhren, die voraussichtlich entstehenden ordentlichen Betriebs- und Verwaltungskosten, die man, wenn irgend angängig, denen des Vorjahres gleich zu halten sucht, in 12 Monatsteile. Man stellt zu diesem Zweck von jeder Gattung der Ausgaben einen gewissen Anteil ein; dabei werden im großen und ganzen außer den Steuern, Zinsen, Dividenden und anderen Verpflichtungen ähnlicher Art vier Gattungen unterschieden, nämlich:

1. *Maintenance of way and structures* (Unterhaltung der Bahn und Neuanlagen),
2. *Maintenance of equipment* (Unterhaltung der Betriebsmittel),
3. *Conducting transportation* (Betriebs- und Verkehrsausgaben),
4. *General expenses* (Allgemeine Verwaltungsausgaben).

Ob aber dies Programm, wie der Voranschlag genannt

zu werden pflegt, durchgeführt wird, hängt lediglich von der Gestaltung der Einnahmen ab. Alles geht in Ordnung zu, wenn sie denen desselben Monats im Vorjahre gleichkommen. Für den Fall, daß sie darüber hinausgehen, hat man auch vorgesorgt, um das Plus nicht zu hoch erscheinen zu lassen; man hat zu dem Zweck besondere Eventual-Programme für die außerordentlichen Ausgaben aufgestellt, u. a. für:

Steel rails (Stahlschienen),
Cross-ties (Schwellen),
Ballast (Beschotterung),
Bridges (Brücken),
Structure (Station shops and other buildings) (Neubau von Bahnhofs-, Güterabfertigungs- und anderen Gebäuden und Bauwerken),
Telegraph repairs and renewals (Ausbesserung und Erneuerung der Telegraphenlinien),
Locomotives,
Passenger cars (Personenwagen),
Freight cars (Güterwagen),

für die je nach den Umständen ohne Rücksicht auf die Wirklichkeit größere oder geringere Posten als Ausgabe in den Monatsausweis eingesetzt werden; wohingegen man in den folgenden Monaten, wenn nötig, durch Anziehen der Zügel den Ausgleich herbeiführt.

Insofern hierdurch bestimmte Mittel für die außerordentlichen Ausgaben bereitgestellt werden, ist nicht allzuviel dagegen einzuwenden, wenn man sich von unseren Anschauungen lossagt und die freien amerikanischen sich zu eigen macht. Das ganze Verfahren zeigt aber seine Schattenseiten, wenn die Einnahmen über das Rechnungsjahr hinaus gegen die ordentlichen Ausgaben zurückbleiben. Zunächst hilft man sich damit, daß man die Ausgaben auf persönlichem und sachlichem Gebiete einschränkt. Da dies aber bei der Ausführung selbst eines geringeren Verkehrs eine bestimmte Grenze hat, so muß das Streben, nach außen ein möglichst stetiges Bild der wirtschaftlichen Lage zu geben, zu einer von der Wirklichkeit abweichenden Darstellung führen, die übrigens auch ohne derartige zwingende Ursachen der Ausdruck einer besonderen Finanzpolitik sein kann. Diese knüpft in der Regel an die Dividendenfrage an.

Ursprünglich werden die finanziellen Leiter der Gesellschaft bei der Frage wegen Ausschüttung von Dividenden auf die Aktionäre keine übergroße Rücksicht genommen haben, zumal der Aktienerwerb vielfach unentgeltlich gewesen ist. Gegenwärtig ist die Rücksichtnahme auf die Aktieninhaber größer. Bemerkenswert ist allerdings, daß ein bedeutendes Eisenbahnsystem noch nie eine Dividende gezahlt hat, obwohl die Rechnungsabschlüsse dies anscheinend seit Jahren zugelassen hätten. Soweit hiermit eine Gesundung des Unternehmens durch Verbesserung der Bahnanlagen, Vermehrung der Betriebsmittel usw. erreicht wird, soweit also lediglich sachliche, in seinem Interesse gebotene Rücksichten in Frage kommen, wäre kaum etwas Ernstliches dagegen einzuwenden. Aber das ist eben bei der Verwaltung der amerikanischen Eisenbahnen nicht in allen Fällen und ohne weiteres anzunehmen.

Unter allen Umständen werden dadurch die etatlichen Verhältnisse, und darauf kommt es hier zunächst an, wesentlich berührt. Ist zuviel Geld vorhanden, so verführt das sehr leicht zu einer verschwenderischen Tätigkeit; im anderen Falle werden die durch den Betrieb gebotenen Rücksichten nicht immer gewahrt. Es kommt eine Unsicherheit in die wirtschaftliche Gebarung, die der gesunden, stetigen Entwicklung des Unternehmens zum Nachteil gereichen muß.

In den früheren Perioden lebte man, wie uns gesagt wurde, auch bei den bestverwalteten Eisenbahnen von der Hand in den Mund. War Geld da, so wurde z. B. für die Unterhaltung der Bahn verhältnismäßig viel aufgewendet, im anderen Falle geschah so gut wie nichts, selbst auf Kosten auch nur der notdürftigsten Betriebssicherheit. Ein derartiger Zustand scheint, wenigstens bei den von uns besichtigten Bahnen, glücklich überwunden zu sein. Schon seit mehreren Jahren haben sich die Verwaltungsgrundsätze zum Besseren gewendet, aber zu einer rein sachlichen Prüfung, die die Erfordernisse der Betriebssicherheit unter allen

Umständen erfüllt, ist man höchstens bei einzelnen Eisenbahnverwaltungen gelangt.

Ungemein erschwert wird eine geordnete Wirtschaftsführung dadurch, daß die von den Gesellschaften getriebene Politik sich keineswegs immer auf das gerade in Frage kommende Unternehmen beschränkt, sondern oft viel weitere Kreise zieht; die großen Vereinigungen, die auf dem Gebiete des Eisenbahnwesens die *Trusts* ersetzen, spielen eben auch hier eine Rolle. Die einzelne Bahn gilt, obwohl sie an sich scheinbar wirtschaftlich unabhängig ist, den finanziellen Leitern des Systems, zu dem sie gehört, lediglich als Teil dieses größeren Ganzen, dessen Ergebnisse gegenüber denen des einzelnen Unternehmens ausschlaggebend sind, ohne daß hierfür stets berechtigte sachliche Gründe vorlägen. Hierin besteht auch die Gefahr, welche die ins Große gehenden Bildungen der letzten Jahre mit sich bringen, und die nur so lange sich dem Blicke entzieht, als die Verhältnisse sich auf der Höhe halten, die aber sofort scharf hervortritt, wenn die Sonderinteressen der zu einem Ganzen vereinten Einzelunternehmen mehr oder weniger sichtbar auseinandergehen. Hierhin gehört z. B. die schließlich doch nur gegriffene Belastung der verschiedenen unter gemeinsamer Verwaltung stehenden Unternehmen mit den Kosten der obersten Spitze und der Zentralverwaltung großer Systeme.

Wirtschaftskontrolle.

Zeigt sich bei den amerikanischen Eisenbahnen der Jahresvoranschlag nicht so ausgebildet und maßgebend für die Geschäftsführung, wie bei uns, so fehlt andererseits — wenigstens bei den von uns besichtigten Eisenbahnen — die scharfe Überwachung, die Wirtschaftskontrolle, im Laufe des Jahres nicht. Auf diese allmonatlich einsetzende Kontrolle und darauf, daß nur Männer des Vertrauens und der Erfahrung an die verantwortlichen Stellen der Verkehrsleitung, des Betriebes, der Bahn- und Betriebsmittelunterhaltung gesetzt werden, verlassen sich die Eisenbahnverwaltungen der Hauptsache nach bei ihren Vorausberechnungen.

Die Monatsstatistik der Ausgaben, so möchten wir die amerikanische Wirtschaftskontrolle nennen, ist sehr eingehend. Es werden darin — ob bei allen Eisenbahnen, war nicht festzustellen — nicht bloß die oben mitgeteilten vier Hauptgruppen unterschieden, sondern diese Hauptgruppen sind wiederum in mehr als fünfzig Unterabschnitte zerlegt. Die Gliederung der Kosten der Bahn- und Fahrzeugunterhaltung erinnert an unser altes, als wertlos aufgegebenes Normalbuchungsformular für die Eisenbahnen Deutschlands. Die Monatsstatistik wird von den Superintendenten für ihre Bezirke — vielfach unter Zuhilfenahme der Außenstellen — angelegt und bei den oberen Stellen zusammengestellt und ergänzt. Es werden umfangreiche Verhältnisrechnungen gegen die Ergebnisse der gleichen Monate im Vorjahre angestellt und die Unterschiede eingehend erläutert. Daß dadurch umständliche Rechen- und Schreibarbeiten erwachsen, ist selbstverständlich; sie sind ungleich größer als bei uns, werden aber auch bei Vermeidung von vielem, wie uns schien, überflüssigen Beiwerk kaum auf das bei uns eingeführte und sicher zureichende Maß beschränkt werden können, so lange der eigentliche Voranschlag fehlt.

Häufig werden die Ergebnisse der Monatsübersichten mit den Distrikts- und Divisionsleitern in gemeinsamer Beratung unter dem Vorsitz der obersten Beamten (meistens des Vizepräsidenten für das Finanzwesen oder des Präsidenten selbst) besprochen. In diesen Besprechungen scheint bei den Eisenbahnen der Vereinigten Staaten der eigentliche Ersatz des Voranschlags zu liegen. Das System hat gewiß seine guten Seiten und verdient unsere volle Beachtung; es gewährleistet die Anpassung der Wirtschaftsführung an die Geschäfts- und Verkehrslage; es birgt aber auch die große Gefahr in sich, daß sich an den Zentralstellen eine zu große Machtbefugnis anhäuft, die sich je nach den Umständen in rücksichtslosester Durchführung der verfügten Maßnahmen fühlbar macht (Arbeiterentlassungen, Lohnherabsetzungen usw.). Wären die ausführenden Organe in der Lage, mit festem Plan zu arbeiten, so könnten sie von vornherein ihre Geschäftsgebarung danach einrichten. Man kann mit zeitlich verteilten Geldmitteln, selbst wenn sie von vornherein knapp bemessen sind, namentlich in der Unterhaltung der Bahnanlagen und der Betriebsmittel, wesentlich mehr leisten als bei ruckweisem Vorgehen oder zeitweisem Einstellen der Arbeiten. Diesen letzteren Vorgang beobachteten wir wiederholt, und die Distriktsbeamten führten darüber Klage.

Ausgabentrennung für den Personen- und Güterverkehr.

An dieser Stelle muß noch auf eine besondere Art statistischer Arbeit eingegangen werden. Es ist dies die Verteilung der Ausgaben auf den Personen- und Güterverkehr. Wir haben in eingehendster Weise die Frage geprüft, inwieweit die Eisenbahnen der Vereinigten Staaten eine solche Verteilung der Ausgaben vornehmen und verwerten. Sowohl die statistische Abteilung der *Interstate Commerce Commission* in Washington als auch die Eisenbahnverwaltungen haben bereitwilligst Auskunft erteilt. Die *Interstate Commerce Commission* hat in den ersten Jahren die Angaben, die ihr zu einer solchen statistischen Trennung der Ausgaben nötig schienen, von den Eisenbahnverwaltungen eingefordert; sie hat auch versucht, einheitliche Grundsätze für eine solche Trennung aufzustellen, indem sie vor allem für die Verteilung der Ausgaben der Allgemeinen Verwaltung usw. allgemein anwendbare (allerdings gegriffene) Prozentsätze einführte. Aber trotz aller dieser Bemühungen waren die Unterschiede bei den Eisenbahnen, auch unter solchen, deren Verkehrsverhältnisse sich augenscheinlich ähnlich waren, so groß, daß nur eine verschiedenartige Behandlung der an sich untrennbaren Ausgaben die Ursache sein konnte. Um falschen Schlußfolgerungen vorzubeugen, gab die Kommission daher im Jahre 1893 die Verteilung auf; sie läßt sich seitdem getrennte Angaben überhaupt nicht mehr vorlegen, weil sie sie für unbrauchbar hält.

Dagegen fanden wir bei der Pennsylvania-Eisenbahn und bei der Southern Pacific-Eisenbahn, daß die Trennung der Ausgaben nach Personen- und Güterverkehr in der für den inneren Gebrauch der Verwaltungen bestimmten Statistik fortgesetzt und von der Pennsylvania-Eisenbahn auch im jährlichen Betriebsbericht mitgeteilt wird.

Bei diesen Verwaltungen werden in den monatlichen Ausgabeübersichten, die von den Distriktsbeamten *(Superintendents)* auf Grund von Berichten der Außenstellen aufgestellt werden, in der Tat die Ausgaben nach dem Personen- und Güterverkehr getrennt angegeben. Schon die untersten Stellen sind dabei vielfach auf Schätzungen angewiesen, sie teilen die Besoldungen und Löhne von Beamten und Arbeitern, die im Personen- und Güterverkehr gleichzeitig tätig sind, nach einer mutmaßlichen Verhältnisziffer, zerlegen die kleinsten Ausgabeposten (für Seife, Licht usw.) nach den beiden Verkehrsarten und helfen sich, wie wir an einer Stelle selbst feststellten, mit dem Vergleiche aus dem Vorjahr. „Die Abweichung gegen das Vorjahr darf nicht zu groß sein" ist ihr oberster Grundsatz, damit kommen sie am weitesten; er schützt sie vor Bemängelung ihrer Angaben, und das ist die Hauptsache. Ob sie der Wirklichkeit entsprechen, ist mehr Nebensache. Der Distriktsbeamte läßt die ihm so angegebenen unsicheren Ziffern sammeln und nimmt nun seinerseits — ebenfalls zum Teil nach Schätzung — eine Teilung der Ausgaben vor, die nur für den gesamten Distrikt angegeben werden können. Er läßt genaue Verzeichnisse über die Verwendung der Lokomotiven für den Personen- und Güterverkehr führen und verteilt danach den Verbrauch an Brennmaterial und die Ausgaben für das Personal. Die allgemeinen Ausgaben des Distrikts verteilt er nach der Zahl der Züge, je nachdem sie dem Personen- oder Güterverkehr dienen. Einen Nutzen hat nach den Angaben mehrerer Distriktsbeamten diese Teilung der Ausgaben für sie selbst nicht, dagegen verursacht sie ihnen große und kostspielige Rechen- und Schreibarbeit.

An der Zentralstelle werden den so gesammelten Angaben die Ausgaben für die Unterhaltung der Bahn, der Telegraphenanlagen sowie der Betriebsmittel hinzugerechnet. Dabei dient wiederum die Zahl der Züge als Grundlage für die Verteilung der Aufwendungen für die Unterhaltung der Bahn- und Telegraphenanlagen, während die Unterhaltungskosten der Lokomotiven und Wagen in den Werkstätten aufgeschrieben und unter entsprechenden Zuschlägen für allgemeine Kosten je nach der Verwendung der Betriebsmittel im Personen- und Güterverkehr auf beide Verkehrsarten verteilt werden. Zu den so gewonnenen Summen treten schließlich noch die Ausgaben der Zentralverwaltung, die man schätzungsweise nach dem Verhältnisse jener beiden Summen teilt.

Der Wert einer auf so unverhältnismäßig großer Arbeit aufgebauten Statistik scheint für die genannten Verwaltungen nicht darin zu bestehen, ein Urteil über die Gesamtrentabilität der einen und anderen Verkehrsart zu erhalten; man benutzt sie vielmehr bei der Prüfung, ob die einzelnen Linien des Unternehmens mit verhältnismäßig gleichem Personen- und Güterverkehr im großen und ganzen auch gleichen Aufwand verursachen. Ob sie hierfür von Nutzen ist, muß bezweifelt werden; örtliche Feststellungen werden dadurch zur Überwachung der Wirtschaftlichkeit keinesfalls entbehrlich. Für die Ermittelung der Selbstkosten des Personenverkehrs einerseits und des Güterverkehrs andererseits hat diese auf Schätzungen und Annahmen beruhende Statistik aber erst recht keinen Wert. Die von deutschen Eisenbahnfachmännern stets vertretene Auffassung, daß eine solche Statistik zwar außerordentliche Arbeit und Kosten verursacht, trotz aller darauf verwendeten Mühe und Zeit aber weder für die rechnungsmäßige Überwachung der Wirtschaftsführung, noch für die Beurteilung der Selbstkosten des Personen- und Güterverkehrs sowie für die Bemessung der Fahrpreise und Frachtsätze irgendwie brauchbar ist, findet u. E. ihre volle Bestätigung.

Einzelkostenanschläge.

Für größere Bauwerke aller Art werden bei den Eisenbahnen der Vereinigten Staaten wie bei uns Sonderanschläge aufgestellt. Feste Grenzen in bezug auf die Höhe der Geldaufwendungen, innerhalb welcher die Superintendenten selbstständig vorgehen können, konnten wir nicht ermitteln. Sie scheinen, wenn eine solche Befugnis überhaupt vorhanden ist, sehr eng gezogen zu sein. Über Kostenanschläge von Bedeutung, die meistens noch mehr Instanzen als bei uns durchlaufen, entscheidet der zuständige Vizepräsident oder der Präsident selbst, häufig nach Vortrag im *Board of Directors* oder in dem hierfür bestellten Komitee.

In sehr erheblichem Umfange scheinen für alle denkbaren Bauwerke Schemas und Normalien im Gebrauch zu sein. Jedenfalls wurden sie uns in großer Anzahl vorgezeigt. Das allgemeine Streben der Amerikaner nach dem Einheits- (*Standard*) System tritt auch hier vielfach zum Nutzen der Verwaltung in wirtschaftlicher Beziehung zu Tage.

Ob dagegen feste Grundsätze eingeführt sind, inwieweit die Aufwendungen für Bauten auf den im Betriebe befindlichen Linien und für den Ersatz abgängiger Betriebsmittel aus den laufenden Betriebserträgnissen zu bestreiten sind, konnten wir nicht in Erfahrung bringen. Selbständige Reserve- und Erneuerungsfonds, wie sie bestimmungsmäßig von unseren Privatbahnen zu bilden und für bestimmte Zwecke zu verwenden sind, kennt man bei den Eisenbahnen in den Vereinigten Staaten nicht; nicht selten sind jedoch in den Geschäftsberichten Summen aufgeführt, die aus den laufenden Betriebserträgnissen für Ergänzungen und Erweiterungen (*Improvements* oder *Betterments*) zurückgestellt werden. Immerhin haben wir den Eindruck gewonnen, als ob bei den gut geleiteten Bahnen doch nicht ausschließlich an die Gegenwart gedacht wird.

Während die Frage des Personalbedarfs, eine der wichtigsten der Wirtschaftsführung, auf Grund der monatlichen allgemeinen Wirtschaftsübersichten geprüft wird, ist die Überwachung des Verbrauchs an Materialien besonders geregelt.

Materialienankauf und -Kontrolle.

Wie schon an anderer Stelle hervorgehoben ist, liegt die Beschaffung von Materialien, soweit sie sich der Präsident nicht vorbehalten hat, in der Hand des in der Regel dem *General Manager* unterstellten *Purchasing Agent*, der als höherer Beamter der Zentralverwaltung angehört.

Feste Grundsätze, die bei der Feststellung der Preisangemessenheit und zur Erlangung der Mindestforderung beobachtet werden, konnten wir nicht in Erfahrung bringen, ebensowenig Vorschriften für den Verkauf alter Materialien. In beiden Richtungen pflegt ein beschränkter Kreis von Verkäufern und Käufern zur Beteiligung aufgefordert zu werden, soweit das überhaupt erforderlich ist. In Amerika ist ein marktgängiger Preis für weit mehr Warengattungen vorhanden, als bei uns. Es hängt dies mit der amerikanischen Fabrikationsart, die in der Hauptsache auf Massenproduktion gerichtet ist, zusammen. Hierbei spielen die durch die Ausnutzung einer günstigen Marktlage möglichen Vorteile eine viel größere Rolle, als die mit Hilfe des Wettbewerbs erreichbare Preisminderung.

Im allgemeinen kann man annehmen, daß die für die Eisenbahnen erforderlichen Massenartikel, wie Kohle, Schienen, Schwellen, Kleineisenzeug, Kupfer usw. einen festen Marktpreis haben. Hier macht in der Regel der Präsident selbst die Bestellung, ebenso bei Maschinen und Wagen. Er unterliegt dabei denselben Beschränkungen, die ihm auch sonst organisationsmäßig auferlegt sind, d. h. er hat unter Umständen die Entscheidung des *Board of Directors* oder des von diesem hierfür eingesetzten Komitees einzuholen. Förmliche Beschränkungen, wie sie bei uns durch die Jahresetats und die Kreditgesetze gezogen sind, bestehen nicht, weder betreffs der Zeit noch der Menge. Inwieweit der *Purchasing Agent* hierbei mitwirkt, hängt, wie ebenfalls schon hervorgehoben, von seiner Stellung in der Gesellschaft und vom Präsidenten ab. Feststehender Grundsatz ist überall, daß der *Purchasing Agent* nicht ohne vorgängigen Auftrag, und zwar in der Regel des Departementschefs oder des *General Manager*, kaufen oder verkaufen darf; meist wird schriftlicher Auftrag gefordert, während schriftliche Verträge mit den Lieferanten wohl kaum vorkommen, vielmehr alles durch Schriftwechsel festgelegt wird. In der Beschaffung der von ihm selbständig einzukaufenden Gegenstände ist der *Purchasing Agent* in der Regel auf einen Zeitraum von 2, höchstens 3 Monaten beschränkt; hat er mit Rücksicht auf den Wert des Gegenstandes die Genehmigung des *General Manager* oder erforderlichenfalls der noch höheren Instanz einzuholen, so fällt vielfach jene zeitliche Beschränkung weg. Dieser Wert beträgt bei der Pennsylvania-Eisenbahn *(east of* Pittsburg) 10000 Dollars. Keinesfalls aber ist die Beschaffung auf eine längere Zeit gebräuchlich, wenn nicht ganz wesentliche Vorteile hiermit verbunden sind; denn man will sich mit den Ausgaben möglichst wenig festlegen und auch aus anderen begreiflichen Gründen nicht ein allzugroßes Lager halten. Nur bei der Baltimore and Ohio-Bahn hörten wir, daß mehrjährige Schienenlieferungen zur Ausnutzung einer günstigen Marktlage vergeben worden sind.

Die Kontrolle über die Lagerbestände und über die Ausgabe der Materialien ist verschiedenartig eingerichtet; sie ist ebenso verschieden in bezug auf die Strenge der Durchführung. Am peinlichsten scheint man bei der Pennsylvania-Eisenbahn (*east of* Pittsburg) zu sein, bei der der ganze Dienst, nämlich die Beschaffung, Verwendung, Buchung und Kontrolle, bei der Hauptverwaltung in Philadelphia zentralisiert ist, und zwar im Bureau des *Comptroller.* Hier wird aber anscheinend weniger nach der Wirklichkeit, als vielmehr nach statistischen Einheits- oder nach Erfahrungssätzen geprüft; ob zum Vorteil der Gesellschaft, ist sehr die Frage. Jedenfalls beweist die unverhältnismäßig große Zahl der in diesem Bureau beschäftigten Beamten, wie kostspielig eine derartige, aus sachlichen Gründen nicht einmal gebotene Zusammenziehung des Geschäfts ist.

Neben dem am Sitze der Direktion überall bestehenden Zentralmagazin sind am Sitze der Distriktssuperintendenten Magazine eingerichtet und den Materialienverwaltern *(Store Keepers)* unterstellt, denen die Verteilung der Materialien auf Anforderung der Verbrauchsstellen obliegt. Die Verrechnung und Nachweisung des Bedarfs findet im Bureau des Superintendenten statt. Nur die Drucksachen scheinen durchweg lediglich vom Zentralmagazin, dem ein besonderer Magazinverwalter *(Stationary Store Keeper)* vorsteht, bezogen zu werden. Etwas besonders Nachahmenswertes haben wir nirgends entdecken können, wir waren uns vielmehr darüber einig, daß unsere Einrichtungen überall den Vorzug verdienen, insbesondere nachdem man auch bei uns dazu übergegangen ist, wenigstens Kohlen, Schienen und Fahrzeuge von einer Stelle aus im ganzen zu bestellen.

Für die Abnahme der Kohlen, Schienen und Fahrzeuge sind bei den einzelnen Verwaltungen besondere Beamte bestellt. Im übrigen ist der Materialienverwalter oder der *Purchasing Agent* selbst zuständig und verantwortlich. Daß die Materialien richtig lagern, daß der Verwalter die Einnahmen richtig bucht und nicht mehr in Ausgabe stellt, als wirklich verbraucht ist, hat jeder Superintendent für seinen Distrikt zu verantworten.

Trotz wiederholter Versuche bei verschiedenen Verwaltungen, konnten wir eine diese Sache regelnde Dienstvorschrift nicht erhalten. Man sagte uns, eine solche bestehe nicht. Ist das zutreffend, so scheint hier eine bedenkliche Lücke vorhanden zu sein.

Die Monatsnachweise erhält der *Purchasing Agent* für seine Dispositionen, wohl auch um die Vereinnahmung auf Grund der Einzelaufträge zu prüfen. Sodann erhält sie das Bureau des *Comptroller*, wo sie für die Aufstellung der monatlichen Finanzübersichten gebraucht werden.

Daß in Amerika beim Einkaufe die im Bereiche der Verwaltung gelegenen Erzeugungsstellen nur soweit Berücksichtigung finden, als dies dem Nutzen der Verwaltung entspricht, liegt in der Natur der Sache. Vielfach hängen übrigens die Verwaltungen unmittelbar oder mittelbar mit den örtlichen Industriezweigen zusammen. Die Kohlen gewinnen sie häufig in eigenen Bergwerken, ebenso haben sie vereinzelt eigene Wagen- und Lokomotiv-Bauanstalten, z. B. die Pennsylvania-Eisenbahn in *Altoona*.

Eine Eigentümlichkeit ist noch zu erwähnen, nämlich die Vergebung der Lieferung des zum Schmieren der Betriebsmittel nötigen Öls an die *Galena Signal Oil Company* in der Weise, daß für je 1000 Achskilometer ein bestimmter Höchstverbrauch angenommen wird. Die Kosten sollen sich trotz der besseren Beschaffenheit des Öls und des höheren Preises für die Eisenbahnen billiger stellen, als bei der Verwendung des sonst gebräuchlichen Schmiermaterials. Dabei übernimmt die Gesellschaft die Verpflichtung, daß wenn infolge mangelnder Übung des Personals (besonders im Anfang) mehr Material verwendet wird, als vorgesehen ist, dies auf ihre Kosten geschieht. Wie uns mitgeteilt wurde, will die Gesellschaft den Versuch machen, ihre Einrichtung auch bei uns einzuführen. In den Vereinigten Staaten hat sie mit der bei weitem größten Zahl der Eisenbahnen Verträge. Wie wir hören, ist man damit sehr zufrieden.

Die Preise stellten sich frei Chicago:

für 1 Gallon

Maschinenöl	28 Cents
bestes Ventilschmieröl	48 „
Schmieröl für Personen- und Güterwagen	18 „
bestes Öl für Signallampen und Laternen	34 „
Öl für Kopflaternen	$6^3/_4$ „

Die nachfolgende Übersicht enthält einen Vergleich der Durchschnittspreise, die bei einer der bedeutenderen amerikanischen Eisenbahnen in den Jahren 1897, 1900 und 1904 für die hauptsächlichsten Materialien und Inventarien gezahlt worden sind.

Materialien und Inventarien	Preise in Dollars			Einheit
	1897	1900	1904	
Axles, steel (Stahlachsen) . .	0,0130	0,0300	0,125—0,0210	*Pound*
Angle bars (Eckschienen), *track fastenings* . . .	0,0130	0,0235	0,0115	*do.*
Antimony (Antimon) . . .	0,08	0,10	0,5975	*do.*
Brass (Messing):				
Car journal	0,085	0,14	0,1045	*do.*
Engine	0,11	0,1975	0,1085	*do.*
Brake shoes (Bremsschuhe) .	0,01	0,013	0,0103	*do.*
Brooms (*straw*) (Besen) . .	1,65	3,00	2,15	*Dozen* (Dutzend)
Bolsters-I-beam-structural steel	0,0165	0,0238	0,0140	*Pound*
Bolts (Bolzen):				
Machine (1 × 10 *example*) .	4,48	11,20	6,08	*Hundred*
Track	0,0195	0,0325	0,019	*Pound*
Carriage (1/2 × 3 *example*) .	0,56	0,135	0,61	*Hundred*
Brushes, paint (Pinsel) . . .	15,00	17,10	1,25—18,00	*Dozen*
Bunting (Flaggentuch) . . .	3,50	7,00	3,00	*Roll*
Buckets (Eimer), *galvanized iron water*	1,65	2,10	1,75	*Dozen*
Chain (Kette), *wrought, brake*	2,95	6,25	2,80	*Hundred*
Castings (Gußeisen):				
Gray iron	1,25	2,00	1,08	*do.*
Malleable iron	3,00	4,00	2,20	*do.*
Cement, Portland	1,85	2,15	0,65	*Barrel*
Coal (Kohle):				
Steam	0,80	1,15	0,97	*Ton*
Blacksmith	1,25	1,60	1,25	*do.*
Anthracite	4,05	5,10	4,85	*do.*
Cross-ties (Schwellen) . . .	0,20	0,24	0,45	*Each* (Stück)
Coke (Koks)	2,50	5,60	1,90	*Ton*
Copper (Kupfer)	0,12	0,1775	0,126	*Pound*
Couplers (Kupplungen), *automatic car*	6,00	8,25	6,60—11,75	*Each*

Materialien und Inventarien	Preise in Dollars 1897	1900	1904	Einheit
Duster (Abstäuber), *feather* .	1,85	3,50	2,75	*Dozen*
Flues, boiler (Dampfkesselrohr)	0,11	0,21	0,13—0,16	*Foot* (Fuß)
Iron, bar (Winkeleisen) . .	1,00	1,95	1,225	100 *pounds*
Iron and steel, sheet (Eisen u. Stahl, Platten u. Bleche) .	1,65	2,45	1,40	*do.*
Lanters hand (Handlaternen) .	3,25	5,50	5,50—6,50	*Dozen*
Lead, pig (Rohblei)	3,40	4,90	4,28	100 *pounds*
Lumber (Holz)	7,50	12,50	19,25	1,000 *feet*
Nails (Nägel)	1,15	2,40	1,60	100 *pounds*
Oils (Öle):				
Car, lubricating	4,65	10,25	20,00	100 *gallons*
Mineral seal, illuminating .	8,50	10,75	7,75	*do.*
Engine, lubricating . . .	4,75	11,00	30,00	*do.*
Headlight, illuminating . .	6,00	9,50	9,15	*do.*
Valve, lubricating	25,00	31,00	50,00	*do.*
Signal, illuminating . . .	28,00	33,00	36,00	*do.*
Linseed, paint	41,00	68,00	35,00—36,00	*do.*
Gasoline	0,10	0,12½	0,12—0,17	*Gallon*
Paint (Farbe), *building and freight car*	0,65	0,81	0,75 *building* 0,40 *freight car*	*do.*
Plush (Plüsch)	1,12	1,88	1,40—1,625	*Yards*
Rails, steel (Stahlschienen) .	18,00	35,00	28,00	*Ton*
Rivets, boiler (Kesselniete) .	2,25	3,40	1,70	100 *pounds*
Rope (Taue), *manila* . . .	0,0525	0,1525	0,1075	*Pound*
Steel (Stahl):				
Spring (Feder-).	0,02	0,045	0,0155	*do.*
Tool (Werkzeug-)	0,05	0,075	0,0575	*do.*
Spikes, track (Schienennägel)	1,35	2,44	1,45	100 *pounds*
Springs, car (Wagenfedern) .	2,65	3,00	1,60—3,45	*do.*
Solder (Lot)	9,50	19,00	15,00	*do.*
Shovels (Schaufeln)	5,25	8,88	5,00	*Dozen*
Switches (Weichen)	20,30	31,35	29,00	*Each*
Frogs	12,85	24,80	22,80	*do.*
Switch stands	9,90	14,05	7,25	*do.*
Tires:				
Locomotive driving wheel (Lokomotivtriebrad) . . .	4,50	5,50	2,50	100 *pounds*
Coach wheel (Wagenrad) .	26,50	33,00	3,50	*Each*
Tin (Zinn)				
Block	14,00	30,50	27,45	100 *pounds*
Sheet (Bleche und Platten)	6,50	10,50	6,00—12,00	*Dozen*
Turpentine (Terpentin) . . .	0,28	0,49	0,5485	*Gallon*
Wheels (Räder):				
Cast iron	5,00	5,25	5,40	*Each*
Steel tired	34,00	55,00	40,00	*do.*

Ob diese Einheitspreise auch für andere amerikanische Eisenbahnen zutreffen, ist nicht bekannt. Sehr erheblich werden die Unterschiede wohl bei den östlichen Eisenbahnen nicht sein. Bemerkenswert bei einem Vergleich mit unseren Verhältnissen ist der Preis der Kohle; selbst die bessere Sorte *(Blacksmith)* kostete nur 1,25 Dollars oder 5,20 M., während die preußisch-hessischen Staatsbahnen über 11 M. für die Tonne gezahlt haben, was bei einem Verbrauch von nahezu $5^2/_5$ Millionen Tonnen in einem Jahre einen Mehraufwand von rund $31^1/_3$ Millionen Mark bedeutet. Bei den Schienenpreisen zeigen sich dagegen nur geringe Unterschiede.

Über den Materialienverbrauch, namentlich über die Verhältniszahlen, die sich für bestimmte Betriebsleistungen ergeben, waren ziffernmäßige Angaben nicht erhältlich.

2. Finanzergebnisse.

Finanzgebarung im allgemeinen.

Zum Verständnis der Finanzergebnisse, welche die Eisenbahnen der Vereinigten Staaten gegenwärtig erzielen, bedarf es mindestens eines kurzen Überblicks über den bisherigen Entwicklungsgang des amerikanischen Eisenbahnwesens im allgemeinen und der Finanzgebarung im besonderen. Zu diesem Zwecke wird nachfolgend zunächst eine Übersicht über die Entwicklung des Eisenbahnnetzes auf Grund einer Beilage der englischen Zeitschrift „*The Statist*" Vol. LV No. 1411 vom 11. März 1905 mitgeteilt:

Jahr	Betriebslänge	Zuwachs		Bevölkerung	Zuwachs		Auf 1000 Einwohner entfallen
	km	km	Proz.	Köpfe	Köpfe	Proz.	km
1830	37	—	—	12 866 000	—	—	0,003
1840	4 534	+ 4 497	+ 12 154	17 069 000	+ 4 203 000	+ 33	0,26
1850	14 515	+ 9 981	+ 220	23 192 000	+ 6 123 000	+ 36	0,63
1860	49 277	+ 34 762	+ 239	31 443 000	+ 8 251 000	+ 36	1,6
1870	85 151	+ 35 874	+ 73	38 558 000	+ 7 115 000	+ 23	2,2
1880	150 059	+ 64 908	+ 76	50 156 000	+ 11 598 000	+ 30	3,0
1890	268 146	+ 118 087	+ 79	62 622 000	+ 12 466 000	+ 25	4,3
1900	312 683	+ 44 537	+ 17	76 414 000	+ 13 792 000	+ 22	4,1
1903	334 324	+ 21 641	+ 7	80 487 000	+ 4 073 000	+ 5	4,2

im Jahresdurchschnitt

der Jahre	Zuwachs an Betriebslänge	Proz.	Zuwachs an Bevölkerung	Proz.
1831—1840	 450	12 15,4	. . . . . 420 300	3,3
1841—1850	 998	22	. . . . . 612 300	3,6
1851—1860	. . . . . 3 476	23,9	. . . . . 825 100	3,6
1861—1870	. . . . . 3 587	7,3	. . . . . 711 500	2,3
1871—1880	. . . . . 6 491	7,6	. . . . 1 159 800	3,0
1881—1890	. . . . . 11 809	7,9	. . . . 1 246 600	2,5
1891—1900	. . . . . 4 454	1,7	. . . . 1 379 200	2,2
1901—1903	. . . . . 7 214	2,3	. . . . 1 357 700	1,7

Gegenwärtig kommen nach dieser Übersicht in den Vereinigten Staaten auf je 1000 Einwohner 4,2 km Eisenbahn, durchschnittlich ebensoviel kommen auf je 100 qkm Flächeninhalt. Im Deutschen Reich kommen, wie zum Vergleich mitgeteilt wird, 0,95 km Eisenbahn auf je 1000 Einwohner und 9,9 km auf 100 qkm Flächeninhalt. Im Verhältnis zur Bevölkerung hat Nordamerika danach ungleich mehr Eisenbahnen als Deutschland, was auf die geringere Dichtigkeit der Bevölkerung namentlich im Norden und Westen der Vereinigten Staaten zurückzuführen ist.

Die Entwicklung der Eisenbahnen der Vereinigten Staaten zeigt, wenn man von den ersten Jahrzehnten des Eisenbahnbetriebes absieht, seit dem Jahrzehnt von 1860 bis 1870 im Vergleich zur Bevölkerungszahl eine stete, aber nicht auffällige Zunahme. An und für sich bedeutend ist der Zuwachs im folgenden Jahrzehnt und noch gewaltiger die Steigerung von 1880 bis 1890; in diesem Jahrzehnt sind durchschnittlich jährlich 11809 km Eisenbahnen gebaut, und in einzelnen Jahren sollen sogar über 15000 km neue Eisenbahnen in Betrieb genommen sein. Im letzten Jahrzehnt zeigte die Zunahme wieder eine ruhigere Entwicklung, während in den verflossenen Jahren des gegenwärtigen Jahrzehnts von neuem eine lebhaftere Steigerung, jedoch bei weitem nicht so auffallend wie Mitte der achtziger Jahre, einsetzte.

Die überstürzte Bautätigkeit einzelner Perioden hat recht schlimme Folgen für die finanzielle Entwicklung der amerikanischen Eisenbahnen gezeitigt. Vielfach hatte der Bau neuer Eisenbahnen nichts mit der Förderung des Verkehrs zu schaffen; es wurden Wettbewerbsbahnen gebaut, die vornehmlich den Zweck hatten, schon bestehende zu schädigen, meist um sie zu zwingen, die lästige neue Linie zu übernehmen. Dabei baute man vielfach so mangelhaft, daß kaum eine geordnete, geschweige denn eine wirtschaftliche Betriebsführung möglich war. Wie konnte unter solchen Umständen ein Erfolg für diejenigen erwartet werden, die ihr Geld derartigen Unternehmungen anvertraut hatten? Auf redlichem Wege kaum, und so half man sich auf andere Weise. Um die für die Zahlung von Dividenden erforderlichen Mittel zu gewinnen, stellte man vielfach die nötigen Ausgaben, soweit sie naturgemäß aus den laufenden Einnahmen zu decken waren, niedriger dar, m. a. W. man nahm für Ausgaben, die lediglich für die Unterhaltung der bestehenden Anlagen erforderlich waren, neues Kapital auf, und vergrößerte damit die Schuldenlast der Gesellschaft, ohne gleichzeitig fruchttragende Neuwerte zu schaffen. Eine derartige Praxis muß, längere Zeit fortgesetzt, zum Verderben führen, und sie hat in den Vereinigten Staaten eine große Menge von Eisenbahn-Unternehmungen tatsächlich dahin gebracht.

Im Jahre 1894 waren 192 Verwaltungen mit einer Betriebslänge von 40819 Meilen = 65678 km und einem Gesamtkapital von ungefähr 10400000000 M. unter Zwangsverwaltung. Sie waren bankrott. Welche Verwüstungen müssen in bezug auf Vermögenswerte vorausgegangen sein! Bedeutet doch diese Summe das $1^1/_2$ fache Anlagekapital sämtlicher preußisch-hessischen Staatseisenbahnen. Welche ungeheuren Summen noch weiterhin durch die Zwangsverwaltung selbst verloren gehen mußten, wird jedem klar, der die Art einer solchen in Amerika kennt; sie geht zunächst, ohne jede andere Rücksicht, lediglich davon aus, für sich selbst zu sorgen, unbekümmert um Gegenwart und Zukunft des Unternehmens selbst.

Die Krise des Jahres 1893, die für eine ganze Reihe von Eisenbahnverwaltungen — nicht zum letzten für die Besitzer von Eisenbahnwerten — zur Katastrophe wurde, hat reinigend gewirkt. Das geht unzweideutig aus den jährlichen Bekanntmachungen der *Interstate Commerce Commission* hervor. Die Ergebnisse der folgenden Jahre lassen bereits eine

Besserung erkennen. Sie hat dauernd angehalten, und heute nach weiteren 10 Jahren muß man anerkennen, daß, wenn auch noch keine völlige Gesundung eingetreten ist, die Hoffnung begründet erscheint, daß auch die letzte Eisenbahn aus der Verwaltung des Zwangsverwalters *(Receiver)* befreit werden wird, wenn nicht eine neue Krisis eintreten sollte. Die Aufstellung S. 311 scheint das zu bestätigen.

Betriebseinnahmen und Ausgaben. Betriebskoeffizient *(Ratio)*.

Das durch den Betrieb der Eisenbahnen in den Vereinigten Staaten ins Rollen kommende Geld stellt gewaltige Summen dar. Nicht weniger als rund 1900847000 Dollars oder nahezu 8 Milliarden Mark betrugen im Jahre 1902/3 die Betriebseinnahmen und rund 1257539000 Dollars oder fast $5^1/_4$ Milliarden Mark die Betriebsausgaben, sodaß als Gewinn *(Income from operating)* rund 643308000 Dollars oder $2^2/_3$ Milliarden Mark verblieben. Dabei sind einerseits in den Einnahmen die Erträgnisse der Eisenbahnen aus anderen, nicht zum Eisenbahnbetriebe gehörigen Quellen (Bergwerke usw.) mit 49896729 Dollars (rund 208000000 M.) nicht enthalten, andererseits bei den Ausgaben die Steuern *(Taxes)* mit 57849569 Dollars, sodann Zinsen aller Art und Dividenden und endlich gewisse Zurückstellungen *(for adjustments and improvements)*, auf die unten noch näher eingegangen wird, nicht berücksichtigt. Alle diese Ziffern zeigen deutlich, welche große Bedeutung das Eisenbahnwesen für das Volksleben hat.

Ein erfreuliches Bild gewährt die seit einer Reihe von Jahren zu beobachtende stete Zunahme der Einnahmen, wobei sich die Ausgaben selbstverständlich auch erhöht haben. Auf eine englische Bahnmeile zurückgeführt, haben bei allen Eisenbahnen der Vereinigten Staaten betragen in Dollars:

Im Jahre	Die Betriebseinnahmen	Die Betriebsausgaben	Der Gewinn	Im Jahre	Die Betriebseinnahmen	Die Betriebsausgaben	Der Gewinn
1892/3	7190	4876	2314	1898/9	7005	4570	2435
1893/4	6109	4163	1946	1899/1900	7722	4993	2729
1894/5	6050	4083	1967	1900/1	8123	5269	2854
1895/6	6320	4248	2072	1901/2	8625	5577	3048
1896/7	6122	4106	2016	1902/3	9258	6125	3133
1897/8	6755	4430	2325				

Zu S. 310.

Zwangsverwaltung von Eisenbahnen in den Vereinigten Staaten von Amerika.

Jahr	Unter Zwangsverwaltung standen		Aus der Zwangsverwaltung entlassen	In Zwangsverwaltung genommen	Im ganzen Zu- oder Abgang	*Capital stock* (Stamm- usw. Kapital)	Zu- oder Abnahme	*Funded debt* (Obligationen usw.)	Zu- oder Abnahme	*Current liabilities* (Laufende Verpflichtungen ?)
	Bahnen	Betriebslänge *miles*	Bahnen	Bahnen	Bahnen	Dollars	Dollars	Dollars	Dollars	Dollars
1894/5	192	40 819	—	—	—	2 500 000 000 *(Capital stock and Funded debt)*	—	—	—	—
1895/6	169	37 856	54	31	— 23	925 673 464		1 319 295 213		194 175 826
							— 255 031 323 (Capital stock and Funded debt zusammen)			
1896/7	151	30 475	48	30	— 18	742 597 698	— 183 075 766	999 733 766	— 319 561 447	?
1897/8	128	18 862	51	28	— 23	486 064 610	— 256 000 000	531 407 790	— 468 000 000	113 806 348
1898/9	94	12 745	45	11	— 34	264 137 371	— 221 927 239	322 892 691	— 208 515 099	74 545 256
1899/1900	71	9 853	39	16	— 23	220 210 688	— 43 926 703	306 486 740	— 16 405 951	59 180 823
1900/1	52	4 178	35	16	— 19	108 096 855	— 112 113 833	107 393 022	— 199 093 718	35 531 620
1901/2	45	2 497	17	10	— 7	49 478 257	— 58 618 598	54 748 662	— 52 644 360	14 183 230
1902/3	27	1 475	22	4	— 18	18 267 677	— 31 210 580	25 156 977	— 29 591 685	4 746 399

Unverkennbar tritt in diesen Zahlen eine gewisse Stetigkeit der Finanzgebarung hervor, d. h. wenn man die Ergebnisse aller Eisenbahnen der Vereinigten Staaten zusammenfaßt; es wäre nur zu wünschen, daß sich diese Stetigkeit auch auf die Einzelverwaltungen übertrüge und es mit der Zeit zinslose Kapitalanlagen im Eisenbahnwesen nicht mehr gäbe.

Um einen Maßstab für die Beurteilung der Einnahmen und der Ausgaben, also der Selbstkosten — außer der Verzinsung und Ergänzung — und der Gewinnerzielung zu erlangen, mögen noch folgende Vergleichsziffern mitgeteilt werden. Vorweg wird dazu bemerkt, daß als Gruppe II in den Vereinigten Staaten die Eisenbahnen in den Staaten New York, New Jersey, Pennsylvania, Delaware, Maryland und in einem Teile von West-Virginia gelten. Es ist dies die Gruppe nicht bloß der verkehrsreichsten, sondern auch der ältesten Eisenbahnen Amerikas, die mit den deutschen Eisenbahnen in beiden Beziehungen sehr wohl in Vergleich gestellt werden können.

Durchschnittlich auf 1 km Bahnlänge hat betragen:

	bei den Eisenbahnen der Vereinigten Staaten		bei der preußisch-hessischen Eisenbahngemeinschaft	
	überhaupt 1902/3	Gruppe II 1902/3	1902/3	1903/4
die Einnahme	23 936 M.	50 771 M.	44 026 M.	46 066 M.
die Ausgabe	15 836 „	33 544 „	27 006 „	27 524 „
der Gewinn	8 100 M.	17 227 M.	17 020 M.	18 542 M.

Aus dem Vergleich dieser Ziffern, soweit sie sich auf die Gruppe II der Eisenbahnen in den Vereinigten Staaten beziehen, folgt, daß die amerikanischen Eisenbahnen (Gruppe II) kilometrisch zwar eine erheblich höhere Einnahme aufweisen als unsere Eisenbahnen, daß dieser Vorsprung aber durch wesentlich höhere Ausgaben, durch größere Selbstkosten, mit denen die amerikanischen Eisenbahnen arbeiten, zum größten Teil wieder verloren geht. Im Jahre 1903/4 ist der Gewinn der preußisch-hessischen Eisenbahngemeinschaft sogar erheblich größer.

Zu einem ähnlichen Ergebnis führt ein Vergleich der Einnahmen, Ausgaben und Gewinne auf der Grundlage der Gleislänge.

Durchschnittlich auf ein Gleiskilometer haben im Jahre 1902/3 betragen:

	bei den Eisenbahnen der Vereinigten Staaten		bei der preußisch-hessischen Eisenbahngemeinschaft
	überhaupt	Gruppe II	
die Einnahmen	17 316 M.	26 808 M.	22 400 M.
die Ausgaben	11 455 „	17 712 „	13 740 „
der Gewinn	5 861 M.	8 096 M.	8 660 M.

Also auch in Anbetracht der Gleislänge haben die am meisten vergleichbaren Eisenbahnen der Gruppe II der Vereinigten Staaten trotz nicht unbeträchtlich höherer Einnahme infolge ihres höheren Kostenaufwands einen geringeren Gewinn erzielt.

Günstiger ist das Ergebnis eines Vergleiches für die Eisenbahnen der Vereinigten Staaten, dem als Grundlage die Zugkilometer*) dienen.

Durchschnittlich auf 1000 Personen- und Güterzugkilometer haben im Jahre 1902/3 betragen:

	bei den Eisenbahnen der Vereinigten Staaten		bei der preußisch-hessischen Eisenbahngemeinschaft
	überhaupt	Gruppe II	
die Einnahmen	5 165 M.	5 477 M.	4 250 M.
die Ausgaben	3 417 „	3 619 „	2 607 „
der Gewinn	1 748 M.	1 858 M.	1 643 M.

Aus diesem Vergleiche geht zunächst hervor, daß von den Eisenbahnen der Vereinigten Staaten für die gleiche Zugleistung erheblich mehr Einnahmen aufkommen, als bei uns. In der Tat haben im Jahre 1902/3 in Amerika die Ein-

*) Die in Deutschland übliche Zurückführung der Einnahmen und Ausgaben auf eine Einheit der Wagenachsleistungen ist für die amerikanischen Eisenbahnen nicht durchführbar, weil die Gesamtheit der geleisteten Achsmeilen statistisch nicht bekannt ist.

nahmen aus dem Personenverkehr 4,65 mal und aus dem Güterverkehr 6,44 mal soviel als in der preußisch-hessischen Eisenbahngemeinschaft betragen, während dort die Zahl der Personenzugkilometer nur 3,58 mal und der Güterzugkilometer nur 5,80 mal größer war als bei uns. Freilich waren, wie der Vergleich ferner zeigt, auch die Ausgaben für ein Zugkilometer bei den Eisenbahnen der Vereinigten Staaten höher als bei uns; indessen wurde gleichwohl in Amerika wegen der erheblich höheren Einnahmen auch ein höherer Gewinn auf je 1000 Zugkilometer erzielt. Da nach den Ausführungen im achten Abschnitt die preußisch-hessische Eisenbahngemeinschaft alles in allem genommen für das Personen- und Gütertonnenkilometer nicht mehr, sondern weniger erhalten hat als die Eisenbahnen der Vereinigten Staaten, so scheint der letzte der drei vorstehenden Vergleiche darzutun, daß sich die preußisch-hessischen Staatseisenbahnen die Bedienung des Eisenbahnverkehrs verhältnismäßig mindestens ebenso viel kosten lassen, als die amerikanischen Privateisenbahnen hierfür aus ihren höheren Einnahmen aufwenden.

Immer noch der beste Vergleich ist der Betriebskoeffizient, d. h. das Verhältnis, in dem die Betriebsausgaben zu den Betriebseinnahmen stehen, in Amerika „*Ratio*“ genannt. Freilich hat auch der Betriebskoeffizient, wie hinlänglich bekannt ist, seine Mängel, und zwar hauptsächlich deshalb, weil die Art des rechnungsmäßigen Nachweises der Einnahmen und Ausgaben nicht durchweg gleichartig ist. Das gilt schon von einem auf zuverlässigerer Grundlage ruhenden Vergleiche der Ergebnisse der Eisenbahnen im Verein Deutscher Eisenbahnverwaltungen, mehr also noch im vorliegenden Falle.

Aber so erheblich sind doch diese Unterschiede nicht, daß der Vergleichswert dadurch hinfällig würde. Jedenfalls darf der Vergleich hier um so eher unternommen werden, als vermutlich die Unterschiede das Bild keineswegs zu ungunsten der amerikanischen Eisenbahnen beeinflussen. Es darf im Gegenteil angenommen werden, daß unter den Ausgaben der preußisch-hessischen Staatseisenbahnen Summen enthalten sind, die unter den amerikanischen Ausgaben fehlen, so gewisse Summen für die Vermehrung der Betriebsmittel und für eine Anzahl von Ergänzungen der Bahnanlagen. Es wird nicht angenommen werden können, daß bei allen amerikanischen Eisenbahnen stets wie bei uns daran festgehalten ist, daß die Ausgaben für den guten Zustand aller Anlagen und Betriebsmittel und für die vom gewöhnlichen Verkehr beanspruchten, eine beträchtliche Verbesserung des Besitzes nicht darstellenden Ergänzungen unter allen Umständen aus den laufenden Betriebseinnahmen zu bestreiten sind. Daß in dieser Beziehung nicht so viel aus den laufenden Betriebseinnahmen als bei uns entnommen ist, scheint auch durch die stete Zunahme des Anlagekapitals der Eisenbahnen in den Vereinigten Staaten auf eine Einheit der Gleislänge (s. S. 320) Bestätigung zu finden.

Die nachfolgenden Ziffern gewähren einen Überblick über den Betriebskoeffizienten der letzten drei Jahre. Die Betriebsausgaben haben betragen:

für das Jahr	bei den Eisenbahnen der Vereinigten Staaten überhaupt	bei den Eisenbahnen der oben erwähnten Gruppe II	bei der preußisch-hessischen Eisenbahngemeinschaft
1900/1	64,86 %	61,91 %	59,48 %
1901/2	64,66 %	64,98 %	61,75 %
1902/3	66,16 %	66,07 %	61,34 %

der Betriebseinnahmen.

Auch nach diesen Ziffern haben die Eisenbahnen der Vereinigten Staaten — und zwar sowohl insgesamt, als auch in ihrem verkehrsdichtesten Teile — die Betriebseinnahmen in erheblich stärkerem Maße zur Bestreitung der Ausgaben in Anspruch nehmen müssen, als die preußisch-hessischen Staatsbahnen. Einzelne Bahnen des Nordens oder Westens mögen mit einem geringeren Betriebskoeffizienten ausgekommen sein, als der Durchschnitt ergibt. Vielleicht hängt das damit zusammen, daß sie die Aufwendungen für Verbesserungen *(Betterments)*, die an sich recht wohl als laufende Ausgaben hätten verbucht werden können, nicht als solche verrechneten, sondern unter den Überschüssen führten, um sie alsdann in demselben oder einem späteren Jahre zu gleichen Zwecken zu verwenden. Eine derartige Zurückstellung von Geldbeträgen *(Permanent improvements)* scheint bei den Eisenbahnen der Vereinigten Staaten allgemein üblich zu sein, sie findet sich vielfach in den Jahresberichten der Einzelverwaltungen und auch im Hauptbericht der *Interstate Commerce Commission.* Leider ist nirgends etwas näheres über die einzelnen Verwendungszwecke angegeben. Es darf aber wohl angenommen werden, daß die Geldbeträge nach unseren Begriffen zum überwiegenden Teile zu den Betriebsausgaben gehören und der Betriebskoeffizient der beteiligten amerikanischen Eisenbahnen daher eigentlich noch zu niedrig angegeben ist. Die erheblicheren Verbesserungen der Bahnanlagen scheinen, wie oben schon bemerkt, in Amerika nur selten aus den Betriebseinnahmen bestritten zu werden.

Am meisten sind für einen Vergleich mit unseren Verhältnissen, wie schon vorher hervorgehoben ist, die alten östlichen Eisenbahnen geeignet. Die Pennsylvania-Eisenbahn *(east of* Pittsburg) ist seit dem Jahre 1892/3, in dem der Betriebskoeffizient 70,39 % betrug, niemals unter einen solchen von 64 % gekommen. Im Jahre 1900/1 betrug er 64,40 %, seitdem ist er wieder stetig in die Höhe gegangen und betrug für 1902/3 69,24 %; eine noch stärkere Steigerung zeigt der Betriebskoeffizient bei der Pennsylvania-Eisenbahn *(west of* Pittsburg), bei der er im Jahre 1896/7 60,20 % und im Jahre 1902/3 70,96 % betrug. Im Jahre 1903/4 ist er auf 68,17 % gefallen. Noch größere Schwankungen und Sprünge zeigt der Betriebskoeffizient bei der Baltimore and Ohio-Bahn, wo er im Jahre 1893/4 69,15 %, im Jahre 1898/9 aber 76,70 % betrug, um dann im folgenden Jahre auf 65,63 % zurückzugehen. In dieses Jahr fällt die finanzielle Neugestaltung der Gesellschaft. Seitdem hat sich der Koeffizient mit einer schwach aufsteigenden Tendenz ziemlich gleichmäßig gehalten und betrug im Jahre 1903/4 67,05 %. Dabei ist noch darauf aufmerksam zu machen, daß in diesen Sätzen überall die Steuern *(Taxes)* nicht enthalten sind; in Wirklichkeit war der Betriebskoeffizient unter Einrechnung der Steuerbeträge noch etwas höher. Alle diese Ziffern übersteigen das Ausgabeverhältnis unserer Eisenbahnen erheblich; sie lassen insbesondere auch einen gewissen Mangel an Stetigkeit in der Wirtschaftsführung klar erkennen.

Man könnte auch noch nach allen diesen Vergleichen die Frage aufwerfen, ob nicht gleichwohl die amerikanischen Eisenbahnen ihre Verkehrs- und Betriebseinrichtungen auf eine wirtschaftlichere Art und Weise getroffen haben als unsere Eisenbahnen, der finanzielle Vorteil aber bloß deshalb nicht in die Erscheinung trete, weil die amerikanischen Eisenbahnen ihrem Dienstpersonal ein ungleich höheres Diensteinkommen zahlen als unsere Eisenbahnen. Man könnte sogar behaupten, daß bei gleicher Bezahlung des Personals hüben und drüben der Betriebskoeffizient der Eisenbahnen in den Vereinigten Staaten wesentlich geringer sein würde als bei uns. Soviel uns bekannt geworden ist, werden solche Behauptungen auch tatsächlich vielfach aufgestellt. Wir sind anderer Meinung.

Im fünften Abschnitt ist ziffernmäßig nachgewiesen, daß die Durchschnittsbesoldung des Eisenbahnpersonals in den Vereinigten Staaten höher ist als die Durchschnittsbesoldung unseres Personals, freilich bei weitem nicht so viel höher als gemeinhin angenommen wird. Richtig ist, daß die Eisenbahnen der Vereinigten Staaten, wenn sie nur den gleichen durchschnittlichen Einkommenssatz an ihr Personal zahlten wie unsere Eisenbahnen, im Jahre 1902/3 die Summe von rund 320 000 000 Dollars hätten sparen können. Das hätte natürlich sehr günstig auf den Betriebskoeffizienten eingewirkt.

Zieht man diesen Umstand zugunsten Amerikas in Betracht, so muß man indessen andererseits zugunsten unserer Eisenbahnen auch die Lasten berücksichtigen, die den amerikanischen Eisenbahnen nicht oder wenigstens nicht in gleichem Umfange auferlegt sind. Zunächst kommt dabei die Bahnbewachung in Betracht. Würden auf den Eisenbahnen in den Vereinigten Staaten die von den deutschen Eisenbahnen zu beobachtenden sicherheitlichen Vorschriften durchgeführt, so müßten rund 636 000 statt 49 961 Weichen- und Bahnbewachungsbedienstete, also rund 586 000 Mann mehr beschäftigt werden, als tatsächlich vorhanden sind; das würde selbst unter Zugrundelegung nur der durchschnittlichen preußisch-hessischen Aufwendungen eine Mehrausgabe von fast 200 000 000 Dollars verursachen. Als zweiter Hauptunterschied sind die geringeren Zugleistungen der amerikanischen Eisenbahnen, namentlich im Personenverkehr, zu erwähnen. Wenn auf den Eisenbahnen der Vereinigten Staaten im Verhältnis zur erzielten Verkehrseinnahme eine gleiche Anzahl von Zügen verkehrte, wie sie bei uns hauptsächlich zur Schaffung möglichst häufiger Reisegelegenheit gefahren werden, so hätten sie im Jahre 1902/3 über 300 000 000 Zugkilometer mehr leisten müssen, als sie tatsächlich geleistet haben, was schätzungsweise eine Mehrausgabe von rund 120 000 000 Dollars oder rund 500 000 000 M. zur Folge gehabt haben würde.

Abgesehen von diesen beiden Hauptmomenten wäre noch darauf hinzuweisen, daß die amerikanischen Eisenbahnen für die Erneuerung des Schienen- und Schwellenmaterials nicht unerheblich weniger als unsere Eisenbahnen ausgegeben haben; im Jahre 1902/3 hat die verhältnismäßige Minderausgabe rund 30 000 000 Dollars betragen.

Dem höheren Durchschnittseinkommen, das die Eisenbahnen der Vereinigten Staaten an ihr Personal zu zahlen haben, stehen nach diesen Ausführungen geringere Aufwendungen gegenüber, die jene Mehraufwendungen wieder mehr als wettmachen.

Kann man danach im großen und ganzen die ziffernmäßige Darstellung des Betriebskoeffizienten wohl als richtig anerkennen, so wird man zu der Schlußfolgerung berechtigt sein, daß die Eisenbahnen der Vereinigten Staaten mindestens nicht billiger wirtschaften als unsere Eisenbahnen, obgleich diese dem Verkehrsbedürfnisse in etwas größerem Umfange Rechnung zu tragen scheinen, insbesondere dem Reisebedürfnis im allgemeinen häufigere Fahrgelegenheit darbieten.

Anlagekapital, Zinsen und Dividenden. Überschüsse *(Surplus)*.

Der Gewinn aus der Betriebsführung der Eisenbahnen in den Vereinigten Staaten dient in erster Linie zur Verzinsung des Anlagekapitals.

Das Anlagekapital der Eisenbahnen in den Vereinigten

Staaten besteht aus Aktien *(Common and preferred stock)* und Obligationen *(Funded debt, bonds)*. Das Aktienkapital betrug Ende Juni 1903 6 155 559 032 Dollars oder 48,85 %, das Obligationenkapital 6 444 431 226 Dollars oder 51,15 % der Gesamtsumme von rund 12 600 000 000 Dollars oder rund 52 400 000 000 Mark.

Wie das Anlagekapital seit dem Jahre 1892/3 gestiegen ist, und welche Zahlungen an Dividenden und Zinsen darauf erfolgt sind, zeigt die nachstehende Übersicht:

Jahr	Anlagekapital Dollars	Zinsen und Dividenden im ganzen Dollars	Zinsen und Dividenden in Prozenten des Anlagekapitals
1892/3	9 894 625 239	359 096 280	3,63
1893/4	10 190 658 678	358 533 939	3,52
1894/5	10 346 754 229	345 660 724	3,34
1895/6	10 566 865 771	345 696 611	3,27
1896/7	10 635 008 074	334 990 829	3,15
1897/8	10 818 554 031	342 279 580	3,16
1898/9	11 033 954 898	362 167 909	3,28
1899/1900	11 491 034 960	392 547 588	3,42
1900/1	11 688 147 091	418 830 622	3,59
1901/2	12 134 182 964	459 813 510	3,79
1902/3	12 599 990 258	480 681 300	3,81

Beschränkt man die Übersicht auf die in der amtlichen amerikanischen Statistik als Gruppe II bezeichneten, bereits mehr konsolidierten Eisenbahnen in den Staaten New York, New Jersey, Pennsylvania, Delaware, Maryland und einem Teile von West-Virginia, so ergibt sich folgendes Bild:

Jahr	Anlagekapital Dollars	Zinsen und Dividenden im ganzen Dollars	Zinsen und Dividenden in Prozenten des Anlagekapitals
1892/3	2 106 157 662	95 641 853	4,54
1893/4	2 167 526 300	91 160 022	4,21
1894/5	2 189 170 848	89 303 936	4,08
1895/6	2 219 529 759	87 090 520	3,92
1896/7	2 100 428 192	85 402 686	4,07
1897/8	2 244 344 867	84 640 707	3,77
1898/9	2 297 620 381	87 043 483	3,79
1899/1900	2 337 874 067	90 609 354	3,88
1900/1	2 381 079 405	95 358 654	4,00
1901/2	2 484 776 547	105 293 614	4,24
1902/3	2 644 555 697	108 503 717	4,10

Auf eine Meile Bahn hat das Gesamtkapital betragen:*)

1892/3	59 729 Dollars	1896/7	59 620 Dollars	1900/1	61 531 Dollars
1893/4	59 419 „	1897/8	60 343 „	1901/2	62 301 „
1894/5	59 650 „	1898/9	60 556 „	1902/3	63 186 „
1895/6	59 610 „	1899/1900	61 490 „		

Das Anlagekapital ist danach in den ersten Jahren des letzten Jahrzehnts im Verhältnis zur Bahnlänge nicht gestiegen, hat sich aber vom Jahre 1895/6 ab stetig erhöht. Die Steigerung hat seitdem für die Meile Eisenbahn 3576 Dollars betragen. Unter Zugrundelegung der Länge aller Gleise, also unter Mitberücksichtigung der zweiten, dritten usw. Streckengleise sowie der Bahnhofs- und Rangiergleise, ergab sich Ende Juni 1903 zwar ein etwas geringerer Betrag als im Jahre 1893. Die Verminderung betrug aber nur 201,95 Dollars für 1 Gleismeile; es scheinen mithin die Gleisanlagen auf den schon im Betriebe befindlichen Bahnstrecken zum Teil auf Kosten des Betriebsfonds erweitert zu sein; zum anderen Teil sind aber die Kosten dem Anlagekapital zugewachsen. Bei der preußisch-hessischen Eisenbahngemeinschaft lag die Sache anders, hier hat sich der Durchschnittssatz des Anlagekapitals für ein Gleiskilometer seit 10 Jahren um 3785 M. vermindert; es sind bei uns also viele Gleisanlagen aus Betriebsfonds hergestellt worden. Offenbar faßt man in Amerika, wie schon erwähnt, den Begriff der aus den laufenden Betriebseinnahmen zu bestreitenden Bauaufwendungen enger als bei uns; man erhöht dort das Anlagekapital mehr als bei uns, was auf die Dauer ungünstig auf das Zinserträgnis einwirken muß.

Wie die letzte Spalte der vorstehenden beiden Tafeln zeigt, ist die Verzinsung der amerikanischen Eisenbahnschuld vorerst im Durchschnitt noch recht mäßig. Das ist um so verwunderlicher, als bekanntlich das Anlagekapital der

---

*) Wie diese aus der Statistik der *Interstate Commerce Commission* entnommenen Werte für die Meile Bahn ermittelt worden sind, ist nicht erkennbar. Bei Zugrundelegung der dem öffentlichen Verkehr dienenden Bahnlänge ergibt sich beispielsweise für das Jahr 1902/3 nur ein Anlagekapital von 60 814 Dollars für die Meile = 157 232 M. für das Kilometer.

Eisenbahnen in den Vereinigten Staaten im Hinblick auf die ihnen staatlicherseits gemachten Zuwendungen an Kapital und vor allem an Landschenkungen (vgl. S. 231), außerordentlich gering ist. Nur 163 365 M.*) kommen bei ihnen auf ein Kilometer Bahn, während beispielsweise das durchschnittliche Anlagekapital der preußisch-hessischen Eisenbahnen 261 510 M., also 60,8 % mehr beträgt. Vielleicht wäre das Anlagekapital der amerikanischen Eisenbahnen noch um erhebliche Summen geringer, wenn es nicht in früheren Jahren bei einer Anzahl von Bahnverwaltungen durch allerlei Machenschaften künstlich erhöht worden wäre.

Die Ziffern in den mitgeteilten Tafeln sind natürlich nur Durchschnitte. Betrachtet man die Ergebnisse der einzelnen Eisenbahnen, so zeigt sich noch manche Lücke, deren Ausfüllung energischer und redlicher Hände bedarf. Ist doch auch noch im Jahre 1902/3 auf 43,94 % des in amerikanischen Eisenbahnen angelegten Aktienkapitals, d. h. auf 2 704 821 000 Dollars weder Dividende noch Zins gezahlt. Das sind im Vergleich zu unseren Verhältnissen seltsame Zustände; sie erscheinen aber erträglicher und lassen die Hoffnung auf wesentliche Verbesserung begründet erscheinen, wenn man bedenkt, daß in früheren Jahren der unverzinst gebliebene Teil des Anlagekapitals noch sehr viel größer gewesen ist. Es sind nämlich Dividenden nicht gezahlt worden

im Jahre	1894/5	auf	70,06 %	des Anlagekapitals	
„	„ 1895/6	„	70,17 %	„	„
„	„ 1896/7	„	70,10 %	„	„
„	„ 1897/8	„	66,26 %	„	„
„	„ 1898/9	„	59,39 %	„	„
„	„ 1899/1900	„	54,34 %	„	„
„	„ 1900/1	„	48,73 %	„	„
„	„ 1901/2	„	44,60 %	„	„
„	„ 1902/3	„	43,94 %	„	„

Die Eisenbahnverwaltungen ohne Dividendenzahlung sind nicht etwa nur solche des fernen Westens, sie verteilen sich vielmehr über das ganze Land; auch die verkehrsreichsten Staaten des Ostens sind dabei beteiligt.

*) Vgl. auch S. 231 und Anmerkung S. 320.

Die Höhe der Dividenden, die von den übrigen Eisenbahnverwaltungen gezahlt wurden, war natürlich sehr verschieden; im Jahre 1902/3 sind auf 1,46 % des Anlagekapitals 1 bis 2, auf 1,0 % = 2 bis 3, auf 4,13 % = 3 bis 4, auf 13,51 % = 4 bis 5, auf 10,34 % = 5 bis 6, auf 11,39 % = 6 bis 7, auf 9,10 % = 7 bis 8, auf 3,10 % = 8 bis 9 und auf 2,03 % = 9 und mehr Prozent Dividende gezahlt. Die Pennsylvania-Eisenbahngesellschaft hat in den Jahren 1900 und 1901 je 5 % und seitdem regelmäßig eine Dividende von 6 % des Aktienkapitals gezahlt.

Selbstverständlich darf man die Nichtzahlung von Dividenden oder die Zahlung einer unzureichenden Dividende nicht ohne weiteres als einen die zeitige oder die unmittelbar vorhergegangene Geschäftsgebarung der Verwaltungen belastenden Umstand ansehen. Vielleicht handelt es sich bei dem einen oder anderen Unternehmen nur darum, die Fehler früherer Jahre gut zu machen, indem man den jetzt tatsächlichen Überschuß auf notwendige Verbesserungen in den Bahnanlagen verwendet, denen man nicht länger aus dem Wege gehen kann. Bei einzelnen Eisenbahnen ist dies aus den Jahresberichten nachweisbar; daß dies Verfahren andererseits den gegenwärtigen Aktienbesitzern nicht besonders genehm ist, versteht sich von selbst.

Es wird anzunehmen sein, daß von den Eisenbahnen der oben bezeichneten Gruppe II Unterlassungen früherer Jahre in größerem Umfange nicht mehr auszugleichen sind; wenigstens sollte es so sein. Vergleicht man die Finanzerfolge dieser Eisenbahngruppe mit den Ergebnissen der preußisch-hessischen Eisenbahngemeinschaft, so zeigt sich, daß die Verzinsung des Anlagekapitals

	bei den amerikanischen Eisenbahnen des Ostens (Gruppe II)	bei den preußisch-hessischen Eisenbahnen
im Jahre 1892/3	4,54 %	5,15 %
„ „ 1893/4	4,21 %	5,68 %
„ „ 1894/5	4,08 %	5,66 %
„ „ 1895/6	3,92 %	6,75 %
„ „ 1896/7	4,07 %	7,15 %

	bei den amerikanischen Eisenbahnen des Ostens (Gruppe II)	bei den preußisch-hessischen Eisenbahnen
im Jahre 1897/8	3,77 %	7,14 %
„ „ 1898/9	3,79 %	7,07 %
„ „ 1899/1900	3,88 %	7,28 %
„ „ 1900/1	4,00 %	7,14 %
„ „ 1901/2	4,24 %	6,41 %
„ „ 1902/3	4,10 %	6,54 %

betragen hat.

Reserve- und Erneuerungsfonds werden, wie schon erwähnt ist, von den amerikanischen Privateisenbahnen ebensowenig angesammelt wie von den preußisch-hessischen Staatsbahnen; dagegen scheint bei der Mehrzahl der amerikanischen Eisenbahnverwaltungen die Übung zu bestehen, einen gewissen Betrag des Überschusses *(Surplus)* zu allgemeinen Zwecken — vielleicht auch als Dividendenausgleichsfond — anzusammeln. Der so gebildete Überschußfond betrug Ende Juni:

1892/3	8 116 745	Dollars	1898/9	53 064 877	Dollars
1893/4	45 851 294	„	1899/1900	87 657 933	„
1894/5	29 845 241	„	1900/1	84 764 782	„
1895/6	1 514 169	„	1901/2	94 855 088	„
1896/7	—	„	1902/3	99 227 469	„
1897/8	44 078 557	„			

Im Jahre 1896/7 ergab sich für alle Eisenbahnverwaltungen zusammen ein Minderbestand von 6 120 483 Dollars. Die Steigerung vom Jahre 1901/2 zu 1902/3 betrug 4 372 381 Dollars. Wird dieser Überschuß den in der obigen Gegenüberstellung bei den amerikanischen Eisenbahnen berücksichtigten Dividenden und Zinsen hinzugerechnet, so erhöht sich der Prozentsatz zugunsten dieser Eisenbahnen um ein geringes; auch dann bleibt der Überschuß noch beträchtlich hinter dem der preußisch-hessischen Eisenbahngemeinschaft zurück. Man kann anführen, daß dem Vergleiche zwischen den Eisenbahnen in den Vereinigten Staaten und denen der preußisch-hessischen Eisenbahngemeinschaft kein großer Wert beizumessen sei, weil unter den amerikanischen Eisenbahnen sich gute und schlechte befinden. Darauf wäre zu erwidern, daß auch die preußisch-hessische Eisenbahngemeinschaft sich aus sehr rentablen und unrentablen Linien zusammensetzt. Im übrigen bleiben, wie dargetan, auch die Finanzergebnisse der Eisenbahnen in den östlichen Teilen der Vereinigten Staaten (Gruppe II), die ganz gewiß verhältnismäßig nicht mehr verkehrsarme Linien umfassen als die preußisch-hessische Eisenbahngemeinschaft, bei dem kilometrischen Vergleich hinter den Finanzergebnissen dieser Gemeinschaft nicht unerheblich zurück.

Elfter Abschnitt.

Die staatliche Aufsicht über die Eisenbahnen.

Die einzelstaatliche Eisenbahnaufsicht. — Die *Interstate Commerce Commission* in Washington.

Die einzelstaatliche Eisenbahnaufsicht.

Während die Kulturstaaten Europas alsbald nach dem Bau der ersten mit Dampfmaschinen betriebenen Eisenbahnen sich anschickten, durch ihre Gesetzgebung ganz allgemein Rechte und Pflichten der Gesellschaften dem Staate und dem Publikum gegenüber zu regeln, nahm die Entwicklung in Amerika, abgesehen von einigen westlichen Staaten, einen anderen Weg.

Man stattete hier die Eisenbahngesellschaften bei ihrer Gründung mit einem Freibrief *(Charter)* aus, dessen Inhalt ganz von der Entschließung der staatlichen Machthaber abhängig war. Der einen wurden mehr Rechte und weniger Pflichten zugemessen, der anderen ein Freibrief umgekehrten Inhalts verliehen, und da wiederum die Verleihung Sache jedes Einzelstaates war, so kann man sich denken, wie buntscheckig die Bedingungen waren, unter denen die einzelnen Gesellschaften ins Leben traten.

Das, was bei allen zu finden war, bezog sich meist nur auf die allgemeinen Organisationsverhältnisse der Gesellschaft und auf ihre Unterordnung unter bestimmte Organe des Staates. Daneben ergingen wohl noch Bestimmungen, die die Aktiengesellschaft als Erwerbsgesellschaft betreffen; aber gerade in den Punkten, in denen die durch die Eigenschaft der Eisenbahn als öffentliche Verkehrsanstalt bedingte öffentlich rechtliche Stellung der Gesellschaften zum Ausdruck kam, war von einer Einheitlichkeit oder auch nur Ähnlichkeit nicht im entferntesten die Rede. Einzelne Freibriefe enthielten bestimmte Vorschriften über die Tarife, ihre Höhe und Öffentlichkeit, sowie das Verbot der Bevorzugung Einzelner; andere enthielten weniger bestimmte und wieder andere überhaupt keine Vorschriften hierüber. Ebenso verschieden waren die Pflichten, die den einzelnen Gesellschaften im Interesse des Staates auferlegt wurden, und endlich die Vergünstigungen, die ihnen z. B. in der finanziellen Beteiligung des Staates an der Gesellschaft und bei der Besteuerung zuteil wurden.

Die aus dem Mangel einer einheitlichen Behandlung sich ergebende Möglichkeit, durch Beeinflussung der staatlichen Organe besondere Vorteile für eine einzelne Gesellschaft herauszuschlagen, war für die Gründer ein Anreiz, Gesellschaften ins Leben zu rufen. Das große Publikum wurde zur Geldzeichnung für diese vielen Gründungen durch die auch heute noch in den Vereinigten Staaten weitverbreitete Anschauung verleitet, daß der freie Wettbewerb auf dem Gebiete des Eisenbahnwesens wie auch sonst im wirtschaftlichen Leben des Volkes die Bemessung der Preise vorteilhaft beeinflusse. M. a. W., alle in Betracht kommenden Faktoren regten zum Eisenbahnbau an. Die amerikanischen Anschauungen von dem verhältnismäßig geringen Umfang der staatlichen Aufgaben im allgemeinen taten das übrige, einen Zustand herbeizuführen, der erkennen ließ, daß der Staat nicht Herr dieser ganzen Bewegung war.

Wenn man die amerikanischen Verhältnisse und die schnelle Entwicklung des Landes in Betracht zieht, so kann es nicht wundernehmen, daß die Eisenbahnen bei der fast schrankenlosen Ausnutzung ihrer Rechte und der vielfachen Umgehung oder Vernachlässigung ihrer Pflichten mit dem Staat und mit dem Publikum in schwere Konflikte geraten mußten.

Man versuchte zuerst, durch einschränkende Zusätze zu den Freibriefen den sich immer mehr ausbreitenden Mißständen, besonders auf dem Gebiete des Tarifwesens, besser gesagt, des Tarifunwesens, einigermaßen zu steuern. Indes hat man damit nicht viel Erfolg gehabt, insbesondere erwies sich die zur Beaufsichtigung der Eisenbahnen geschaffene Einrichtung der staatlichen Kommissare *(Commissioners)* als ziemlich wertlos, denn ihnen fehlte die nötige Befugnis wirksam durchzugreifen, und dann waren die Eisenbahnen vielfach schon zu einer Macht emporgewachsen, mit der der Staat rechnen mußte. Auch spielten persönliche Verhältnisse, wie überall in Amerika, eine mit der Verfolgung des Gemeinwohls nicht immer vereinbare Rolle.

Nicht viel besser waren die Erfolge der wenigen Einzelstaaten, welche von vornherein nicht Freibriefe erteilt, sondern allgemeine Gesetze erlassen hatten. Das lag aber lediglich daran, daß diese Gesetze, weit entfernt, das Grundübel — den wilden Wettbewerb der Bahnen untereinander — zu treffen, es noch dadurch vergrößerten, daß sie ganz allgemein jedes Zusammengehen von Wettbewerbslinien verboten. Die spätere Gesetzgebung der Einzelstaaten hat zwar diesen Standpunkt vielfach verlassen, indem sie entweder die *Pools* oder die Konsolidationen (das Aufkaufen oder Pachten der Wettbewerbslinien) oder auch beides freigab, aber gerade diese Verschiedenheit in der einzelstaatlichen Gesetzgebung hatte zur Folge, daß für eine und dieselbe Verwaltung je nach ihrer Ausdehnung über mehrere Einzelstaaten oftmals Gesetze von entgegengesetztem Inhalt in Kraft waren, sodaß die Sache nur verschlimmert wurde und Zustände eintraten, die auf alles andere als auf eine staatliche Ordnung schließen ließen.

Nur in den westlichen Staaten, die in bezug auf die Stellung der Eisenbahnen unter das Gesetz einen Weg eingeschlagen haben, den auch wir gegangen sind, hat die Beaufsichtigung der Eisenbahnen von vornherein gedeihlich wirken können. Diese Staaten haben von Anfang an besondere Organe *(Commissions)* ins Leben gerufen, die nach ihrer Zusammensetzung eine gewisse Gewähr für die Durchführung der Gesetze boten. Auch zeigte sich bald das Bestreben, die Aufsicht sachlich mehr und mehr auszudehnen, namentlich auf das Gebiet der Bahnunterhaltung. Auch in bezug auf den Bau neuer Eisenbahnen versuchte man einschränkend zu wirken, indem man den Nachweis forderte, daß eine bestimmte Summe für die Meile gezeichnet und wenigstens ein Teil davon wirklich aufgebracht sei. Ja man war bestrebt, das öffentliche Rechtsgefühl zu heben, indem man z. B. in Kalifornien die Gewährung von freier Fahrt oder ermäßigten Fahrpreisen an die Parlamentsmitglieder und öffentlichen Beamten verbot, welchem Beispiele nach und nach auch andere Staaten folgten.*)

Während ein Teil der Staaten, darunter gerade die meistbevölkerten und wirtschaftlich entwickeltsten, den staatlichen Kommissionen nur beratende Befugnisse zuerkannten, hielten andere eine streng beaufsichtigende und mit Strafgewalt ausgerüstete Kommission für das allein richtige. Die einen ließen den Eisenbahnen nach wie vor freie Hand in der Feststellung der Tarife, die anderen gaben den Kommissionen die Macht, Höchsttarife vorzuschreiben. Gerade in bezug auf den letzten Punkt suchten die Eisenbahnen sich möglichst unabhängig zu stellen. Vor allem waren sie bestrebt, ihre Lokaltarife möglichst hoch zu halten, um sich für das durch den ungesunden Wettbewerb bedingte ständige Heruntergehen der Durchgangstarife zu entschädigen. Zu einem Konflikt mußte es kommen, als im Jahre 1886 durch das Gericht entschieden wurde, daß die Gesetzgebung der Einzelstaaten nicht berechtigt sei, den zwischenstaatlichen Beziehungen von Handel und Verkehr Schranken aufzuerlegen. Hier war die einzelstaatliche Gesetzgebung am Ende ihrer Wirksamkeit angelangt und der Bund mußte eingreifen. Wie und mit welchem Erfolge, lehrt die bisherige Geschichte der *Interstate Commerce Commission*, die ohne Verschulden dieser Behörde leider nur wenig erfreuliche Seiten aufzuweisen hat.

Die einzelstaatliche Gesetzgebung ging daneben ihren Weg weiter, und es ist nicht zu verkennen, daß seit einiger Zeit das Bestreben, die staatliche Aufsicht zu verschärfen, sichtlich im Wachsen begriffen ist. Fast sämtliche Staaten haben entweder durch ihre Verfassung oder durch allgemeine Gesetze verboten, daß Eisenbahnen auch fürderhin durch Freibriefe *(Charters)* geschaffen oder mit solchen ausgestattet werden. Eine weitere Anzahl Staaten hat sich dem Vorgang Kaliforniens angeschlossen, wonach für die *Incorporation* einer Eisenbahn u. a. die Zeichnung und Einzahlung eines be-

*) Vgl. hierzu Clark „*State Railroad Commissions*“ (Baltimore 1891), sowie Meyer „*Railway Legislation in the United States*“ (New York 1903) und die Besprechung dieser Werke durch Dr. A. v. d. Leyen im „Archiv für Eisenbahnwesen“ Jahrgänge 1894, S. 1199 ff. und 1903, S. 1369 ff.

stimmten Kapitals gefordert und gleichzeitig die Geldanlage auf eine bestimmte Summe für die Meile beschränkt wird. Bisweilen wird die Dauer der „Inkorporation", die ein Mittelding zwischen der staatlichen Zulassung und unserer Anmeldung zum Handelsregister ist, auch auf einen bestimmten Zeitraum begrenzt.

Einzelne Staaten geben bestimmte Vorschriften für die Betriebsführung und den Verkehrsdienst, eine ganze Anzahl stellt den Privathandel mit Eisenbahnfahrkarten unter Strafe, wieder andere erlauben die Verbindung zusammenhängender, nicht im Wettbewerb stehender Eisenbahnen, andere verbieten diese und vor allem eine solche von Wettbewerbsbahnen. Die meisten Staaten verbieten die Tarifungleichheiten sowie jegliche Bevorzugung Einzelner und schreiben die Öffentlichkeit der Tarife, deren Revision im übrigen vorbehalten wird, nicht nur für den Lokalverkehr, sondern auch für den Durchgangsverkehr vor, immer natürlich in der Beschränkung auf das eigene Staatsgebiet. Das sind die sog. „*Strong Commissions*", während diejenigen, die nicht die Aufsicht über die Tarife führen, die „*Weak Commissions*" genannt werden. Ob jene den Namen „Starke Kommission" verdienen, und ob in Wirklichkeit der Unterschied zwischen ihnen und den „schwachen" erheblich ist, erscheint recht zweifelhaft. Soviel aber steht fest, daß die Beaufsichtigung der Eisenbahnen in Amerika durch die einzelstaatliche Gesetzgebung niemals eine durchgreifende wird sein können. Dies liegt nicht allein an der mangelnden Machtbefugnis der Einzelstaaten gegenüber den mehrere Staaten durchziehenden Eisenbahnen und der hierdurch bedingten Verschiedenheit in der Gesetzgebung, sondern in der in Amerika zur Zeit noch allgemein bestehenden Auffassung von den Aufgaben und dem Charakter der Eisenbahnen auf der einen und denen des Staates auf der anderen Seite, wie dies auch im dritten Abschnitt bei der Frage wegen der Verstaatlichung der Eisenbahnen hervorgehoben wurde.

Die *Interstate Commerce Commission* in Washington.

Das Bundesgesetz vom 4. Februar 1887, betreffend die Regelung des Verkehrs, enthält u. a. auch die Bestimmung über die Schaffung einer Art Aufsichtsamt, der

„*Interstate Commerce Commission*". Nach dem Gesetze, das sich nur auf den zwischen den Bundesstaaten bewegenden Verkehr, nicht aber auf den Verkehr innerhalb der Bundesstaaten bezieht, hat die *Interstate Commerce Commission* die Befugnis, in die Geschäftsführung aller diesem Gesetze unterworfenen Eisenbahnen Einsicht zu nehmen und sich über die Art und Weise ihres Betriebes in allen Einzelheiten soweit zu unterrichten, als dies zur Ausübung des Aufsichtsrechts erforderlich ist. Andererseits hat das Amt auch das Recht, Beschwerden des Publikums über die Eisenbahnen entgegen zu nehmen, zu prüfen und abzustellen, sowie aus eigener Entschließung auf die Abstellung von Mißständen hinzuwirken. Zu diesem Zwecke haben die Eisenbahnen alljährlich dem Amt über ihre gesamten finanziellen und Verkehrsverhältnisse Bericht zu erstatten, ihm alle ihre Tarife und die mit anderen Bahnen abgeschlossenen Verträge einzureichen. Das Amt trifft auf Grund dieser Unterlagen seine Entscheidungen. Weigert sich eine Eisenbahn, der Entscheidung nachzukommen, so wird die Angelegenheit vor den ordentlichen Gerichten weiterverfolgt. Diese haben die Befugnis, die Angelegenheit von neuem zu untersuchen; sie sind hierbei weder an die tatsächlichen Feststellungen noch an die Rechtsausführungen der *Interstate Commerce Commission* gebunden.

Durch eine Gesetzesnovelle vom 2. März 1889 wurden einzelne Bestimmungen des Gesetzes vom Jahre 1887, insbesondere solche über die Veröffentlichung und die Gestaltung der Tarife usw. geändert.

Diese Organisation ist an und für sich schon nicht dazu angetan, die Macht und das Ansehen der *Interstate Commerce Commission* zu stärken, da, wie die Erfahrung lehrt, die Eisenbahnen nur zu sehr geneigt sind, gegen ihnen unbequeme Verfügungen dieser Behörde die Entscheidung der ordentlichen Gerichte anzurufen. Die Bedeutung der *Interstate Commerce Commission* ist aber durch zwei Entscheidungen des obersten Bundesgerichts noch weiter herabgesetzt, nämlich einmal durch die Entscheidung, daß sie wohl befugt ist, den vom Kläger angegriffenen Frachtsatz für ungerechtfertigt hoch zu erklären, nicht aber auch den richtigen Frachtsatz festzusetzen, und dann durch die den Eisenbahnen günstige Auslegung der sog. *long and short haul clause*, eines Verbots, auf derselben Eisenbahnlinie in derselben Richtung für eine kürzere Strecke höhere Fracht zu erheben als für eine längere Strecke, wenn für die Bemessung der beiden Frachtsätze im wesentlichen ähnliche Verhältnisse und Bedingungen vorliegen. Die *Interstate Commerce Commission* vertritt die Ansicht, daß zu diesen „Verhältnissen" der Wettbewerb anderer Verkehrswege, wenn er auf der längeren Strecke vorlag, auf der kürzeren jedoch nicht, im allgemeinen nicht gerechnet werden könne. Das oberste Bundesgericht entschied dagegen, daß jeder Wettbewerb nach dem genannten Verbot der Eisenbahn das Recht gebe, für den kürzeren Weg, bei dem der Wettbewerb nicht vorliegt, einen höheren als den für den längeren Weg geltenden Wettbewerbsfrachtsatz zu verlangen.

Infolge derartiger Entscheidungen des obersten Bundesgerichts mußten die auf Einschränkung der Willkürherrschaft der Eisenbahnen abzielenden Gesetze versagen. Es bestehen aber auch noch andere Gründe, denen man den mangelnden Erfolg der zweifellos sehr anerkennenswerten und wertvollen Tätigkeit der *Interstate Commerce Commission* und damit mehr oder weniger den der verschiedenen Gesetze zuschreibt. Wie leider fast überall in den Vereinigten Staaten, so sollen nämlich auch hierbei Personenfragen eine große Rolle spielen. Dazu kommt, daß auch die Rechtsprechung der einzelstaatlichen Gerichtshöfe schon durch die zum Teil jahrelange Verzögerung in den Entscheidungen den geschädigten Verfrachter nicht zu seinem Rechte kommen läßt.

Der Anregung des Präsidenten Roosevelt ist es zu danken, daß, wenn auch nicht auf dem Gebiete der Rechtsprechung, so doch in der Aufsichtsbefugnis der *Interstate Commerce Commission* überhaupt durch das Gesetz vom 19. Februar 1903 (bekannt als der Elkins-Akt) eine Erweiterung geschaffen wurde. Das Amt kann jetzt sowohl gegen eine Eisenbahn, die eine gesetzwidrige Vergünstigung gewährt, als auch gegen Verfrachter, die eine solche empfangen haben, vorgehen und zu diesem Zwecke die letzteren zur Vorlage ihrer Geschäftsbücher usw. anhalten und die Angelegenheit auch zur strafrechtlichen Behandlung den Gerichten überweisen. Eine Exekutivgewalt ist dieser Behörde aber auch hierdurch nicht zugewiesen.

Einen Schritt vorwärts auf dem Wege zu einer solchen würde es bedeuten, wenn eine vom Präsidenten Roosevelt gegebene neue Anregung den gleichen Erfolg hätte wie seine vorerwähnte. Hiernach soll der *Interstate Commerce Commission*, die, wie erwähnt, nach der dem Gesetz gegebenen Auslegung nur das Recht hat, auf Beschwerde hin einen einzelnen Frachtsatz für „*unjust*" und „*unreasonable*" zu erklären, die weitergehende Befugnis verliehen werden, in ihrer Entscheidung gleichzeitig festzustellen, welcher Frachtsatz „*just*" und „*reasonable*" ist. Dieser Frachtsatz soll dann sofort in Geltung treten und solange in Kraft bleiben, bis er durch eine gegen die Feststellung der Kommission angerufene gerichtliche Entscheidung aufgehoben wird. Ein auf diesem Gedanken beruhender Gesetzentwurf wurde im vorigen Jahre im Repräsentantenhause eingebracht und von ihm genehmigt. Der Entwurf liegt z. Z. dem Senat vor, der zunächst eine eingehende Untersuchung der Eisenbahntariffrage durch eine hierfür besonders eingesetzte Kommission für notwendig erachtete. Diese Kommission hatte ihre Arbeiten im Mai 1905 beendet; das Ergebnis ihrer Erhebungen ist in fünf stattlichen Bänden der Öffentlichkeit übergeben worden.

In seiner Botschaft vom 5. Dezember 1905 ist Präsident Roosevelt auf die Angelegenheit nachdrücklich zurückgekommen; es steht zu erwarten, daß der Gesetzentwurf den Kongreß nunmehr von neuem beschäftigen wird.

Aus privaten Kreisen ist dem Roosevelt'schen Gedanken ein anderer gegenübergestellt worden, der, wenn auch in anderer Weise, dem Übelstand abzuhelfen versucht. Richter Groscoup, der Urheber dieses Vorschlages, für den in etwas reklamehafter Weise Stimmung gemacht wird, will ein „*Transportation Department of the Government*" geschaffen wissen, mit einem Präsidenten an der Spitze, der mit frischem Wagemute bereit ist, zugunsten der Verfrachter — namentlich der kleineren — die schädigenden Machenschaften der Gesellschaften aufzudecken und zu verfolgen. Ihm soll eine Anzahl Gehilfen, wenn möglich aus den Reihen der Eisenbahnfachleute, beigegeben werden, die auch ohne förmlichen Antrag, wenn nötig vielmehr aus eigenem Antriebe, den Klagen wegen ungerechter Behandlung und der Bevorzugung Anderer durch die Eisenbahnen auf allen Gebieten und überhaupt den „*unfair practices*" (Schlichen) der Eisenbahnverwaltungen nachgehen sollen, um womöglich in formloser Aussprache der Parteien eine Einigung herbeizuführen. Nur wenn eine solche nicht gelingt, soll die Entscheidung eines an die Stelle der *Interstate Commerce Commission*, als Eisenbahnaufsichtsbehörde, tretenden „*Special Court of Transportation*" (Verkehrsgerichtshof) angerufen werden. Dieser soll seinen Hauptsitz in Washington erhalten. Seine Mitglieder, die in ihrer Gesamtheit ihre Aufgaben als ausschließlichen Lebensberuf wahrnehmen, sollen aber zum Teil als „kommissarische Richter" auf das ganze Land verteilt werden, um möglichst schnell die ihnen unterbreiteten Klagen entscheiden zu können, wobei das *Department of Transportation* gewissermaßen als öffentlicher Kläger erscheint. Gegen die Entscheidung soll nur die Berufung an den höchsten Gerichtshof der Vereinigten Staaten zulässig sein.

Es ist nicht zu verkennen, daß dieser Vorschlag vor dem jetzt zur Beratung stehenden Gesetzentwurf wegen Erweiterung der Machtbefugnisse der *Interstate Commerce Commission* manchen Vorzug hat. Er vermeidet in glücklicher Weise die sofortige Anrufung der richterlichen Instanz, legt vielmehr den Schwerpunkt auf die administrative Seite, mit Recht davon ausgehend, daß die Festsetzung der Eisenbahntarife usw. keine richterliche, sondern mehr eine Verwaltungs- oder gesetzgeberische Aufgabe sei, die schon deshalb die Zuweisung an die vorgeschlagene höchste Verwaltungsbehörde *(Transportation Department)* bedinge.

Ob der Groscoup'sche Vorschlag Aussicht hat, wenn auch mit Abänderungen im einzelnen, Gesetz zu werden, können wir nicht beurteilen; uns will aber scheinen, daß alle diese Versuche nicht die beklagten Übelstände beseitigen werden.

Es ist das zum Teil auf dieselben Gründe zurückzuführen, aus denen auch die einzelstaatliche Aufsicht da, wo es darauf ankam, versagt hat und weiter versagen wird.

Die *Interstate Commerce Commission* kann schon deshalb nicht durchgreifend wirken und würde es selbst mit größerer Machtbefugnis im Sinne der schwebenden Gesetzesvorlage auch nicht können, weil eine Aufsichtsbehörde, die sie nach ihrer ganzen Einrichtung stets bleiben wird, gar nicht in der Lage ist, dem Gebaren solcher großen Geschäftsbildungen, wie sie die amerikanischen Eisenbahnverwaltungen sind, zu folgen, zumal diese Gebilde, wie alle Eisenbahnen, ein mehr oder weniger monopolartiges Gepräge tragen. Wir brauchen nicht weit zu gehen, um dies zu beweisen. Auch die Verwaltung unserer früheren Privatbahnen war, ohne daß die mit viel größeren Machtbefugnissen ausgestatteten Staatskommissariate Wandel schaffen konnten, nicht frei von Schattenseiten. Ganz verschwunden sind diese Übelstände erst, als der Staat die Verwaltung der Bahnen für eigene Rechnung übernahm.

Wie werden sich die Dinge in den Vereinigten Staaten weiter entwickeln? Daß nach der Ansicht weiter Kreise auch ohne Rücksicht auf Möglichkeiten der Zukunft bald etwas geschehen muß, wird von keiner Seite mehr bestritten, ebensowenig, daß Präsident Roosevelt der Mann ist, eine derartige Frage in Fluß zu bringen. Aber an einen Abschluß auch nur der ein späteres Vorgehen vorbereitenden Schritte ist zur Zeit noch nicht zu denken; darüber können, wie uns eine dem Weißen Hause nahestehende Person versicherte, noch Menschenalter vergehen.*)

Vor der Hand würde es für die amerikanischen Verhältnisse im allgemeinen schon ein großer Vorteil, für die Eisenbahnen aber ein greifbarer Ansatz zu einer dauernden Gesundung sein, wenn es gelänge, die staatliche Gewalt in der einen oder anderen Art auf diesem Gebiete wirksam in die Erscheinung treten zu lassen.

Zum Schluß noch einige Worte über die Zusammen-

---

*) Vgl. auch im dritten Abschnitt „Verstaatlichung?“ (S. 92 ff.).

setzung der *Interstate Commerce Commission* und ihre geschäftliche Tätigkeit auch auf anderen Gebieten.

Das Amt besteht aus fünf Mitgliedern *(Commissioners)*, die vom Präsidenten der Vereinigten Staaten unter dem Beirat und der Bestätigung des Senats auf die Dauer von 6 Jahren ernannt werden. Eins dieser Mitglieder führt den Vorsitz als „*Chairman*", zur Zeit *Hon.* Martin A. Knapp von New York. Die Tätigkeit dieser Mitglieder ist eine ausschließlich rechtsprechende. Die Führung der Geschäfte außerhalb der Sitzungen, insbesondere die Leitung der dem Amte zugewiesenen weiteren Verwaltungstätigkeit, liegt in den Händen des Sekretärs, seit Einsetzung der Behörde Mr. Edward A. Moseley. Er hat sich besonders in bezug auf die Einführung von Sicherheitsmaßregeln im Eisenbahnbetrieb sehr verdient gemacht. Eine ganze Reihe von Diplomen und Ehrenbezeugungen, die an den Wänden seines Arbeitszimmers angebracht sind, beweisen die Anerkennung, die er namentlich auch bei dem Eisenbahnpersonal gefunden hat. Ihm wird das Verdienst zugeschrieben, die Hauptanregung zur Einführung der selbsttätigen Kupplung bei den Eisenbahnfahrzeugen gegeben zu haben. Er führt die Beaufsichtigung der Eisenbahnverwaltungen in bezug auf Einführung und Unterhaltung der notwendigen Sicherheitseinrichtungen gemäß dem Gesetz vom 2. März 1893 *(Act to promote the safety)*. Für diesen Dienstbereich *(Safety Appliances)* sind 15 Inspektoren bei der *Interstate Commerce Commission* angestellt, welche durch Umherreisen festzustellen haben, ob dem Gesetze überall Genüge geschieht. Auffallenderweise scheinen diese Beamten bei den übrigen Beamten der Behörde in keinem guten Ansehen zu stehen. Man sagte uns, sie seien in der Wahl ihrer Mittel, die Sachlage aufzudecken, nicht vornehm. Das aber ist anzuerkennen, daß sie vielfach den im Dienste verunglückten Beamten und Arbeitern zu ihrem Rechte gegen die Verwaltungen verhelfen.

Außer den fünf Kommissaren und dem *Secretary*, die zusammen ein Gehalt von etwa 170000 M. erhalten, sind noch 12 höhere Beamte mit Gehältern von 7000 bis 15000 M., sowie 89 *Clerks* (Bureaubeamte) mit Gehältern von 4000 bis 7000 M. und 18 Arbeiter beschäftigt. Das Gehalt der Inspektoren für die *Safety Appliances* ist verschieden, zwischen 5000 und 7000 M. Außerdem erhalten sie durchschnittlich etwas über 4200 M. Reisekosten.

Bekannt sind die ausgezeichneten Arbeiten, welche die statistische Abteilung (32 Mann stark) der *Interstate Commerce Commission* herausgibt. Die Leistungen auf diesem Gebiete können gar nicht hoch genug angeschlagen werden, besonders wenn man berücksichtigt, mit welchen Schwierigkeiten diese Behörde gegenüber den aus den verschiedensten Gründen mit der Wahrheit zurückhaltenden Eisenbahnverwaltungen zu kämpfen hat. Zur Erleichterung für beide Teile hat sie ein Muster für die Statistik aufgestellt, welches in jedem Jahre neu herausgegeben wird und jeder Eisenbahn in der erforderlichen Zahl zur Ausfüllung zugeht. Es stellt gleichzeitig das Gerippe des Jahresberichts *(Annual report)* dar, den jede Verwaltung der Kommission zu erstatten hat. (Dieser Jahresbericht ist nicht zu verwechseln mit dem von den Eisenbahnen den Aktionären vorzulegenden Berichte.)

Sehr umfangreich sind auch die Arbeiten, welche die Eisenbahn-Tarifabteilung infolge der Verpflichtung der Eisenbahnen, von allen Tarifänderungen der Kommission ungesäumt Mitteilung zu machen, zu erledigen hat. Eine bestimmte Form für die Veröffentlichung durch die Verwaltungen besteht nicht, es ist nur gesagt, daß Tariferhöhungen 10 Tage, Tarifermäßigungen 3 Tage vor dem Inkrafttreten veröffentlicht werden sollen. Vielfach beschränkt man sich darauf, die Tarifänderungen auf den Stationen durch Anschlag bekanntzumachen.

Daraus ergibt sich, daß die Aufsicht der *Interstate Commerce Commission* sehr schwer zu führen ist. Häufig wird erst aus einer späteren Änderung des Tarifs, die der Kommission angezeigt wird, bekannt, daß eine andere vorhergegangen ist. Im allgemeinen sieht man denjenigen Eisenbahnverwaltungen, denen man keinen bösen Willen zutraut, mancherlei Unregelmäßigkeiten nach, so besonders in bezug auf die Verpflichtung, vor der Einführung eines Tarifs Anzeige zu erstatten. Freilich mögen hierbei auch die recht beschränkten Befugnisse der Behörde von Einfluß sein.

Bei unserer Anwesenheit wurde festgestellt, daß zur Zeit etwa sechs Millionen Einzelstücke in Tarifangelegenheiten registraturmässig behandelt vorliegen. Seit ihrer Einsetzung (1887) hat die Kommission 1194 förmliche Entscheidungen auf vorhergegangene Untersuchungen und mündliche Verhandlungen getroffen. Neun stattliche Bände geben Zeugnis von der vorzüglichen Sachkunde und der formvollendeten Schreibweise der *Commissioners*. Ein ausgezeichnetes Register erleichtert die Auffindung bestimmter Entscheidungen. Im Jahre 1903 fanden 81 mündliche Verhandlungen vor der Kommission statt, in der gleichen Zeit wurden im ganzen 450 formelle Beschwerden erledigt.

Die Kommission erstattet dem Senat und dem Repräsentantenhaus jährlich einen eingehenden Bericht über ihre Tätigkeit unter besonderer Berücksichtigung der das Eisenbahnwesen betreffenden, z. Z. die Gemüter beschäftigenden Fragen. Sie gibt dabei meist unumwunden, aber in durchaus sachlicher Form und ohne jede persönliche Spitze an, wodurch eine bessere Wirkung der bisher ergangenen Eisenbahngesetze verhindert wurde.

Zwölfter Abschnitt.

Rückblicke und allgemeine Schlußbetrachtungen.

Rückblicke: Aufgaben und Leistungen der amerikanischen Eisenbahnen. Betriebseinrichtungen und bauliche Anlagen. Finanzielle Entwicklung und Lage. Volkswirtschaftliche Stellung. — Allgemeine Schlußbetrachtungen.

Rückblicke.

Aufgaben u. Leistungen der amerikanischen Eisenbahnen.

In Laienkreisen begegnet man oft der Auffassung, als ob die amerikanischen Eisenbahnen sich durch etwas ganz Besonderes, durch riesenhafte Bauwerke, überwältigenden Verkehr, glänzend ausgestattete Wagen, unglaublich große Reisegeschwindigkeit, kurz durch unerreichbare Leistungen aller Art auf den verschiedensten Gebieten des Eisenbahnwesens hervortuen, die uns Verkehrsmänner der Alten Welt beschämen müßten. Und wenn der amerikanische Eisenbahnkollege uns in bereitwilligster Weise die Anlagen und Einrichtungen seiner Eisenbahnen zeigt, scheint er gar oft gleicher Meinung zu sein, schaut wohl mitleidig auf uns herab und erwartet zum mindesten von uns ein zerknirschtes Erstaunen.

Die Ausführungen in den voraufgegangenen Abschnitten dieses Buches werden Zeugnis davon ablegen, daß wir in ernster Weise und ohne Vorurteil bemüht waren, die Verhältnisse der Eisenbahnen der Vereinigten Staaten kennen zu lernen. Bei aller Anerkennung der Anlagen und Leistungen der amerikanischen Eisenbahnen, ihrer großen Verdienste um die Entwicklung des Landes: überraschend Großartiges, Überwältigendes fanden wir nicht; es gab dort, wie es überall in der Kulturwelt für den aufmerksamen und sachverständigen Reisenden zu sehen ist, Besseres und weniger Gutes als bei uns.

Urteile, wie die oben angeführten, beruhen nicht zum wenigsten darauf, daß man sich nicht immer klar über die

Anforderungen ist, die an die Eisenbahnen hüben und drüben gestellt werden. Es mögen darum aus den voraufgegangenen Abschnitten an dieser Stelle noch einmal kurz einige wenige Ziffern mitgeteilt werden, die geeignet sind, einen vergleichenden Überblick über den Umfang des Eisenbahnverkehrs in Amerika und bei uns zu gewähren.

Die Eisenbahnen der Vereinigten Staaten von Amerika haben bei einer Betriebslänge von rund 330000 Kilometern — reichlich der 10fachen Länge der vereinigten preußischen und hessischen Staatseisenbahnen — allerdings einen bedeutenden Verkehr zu bedienen. Im Personenverkehr hatten sie in dem bei den Abhandlungen der vorstehenden Abschnitte berücksichtigten Jahre 694891535 Personen zu befördern, die nicht ganz $33^{2}/_{3}$ Milliarden Personenkilometer zurücklegten. In der preußisch-hessischen Eisenbahngemeinschaft betrug — bei einer Betriebslänge von nur 31764 Kilometer — die Zahl der beförderten Personen 608864990 und die Zahl der Personenkilometer 15 Milliarden. Auch dieser Verkehr war mithin beträchtlich. Der um $^{1}/_{10}$ der Personenzahl und um das 2,25fache der Personenkilometerzahl größere Verkehr brachte den amerikanischen Eisenbahnen eine Einnahme im 4,65fachen Betrage der Einnahmen, welche die preußisch-hessische Eisenbahngemeinschaft im Personenverkehr erzielte.

Größer war der Unterschied der Leistungen im Güterverkehr. Hier hatten die Eisenbahnen der Vereinigten Staaten 579392197 Tonnen mit rund $252^{3}/_{4}$ Milliarden Tonnenkilometern zu leisten, während bei uns 210958990 Tonnen mit rund $24^{2}/_{5}$ Milliarden Tonnenkilometern zu befördern waren. In Amerika war also die Tonnenzahl rund $2^{3}/_{4}$, die Tonnenkilometerzahl rund $10^{1}/_{3}$ mal größer als bei uns. An Einnahmen erzielten die amerikanischen Eisenbahnen das 6,44fache der Einnahmen aus dem Güterverkehr der preußisch-hessischen Eisenbahngemeinschaft.

Die amerikanischen Eisenbahnen hatten hiernach — alles in allem genommen — im Güterverkehr durchschnittlich auf ein Bahnkilometer etwa ebensoviel Gütertonnenkilometer zu leisten als unsere Eisenbahnen, dagegen war der ungleich kostspieligere Personenverkehr dort erheblich schwächer als bei uns. In beiden Verkehren hat Amerika den weiteren großen Vorzug, daß Menschen und Güter auf ungleich größere Entfernungen zu fahren sind als bei uns. Beides Momente, die zur Erleichterung und zur Verbilligung der Betriebsführung wesentlich beizutragen geeignet sind. Vor allen Dingen ist ein Massengüterverkehr, wenn er sich auf lange Linien erstreckt, ungleich leichter durchzuführen, als ein Güterverkehr auf kürzere Entfernung mit Abzweigungen nach allen Himmelsrichtungen. Die Beförderungskosten einschließlich der Aufwendungen für die Abfertigung an der Anfangs- und Endstation stellen sich auf eine Kilometereinheit zurückgeführt um so niedriger, je größer die Entfernung ist.

Man wird bei Beurteilung dieser Ziffern zu dem Ergebnis kommen, daß den amerikanischen Eisenbahnen — im ganzen betrachtet — verhältnismäßig keineswegs größere Aufgaben als unseren Eisenbahnen gestellt sind. Es fragt sich nur, ob es ihnen möglich ist, ihre Aufgaben mit größerer Anpassung an das Verkehrsbedürfnis und betriebssicherer auszuführen, und ob sie für die Betriebsführung geringere Kosten aufwenden als unsere Eisenbahnen.

Was die erste, für die Öffentlichkeit im Vordergrund stehende Forderung anlangt, so wird man nicht behaupten können, daß die Betriebsführung der Eisenbahnen in den Vereinigten Staaten prompter und sicherer sei als bei uns. Im Güterverkehr spielt, ganz abgesehen von der bisher nicht ausgerotteten ungleichmäßigen Behandlung gleichberechtigter Verkehrsinteressen, der Wagenmangel nicht selten eine schlimme Rolle, jedenfalls eine weit größere, als das bei uns zu Lande in Zeiten plötzlicher, unerwartet starker Verkehrsanschwellung der Fall ist. So lange bei den amerikanischen Eisenbahnen die Anschauung vertreten ist, daß sie, wenn ihr Wagenpark den zeitweiligen Anforderungen nicht mehr genügt, „mehr als voll beschäftigt sind", wie man im Fabrikbetriebe zu sagen pflegt, „und deshalb weitere Aufträge nicht mehr ausführen können", ist an eine wesentliche Besserung nicht zu denken. Allbekannt sind ferner drüben die Verspätungen im gesamten Zugverkehr, den Schnellzugpersonenverkehr nicht ausgenommen. Und in bezug auf die Sicherheit stehen die Eisenbahnen der Vereinigten Staaten unseren Eisenbahnen ohne allen Zweifel ganz erheblich nach; die ziffernmäßigen Angaben, die im zweiten Abschnitte (S. 79 ff.) über die Eisenbahnunfälle gemacht sind, ergeben dies zur Genüge.

Es sind das Erscheinungen, die die öffentliche Meinung in hohem Maße zu beunruhigen beginnen, obwohl das Bewußtsein, daß die Sicherheit im Eisenbahndienst in der Hauptsache nur durch die peinlichste Regelmäßigkeit aufrecht erhalten werden kann, bei weitem nicht so in die breiteren Schichten des amerikanischen Volkes eingedrungen ist, wie bei uns. Bekannt ist, daß in wiederholten Botschaften des Präsidenten Roosevelt Maßnahmen zur Abhilfe dieser Mißstände empfohlen werden. Als Gründe für die Zunahme der Unfälle und Unregelmäßigkeiten werden da namentlich die starke Verkehrssteigerung, mit welcher der Ausbau der Bahnanlagen, insbesondere die Herstellung zweiter Gleise nicht Schritt halte, die übermäßige Inanspruchnahme des Eisenbahn-Oberbaues durch das stetig an Gewicht zunehmende rollende Material und endlich die Überanstrengung des Bahnpersonals angegeben.

Inwieweit die hierbei lautgewordenen Klagen über eine Überanstrengung des Bahnpersonals begründet sind, konnte von uns nicht festgestellt werden, zumal feste Grundsätze für die Dienstdauer und Ruhe des Betriebspersonals nicht allgemein eingeführt zu sein scheinen. Jedenfalls machen die Eisenbahnbediensteten im ganzen einen recht guten Eindruck. Vor allen Dingen wurde vielfach ihre Nüchternheit gerühmt, eine Eigenschaft, die gerade bei unzureichenden Bahnanlagen für eine sichere Betriebsführung unerläßlich ist. Ein besonderes Verdienst in bezug auf Mäßigkeit im Genusse alkoholischer Getränke wird den im ganzen Lande verbreiteten Jungen-Männervereinen zugeschrieben, deren Einrichtungen mit den aus unseren Verhältnissen sich ergebenden Änderungen von uns im ersten Abschnitte zur Nachahmung empfohlen sind.

Noch weniger steht uns ein abschließendes Urteil über die weiter hervorgehobenen Ursachen der geringeren Betriebssicherheit und der zunehmenden Unpünktlichkeit des Betriebes zu. Ohne allen Zweifel stehen sie aber mit der schnellen Entwicklung des amerikanischen Eisenbahnwesens im Zusammenhange.

In dem gewaltigen Erdteil, der niemals nennenswerte Straßenverbindungen kannte, haben die Eisenbahnen vom Osten etappenweise die Verbindung mit dem fernsten Westen und den übrigen Himmelsrichtungen hergestellt und damit nicht bloß dem Verkehr die Wege gewiesen, sondern vielfach auch seine Grundlagen geschaffen. Dabei kam ihnen allerdings auf der einen Seite der Umstand zugute, daß der Grund und Boden, soweit er ihnen nicht vom Staate unentgeltlich überwiesen wurde, keine allzu großen Aufwendungen an Geld erforderte, auf der anderen Seite haben Aufsichts- und Sicherheitsbedenken die Durchführung der Pläne wohl selten gehemmt; auch die die Vereinigten Staaten in ihrem ganzen Umfange verbindende Gleichheit der Sprache erleichterte das Verkehrswerk, dem überdies keine Zollschranken im Wege standen. Selbstverständlich ist auch die Einheit der Münze für die Verkehrsdurchführung vorteilhaft.

Unter diesen Verhältnissen ist es den Amerikanern gelungen, in kluger Erkenntnis der grundlegenden Bedeutung des Eisenbahnwesens für die Entwicklung ihres Landes und seiner reichen Hilfsquellen den Eisenbahnbau so zu fördern, daß sie von Anfang an hinter der Alten Welt nicht nur nicht zurückgeblieben, sondern ihr vorausgeeilt sind. Sie können es für sich in Anspruch nehmen, daß sie sich nicht nur aus sich selbst heraus entwickelt haben, sondern daß auch manches Gute von ihnen auf die Alte Welt übertragen worden ist. Vorbilder, wie sie die Alte Welt auf anderen Gebieten des kulturellen, insbesondere auch des wirtschaftlichen Lebens darbot, hatten die Amerikaner auf dem Gebiete des Eisenbahnwesens nicht; die erste amerikanische Eisenbahn, ein Teil der Baltimore and Ohio-Bahn, ist im Jahre 1830 eröffnet, während auf der ersten englischen Eisenbahn der Lokomotivbetrieb am 17. September desselben Jahres eingeführt und fünf Jahre später die erste deutsche Eisenbahn in Betrieb genommen ist.

Der Werdegang, insbesondere die Hast, mit der am Aufbau des amerikanischen Eisenbahnnetzes, vielfach unter den heftigsten Wettbewerbskämpfen feindlicher Gesellschaften, gearbeitet wurde, lassen es begreiflich erscheinen, daß die baulichen und betrieblichen Einrichtungen der Eisenbahnen noch nicht überall die Sorgfalt erkennen lassen, die eine geordnete Betriebsführung erheischt. Vielleicht hat man in der Hast auch etwas zu sehr verallgemeinert, indem man Verhältnisse des hochentwickelten Ostens ohne weiteres auf den weniger entwickelten Westen übertrug.

Betriebseinrichtungen und bauliche Anlagen.

Das Gute ist aber doch dabei erreicht worden, daß trotz, zum Teil vielleicht gerade wegen der durch den Wettbewerb angefachten Kämpfe das äußere Gepräge der Eisenbahnen im ganzen genommen ein einheitlicheres ist als bei uns. In Amerika wird man bei der Bauart der Lokomotiven, Personen- und Güterwagen vergeblich nach größeren Unterschieden suchen. Nicht nur die Gesamtmuster (Typen) sind im allgemeinen dieselben; auch im Äußeren und in kleinen Dingen zeigt sich die Einheitlichkeit. Das hat seine großen Vorteile; abgesehen von der später noch zu erwähnenden Billigkeit der Beschaffung ist es nach unseren Wahrnehmungen gerade die Übereinstimmung der Beförderungsmittel, welche die Bewunderung der Laien, und zwar nicht nur des Amerikaners, sondern auch des in Amerika reisenden Europäers erregt. In der Tat ist es eine großzügige Einrichtung, daß man die weite Reise von dem einen bis zu dem anderen Ozean in Wagen zurücklegen kann, die an der einen wie an der anderen Wasserkante wie ein Haar dem anderen gleich sind.

Hier könnten wir noch lernen; denn wie groß sind in Europa noch die Unterschiede im Verkehre der Länder untereinander, und wie schwer hält es schon, für die großen internationalen Durchgangsstrecken gleiche Betriebsmittel laufen zu lassen! Aber noch weiter: wie zahlreich sind die Verschiedenheiten selbst bei den deutschen Staatseisenbahnen! Vom gesamten Bauentwurf des Fahrzeugs bis zur Anordnung seines kleinsten Bestandteils, ja selbst bis zum Türverschluß des Güterwagens hat jede deutsche Einzelverwaltung ihre „berechtigten“ Eigenheiten. Während der Amerikaner veraltete, ja bereits nicht mehr ganz moderne Einrichtungen als selbstverständlich preisgibt, hält bei uns jedes Land an solchen Eigenheiten, mitunter kleinlich, fest. Im Eisenbahnwesen wird dadurch die Durchführung des Verkehrs und Betriebes erschwert und insbesondere die Anschaffung und Unterhaltung des Fuhrparks erheblich verteuert.

Wenn uns der amerikanische Einheitstyp einen Anstoß gäbe, auf diesem Gebiete einen Schritt vorwärts zu tun und Zöpfe abzuschneiden, könnten wir den amerikanischen Eisenbahnfachgenossen ein Verdienst daran neidlos zugestehen. Freilich kann auch nach unserer Ansicht nicht alles unbesehen übernommen werden; so wird beispielsweise der überseeische, vierachsige Einheitsgüterwagen — *Standard car* — für unsere Verhältnisse in dieser Allgemeinheit wohl kaum in Frage kommen. Dazu sind die Unterschiede im Verkehrswesen zu groß, und es ist auch nicht zweifelhaft, daß der schwere Wagen selbst in Amerika mancherlei Nachteile hat. Aber den Erfolg hat er jedenfalls für uns doch gehabt, daß er uns die allzu geringe Leistungsfähigkeit unserer fünf und wenig mehr Tonnen fassenden Güterwagen ältester Bauart immer wieder vor Augen führte und uns mit veranlaßte, den Zweiachser bis auf das Vierfache seiner ursprünglichen Tragfähigkeit zu bringen, zugleich aber auch für gewisse feste Verkehrsbeziehungen die Einführung des Vierachsers in Erwägung zu ziehen.

Europa wird auch nicht umhin können anzuerkennen, daß Amerika die Wiege unseres Personenwagenvierachsers sowie der Speise- und Schlafwagen ist, wenn sie freilich auch bei uns in Anpassung an unsere Verhältnisse teilweis andere Gestalt angenommen haben. Bekanntlich wird auch die Einführung der drüben durch Gesetz vorgeschriebenen Mittelkupplung der Eisenbahnfahrzeuge nach einem dem amerikanischen ähnlichen System erprobt, und auch die Luftdruckbremse der Güterwagen, die Amerika schon besitzt, ist bei uns in der Vorbereitung, um die Handbremse entbehrlich zu machen.

Gewiß haben die amerikanischen Eisenbahnen schweres Lehrgeld zahlen müssen, und sie zahlen es noch bis zu diesem Tage. Das gilt besonders von der Einrichtung des Zug- und Rangierbetriebes und, wie schon erwähnt ist, von dem Zustande der baulichen Anlagen. Amerika steht in bezug hierauf nicht so hoch wie die Alte Welt, vor allen Dingen nicht so hoch wie die Eisenbahnen des Deutschen Reiches und besonders die preußisch-hessischen. In allen diesen Beziehungen könnte Amerika von uns lernen, wie wir auf anderen Gebieten von ihm gelernt haben und weiter lernen wollen. Ob es das will, ist uns nicht ganz sicher. Anscheinend läßt es sein Selbstbewußtsein noch nicht dazu kommen; man ist vielfach noch zu sehr geneigt, unsere Einrichtungen unbesehen und ohne weiteres für weniger gut zu halten.

Es war darum, schon vom nationalen Standpunkte, ein dankenswertes Unternehmen der preußisch-hessischen Staatseisenbahnverwaltung, daß sie auf der Weltausstellung in St. Louis eine Musterbahnstrecke mit allen Gleis-, Weichen- und Signalanlagen und einen Bahnhof mit allen Sicherheitseinrichtungen neuester Bauart ausführte, wodurch die Betriebsausführung in vortrefflicher Weise veranschaulicht wurde. Vom großen Publikum mögen nicht Wenige verständnislos an den Anlagen vorübergegangen sein; dem amerikanischen Eisenbahnfachmann haben die hier dargestellten hervorragenden Leistungen unserer Technik und Industrie — das konnten wir mehr als einmal hören — zu ernstem Nachdenken Anlaß gegeben.

Gerade diese Beobachtung ist für uns mitbestimmend gewesen, den uns von mehreren Seiten zugetragenen Gedanken der Veranstaltung einer Sonderausstellung für das Verkehrswesen, und zwar in der Hauptstadt des Deutschen Reiches, nicht unerwähnt zu lassen (vgl. S. 29). Nach dem Erfolg, den unsere natürlich nur in kleinem Umfange möglich gewesene Eisenbahnfachausstellung in St. Louis gezeitigt hat, darf mit Sicherheit gehofft werden, daß eine Ausstellung, die sich auf das Verkehrswesen beschränkt, dieses aber in allen seinen Teilen wissenschaftlich und praktisch erfaßt, großen Nutzen haben und den Erfolg einer bloßen Schaustellung weit hinter sich lassen wird. Eine solche Fachausstellung würde nicht nur zeigen, daß sich unsere Verkehrseinrichtungen auf der Höhe befinden, sondern auch dartun, wie sehr gerade die deutschen Staatseisenbahnen — neben der Marine- und Kriegsverwaltung — in bezug auf musterhafte und mustergültige Arbeit von förderlichem Einfluß auf die einheimische Industrie gewesen sind.

Finanzielle Entwicklung und Lage.

Freilich wird die praktische Ausführung gleich solider Anlagen, wie sie auf den deutschen Eisenbahnen die Regel bilden, selbst dann den amerikanischen Eisenbahnen noch manche Schwierigkeit bieten, wenn die Technik sie als gut erkannt hat. Die Ausführung kostet Geld, viel Geld! Und doch wird man sich nicht scheuen dürfen, große Aufwendungen zu machen, um die Eisenbahnanlagen überall dem Verkehrsumfange anzupassen. Das bezieht sich auf zahlreiche Bahnhofsgebäude und Bahnsteiganlagen; es gilt vornehmlich von dem Ersatz der noch zahllos vorhandenen Holzbrücken durch Stein- und Eisenbrücken, von der Verlegung der Eisenbahnen aus den Straßen der Städte zur Beseitigung eines höchst gefährlichen Zustandes, der selbst in Städten mit mehr als 100 000 Einwohnern fast noch die Regel bildet; es gilt von der Aufhebung von Bahnkreuzungen, die noch fast überall in Schienenhöhe liegen, und wohl hauptsächlich auch von der Anlage des zweiten Gleises und von Überholungs-, Rangier- und anderen Bahnhofsgleisen.

Bei einer Bahnlänge von 333 363 Kilometern betrug Ende Juni 1903 die Gleislänge aller Eisenbahnen der Vereinigten Staaten nur 456 668 Kilometer oder das 1,37fache, während die preußisch-hessische Eisenbahngemeinschaft bei 31 967 Kilometer Bahn über 62 524 Kilometer Gleis verfügte; die Gleislänge übertraf also bei uns die Bahnlänge um das 1,96fache, ein Verhältnis, hinter dem selbst die Eisenbahnen der dichtesten Verkehrsgruppe des Ostens von Nordamerika mit ihren ungleich höheren kilometrischen Einnahmen noch zurückblieben: dort stellte sich die Gleislänge nämlich auf das 1,92fache der Bahnlänge. Nicht zuletzt kommt in Betracht, daß der Fuhrpark vieler amerikanischen Eisenbahnen durchaus unzulänglich ist, sodaß die verhältnismäßig großen Beschaffungen der letzten Jahre noch geraume Zeit werden fortgesetzt werden müssen, um nur das Allernotwendigste nachzuholen.

Wenn es als eine unter allen Umständen bewunderungswürdige Leistung anzuerkennen ist, daß die Amerikaner in einem Zeitraum von kaum 60 Jahren ein gewaltiges Bahnnetz zum Teil unter Überwindung großer Schwierigkeiten geschaffen haben, so dürfen doch, was die oben berührte zweite wichtige Frage, nämlich die Kostenaufwendung und Rentabilität anlangt, die umfangreichen unentgeltlichen Landüberweisungen für Eisenbahnzwecke und die sonstigen Unterstützungen nicht unerwähnt bleiben. Sie haben es den Eisenbahngesellschaften ermöglicht, die Eisenbahnen nicht nur mit denkbar geringen Aufwendungen herzustellen, sondern auch den an beiden Seiten des Bahnkörpers übriggebliebenen Grund und Boden zu Wertobjekten umzuschaffen, die für die finanzielle Weiterentwicklung des Unternehmens von oft wesentlicher Bedeutung waren. Trotz aller Fehler und Verfehlungen, insbesondere auf dem finanziellen Gebiete, die beim Bahnbau und auch später vorgekommen sein mögen, ist das zu verzinsende Anlagekapital der amerikanischen Eisenbahnen auch heute noch ungleich niedriger als das Anlagekapital der deutschen Eisenbahnen. Gleichwohl fällt die Untersuchung der beiderseitigen Wirtschaftsgebarung in ihrem Endergebnis nicht zu ungunsten unserer Eisenbahnen aus.

Es ist das um so bemerkenswerter, als die amerikanischen Fachmänner der Meinung sind, daß eine Reihe ihrer Einrichtungen, vor allen Dingen die Verwendung von Wagen größtmöglicher Tragfähigkeit im Personen- und Güterverkehr, der häufige Ersatz der Lokomotiven durch neue besserer Bauart und ähnliche, von unseren Anschauungen mehr oder weniger abweichende Grundsätze, in hervorragendem Maße auf die Herabminderung der Selbstkosten einwirken und sonach das Wirtschaftsergebnis im ganzen besonders günstig beeinflussen. Ob und inwieweit wir tatsächlich in der Lage wären, durch wenigstens teilweise Übernahme der amerikanischen Anschauungen in unsere Praxis eine weitere Herabsetzung unserer Selbstkosten zu erreichen, läßt sich schwer feststellen.*) Jedenfalls zahlen, diese Tatsache ist nicht zu leugnen, die amerikanischen Eisenbahnen für neue Eisenbahnfahrzeuge einen verhältnismäßig sehr niedrigen Preis, weil, wie man uns sagte, die Einheitlichkeit der Bauart der Fahrzeuge den Fabriken ein wirtschaftliches Arbeiten und daher eine billige Lieferung ermöglicht. Auch das Eisenbahnfahrzeug ist ein Massenartikel.

Mögen hiernach auf einzelnen Gebieten des Eisenbahnwesens in Amerika wirtschaftlichere Anschauungen zur Durchführung kommen: der gesamte Betriebsaufwand der amerikanischen Eisenbahnen ist, das ergeben insbesondere die eingehenden Untersuchungen im zehnten Abschnitte, nicht geringer als bei uns; kostspielig sind nach unseren Wahrnehmungen besonders auch der innere Verkehrsdienst und der Verwaltungsdienst, in deren wirt-

---

*) Es mag z. B. die immer weitere Erhöhung der Tragfähigkeit der amerikanischen Güterwagen für die dortigen Eisenbahn- und Wirtschaftsverhältnisse da von großem Vorteil sein, wo auch heute noch die Massengüter, wie Getreide, Erze, Kohlen und Holz in wesentlich größerem Umfange als bei uns geschlossen zur Aufgabe gelangen und in ganzen Zügen ohne Abzweigung und ohne Teilung bis zu wenigen großen Verkehrspunkten befördert werden. Eine Stütze findet das Bestreben der amerikanischen Eisenbahnen nach dieser Richtung hin in der Bereitwilligkeit der beteiligten großen Industriellen und Handeltreibenden, den Eisenbahnen durch Herstellung von Einrichtungen für die Behandlung großer Wagen auf ihren Anschlüssen entgegenzukommen. Dies mag allerdings zum Teil dadurch begründet sein, daß die Anschlüsse selbst, wenigstens da, wo Wettbewerbsrücksichten vorwalten, von den Eisenbahnen auf eigene Kosten hergestellt zu werden pflegen, und daß die Eisenbahnverwaltungen an den angeschlossenen Werken oft finanziell beteiligt sind. Nicht so sicher ist der Vorteil der schweren Güterwagen für die Eisenbahnen, bei denen die Voraussetzung eines starken und geschlossenen Massenverkehrs nicht vorliegt. Ein hervorragender amerikanischer Eisenbahnfachmann schrieb uns über die stete Zunahme der Tragfähigkeit der Wagen bei seiner Verwaltung: „*There is, however, a limit of economy to be effected by these increase. I have observed a very large increase in the expenses for maintenance of equipment, which is undoubtly due to the greater capacity and weight of the equipment now in use.*“

schaftlicher Ordnung wir trotz aller vermeintlichen Zöpfe eines Staatsbetriebes den Amerikanern überlegen sind.

Über unser Staatseisenbahnsystem begegnet man, wie wir an dieser Stelle einschalten möchten, bei den amerikanischen Eisenbahnfachmännern noch recht merkwürdigen Anschauungen, die nicht einmal notwendigerweise auf eine grundsätzliche Abneigung zurückgeführt werden müssen, indessen jedenfalls eine völlige Verkennung der Sachlage bekunden. Ein hervorragender Eisenbahnfachmann meinte im Gespräch mit uns, die Eisenbahnen der Vereinigten Staaten müßten auf den Wettbewerb, wie auch auf die Aktieninhaber Rücksicht nehmen; bei uns spiele doch wohl nur die politische Seite der Sache eine Rolle; wenn es die Politik erfordere, kämen finanzielle Erwägungen nicht auf. Unter diesen Umständen sei es also sehr leicht, einen Zug zu fahren, auch wenn er seine Kosten nicht aufbringe. Wir wiesen demgegenüber namentlich darauf hin, daß unsere in Tarifkommissionen und Eisenbahnbeiräten vertretenen Sachverständigen der Landwirtschaft, des Handels und der Industrie, sowie die Volksvertreter in den Parlamenten zu Anregungen und Urteilen befähigt und berufen seien, die den wirklichen Verkehrsbedürfnissen des Landes wohl mindestens ebenso gerecht würden, wie die Beschlüsse der Aktionäre von Eisenbahngesellschaften. Nach unserem eigenen Urteil, das wir in den Abschnitten über den Verkehr soweit als möglich ziffernmäßig begründeten, wird in der Tat der Verkehr von unseren Eisenbahnen in einer Weise bedient, die der Verkehrsbedienung in Amerika keineswegs nachsteht.

Zum Beweise unserer Behauptung, daß die amerikanischen Eisenbahnen nicht mit einem geringeren Betriebsaufwande arbeiten als unsere Eisenbahnen, dürfen nicht einseitig nur die Personenfahrpreise und die Güterfrachtsätze in Betracht gezogen werden. Täte man es, so würde man zu falschen Schlüssen kommen. Es müssen vielmehr, wie dies in den voraufgegangenen Abschnitten geschehen ist, die gesamten Einkünfte berücksichtigt werden, die den Eisenbahnen aus beiden Verkehren und aus allen anderen Einnahmequellen zufließen. Das ist bei den amerikanischen Eisenbahnen umsomehr erforderlich, weil dort, wie schon erwähnt, geradezu eine Ausschaltung großer Einnahmen künstlich geschaffen ist, die das wahre Sachverhältnis stört, wie es sich nach unseren Einrichtungen aus dem natürlichen Zusammenhang ergibt, und zwar für beide Seiten, für das zahlende Volk und die Eisenbahn.

Während man nach den amerikanischen Verhältnissen gewohnt ist, daß große, in sich verwandte Betriebe, ganz abgesehen von anderen Gründen, sich schon zum Zweck einer einheitlichen Verwaltung zusammenschließen, zeigt die Entwicklung der Eisenbahnen auf einigen Gebieten des Verkehrs die entgegengesetzte Erscheinung: wir meinen insbesondere die Abtrennung der Geschäftszweige, die fast bei allen amerikanischen Eisenbahnen der Pullman-Gesellschaft und den Expreßgesellschaften überlassen sind. Ist ein derartiges Verhältnis schon vom rein betrieblichen Standpunkte um deswillen nicht ohne Bedenken, weil die Eisenbahnverwaltungen bis zu einem gewissen Grade aufhören, Herr im eigenen Hause zu sein, so kann es nicht zweifelhaft sein, daß durch die deswegen notwendigen doppelten und mehrfachen Organisationen die Verwaltungskosten für den gesamten Verkehrsdienst wesentlich erhöht werden. Wir haben uns zuerst vergeblich bemüht, zu ergründen, weshalb man diesen Weg gegangen ist. Die geschichtliche Entwicklung allein hätte bei einem so praktischen Volke, wie es die Amerikaner sind, die Eisenbahngesellschaften nicht abhalten können, diesen Weg zu verlassen, wenn er sich als minder vorteilhaft erwiesen hätte. Es müssen also andere Gründe vorliegen; man wird nicht fehlgehen, wenn man, wie dies bereits in den Abschnitten über das Verhältnis der Eisenbahnen zu den Pullman- und den Expreßgesellschaften angedeutet ist, annimmt, die amerikanischen Eisenbahnen wollen diese Zwei- und Mehrteilung der Geschäfte nicht aufheben. Sie überlassen es jenen Gesellschaften, ihre sehr hohen Preise unmittelbar vom Publikum einzuziehen und sichern sich überdies durch Abmachungen mit ihnen wesentliche Vorteile.

Sie entlasten sich hierdurch nicht nur auf den Gebieten, die, wie der Personen- und Stückgutverkehr, im Verhältnis zu den Einnahmen daraus unverhältnismäßig große Aufwendungen bedingen, sondern schaffen sich aus beiden Verkehrszweigen mittelbar und unmittelbar noch besondere Einnahmequellen, die für unsere Verhältnisse von vornherein ausgeschlossen sind. Wer aber zahlt die recht hohe Rechnung? Das reisende und verkehrtreibende Publikum, für welches es füglich ganz gleichgültig ist, ob die Eisenbahnen oder die anderen Gesellschaften die Rechnung einkassieren. Die Eisenbahnen freilich scheinen zu glauben, es käme ihnen in moralischer Beziehung etwas zugute, wenn sie bei diesen Geschäften nicht offen hervortreten.

Nicht viel anders liegt das Sachverhältnis bei den Einnahmen, die den Eisenbahnen von der Postverwaltung in ungleich höherem Maße als bei uns zufließen; das Volk muß sie unmittelbar durch die Postbeförderungsgebühren und, soweit diese nicht reichen, mittelbar durch Steuern aufbringen.

Volkswirtschaftliche Stellung.

Diese Erörterungen könnten, wenn man lediglich die tatsächlichen Verhältnisse ins Auge faßt, auch auf die Frage ausgedehnt werden, in welchem Umfange die den Eisenbahnen zugeführten Einnahmen hüben und drüben zu der Stelle, von der sie ausgehen — nämlich dem Volke als Ganzem —, im Kreislaufe wieder zurückgeführt werden. Es muß aber hier davon abgesehen werden, weil solche Erörterungen sich am letzten Ende auf die für die Vereinigten Staaten zur Zeit nicht praktische Frage, ob Staatsbahnsystem oder nicht, mit allen daraus sich ergebenden Folgerungen zuspitzen würden. (Vgl. den dritten Abschnitt.)

Einerlei aber, ob die Eisenbahnen sich im Besitze des Staates oder von Erwerbsgesellschaften befinden, die Aufgabe haben sie als öffentliche Einrichtungen immer, daß sie den Betrieb in möglichst sicherer Weise durchführen und den Verkehrsbedürfnissen des Landes ohne Bevorzugung einzelner Kreise gerecht werden; beides zu einem Preise für ihre Leistungen, der das Gemeinwohl nicht beeinträchtigt, sondern fördert, und der zugleich für das in den Eisenbahnen angelegte Kapital den ihm zukommenden Nutzen abwirft. Diesen Forderungen zu genügen, ist den Eisenbahnverwaltungen noch nicht durchweg gelungen. Hierin wird es vornehmlich begründet sein, daß die amerikanischen Eisenbahnen bis heute noch nicht ein homogener Bestandteil des amerikanischen Staats- und Wirtschaftslebens geworden sind, vielmehr von einem großen Teile des Volkes gewissermaßen noch als ein Dorn im Fleische angesehen werden.

An dem Streben, der ihnen gestellten Aufgabe gerecht zu werden, fehlt es nach unseren Darlegungen den amerikanischen Eisenbahngesellschaften im allgemeinen nicht. Vielfach sind vielmehr diejenigen Kreise im amerikanischen Wirtschaftsleben, die die Eisenbahnen zum Schaden der Allgemeinheit namentlich durch eine rücksichtslose Ausbeutung der Wettbewerbsverhältnisse für ihre Sonderzwecke in größtem Umfange auszunutzen verstanden haben, von der Mitschuld nicht freizusprechen, wenn jenes Streben bisher keinen vollen Erfolg hatte. Dazu kommt, daß die Ausgaben der Eisenbahnen in den Vereinigten Staaten stark im Steigen begriffen sind. Zieht man ferner in Betracht, daß besonders für bauliche Einrichtungen noch auf Jahre hinaus bedeutende Aufwendungen zu machen sind, um den Verkehr sicher und prompt bedienen zu können, so wird man sich nicht der Hoffnung hingeben dürfen, daß die Eisenbahnen Ausfälle an den Einnahmen werden vertragen können. Die amerikanischen Eisenbahngesellschaften werden vielmehr im Gegensatze zu unseren Staatsbahnverwaltungen, deren Bestreben seit Jahrzehnten auf Frachtermäßigungen gerichtet ist, auf eine Vermehrung der Verkehrseinnahmen sinnen müssen. Es tritt dies, worauf schon bei der Besprechung des Güterverkehrsdienstes hingewiesen wurde, in der steigenden Richtung der Gütertarife hervor. Bei den Personenfahrpreisen wird eine Steigerung kaum möglich sein, weil sie schon sehr hoch sind, besonders für die nach ihrer größeren Zahl den Ertrag wesentlich beeinflussende minderbegüterte Menge des Volkes; sie reist bekanntlich im Verhältnis zu den Bessergestellten wesentlich teurer, als bei uns; dabei ist noch zu beachten, daß die Reisekosten mit Rücksicht auf die durchschnittlich längeren Reisewege an und für sich schon höher sind.

Allerdings wirkt für die amerikanischen Verhältnisse vom rein volkswirtschaftlichen Standpunkte eine allmähliche Heraufsetzung der Gütertarife nicht so schädlich, wie sie bei uns wirken müßte. Amerika kann auf absehbare Zeit in der Hauptsache auf den Absatz seiner Erzeugnisse im eigenen Lande wohl auch dann rechnen, wenn die Ware durch einen Frachtzuschlag noch etwas verteuert wird. Nicht so Deutschland. Es besitzt eine zahlreiche Arbeiterbevölkerung, deren starkes Wachstum aber nur eine verhältnismäßig geringe Steigerung seiner Aufnahmefähigkeit für die Landeserzeugnisse zur Folge hat; es ist daher in großem Maßstabe auf die Ausfuhr angewiesen, weil es nur auf diese Weise dem sonst überschüssigen Teil der Bevölkerung Arbeit und Brot zu verschaffen und ihn von der Auswanderung abzuhalten vermag. Frachterhöhungen würden aber für Deutschland eine Schmälerung seiner Ausfuhr bedeuten, auf deren Erhaltung es zu seiner Wohlfahrt angewiesen ist. In der Tat bewegen sich denn auch die Frachtsätze der preußischen Staatseisenbahnverwaltung seit mehr denn fünfundzwanzig Jahren in ausgeprägt fallender Richtung, und wenn nicht alles täuscht, stehen bei uns weitere Frachtermäßigungen, keinesfalls aber Frachterhöhungen, auch in absehbarer Zukunft in Aussicht.

Der amerikanische Produzent kann hiermit nicht rechnen. Er wird, wie sich die Verhältnisse bei den dortigen Eisenbahnen entwickelt haben, sich (s. a. S. 233/4) ins Unvermeidliche einer allmählichen Erhöhung der Gütertarife schon deshalb fügen müssen, weil die sonst zu erwartenden Rückschläge aufs neue einen wirtschaftlichen Rückgang der Eisenbahnen zur Folge haben müßten, durch den in erster Linie natürlich auch die Industrie betroffen würde.

Das Opfer, das durch weitere Steigerung der Frachten der amerikanischen Bevölkerung auferlegt wird, würde abgeschwächt, wenn es inzwischen wenigstens gelänge, die Tarifpolitik der amerikanischen Eisenbahnen in gleichmäßigere Bahnen zu leiten. Der Mangel an Stetigkeit, Klarheit und Gerechtigkeit auf diesem Gebiete spielt in Amerika immer noch eine Rolle. Gewiß haben die umfassenden Zusammenschlüsse zu großen Eisenbahnsystemen das Gute gezeitigt, daß das sprunghafte Auf und Nieder in der Tarifpolitik etwas hintangehalten und gedämpft ist; dafür aber machen sich

Schäden auf anderen Gebieten desto mehr bemerkbar, und der Arzt, der allein hier Heilung bringen kann durch eine den amerikanischen Verhältnissen am besten entsprechende Unterordnung der Eisenbahnen unter das Gesetz, ist noch nicht gefunden.*)

Und doch würde man vom Standpunkt einer unbefangenen Beurteilung den amerikanischen Eisenbahnen im allgemeinen Unrecht tun, wollte man ihnen die Anerkennung versagen, daß sie, im ganzen genommen, in ihrer finanziellen und wirtschaftlichen Gebarung wesentliche Fortschritte gemacht haben.

Es kann nicht die Aufgabe dieser Schrift sein, für das in amerikanischen Eisenbahnwerten Anlagen suchende Publikum als Ratgeber zu dienen. Wenn aber früher der Mangel an Vertrauen zu den amerikanischen Eisenbahnen wegen der Mängel ihrer Wirtschaftsführung und finanziellen Gebarung im allgemeinen nicht unbegründet war, so haben sich die Verhältnisse unter allen Umständen insofern verschoben, als man jetzt nicht mehr alle amerikanischen Eisenbahnen gewissermaßen über einen Kamm scheren darf; es gibt, wie schon angedeutet, gute und weniger gute Verwaltungen, gut und schlecht rentierende Eisenbahnen. Das war auch bei uns zur Zeit der Privateisenbahnen so, allerdings mit dem Unterschiede, daß die Neigung nach der weniger guten Seite aus den verschiedensten Gründen — die staatlichen Vorschriften hinderten das zum Teil schon — bei uns nicht so stark war und werden konnte, wie dies insbesondere früher in den Vereinigten Staaten der Fall war. Krisen, wie sie die amerikanischen Eisenbahnen in den Jahren 1873, 1883 und 1893 durchgemacht haben, wären in dem Umfang auch zur Zeit der Privateisenbahnen in Deutschland unmöglich gewesen. Daß die Verhältnisse auch in den Vereinigten Staaten besser geworden sind, läßt schon der Umstand erkennen, daß das Ende des seit der letzten Krisis verflossenen Jahrzehnts ohne wesentliche Erschütterung vorübergegangen ist und daß, wenn nicht alles täuscht, eine solche auch in absehbarer Zeit

*) Vgl. den dritten und elften Abschnitt.

nicht zu erwarten steht. Zweifellos haben die Zusammenschlüsse zu den großen Eisenbahnsystemen auch insofern günstig gewirkt, als Tarifkriege in dem früheren Umfange so leicht nicht mehr ausbrechen können.

Bekanntlich sind die amerikanischen Eisenbahnen, im Gegensatz zu unseren Privateisenbahnen, in der Hauptsache aus dem Erlöse der von vornherein ausgegebenen Obligationen, also nicht aus dem Aktienkapital, gebaut worden. Die Aktien *(Shares)* sehr vieler Bahnen wurden, wie schon erwähnt, von Anfang an als fast wertlos den Erbauern der Bahn oder sonstigen Beteiligten wie den Käufern der *Bonds* (Obligationen) oft unentgeltlich in Form eines sog. *Bonus* gegeben.

In diesem Vorgang liegt zum Teil der Grund für die finanzielle Zerrüttung, an der viele Eisenbahnen in den Vereinigten Staaten von Beginn an zu leiden hatten und zum Teil noch zu leiden haben: es ist das die sogenannte Verwässerung, die übrigens nicht allein in bezug auf das Aktienkapital *(Common shares)* eintrat, sondern oft auch sogar die *Bonds* (Obligationen) traf, die zwar in der Regel nicht unentgeltlich, vielfach aber weit unter ihrem Nennwert ausgegeben wurden. Im besten Falle waren dies Wechsel auf die Zukunft, die meist sehr lange auf ihre Einlösung harrten, zum Teil sogar auch heute noch nicht eingelöst sind.

Es muß aber anerkannt werden, daß die verschiedenen finanziellen Umgestaltungen *(Reorganisations)* nach dieser Richtung günstig gewirkt haben: sie säuberten meistens die *Bonds*, verhältnismäßig selten auch den *Common stock*, sei es, daß die Werte zusammengelegt und so die Kapitalsummen verringert wurden, sei es, daß neues Kapital durch tatsächliche Nachzahlung von den Wertinhabern dem Unternehmen zugeführt, sei es endlich, daß der hohe Zinssatz heruntergesetzt wurde.

Das alles aber schließt nicht aus, daß wenigstens die *Shares* selbst der gut verwalteten Eisenbahnen auch jetzt noch zeitweisen Kursschwankungen unterliegen, die recht empfindliche Verluste für ihre Besitzer zur Folge haben können.

Die Kursschwankungen der *Common shares* lassen nicht ohne weiteres einen Schluß für oder gegen die Gediegenheit der Geschäftsführung einer Verwaltung zu; sie gehören meist zu den Papieren, für und gegen welche mit und ohne tatsächlichen Anhalt gerade zur Herbeiführung von Kursunterschieden an der Börse Stimmung gemacht wird. Hierfür gibt es in unseren Industriepapieren Analogien; auch sie unterliegen zuweilen bedeutenden Schwankungen, obwohl die Unternehmungen anerkannt mustergültig geleitet werden. Wer solche Werte kauft, muß sich der Gefahren, denen er sich damit aussetzt, bewußt sein: er hat kein Recht, die Gesellschaft für Verluste verantwortlich zu machen.

Wesentlich anders liegen die Verhältnisse auf dem Bondsmarkt: die Schuldverschreibungen der bekannten großen Verwaltungen sowohl als auch der Eisenbahnen, die zu ihnen und den großen Eisenbahnsystemen und Gruppen gehören oder wenigstens in festen finanziellen Beziehungen zu ihnen stehen, haben sich nach und nach zu Anlagewerten entwickelt, die im allgemeinen als ausreichende Sicherheit anerkannt zu werden pflegen. Bekanntlich bildeten sie früher für diejenigen europäischen Kreise, welche eine höhere als die landesübliche Verzinsung suchten, eine viel begehrte Kapitalanlage. Das ist anders geworden. Die Werte sind in der Hauptsache nach den Vereinigten Staaten zurückgewandert, der beste Beweis, daß die Amerikaner besonders der finanziellen Entwicklung ihrer Eisenbahnen mehr Vertrauen als früher entgegenbringen. Die guten amerikanischen Eisenbahnwerte sind in ihrem Zinsfuß in demselben Verhältnis zurückgegangen, wie das amerikanische Nationalvermögen zugenommen hat, sodaß insofern heute der Unterschied zwischen ihnen und den europäischen, insbesondere den deutschen Werten nicht mehr allzu groß ist.

Allgemeine Schlußbetrachtungen.

Was aber ergibt sich daraus für uns, unsere eigenen Verhältnisse und unsere Beziehungen zu den Vereinigten Staaten überhaupt?

Einzelne Einrichtungen auf dem Gebiete des Eisenbahnwesens sind im Laufe dieser Abhandlungen einander gegenübergestellt worden, um die Abweichung in der Auffassung beider Länder in bezug auf Lebensbedingungen, Lebensanschauungen und dergl. mehr zu zeigen, einzelne Fragen wurden erörtert, um die Abweichung in ihrer Lösung hüben und drüben darzutun; ein vergleichendes Gesamturteil abzugeben, ist schon um deswillen nicht möglich, weil die Eisenbahnen beider Länder auf einem völlig anders gearteten Boden erwachsen sind und deshalb auch in ihrer Weiterentwicklung verschiedene Wege eingeschlagen haben und einschlagen mußten.

Ist Deutschland, wie die übrigen Kulturländer der Alten Welt, durch den Bau der Eisenbahnen zu neuem Leben erstarkt, so sind die Vereinigten Staaten, wenigstens was wir heute in wirtschaftlicher, politischer und kultureller Beziehung in diesem Begriffe zusammenfassen, durch den Bau der Eisenbahnen erst eigentlich geschaffen worden. Dem Werdegang des ganzen Landes entsprechend sind sie auf nationaler Grundlage erwachsen und geben, wie kaum eine andere Einrichtung des Landes, nach vielen Richtungen ein treues Spiegelbild der Entwicklung der Nation. Wenn die Eisenbahnen gleichwohl, wie schon angedeutet, bisher in der Gesamtheit nicht aufgegangen sind, sich ihr nicht organisch an- und eingegliedert haben, so ist das auch nur wieder eine Folgeerscheinung der Entwicklung der nationalen und wirtschaftlichen Verhältnisse des Landes selbst, die eine solche Verschmelzung, auch wenn die Eisenbahnen mehr hierzu beigetragen hätten, bis jetzt nicht zuließen. Die Entwicklung des Landes hat einen etwas ungestümen Verlauf genommen, der jugendliche Körper ist zu schnell in die Höhe geschossen, ohne gleichzeitig in allen Teilen auszuwachsen. Ein solches Wachstum muß Schwächen zurücklassen, die erst überwunden sein müssen, ehe die Vollkraft erreicht werden kann. Dabei darf aber auch die Gefahr nicht unterschätzt werden, die darin liegt, daß die Jugend im Vollgefühl einer schier endlosen Kraft zu sehr auf den Körper einstürmt. Die Zeit der Entwicklung muß gewissermaßen zugleich als Schonzeit angesehen werden, und je mehr dies rechtzeitig erkannt wird, desto besser wird der Körper schließlich gedeihen.

Niemand, der wie wir Gelegenheit hatte, dieses große Land von einem bis zum anderen Meere zu durchqueren, kann darüber im Zweifel sein, daß es sich hier um einen jugendlichen Recken handelt, der zum Riesen heranzuwachsen und schon um deswillen bestimmt erscheint, eine große Rolle zu spielen.

Ist das Land, wie kaum ein anderes der Erde reich an Bodenschätzen aller Art, so sind auch die klimatischen Verhältnisse im ganzen genommen ungemein günstig. Dazu kommt, daß es sich der Ausbeute — und zwar vielfach der erstmaligen — zu einer Zeit darbietet, in der die Technik, insbesondere die auf die Gewinnung von Schätzen aller Art und auf ihre Ausnutzung gerichtete Technik, eine nie dagewesene, nie geahnte Vollendung erreicht hat. Zur Ausbeutung berufen aber ist ein jugendlich tatkräftiges Volk, das nach seiner Zusammensetzung zu fruchtbringender Tätigkeit vorzüglich veranlagt ist. Entstand es doch aus einer Mischung, zu der fast jeder einzelne Bestandteil mindestens eine gute Seite beigetragen hat, die aber in ihrer Verbindung und durch sie an Güte nur noch gewonnen hat.

Fast unnötig erscheint es, hier noch besonders darauf hinzuweisen, daß der Teil, den das deutsche Volk dorthin abgegeben hat und immer noch abgibt, nicht der schlechteste Bestandteil ist, den das amerikanische Volkstum in sich aufgenommen hat und weiter sich aneignet. Daß dies in Amerika auch anerkannt wird, wollen wir mit Genugtuung hervorheben und demgegenüber nicht empfindlich sein, wenn unsere deutsche Eigenart im Amerikanertum vielleicht etwas mehr aufgeht, als dies vom deutsch-nationalen Standpunkte aus zu billigen ist: ohne daß dies im einzelnen nach außen erkennbar wird, lebt sie im Amerikanertum, ihrer Stärke entsprechend, gewissermaßen latent fort.

Daß bei alledem sich auch Schwächen zeigen, versteht sich der menschlichen Natur nach von selbst. Nicht die kleinste ist es, daß der jugendliche Riese einer starken Versuchung ausgesetzt ist, das Normale zu unterschätzen, schon weil es ihm an äußeren Mitteln nicht gleichkommt. Das erklärt so manche Erscheinung, die gerade in unseren Beziehungen zu Amerika um so auffallender zutage tritt, als wir Deutschen aus der Zeit unserer nationalen Zerklüftung und der hierdurch mitverschuldeten wirtschaftlichen Zerfahrenheit vielfach noch geradezu an dem entgegengesetzten Übel leiden. Je eher und je mehr wir diese einer großen Nation nicht gerade würdige Eigenschaft ablegen, desto natürlicher und zweckmäßiger werden sich unsere Beziehungen zu Amerika gestalten, desto klarer wird unser Urteil über dies Land werden und desto rascher werden die Amerikaner von einer Selbstüberschätzung geheilt werden.

Es ist das Verdienst einer Reihe tüchtiger, erfahrener und mit allgemeinen und kaufmännischen Kenntnissen ausgerüsteter Männer, auf die mächtige Entwicklung der Vereinigten Staaten hingewiesen und ihre umfassenden Beobachtungen weiten Kreisen zugänglich gemacht zu haben. Jetzt heißt es mehr und mehr die Verhältnisse der einzelnen Erwerbszweige prüfen, sie fachlich erfassen, um durch den Vergleich mit den heimischen Einrichtungen zu erkennen, wo es uns fehlt, wo wir lernen können, und wo andererseits die schwachen Punkte liegen, bei denen wir im Wettbewerb einzusetzen haben.

Die Ausführungen im Anhange zum achten Abschnitt legen — hauptsächlich, soweit die beiderseitigen Bezugskosten in Frage kommen — dar, daß die deutsche Eisen- und Baumwollindustrie Amerika gegenüber wohl bestehen kann. Liegen die Dinge so bei diesen Produktionszweigen, für welche die Natur Amerika vor uns begünstigt hat, so wird ein Vorsprung auf anderen Gebieten, bei denen dies nicht zutrifft, umsoweniger anzunehmen sein; ganz abgesehen davon, daß großer Reichtum der menschlichen Natur entsprechend auch an sich schon Gefahren in sich birgt.

Die Größe der Aufgabe, vor die sich das Land und seine Bewohner gestellt sehen, die großen Mittel, die ihnen zu Gebote standen und zur Zeit noch stehen, brachten großzügige Menschen hervor, die allem Kleinlichen und Kleinen gern den Rücken wenden; gerade hierin sind zum Teil die Gründe für die großen Erfolge zu suchen, die das Land unbestritten auf fast allen Wirtschaftsgebieten zu verzeichnen hat. So lange noch neue Quellen erschlossen, neue Schätze aufgedeckt werden, müssen jene mit Klugheit und Kraft gepaarten Eigenschaften der Amerikaner ihnen auch weiterhin den vollen Erfolg sichern. Aber was wird, wenn — wie dies bei der starken Ausbeute der natürlichen Schätze des Landes früher oder später zu erwarten steht — sozusagen der Rahm abgeschöpft ist, wenn die Kleinarbeit an die Reihe kommt, wenn es heißt, haushälterisch mit dem Vorhandenen umzugehen, weil der Überfluß bald erschöpft sein wird? Das ist eine Frage, die sich jedem verständigen Beobachter aufdrängen muß, wenn er die Art der amerikanischen Wirtschaftsführung sieht! Das zeigt sich in der Behandlung der Bodenschätze und des Bodens selbst, der Waldbestände und in vielen anderen Dingen; das geht soweit, daß man die Abbauwürdigkeit von Eisenerzen gegenwärtig schon da verneint, wo wir nach dem prozentualen Verhältnis noch mit einer guten Ausbeute rechnen, ganz abgesehen von der zum Teil an Raubbau grenzenden Gewinnung anderer Bodenschätze und der an Verwüstung heranreichenden Vernachlässigung der Forsten.

Es kann nicht ausbleiben, daß bei einem derartigen Verfahren der Zeitpunkt, in dem die Amerikaner mit Verhältnissen nach Art der unsrigen zu rechnen haben werden, vielleicht nicht mehr so sehr fern ist: die zu Gebote stehenden und fortwährend neu auftauchenden technischen Hilfsmittel sind nur geeignet, den Entwertungsprozeß zu verkürzen, sodaß man, wenn man früher mit Jahrhunderten rechnete, jetzt mit viel geringeren Zeitabschnitten rechnen muß. Ob das amerikanische Volk sich den dann gegebenen Verhältnissen gewachsen zeigen wird?

Der Zug ins Große, der zur Zeit die Stärke der amerikanischen Nation ausmacht, ist schwerlich dazu angetan, sie auf solche Verhältnisse richtig vorzubereiten, die hierzu nötigen Eigenschaften auszubilden. Daß sie ihr heute noch abgehen, tritt unverkennbar hervor.

Hier liegt ihre schwache Seite, die gegenüber den ihre Stärke bedingenden Eigenschaften ganz natürlich erscheint. Um ein Beispiel hervorzuheben: auf dem Gebiete des Kunsthandwerks, der Feinindustrie und in allem, was Handfertigkeit anlangt, ist Amerika nach wie vor vom Auslande abhängig. Hier kann es ihm nicht folgen, weil es bei dem fast unerschwinglichen Preise menschlicher Arbeitskraft in der Hauptsache mit Maschinenarbeit rechnen muß mit allen daraus sich ergebenden Vorteilen und Schwächen.

Daß es nach dieser Richtung hin in absehbarer Zeit besser werde, erscheint ausgeschlossen; wie denn überhaupt die Arbeiterverhältnisse in den Vereinigten Staaten, trotzdem die Sozialdemokratie keinen ausschlaggebenden Einfluß gewonnen hat, einen der dunkelsten Punkte im Wirtschaftsleben der Neuen Welt bilden. Die *Labourer Unions* hängen wie eine eiserne Kette an den Füßen der Industrie und lassen ein ruhiges Vorwärtsschreiten nicht zu. Die Millionen von Arbeitstagen, die sie Jahr aus Jahr ein verfehlen, lassen auch den zielbewußten „*Captain of Industry*“ nicht zu einem auch nur einigermaßen sicheren Kalkul für einen längeren Zeitraum kommen.

Einen gleichen Nachteil bringt die aus der kurzen Amtsperiode des Präsidenten der Vereinigten Staaten sich ergebende Unsicherheit, die erfahrungsmäßig schon ungefähr ein Jahr vor jeder Neuwahl einen allgemeinen Druck auf das gesamte Geschäftsleben auszuüben beginnt und erst nach stattgehabter Wahl sich allmählich verliert. Endlich dürfen auch die Schwierigkeiten nicht übersehen werden, die dem Wirtschaftsleben aus der keineswegs völlig gelösten Negerfrage fortgesetzt erwachsen.

Alles in allem: Für das wirtschaftliche Gebiet der Vereinigten Staaten überhaupt wird kaum etwas anderes gelten, als wir für ihr Eisenbahnwesen des näheren dargetan haben: Es hat — wie alles auf der Welt — seine Licht- und Schattenseiten.

Quellen und Literatur.

Archiv für Eisenbahnwesen, Jahrgänge 1895 bis 1905, insbesondere 1895 (S. 1170), 1901 (S. 80 u. 782), 1902 (S. 1244), 1903 (S. 1199), 1904 (S. 267 u. 1109).

Freight; The Shippers' Forum, Jahrgänge 1904 und 1905.

Interstate Commerce Commission:

Annual Reports of the Interstate Commerce Commission, Band I—XVII, 1887 bis 1903.

Annual Reports on the Statistics of Railways in the United States to the Interstate Commerce Commission, Band I—XVI, 1888—1903.

Decisions of the Interstate Commerce Commission, Band I—IX, 1888 bis 1903.

Preußische Jahrbücher.

Proceedings of the Fifth Annual Convention of the American Railway Engineering and Maintenance of Way Association, Band V, 1904.

Railroad Men, Jahrgänge 1904 und 1905.

Reports of the Industrial Commission, Band I—XIX, insbesondere Band XIX, enthaltend den *Final Report*, 1902.

Report of the Post-Office Department, 1903.

The Commercial and Financial Chronicle, New York, Jahrgänge 1904 u. 1905.

The Statist, London, Jahrgänge 1904 und 1905.

Verein für Eisenbahnkunde: Mitteilungen aus der Tagesliteratur des Eisenbahnwesens, Jahrgänge 1904 und 1905.

Zeitung des Vereins Deutscher Eisenbahnverwaltungen, Jahrgänge 1895 bis 1905.

Baker, Ray Stannard: *The Railroad Rate* in *Mc. Clure's Magazine*, November 1905.

Blum: Eisenbahn- und sonstige Verkehrsanlagen in Nordamerika. Vortrag, gehalten im Verein für Eisenbahnkunde 1904.

Bonham, John M.: *Railway Secrecy and Trusts*. New York and London 1902.

Calwer, Richard: Das Wirtschaftsjahr 1904. Jahresberichte über den Wirtschafts- und Arbeitsmarkt. Jena 1905.

Carnegie: *The Empire of business*. London and New York 1903.

Clark: *State Railroad Commissions*. Baltimore 1891.

Cowles, James Lewis: *A General Freight and Passenger Post*. New York and London 1902.

Dorner: Nordamerikanische Eisenbahnen. Vortrag, gehalten im Verein der Industriellen des Regierungsbezirks Cöln 1904.

Etienne, Dr. August: Die Baumwollfrage vom Standpunkt deutscher Interessen. Berlin 1904.

Fink, Henry: *Regulation of Railway Rates*. New York 1905.

Franke, G.: Bemerkungen über die Gütertarife der Vereinigten Staaten von Amerika. Archiv für Eisenbahnwesen 1904, S. 207 ff.

Goldberger, Ludwig Max: Das Land der unbegrenzten Möglichkeiten. 2. Auflage. Berlin und Leipzig 1903.

Goldberger, Ludwig Max: Die amerikanische Gefahr. Preußische Jahrbücher. Aprilheft 1905.

Gothein, Georg: Der deutsche Außenhandel. Berlin 1901.

Gutbrod, Fr.: Die Weltausstellung in St. Louis 1904. Das Eisenbahnverkehrswesen. Zeitschrift des Vereines deutscher Ingenieure, Jahrg. 1905.

Hadley, Arthur Twining: *Railroad Transportation, its History and its Laws.* New York and London 1903.

Haines, Henry S.: *Restrictive Railway Legislation.* New York 1905.

v. **Halle,** Dr. Ernst: Amerika. Hamburg 1905.

v. **Halle,** Dr. Ernst: Die Neuregelung der handelspolitischen Beziehungen zu den Staaten Amerikas. Preußische Jahrbücher, Oktoberheft 1905, S. 33—68.

Hendrick, Frank: *Railway Control by Commissions.* New York and London 1900.

Jeans: *American industrial conditions and competition.* London 1902.

Johnson, Emory R.: *American Railway Transportation.* New York 1903.

Kirkman, Marshall M.: *Basis of Railway Rates* etc. New York and Chicago 1905.

Knapp, Martin A.: *Government Qonership of Railroads,* Abdruck aus „*Annals of the American Academy of Political and Social Science*". 1902.

v. **Knebel-Doeberitz,** Hugo: Besteht für Deutschland eine amerikanische Gefahr? Berlin 1904.

v. d. **Leyen,** Dr. Alfred: Die nordamerikanischen Eisenbahnen in ihren wirtschaftlichen und politischen Beziehungen. Leipzig 1885.

v. d. **Leyen,** Dr. Alfred: Die Finanz- und Verkehrspolitik der nordamerikanischen Eisenbahnen. 2. Auflage. Berlin 1895.

v. d. **Leyen,** Dr. Alfred: Das innere Verkehrswesen, Teil II, Abschnitt 5 des Werkes: Amerika: Seine Bedeutung für die Weltwirtschaft und seine wirtschaftlichen Beziehungen zu Deutschland insbesondere. Hamburg 1905.

Macco: Rohmaterialien und Frachtenverhältnisse in den Vereinigten Staaten. In „Stahl und Eisen" 1903 No. 10.

Macco: Bericht über eine Studienreise nach den Vereinigten Staaten von Nordamerika. Ebenda 1904 No. 2 und 3.

Meyer, Prof. Balthasar Henry: *Railway Legislation in the United States.* New York 1903.

Meyer, Prof. Hugo Richard: *Government Regulation of Railway Rates.* New York 1905.*)

Münsterberg, Hugo: Die Amerikaner. 2 Bände. Berlin 1904.

Noyes Walter Chadwick: *American Railroad Rates.* Boston 1905.

Oppel, Prof. Dr. A.: Die Baumwolle nach Geschichte, Anbau, Verarbeitung und Handel usw. Bremen 1902.

Paine, Charles: *The Elements of Railroading.* New York 1895.

v. **Polenz,** Wilhelm: Das Land der Zukunft. Berlin 1903.

Poors' *Manual of Railroads.* New York 1904.

Prager, Dr. M.: Die amerikanische Gefahr. Berlin 1902.

---

*) Vgl. auch die Besprechung des Werkes durch Dr. A. v. d. Leyen, Archiv für Eisenbahnwesen 1906, S. 239.

Pratt, Edwin A.: *American Railways.* London 1903.

Priestley, Neville: *Report on the Organisation and Working of Railways in America.* London 1904.

Riebenack, M.: *Railway Provident Institutions in English-Speaking Countries.* Philadelphia 1905.

Roosevelt, Theodor: Amerikanismus. 5. Auflage. Leipzig 1903.

Russel, Charles Edward: *The greatest Trust in the World.* New York 1905.

v. Schkopp, Eberhard: Die wirtschaftliche Bedeutung der Baumwolle auf dem Weltmarkte. Beihefte zum Tropenpflanzer. Band V. Berlin 1904.

Snider, William L.: *The Interstate Commerce Act and Federal anti-trust Laws.* New York 1904.

Sombart: Studien zur Entwicklung des nordamerikanischen Proletariats. Archiv für Sozialwissenschaft und Sozialpolitik. Tübingen 1905. S. 556.

Spearman, Frank H.: *The Strategie of great Railroads.* New York 1905.

v. Unruh: Amerika noch nicht am Ziele! Frankfurt a. M. 1904.

Vanderlipp, Frank A.: Amerikas Eindringen in das europäische Wirtschaftsgebiet. Berlin 1903.

Ward, Edward G. jr.: *Milk Transportation.* Washington 1903.

West, Jul. H.: Hie Europa! Hie Amerika! Berlin 1904.

Wiedenfeld: Der Getreideverkehr und die Eisenbahnen in den Vereinigten Staaten von Amerika. Archiv für Eisenbahnwesen 1901, S. 80 ff.

Wiedenfeld: Die Einheitsbewegung unter den Eisenbahnen der Vereinigten Staaten von Amerika. Ebenda 1903, S. 1199 ff.

Wilson: William Bender: *History of the Pennsylvania Railroad Company.* 2 Bände. Philadelphia 1899.

Woodlock, Thomas F.: *The Anatomy of a Railroad Report and Ton-Mile Cost.* S. A. Nelson. New York.

Namen- und Sachregister.

(Die Ziffern bedeuten die Seitenzahlen.)